飞行器质量与可靠性专业系列教材

可靠性试验技术
（第 2 版）

王晓红　等编著

北京航空航天大学出版社

内 容 简 介

本书共分 10 章,对可靠性试验技术基本理论近 10 年的发展、近 40 年形成的科学理论方法以及作为一门试验技术的实施方法及相关的标准体系进行了系统的论述。

本书可作为飞行器质量与可靠性专业及其他相关专业研究生及本科生专业课的教材;同时,也可作为工程应用中可靠性试验方案设计的实用、便捷的技术指南及培训教材。书中介绍的方法亦可为从事可靠性试验及相关研究工作的专业设计及可靠性工程人员提供参考。

图书在版编目(CIP)数据

可靠性试验技术 / 王晓红等编著. -- 2 版. -- 北京 :
北京航空航天大学出版社,2022.3

ISBN 978 - 7 - 5124 - 3716 - 6

Ⅰ. ①可… Ⅱ. ①王… Ⅲ. ①可靠性试验 Ⅳ.
①TB302

中国版本图书馆 CIP 数据核字(2022)第 006278 号

可靠性试验技术(第 2 版)

王晓红 等编著

策划编辑 蔡 喆 责任编辑 刘晓明

*

北京航空航天大学出版社出版发行

北京市海淀区学院路 37 号(邮编 100191) http://www.buaapress.com.cn
发行部电话:(010)82317024 传真:(010)82328026
读者信箱:goodtextbook@126.com 邮购电话:(010)82316936
涿州市新华印刷有限公司印装 各地书店经销

*

开本:787×1 092 1/16 印张:21.75 字数:557 千字
2022 年 6 月第 2 版 2022 年 6 月第 1 次印刷 印数:2 000 册
ISBN 978 - 7 - 5124 - 3716 - 6 定价:69.00 元

飞行器质量与可靠性专业系列教材

序

  1985 年国防科技界与教育界著名专家杨为民教授创建了国内首个可靠性方向本科专业，翻开了我国可靠性工程专业人才培养的篇章。2006 年在北京航空航天大学的积极申请和原国防科工委的支持与推动下，教育部批准将质量与可靠性工程专业正式增列入本科专业教育目录。2008 年该专业入选国防紧缺专业和北京市特色专业建设点。2012 年教育部进行本科专业目录修订，将专业名称改为飞行器质量与可靠性专业（属航空航天类）。2019 年该专业获批教育部省级一流本科专业建设点。

  当今在实施质量强国战略的过程中，以航空航天为代表的高技术产品领域对可靠性专业人才的需求越发迫切。为适应这种形势，我们组织长期从事质量与可靠性专业教学的一线教师编写了这套"飞行器质量与可靠性专业系列教材"。本系列教材在系统总结并全面展现质量与可靠性专业人才培养经验的基础上，注重吸收质量与可靠性基础理论的前沿研究成果和工程应用的长期实践经验，涵盖质量工程与技术，可靠性设计、分析、试验、评估，产品故障监测与环境适应性等方面的专业知识。

  本系列教材是一套理论方法与工程技术并重的教材，不仅可作为质量与可靠性相关本科专业的教学用书，也可作为其他工科专业本科生、研究生以及广大工程技术和管理人员学习质量与可靠性知识的工具书。我们希望这套教材的出版能够助力我国质量与可靠性专业的人才培养取得更大成绩。

编委会

2019 年 12 月

第 2 版前言

本书是在北京航空航天大学出版社 2012 年出版的普通高校"十二五"规划教材《可靠性试验技术》的基础上修订而成的。本书在上一版的基础上对可靠性试验技术基本理论近 10 多年的发展,以及近 40 年形成的科学理论方法、作为一门试验技术的实施方法及相关的标准体系进行了系统的论述。在这一版的编撰过程中,除对整个理论体系进行了更为清晰的梳理以外,还对近年日趋发展成熟的一些新方法进行了深入的阐述,并给出应用案例供读者参考。作为教材,这一版每一章中都增加了配套的习题并补充了书后所列的参考文献,以便读者拓展阅读。

本书由王晓红、王立志、姜同敏、袁宏杰共同编著完成。其中第 1 章由王晓红负责编写,主要介绍可靠性试验的基本概念、可靠性设计分析的相关内容、可靠性试验技术的理论基础、可靠性试验的工程地位以及发展前景,重点是可靠性试验的目的及分类;第 2 章由王晓红、袁宏杰负责编写,主要介绍可靠性试验的试验条件、试验剖面及故障判据,以及基于实测数据的可靠性试验剖面设计方法等;第 3 章由姜同敏、王晓红负责编写,简要介绍了可靠性试验的通用实施方法;第 4 章由王晓红负责编写,主要介绍可靠性增长摸底试验和可靠性强化试验,重点是可靠性强化试验及基于可靠性强化试验结果的故障分析和设计改进;第 5 章由王晓红负责编写,主要介绍可靠性增长及可靠性增长试验的概念、常用的可靠性增长模型、可靠性增长试验方法、可靠性增长试验过程跟踪及试验结果评估等,重点介绍 Duane 模型、AMSAA 模型及其相关的试验以及统计评价理论体系;第 6 章由姜同敏、王晓红负责编写,主要介绍产品寿命分布及统计试验方案,并分别介绍了指数分布统计试验方案以及二项分布统计试验方案;第 7 章由王晓红负责编写,主要介绍环境应力筛选的概念、筛选方案的制定方法、常规筛选方法以及高加速应力筛选方法等,重点是高加速应力筛选;第 8 章由王晓红负责编写,介绍了外场可靠性试验的特点、适用对象及方法,并给出案例;第 9 章由王立志负责编写,主要介绍寿命试验、加速试验、加速模型、加速寿命试验及加速退化试验等;第 10 章由王立志负责编写,概述了多源信息融合的基本方法,分别介绍了多源相容信息、非相容信息、单样本多阶段信息及不同类型试验信息的融合方法并给出应用案例。全书由王晓红进行统稿及定稿。

　　参与本书编写及校对工作的博士研究生和硕士研究生有：范文慧、张源、李世祥、孙玉胜、赵雪娇、林逸群、曹中正、孔令豪、郭洪洲、王雨情等。在此，对各位同学的辛勤付出表示衷心的感谢！

　　本书是编写组在总结多年教学实践、理论研究和工程应用成果的基础上编写而成的。由于作者水平有限，书中难免有错误及不当之处，恳请读者批评指正。

作　者

2022 年 3 月

第 1 版前言

可靠性试验技术是"质量与可靠性"、"系统工程"和"武器系统与运用工程"这些学科重要的组成部分。该技术是一门多学科交叉而发展起来的新技术,本书旨在对可靠性试验技术基本理论及其 30 年来的发展历程、形成的科学理论体系以及作为一门试验技术的实施方法及相关的标准体系进行系统的论述。

本书对传统的可靠性试验方法进行深入的剖析和阐述,是一本实用的可靠性试验工具书,可作为研究生、本科生的专业课教材及培训教材,同时,也可作为工程应用中可靠性试验方案设计的实用、便捷的技术指南;书中介绍的方法亦可为从事可靠性试验及相关研究工作的专业设计及可靠性工程人员提供有益的帮助。

作为教材,本书还对目前可靠性试验技术领域的新思想、新方法以及作者自身的一些研究成果进行了介绍,并介绍了先进的加速试验技术。

本书的主要内容有:概述、可靠性试验基本原理与要素、可靠性试验的实施过程、环境应力筛选、可靠性研制试验、可靠性验证试验、可靠性增长试验、加速寿命试验和加速退化试验、外场可靠性试验等。

本书第 1 章由王晓红编写,主要介绍可靠性作为一种质量特性的重要性及其相关概念、可靠性设计分析相关内容以及可靠性试验技术的理论基础,重点是可靠性试验的目的及分类;第 2 章由王晓红、袁宏杰编写,主要介绍可靠性试验的试验条件、试验剖面及故障判据以及基于实测数据的可靠性试验剖面设计方法等;第 3 章由姜同敏、王晓红编写,主要介绍试验场所的选取原则、试验的组织实施,以及对试验件的要求、仪器设备的要求、检测要求、可靠性试验的流程、试验剖面设计的方法及先进的实测数据处理方法等,是本书的具体实践环节;第 4 章由王晓红、姜同敏编写,主要介绍环境应力筛选的概念、筛选方案的制定方法、环境应力筛选效果的对比分析、常规筛选方法以及高加速应力筛选方法等;第 5 章由王晓红编写,主要介绍可靠性增长摸底试验和可靠性强化试验;第 6 章由姜同敏编写,主要介绍可靠性验证试验的概念、统计试验方案设计方法以及相关的国家军用标准的使用等,重点为指数分布抽样方案;第 7 章由王晓红编写,主要介绍可靠性增长及可靠性增长试验的概念、增长模型及可靠性增长试验方法、增长试验过程跟踪及试验结果评估等,重点介绍 Duane 模型、AMSAA 模型及其相关的试验及统计评价理论体系;第 8 章由李晓阳编写,主要介绍加速试验的概念,并分别介绍了 ALT 的加速模型、试验方法、指数分布加速寿命试验的统计分析和 ADT 性能退化模型、恒定应力加速退化试验统计分析等；第 9 章由王晓红编写，只对外场可靠性试验做简要介绍，不对理论方法展开深入论述。全书由王晓红进行统稿，最终由姜同敏定稿。

　　本书是编写组在总结多年教学实践、理论研究和工程应用的基础上编写而成的。由于作者水平有限，书中难免有错误及不当之处，敬请读者批评指正。

作　者

2012 年 4 月

目　　录

第1章　概　述 ··· 1

　1.1　引　言 ··· 1

　　1.1.1　可靠性试验的基本概念 ·· 1

　　1.1.2　可靠性设计分析的相关工作内容 ·· 1

　　1.1.3　可靠性试验技术的理论基础 ··· 2

　　1.1.4　可靠性试验在现代可靠性工程中的地位 ··································· 12

　　1.1.5　可靠性试验的发展趋势 ··· 12

　1.2　可靠性试验的目的及其与其他相关试验的关系 ·························· 16

　　1.2.1　可靠性试验的目的 ·· 16

　　1.2.2　可靠性试验与其他相关试验的关系 ·· 16

　1.3　可靠性试验的分类 ·· 18

　　1.3.1　工程试验与统计试验 ·· 18

　　1.3.2　模拟试验与激发试验 ·· 20

　　1.3.3　完全试验、定时截尾试验、定数截尾试验和序贯试验 ·················· 21

　　1.3.4　内场模拟试验和外场试验 ··· 21

　1.4　可靠性试验贯穿产品全寿命周期 ·· 22

　　1.4.1　产品寿命周期的划分 ·· 22

　　1.4.2　各阶段的可靠性试验 ·· 23

　1.5　全书章节分布 ·· 26

　本章习题 ··· 27

第2章　可靠性试验的基本方法与要素 ··· 28

　2.1　可靠性试验的基本方法 ··· 28

　2.2　可靠性试验的要素 ··· 28

　　2.2.1　试验条件及试验应力 ·· 28

　　2.2.2　试验剖面 ·· 33

　　2.2.3　试验方案 ·· 47

　　2.2.4　故障判据 ·· 47

　　2.2.5　性能检测点和检测周期 ··· 49

　2.3　基于实测环境数据的试验剖面设计 ·· 49

　　2.3.1　测量规划 ·· 49

　　2.3.2　实测数据预处理 ··· 50

　　2.3.3　数据分离与检验 ··· 54

2.3.4　时域分析 ……………………………………………………………… 56

2.3.5　频域分析 ……………………………………………………………… 58

2.3.6　数据归纳 ……………………………………………………………… 62

2.3.7　基于实测环境数据的某机载设备试验剖面设计(实例) ………… 66

　本章习题 ……………………………………………………………………… 72

第3章　可靠性试验的实施过程 ………………………………………………… 74

3.1　概　述 ………………………………………………………………………… 74

3.2　可靠性试验前的工作内容 ………………………………………………… 75

2.2.1　试验方案 ……………………………………………………………… 75

3.2.2　试验大纲 ……………………………………………………………… 78

3.2.3　可靠性试验前应进行的准备工作 ………………………………… 79

3.3　可靠性试验的实施要求 …………………………………………………… 85

3.3.1　对受试样品检测的要求 …………………………………………… 85

3.3.2　故障判定及故障处理 ……………………………………………… 86

3.3.3　元器件失效分析 …………………………………………………… 87

3.3.4　预防性维护 ………………………………………………………… 87

3.3.5　试验程序的实施要求 ……………………………………………… 88

3.3.6　试验记录、监督、检查 ……………………………………………… 88

3.3.7　试验中期评审 ……………………………………………………… 88

3.4　可靠性试验后的工作内容 ………………………………………………… 89

3.4.1　试验报告 …………………………………………………………… 89

3.4.2　纠正措施 …………………………………………………………… 89

3.4.3　受试产品的复原 …………………………………………………… 89

3.4.4　试验结果评审 ……………………………………………………… 89

　本章习题 ……………………………………………………………………… 90

第4章　可靠性研制试验 ………………………………………………………… 91

4.1　概　述 ………………………………………………………………………… 91

4.1.1　可靠性研制试验的概念 …………………………………………… 91

4.1.2　可靠性研制试验的特点 …………………………………………… 92

4.1.3　可靠性研制试验的发展 …………………………………………… 93

4.2　可靠性增长摸底试验 ……………………………………………………… 95

4.2.1　概　述 ……………………………………………………………… 95

4.2.2　基本流程 …………………………………………………………… 96

4.2.3　受试产品 …………………………………………………………… 96

4.2.4　试验时机 …………………………………………………………… 97

4.2.5　试验时间的选取原则及依据 ……………………………………… 97

4.2.6　试验剖面 …………………………………………………………… 97

4.2.7　试验方案 ·· 97

4.2.8　实施要点 ·· 98

4.2.9　可靠性增长摸底试验的实施实例 ·· 98

4.3　可靠性强化试验 ··· 100

4.3.1　概　述 ·· 100

4.3.2　试验应力及产品健壮 ·· 103

4.3.3　受试产品 ·· 107

4.3.4　试验方案及样本量要求 ·· 107

4.3.5　应力施加方式及试验剖面(参考) ··· 108

4.3.6　试验实施过程 ·· 114

4.3.7　可靠性强化试验的实施实例 ·· 117

4.3.8　注意事项 ·· 120

4.3.9　基于试验结果的故障分析和设计改进 ·· 120

本章习题 ·· 122

第5章　可靠性增长试验 ·· 123

5.1　可靠性增长概述 ··· 123

5.1.1　可靠性增长的基本概念 ·· 123

5.1.2　可靠性增长的作用和意义 ·· 126

5.2　常用的可靠性增长模型 ·· 128

5.2.1　Duane 模型 ··· 129

5.2.2　AMSAA(Crow)模型 ··· 131

5.2.3　两种可靠性增长模型的对比与选用原则 ······································ 132

5.3　可靠性增长试验概述 ··· 133

5.3.1　可靠性增长试验的一般流程 ·· 133

5.3.2　产品调查及准备工作 ·· 134

5.3.3　可靠性增长目标 ··· 134

5.3.4　可靠性增长计划 ··· 135

5.3.5　可靠性增长试验大纲和试验程序 ·· 138

5.3.6　可靠性增长试验的跟踪 ·· 138

5.3.7　可靠性增长预测 ··· 155

5.3.8　可靠性增长试验的结束 ·· 159

5.3.9　多台产品可靠性增长试验 ·· 160

本章习题 ·· 160

第6章　可靠性验证试验 ·· 161

6.1　概　述 ··· 161

6.2　统计试验方案基础 ·· 162

6.2.1　统计试验方案中的有关概念和参数 ·· 162

　　6.2.2　抽样特性曲线及抽样风险 ………………………………………… 163

　6.3　指数分布统计试验方案 ……………………………………………… 164

　　6.3.1　定时截尾抽样方案 ………………………………………………… 164

　　6.3.2　定数截尾抽样方案 ………………………………………………… 176

　　6.3.3　序贯截尾抽样方案 ………………………………………………… 178

　　6.3.4　全数试验方案 ……………………………………………………… 190

　6.4　二项分布统计试验方案 ……………………………………………… 190

　　6.4.1　定数截尾抽样方案 ………………………………………………… 191

　　6.4.2　序贯截尾抽样方案 ………………………………………………… 194

　6.5　可靠性验证试验的一般流程 ………………………………………… 198

　　6.5.1　可靠性鉴定与验收试验前准备阶段 ……………………………… 198

　　6.5.2　可靠性鉴定与验收试验运行阶段 ………………………………… 200

　　6.5.3　可靠性鉴定与验收试验后总结阶段 ……………………………… 200

　本章习题 ……………………………………………………………………… 201

第 7 章　环境应力筛选 ……………………………………………………… 202

　7.1　概　述 ………………………………………………………………… 202

　　7.1.1　基本概念 …………………………………………………………… 202

　　7.1.2　环境应力筛选的发展 ……………………………………………… 202

　　7.1.3　环境应力筛选的基本特性 ………………………………………… 204

　　7.1.4　环境应力筛选方案设计时应考虑的主要内容和要求 …………… 204

　　7.1.5　环境应力筛选与其他可靠性试验的关系 ………………………… 205

　7.2　环境应力 ……………………………………………………………… 205

　　7.2.1　典型环境应力筛选效果比较 ……………………………………… 205

　　7.2.2　典型环境应力筛选特性分析 ……………………………………… 207

　7.3　环境应力筛选方法 …………………………………………………… 210

　　7.3.1　常规筛选 …………………………………………………………… 210

　　7.3.2　定量筛选 …………………………………………………………… 211

　　7.3.3　常规筛选和定量筛选的对比与应用 ……………………………… 212

　7.4　环境应力筛选的实施 ………………………………………………… 213

　　7.4.1　一般要求 …………………………………………………………… 213

　　7.4.2　常规筛选大纲的设计 ……………………………………………… 215

　　7.4.3　定量筛选大纲的设计 ……………………………………………… 217

　　7.4.4　常规筛选的局限性 ………………………………………………… 219

　7.5　高加速应力筛选(HASS) …………………………………………… 221

　　7.5.1　概　述 ……………………………………………………………… 221

　　7.5.2　高加速应力筛选的特点 …………………………………………… 222

　　7.5.3　高加速应力筛选适用对象 ………………………………………… 222

　　7.5.4　高加速应力筛选设备 ……………………………………………… 223

　　　7.5.5　高加速应力筛选的原理 ……………………………………………… 223

　　　7.5.6　高加速应力筛选剖面设计方法 ……………………………………… 226

　　　7.5.7　高加速应力筛选示例(某电子控制器高加速应力筛选) …………… 234

　本章习题 ………………………………………………………………………… 237

第8章　外场可靠性试验 ……………………………………………………… 238

　8.1　概　述 ……………………………………………………………………… 238

　　　8.1.1　外场可靠性试验的适用对象 …………………………………………… 238

　　　8.1.2　外场可靠性试验的目的 ………………………………………………… 238

　　　8.1.3　外场可靠性试验的特点 ………………………………………………… 239

　8.2　外场可靠性试验的时机 ……………………………………………………… 240

　8.3　外场可靠性验证试验的实施要求 …………………………………………… 241

　　　8.3.1　技术状态 ………………………………………………………………… 241

　　　8.3.2　试验条件 ………………………………………………………………… 241

　　　8.3.3　试验时间 ………………………………………………………………… 241

　　　8.3.4　验证场地及具体做法 …………………………………………………… 242

　　　8.3.5　测试要求 ………………………………………………………………… 242

　　　8.3.6　外场验证大纲 …………………………………………………………… 242

　　　8.3.7　外场验证计划 …………………………………………………………… 244

　　　8.3.8　验证程序 ………………………………………………………………… 244

　　　8.3.9　评　审 …………………………………………………………………… 244

　　　8.3.10　试验报告 ………………………………………………………………… 245

　8.4　军用飞机外场可靠性验证示例 ……………………………………………… 245

　　　8.4.1　验证的时机 ……………………………………………………………… 245

　　　8.4.2　受试飞机 ………………………………………………………………… 245

　　　8.4.3　样本量 …………………………………………………………………… 245

　　　8.4.4　验证前提条件 …………………………………………………………… 245

　　　8.4.5　试验条件 ………………………………………………………………… 246

　　　8.4.6　组织机构 ………………………………………………………………… 246

　　　8.4.7　信息系统 ………………………………………………………………… 246

　　　8.4.8　预防性维修 ……………………………………………………………… 246

　　　8.4.9　故障判别准则 …………………………………………………………… 246

　　　8.4.10　故障分类 ………………………………………………………………… 247

　　　8.4.11　故障统计 ………………………………………………………………… 247

　　　8.4.12　致命性故障的判别准则与统计 ………………………………………… 248

　　　8.4.13　故障处理 ………………………………………………………………… 248

　　　8.4.14　信息收集 ………………………………………………………………… 249

　　　8.4.15　验证大纲 ………………………………………………………………… 249

　　　8.4.16　验证计划 ………………………………………………………………… 250

8.4.17　验证程序 ……………………………………………………… 250

8.4.18　评　审 ……………………………………………………… 252

8.4.19　试验报告 ……………………………………………………… 252

8.5　其他工程应用案例 ……………………………………………………… 253

8.5.1　月面巡视探测器外场试验地点的选取 ……………………… 253

8.5.2　汽车及其零部件的大气暴露试验 ………………………… 254

8.5.3　测控系统的外场可靠性试验 ……………………………… 256

本章习题 ……………………………………………………………………… 257

第 9 章　寿命试验、加速寿命试验与加速退化试验 …………………………… 258

9.1　寿命试验 ……………………………………………………………… 258

9.1.1　概　述 ……………………………………………………… 258

9.1.2　常规寿命试验方法 …………………………………………… 260

9.1.3　寿命评估方法 ……………………………………………… 265

9.2　加速试验概述 ………………………………………………………… 270

9.2.1　加速试验的定义 ……………………………………………… 270

9.2.2　加速试验的分类 ……………………………………………… 270

9.2.3　加速试验应力施加方式 ……………………………………… 270

9.3　加速模型 ……………………………………………………………… 272

9.3.1　物理加速模型 ………………………………………………… 273

9.3.2　经验加速模型 ………………………………………………… 277

9.3.3　统计加速模型 ………………………………………………… 277

9.3.4　多应力加速模型 ……………………………………………… 278

9.4　加速寿命试验(ALT) ………………………………………………… 280

9.4.1　加速寿命试验方法 …………………………………………… 280

9.4.2　指数分布加速寿命试验统计分析 …………………………… 283

9.5　加速退化试验(ADT) ………………………………………………… 294

9.5.1　性能退化模型 ………………………………………………… 295

9.5.2　加速退化试验统计分析 ……………………………………… 300

本章习题 ……………………………………………………………………… 302

第 10 章　多试验信息的融合与评估方法简介 ………………………………… 303

10.1　概　述 ………………………………………………………………… 303

10.1.1　多试验信息融合的目的 …………………………………… 303

10.1.2　基本理论与方法 …………………………………………… 303

10.2　单样本多试验信息的融合方法 ……………………………………… 309

10.2.1　多变量模型 ………………………………………………… 309

10.2.2　多试验信息的累积折合 …………………………………… 311

10.2.3　方法应用 …………………………………………………… 311

10.3　多试验差异信息的融合方法 ……………………………………… 314

10.3.1　基于修正因子的融合模型 ……………………………… 314

10.3.2　模型参数的推断 ……………………………………… 316

10.3.3　方法应用 ……………………………………………… 318

10.4　多数据类型试验信息的融合方法 ……………………………… 319

10.4.1　多数据类型的融合模型 ………………………………… 319

10.4.2　多类型数据的融合与评估实例 ………………………… 321

10.4.3　方法应用 ……………………………………………… 325

附录　χ^2 分布的上侧分位数($\chi_\alpha^2(f)$)表 ………………………… 327

参考文献 ……………………………………………………………… 329

第1章 概　述

1.1　引　言

1.1.1　可靠性试验的基本概念

可靠性试验是为了了解、评价、分析和提高产品的可靠性而进行的各种试验的总称,旨在暴露产品的缺陷,为提高产品的可靠性提供必要的信息并最终验证产品的可靠性。换句话说,任何与产品故障或故障效应有关的试验都可以认为是可靠性试验。从概念上讲,可靠性试验的范畴很宽,而且它必须充分体现可靠性定义的"三规定"(后面会提到)。随着可靠性工程的发展、试验设备能力水平的发展、人们对可靠性认知水平的提高以及各种先进智能方法在系统工程中的应用,可靠性试验方法将会得到更大的发展,其外延会更加丰富,且能够解决更多的可靠性问题,为更加复杂的系统安全、高质量的运行提供帮助。

究其本质,产品的可靠性是设计、制造出来的,是管理出来的,也是试验出来的,可靠性试验在产品的研制过程中起到至关重要的作用。对于军品而言,保障产品能够达到设计的可靠性要求,目前仍然是可靠性试验的一项重要工作,尤其是可靠性鉴定试验,它是验证产品的可靠性是否达到设计要求并作为产品设计定型的依据之一。

1.1.2　可靠性设计分析的相关工作内容

可靠性设计和可靠性试验是可靠性工程的两大支柱。可靠性试验是建立在可靠性基本理论之上的,我们来回顾一下与可靠性试验相关的可靠性设计分析理论基础[1]:

① 确定装备的可靠性技术指标和技术条件。一般用 MTBF,也可以用可靠度 $R(t)$、故障率等。

② 建立可靠性数学模型。该模型分为串联模型、并联模型、表决模型、旁联模型、桥联模型等。

③ 可靠性预计。在设计阶段对系统可靠性进行定量的估计,是根据类似产品的可靠性数据、系统构成和结构特点、工作环境等因素估计组成系统的部件及系统的可靠性,是一个自下而上、从局部到整体、由小到大的系统综合过程。单元可靠性预计是系统可靠性预计的基础。单元可靠性预计的方法有:相似产品法、评分法、应力分析法和故障率预计法等。

④ 关于可靠性预计及其效果,当前学术界的讨论很多。很多观点认为根据 MIL - HDBK - 217 系列标准的方法进行的可靠性预计结果是错误的,甚至会影响后续的设计决策。美国国家科学院(NAS)在过去的 10 年中研究认为,美军装备不能达到理想的可靠性要求的原因是,过分依赖可靠性预计而不是进行工程设计和分析。笔者的观点是,基于概率的可靠性预计方法本身从理论上讲应该是正确的,错误在于人们在设计过程中过度地依赖可靠性预计的结果,而不是预计过程中的失效率及失效模式。预测的目的不应该仅仅是获得一个可靠性数据,而

应该是为设计提供故障模式和机理的信息,通过改进设计来降低故障风险。如果能够不过度依赖可靠性预计手册,而是仅仅将其作为一个参考值,将注意力更多地集中在应用包括可比系统的使用数据、历史试验数据辅助专家的经验输入的可靠性评估上,将会获得不一样的效果。关于这一点,本书后面还会涉及到。

⑤ 可靠性分配。将使用方提出的以及在装备设计任务书(或合同)中规定的可靠性指标,通过自上而下、由大到小、从整体到局部的分解过程,分配到各系统、分系统及设备。

⑥ 降额设计。电子产品的可靠性对电应力和温度应力比较敏感,电子产品的降额设计就是使元器件或设备所承受的实际工作应力适当低于其额定值,从而达到降低基本故障率、提高使用可靠性的目的。

⑦ 余度设计。它是指系统或设备具有一套以上能完成给定功能的单元,只有当规定的几套单元都发生故障时系统或设备才会丧失功能,从而使系统或设备的任务可靠性得到提高。

⑧ 耐环境设计。其包括环境条件的分析和调查、各类应力的分析和估算,以及三防设计、耐振动设计、热设计、耐湿度设计等。

⑨ 电磁兼容设计。电磁兼容性是指系统、分系统、设备在共同的电磁环境中能协调地完成各自功能的共存状态,即设备不会由于处于同一电磁环境中的其他设备的电磁干扰而导致性能降低或故障,也不会由于自身的电磁干扰使处于同一电磁环境中的其他设备产生超出要求的性能下降或故障。电磁兼容设计是对电磁干扰源进行分析,研究其传播途径,采取措施消除或抑制电磁干扰源,减轻电磁干扰的影响。

⑩ 故障模式、影响及危害性分析(FMECA)。它是分析系统中每一个单元所有可能产生的故障模式及其对系统造成的所有可能的影响,并按每一故障模式的严重程度及其发生的概率予以分类的一种归纳方法。

1.1.3 可靠性试验技术的理论基础[2]

1. 可靠性相关函数及其之间的关系

产品在规定的条件下、规定的时间内完成规定功能的概率称为产品的可靠度,也称其为"可靠度函数",描述的是产品功能随时间保持的概率。因此产品的可靠度是时间的函数,一般用 $R(t)$ 表示,定义为

$$R(t)=P(T>t), \quad 0 \leqslant t < \infty \tag{1-1}$$

式中,$R(t)$ 为可靠度函数;T 为产品故障前的工作时间;t 为规定的时间。$R(t)|_{t=0}=1$,$R(t)|_{t=\infty}=0$。

类似地,产品在规定的条件下、规定的时间内不能完成规定功能的概率(即产品在规定的条件下,在时间 t 以前故障的概率)称为"累积故障分布函数",也称为累积失效概率或不可靠度。它也是时间的函数,一般用 $F(t)$ 表示,即

$$F(t)=P(T \leqslant t), \quad 0 \leqslant t < \infty \tag{1-2}$$

关于产品所处的状态,为了研究的方便,一般假定为要么处于正常工作状态,要么处于故障状态。产品发生故障和不发生故障是两个对立的事件,所以有

$$R(t)=1-F(t) \tag{1-3}$$

累积故障分布函数和可靠度函数可以通过大量产品的试验进行估计。

$F(t)$ 是随机变量 t 的分布函数,其密度函数称为"故障密度函数",也称故障概率密度,是

累积故障分布函数 $F(t)$ 的导数。它可以看成在 t 时刻后、一个单位时间内产品故障的概率，记为 $f(t)$，即

$$f(t) = \lim_{\Delta t \to 0} \frac{P(t < T \leqslant t + \Delta t)}{\Delta t} = \frac{\mathrm{d}}{\mathrm{d}t} F(t) \tag{1-4}$$

因此，累积故障分布函数 $F(t)$、可靠度函数 $R(t)$ 和故障密度函数 $f(t)$ 三者之间的关系如图 1-1 所示。

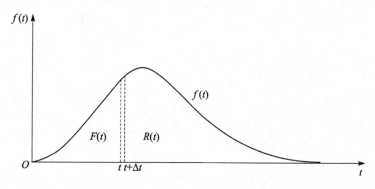

图 1-1 $F(t)$、$R(t)$ 和 $f(t)$ 关系图

人们往往更加关心在某一时刻 t 未发生故障的产品，在下一时刻 $t + \Delta t$ 是否还能正常工作，也即 $t + \Delta t$ 时刻发生故障的概率是多少。因此，另外构造一个函数，用来描述工作到某时刻尚未发生故障（失效）的产品，在该时刻后、单位时间内发生故障（失效）的概率，称为产品的故障（失效）率，也称瞬时故障（失效）率。故障率一般用 $\lambda(t)$ 表示：

$$\lambda(t) = \lim_{\Delta t \to 0} \frac{P(t < T \leqslant t + \Delta t \mid T > t)}{\Delta t}$$
$$= \lim_{\Delta t \to 0} \frac{P(t < T \leqslant t + \Delta t)}{\Delta t P(T > t)} = \frac{f(t)}{P(T > t)} = \frac{f(t)}{R(t)} \tag{1-5}$$

$f(t)$ 是对产品发生故障的总速度的量度，$\lambda(t)$ 是对故障的瞬时速度的量度；$f(t)$ 是非条件概率密度，$\lambda(t)$ 是条件概率密度。

那么，可靠度函数 $R(t)$ 与故障率函数 $\lambda(t)$ 的关系如下：

$$\lambda(t) = \frac{f(t)}{R(t)} = \frac{\dfrac{\mathrm{d}}{\mathrm{d}t} F(t)}{R(t)} = \frac{-\dfrac{\mathrm{d}}{\mathrm{d}t} R(t)}{R(t)} = -\frac{\mathrm{d}}{\mathrm{d}t} \ln R(t) \tag{1-6}$$

$$\ln R(t) = -\int_0^t \lambda(\xi) \mathrm{d}\xi \tag{1-7}$$

$$R(t) = \exp\left[-\int_0^t \lambda(\xi) \mathrm{d}\xi\right] \tag{1-8}$$

$$f(t) = \lambda(t) \exp\left[-\int_0^t \lambda(\xi) \mathrm{d}\xi\right] \tag{1-9}$$

式中，$R(0) = 1$，$R(\infty) = 0$，$F(0) = 0$，$F(\infty) = 1$。

2. 典型故障率函数

在规定条件下，产品从开始使用到规定报废时的总工作时间或日历持续时间称为产品的寿命（也称总寿命）。通过对大量不同类型产品故障数据的研究表明，$\lambda(t)$ 随着寿命时间的增

加,明显地分为三个阶段。阶段 I 对应于早期故障,故障率从高值逐渐下降;阶段 II 对应于产品的有效寿命,也称偶然故障区,故障率接近常数;阶段 III 对应于耗损期,在这段时期,产品由于老化、磨损、疲劳等原因,故障率呈快速上升趋势,因此,若能在这个时期到来之前发现并修复产品的故障,就可以将产品的故障率降下来,并延长产品的寿命。故障率 $\lambda(t)$ 的典型图形如图 1-2 所示,曲线形如浴盆,所以称为浴盆曲线(bath-tub curve)。

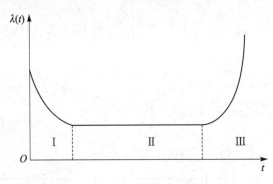

图 1-2 浴盆曲线

当故障分布服从这种规律时,可用威布尔分布来表示故障率曲线:

$$\lambda(t) = \lambda t^{\beta-1} \tag{1-10}$$

当 $\beta < 1$ 时,$\lambda(t)$ 呈下降趋势,对应于区域 I;当 $\beta = 1$ 时,$\lambda(t) = \lambda$,为常数,对应于区域 II;当 $\beta > 1$ 时,$\lambda(t)$ 呈上升趋势,对应于区域 III。有

$$R(t) = e^{-\lambda t} \tag{1-11}$$

$$F(t) = 1 - e^{-\lambda t} \tag{1-12}$$

$$f(t) = \lambda e^{-\lambda t} \tag{1-13}$$

显然,当故障率为常数时,即在产品的有效寿命期间,寿命服从指数分布。对于寿命服从指数分布的产品,若元件在 S 时间以前可靠工作,则在 $S+t$ 期间仍然正常工作的概率等于元件在时刻 t 正常工作的概率:

$$P(T > S+t \mid T > S) = \frac{P(T > S+t)}{P(T > S)} = \frac{e^{-\lambda(S+t)}}{e^{-\lambda S}} = e^{-\lambda t} = P(T > t) \tag{1-14}$$

其与过去的工作时间 S 无关,这种特点称为无记忆性,只有指数分布具有这种特点。理论上可以证明:一个由若干组成部分构成的产品,不论组成部分故障是什么分布,只要出故障后即予维修,修后如新,则较长时间后,产品的故障分布就渐近于指数分布。

3. 累积故障函数和平均故障函数

累积故障函数 $\Lambda(t)$ 为故障率函数 $\lambda(t)$ 在 $(0,t)$ 上的积分,即

$$\Lambda(t) = \int_0^t \lambda(\xi) \, d\xi = -\ln R(t) \tag{1-15}$$

在时间段 (t_1, t_2) 间的平均故障率(Average Failure Rate,AFR)定义为

$$\text{AFR}(t_1, t_2) = \frac{1}{t_2 - t_1} \int_{t_1}^{t_2} \lambda(\xi) \, d\xi = \frac{\Lambda(t_2) - \Lambda(t_1)}{t_2 - t_1} \tag{1-16}$$

AFR 可用来描述一个元件在有效寿命期间的故障率特性。对于寿命满足指数分布的产品,因为 $\lambda(t) = \lambda$,因此有

$$\Lambda(t) = \int_0^t \lambda(\xi)\mathrm{d}\xi = \lambda t \tag{1-17}$$

$$\mathrm{AFR}(t_1, t_2) = \frac{1}{t_2 - t_1}\lambda(t_2 - t_1) = \lambda \tag{1-18}$$

这说明,对于寿命服从指数分布的产品,其累积故障率等于故障率乘以累积时间;而平均故障率为常数。

4. 可靠性常用的概率分布

用概率论模型来对产品进行可靠性分析是用数理统计的方法进行的。一个产品在使用过程中,何时发生故障,其工作时间多长,都是未知的,因此其故障前的工作时间和产品经过修复后的工作时间都是未知的。对于不可修产品而言,其故障前的工作时间称为寿命;对于可修产品,感兴趣的是故障间的工作时间,例如平均故障间隔时间(MTBF),也将它称为平均寿命。产品的寿命取决于设计与制造过程中对其功能、结构、原材料等的选择及质量控制过程中各种随机因素的影响。它是一个服从一定统计规律的随机变量,一般用寿命的分布函数(也称累积分布函数)来描述。

从可靠性试验中得到的数据,是从某批产品(总体)中得到的一个样本,用统计推断的理论,可以判断出产品的寿命分布,得到累积分布函数。由此可计算产品的可靠性参数,如可靠度、故障率、概率密度函数,以及各种寿命特征量,如平均寿命、可靠寿命、特征寿命和使用寿命。

产品的失效分布是指其失效概率密度函数或累积失效概率函数,它与可靠性特征量有着密切的关系。如已知产品的失效分布函数,则可求出可靠度函数、失效率函数和寿命特征量。即使不知道具体的分布函数,但如果已知失效分布的类型,也可以通过对分布的参数估计求得某些可靠性特征量的估计值。

(1) 二项分布

二项分布满足以下基本假设:

① 试验次数 n 是一定的;

② 每次试验的结果只有两种:成功或失败。成功的概率为 p,失败的概率为 q,显然 $p+q=1$;

③ 对于每一次试验,成功和失败的概率是不变的,即 p 和 q 为常数;

④ 所有试验都是相对独立的。

二项分布广泛应用于可靠性和质量控制领域,比如产品的抽样检验、一次性使用产品(如火工品、火箭、导弹)的可靠性数据分析等。

对于成败型产品,如果一次试验中产品失败的概率为 p,进行 n 次独立重复的试验,其中失败 r 次($s=n-r$ 是成功次数),用随机变量 X 表示失败次数,其发生概率用参数为(n, p)的二项分布表示:

$$P(X = x) = \mathrm{C}_n^x p^x (1-p)^{n-x} \tag{1-19}$$

则失败次数小于或等于某值 r 的累积分布函数为

$$F(r) = F(X \leqslant r) = \sum_{i=0}^r \mathrm{C}_n^i p^i (1-p)^{n-i} \tag{1-20}$$

由于失败与成功为对立事件,故产品一次试验中的成功率 $R=1-p$;同样,可用二项分布

计算 n 次试验中成功次数小于或等于某值 s 的累积概率,即

$$F(s) = F(X \leqslant s) = \sum_{i=0}^{s} C_n^i R^i (1-R)^{n-i} \qquad (1-21)$$

二项分布的均值和方差分别为

$$E(x) = np, \quad var(X) = np(1-p) \qquad (1-22)$$

假如产品进入耗损故障期,故障率是上升的,则在耗损故障期的初期,寿命可用正态分布来近似描述。尽管也可用威布尔分布来描述,但用正态分布处理在统计上要简便得多。

由于指数分布假设是一种比较保守的假设,因此,除非有充分的分析依据或工程鉴定证明应选非指数分布,一般假设产品的寿命为指数分布。如产品的可靠性试验是成败型,则产品的寿命为二项分布。

(2) 指数分布

在可靠性理论中,指数分布是最基本、最常用的分布。指数分布寿命的失效率为常数。很多电子设备在早期故障期之后及耗损故障期之前,产品的故障率基本上是稳定的。即使是一个复杂的系统,只要定期进行预防性维修,产品出故障后即予修复,在一定时间后,产品的寿命亦可证明渐近于指数分布。

指数分布的密度函数有两种表达形式:

$$f(t) = \lambda e^{-\lambda t}, \quad f(t) = \frac{1}{\theta} e^{-t/\theta} \qquad (1-23)$$

两个表达式的实质相同,参数 λ 和 θ 的关系为 $\lambda = 1/\theta$,其中,λ 为指数分布的失效率,θ 为指数分布的平均寿命。相应的指数分布函数的两种形式为

$$F(t) = 1 - e^{-\lambda t}, \quad F(t) = 1 - e^{-t/\theta} \qquad (1-24)$$

指数分布的可靠度函数为

$$R(t) = 1 - F(t) = e^{-\lambda t}, \quad R(t) = 1 - F(t) = e^{-t/\theta} \qquad (1-25)$$

而失效率为

$$\lambda(t) = \frac{f(t)}{R(t)} = \frac{\lambda e^{-\lambda t}}{e^{-\lambda t}} = \lambda \qquad (1-26)$$

指数分布的均值和方差分别为 $E(T) = 1/\lambda = \theta$ 和 $var(T) = 1/\lambda^2 = \theta^2$。由此可知,指数分布的失效率 $\lambda = 1/\theta$ 是一个与时间无关的常数,可以用来描述浴盆曲线的盆底段。

可靠寿命:$t(R) = \dfrac{1}{\lambda} \ln \dfrac{1}{R}$;

中位寿命:$t(0.5) = \dfrac{1}{\lambda} \ln 2 = \theta \ln 2$;

特征寿命:$t(e^{-1}) = \dfrac{1}{\lambda} = \theta$。

(3) 正态分布

正态分布在数理统计学中是一个最基本的分布,在可靠性技术中也经常用到它,如材料强度、磨损寿命、疲劳失效、同一批晶体管放大倍数的波动或寿命波动等都可看作或近似看作正态分布;在电子元器件可靠性的计算中,正态分布主要用于元器件耗损和工作时间延长引起的失效分布,用来预测或估计可靠度有足够的精确性。

正态分布的失效密度函数为

$$f(t) = \frac{1}{\sqrt{2\pi}\sigma} e^{-\frac{1}{2}\left(\frac{t-\mu}{\sigma}\right)^2}, \quad -\infty < \mu < \infty, \quad 0 < \sigma < \infty \tag{1-27}$$

失效分布函数为

$$F(t) = \int_{-\infty}^{t} \frac{1}{\sqrt{2\pi}\sigma} e^{-\frac{1}{2}\left(\frac{x-\mu}{\sigma}\right)^2} \mathrm{d}x \tag{1-28}$$

经过标准化后为

$$F(t) = \int_{-\infty}^{\frac{t-\mu}{\sigma}} \frac{1}{\sqrt{2\pi}} e^{-\frac{1}{2}x^2} \mathrm{d}x = \Phi\left(\frac{t-\mu}{\sigma}\right) \tag{1-29}$$

正态分布的均值和标准差分别为 μ 和 σ。

正态分布的可靠度函数表示为

$$R(t) = \int_{\frac{t-\mu}{\sigma}}^{+\infty} \frac{1}{\sqrt{2\pi}} e^{-\frac{1}{2}x^2} \mathrm{d}x = 1 - \Phi\left(\frac{t-\mu}{\sigma}\right) \tag{1-30}$$

失效率函数为

$$\lambda(t) = \frac{f(t)}{R(t)} = \frac{\dfrac{1}{\sqrt{2\pi}\sigma} e^{-\frac{1}{2}\left(\frac{t-\mu}{\sigma}\right)^2}}{\displaystyle\int_{\frac{t-\mu}{\sigma}}^{+\infty} \frac{1}{\sqrt{2\pi}} e^{-\frac{1}{2}x^2} \mathrm{d}x} = \frac{\dfrac{1}{\sigma}\varphi\left(\dfrac{t-\mu}{\sigma}\right)}{1 - \Phi\left(\dfrac{t-\mu}{\sigma}\right)} \tag{1-31}$$

式中，φ 与 Φ 分别是标准正态分布的分布函数和密度函数。

可靠寿命：$t(R) = \mu + \sigma \cdot u_R$，其中 u_R 是标准正态分布的 R 分位点。

中位寿命：$t(0.5) = \mu$。

典型的 $f(t)$ 及 $F(t)$ 曲线见图 1-3，σ 越大，$f(t)$ 曲线越平；反之，$f(t)$ 曲线越陡。μ 变化使曲线沿 x 轴移动。

如果随机变量 x 服从均值为 μ，标准差为 σ 的正态分布，那么根据密度函数的性质，查标准正态分布曲线面积值可得 $P(\mu-\sigma \leqslant x \leqslant \mu+\sigma) = 0.682\ 6$，$P(\mu-2\sigma \leqslant x \leqslant \mu+2\sigma) = 0.954\ 4$，$P(\mu-3\sigma \leqslant x \leqslant \mu+3\sigma) = 0.997\ 2$。

可见，服从均值为 μ，标准差为 σ 的正态分布的随机变量落在 $\pm 3\sigma$ 之间的概率很高，因此 $\pm 3\sigma$ 以外就不必考虑了。

（4）威布尔分布

在可靠性理论中，威布尔分布是适用范围较广的一种分布。它能全面描述浴盆失效率曲线的各个阶段。当威布尔分布中的参数不同时，它可以蜕化为指数分布、正态分布等。大量实践说明，凡是因为某一局部失效或故障所引起的全局机能停止运行的元件、器件、设备、系统等的寿命都服从威布尔分布，特别在研究金属材料的疲劳寿命，如疲劳失效、轴承失效时，都服从威布尔分布。

威布尔分布的失效密度函数：

$$f(t) = \frac{m}{t_0}(t-\gamma)^{m-1} e^{-(t-\gamma)^m/t_0} \tag{1-32}$$

失效分布函数：

$$F(t) = 1 - e^{-(t-\gamma)^m/t_0} \tag{1-33}$$

失效率函数：

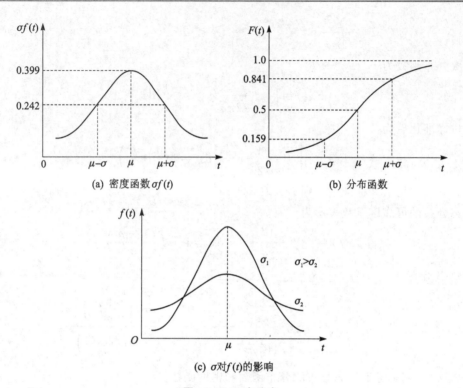

(a) 密度函数 $\sigma f(t)$　　　　　　(b) 分布函数

(c) σ 对 $f(t)$ 的影响

图 1 - 3　正态分布

$$\lambda(t) = \frac{m}{t_0}(t - \gamma)^{m-1} \tag{1-34}$$

设 $t_0 = \eta^m$,则上述三式可写成

$$f(t) = \frac{m}{\eta}\left(\frac{t - \gamma}{\eta}\right)^{m-1} e^{-\left(\frac{t-\gamma}{\eta}\right)^m} \tag{1-35}$$

$$F(t) = 1 - e^{-[(t-\gamma)/\eta]^m} \tag{1-36}$$

$$\lambda(t) = \frac{m}{\eta^m}(t - \gamma)^{m-1} \tag{1-37}$$

威布尔分布的参数有 3 个,m 为形状参数,t_0 为尺度参数,γ 为位置参数。当 t_0 用 η^m 代替时,η 称为特征寿命或真尺度参数。

平均失效率和可靠度函数分别为

$$\bar{\lambda}(t) = \frac{(t - \gamma)^{m-1}}{\eta^m} = \frac{1}{m}\lambda(t) \tag{1-38}$$

$$R(t) = e^{-(t-\gamma)^m/t_0}, \quad R(t) = e^{-[(t-\gamma)/\eta]^m} \tag{1-39}$$

当 $\gamma = 0$ 时,称其为两参数威布尔分布。

威布尔分布的平均寿命为

$$E(\xi) = \theta = \gamma + \eta\Gamma(1 + 1/m) \tag{1-40}$$

式中,$\Gamma(1+1/m)$ 为 Γ 函数。其寿命的方差为

$$\text{var}(\xi) = \sigma^2 = \eta^2\left[\Gamma(1 + 2/m) - \Gamma^2(1 + 1/m)\right] \tag{1-41}$$

可靠寿命:$t(R) = \gamma + \eta(-\ln R)^{1/m}$;

中位寿命：$t(0.5) = \gamma + \eta(\ln 2)^{1/m}$；

特征寿命：$t(e^{-1}) = \gamma + \eta$。

（5）对数正态分布

在可靠性理论中，对数正态分布用于由裂痕扩展而引起的失效分布，如疲劳、腐蚀失效；此外，也用于恒应力加速寿命试验后对样品失效时间进行的统计分析。

若寿命 ξ 的对数 $\ln \xi$ 服从正态分布，则称 ξ 服从对数正态分布，即 $X = \ln t \sim N(\mu, \sigma^2)$，那么，对数正态分布的失效密度函数为

$$f(t) = \frac{1}{\sigma t \sqrt{2\pi}} e^{-\frac{1}{2}\left(\frac{\ln t - \mu}{\sigma}\right)^2} \qquad (1-42)$$

其失效分布函数为

$$F(t) = \int_0^t \frac{1}{\sqrt{2\pi}\sigma x} e^{-\frac{1}{2}\left(\frac{\ln x - \mu}{\sigma}\right)^2} \mathrm{d}x = \Phi\left(\frac{\ln t - \mu}{\sigma}\right) \qquad (1-43)$$

对数正态分布的两个参数中，μ 为对数均值，σ^2 为对数方差，其可靠度函数和失效率分别为

$$R(t) = 1 - F(t) = 1 - \Phi\left(\frac{\ln t - \mu}{\sigma}\right) \qquad (1-44)$$

$$\lambda(t) = \frac{f(t)}{R(t)} = \frac{\frac{1}{\sigma t}\varphi\left(\frac{\ln t - \mu}{\sigma}\right)}{1 - \Phi\left(\frac{\ln t - \mu}{\sigma}\right)} \qquad (1-45)$$

对数正态分布的平均寿命和方差分别为

$$\theta = E(\xi) = e^{\mu + \frac{\sigma^2}{2}}, \quad \sigma'^2 = \theta^2(e^{\sigma^2} - 1)$$

注意 σ' 是对数正态分布的标准差，而参数 σ 不是其标准差。

以上可靠性常用分布函数如表 1-1 所列。

表 1-1　可靠性常用分布函数

类别	概率密度函数	概率分布函数	故障率函数	可靠度函数
指数分布	$f(t) = \lambda e^{-\lambda t}$	$F(t) = 1 - e^{-\lambda t}$	$\lambda(t) = \lambda$	$R(t) = e^{-\lambda t}$
正态分布	$f(t) = \frac{1}{\sigma\sqrt{2\pi}}\exp\left[-\frac{(t-\mu)^2}{2\sigma^2}\right]$	$F(t) = \frac{1}{\sigma\sqrt{2\pi}}\int_{-\infty}^t \exp\left[-\frac{(\xi-\mu)^2}{2\sigma^2}\right]\mathrm{d}\xi$	$\lambda(t) = \dfrac{\frac{1}{\sigma\sqrt{2\pi}}e^{-\frac{1}{2}\left(\frac{t-\mu}{\sigma}\right)^2}}{\frac{1}{\sigma\sqrt{2\pi}}\int_t^\infty e^{-\frac{1}{2}\left(\frac{t-\mu}{\sigma}\right)^2}\mathrm{d}t}$	$R(t) = \dfrac{1}{\sigma\sqrt{2\pi}}\int_t^\infty e^{-\frac{1}{2}\left(\frac{t-\mu}{\sigma}\right)^2}\mathrm{d}t$
威布尔分布	$f(t) = \frac{\beta t^{\beta-1}}{\alpha^\beta}\exp\left[-\left(\frac{t}{\alpha}\right)^\beta\right]$	$F(t) = 1 - \exp\left[-\left(\frac{t}{\alpha}\right)^\beta\right]$	$\lambda(t) = \frac{\beta t^{\beta-1}}{\alpha^\beta}$	$R(t) = \exp\left[-\left(\frac{t}{\alpha}\right)^\beta\right]$
对数正态分布	$f(t) = \frac{1}{t\sigma\sqrt{2\pi}}\exp\left[-\frac{(\ln t-\mu)^2}{2\sigma^2}\right]$	$F(t) = \frac{1}{\sigma\sqrt{2\pi}}\int_0^t\frac{1}{\xi}\exp\left[-\frac{(\ln\xi-\mu)^2}{2\sigma^2}\right]\mathrm{d}\xi$	$\lambda(t) = \dfrac{\varphi\left(\frac{\ln t-\mu}{\sigma}\right)(t\sigma)^{-1}}{1-\Phi\left(\frac{\ln t-\mu}{\sigma}\right)}$	$R(t) = 1 - \Phi\left(\frac{\ln t-\mu}{\sigma}\right)$
二项分布	累积分布函数：$P(k\leqslant r) = \sum\limits_{k=0}^r C_n^k p^k q^{n-k}$，$\sum\limits_{k=0}^n P(X=k) = \sum\limits_{k=0}^n C_n^k p^k q^{n-k} = 1$			

5. 可靠性度量标准

传统的可靠性工程方法侧重于基于时间的定量可靠性预测。可靠性中使用最广泛的指标是可修复系统的"平均无故障时间"(MTBF)和不可修复系统的"平均无故障时间"(MTTF)。

产品寿命这一连续随机变量的期望值称为平均寿命。对于不可修复系统,系统的平均寿命指系统发生失效前的平均工作(或存储)时间或工作次数,也称为系统在失效前的平均时间,记为 MTTF(Mean Time To Failure),定义为随机变量、出错时间等的"期望值"。但是,MTTF 经常被错误地理解为"能保证的最短的生命周期"。MTTF 的长短,通常与使用周期中的产品有关,其中不包括老化失效。

$$MTTF = \frac{1}{N} \sum_{i=1}^{N_O} T_i \tag{1-46}$$

式中,N_O 为不可修复的产品数。

对于可修复系统,系统的寿命是指两次相邻失效(故障)之间的工作时间,而不是指整个系统的报废时间。平均寿命即是平均无故障时间,也称为系统平均失效间隔,记为 MTBF(Mean Time Between Failures)。MTBF 是平均故障间隔时间,是衡量一个产品可靠性的指标,单位为"小时"。它反映了产品的时间质量,是体现产品在规定时间内保持功能的一种能力。MTBF 是可修复产品可靠性的一种基本参数。它与 MTTF(平均故障前时间)不同。MTTF 指的是产品发生故障前已经使用的时间,不包含维修时间,而 MTBF 则包含了维修时间。

$$MTBF = \theta = \int_0^{\infty} t f(t) \mathrm{d}t \tag{1-47}$$

MTBF 作为可靠性工程领域中最丰富的度量标准,被用作贯穿产品生命周期的度量,从需求到验证,再到操作评估。但完全以 MTBF 作为可靠性度量的传统做法,并不能反映产品的真实可靠性水平。

历史上,传统的可靠性预测使用这个单一的数字来描述失效率的不同分布。因为它是一个平均数,如果没有更多的信息,就不能很好地理解基于产品使用或使用年限的故障概率。这是一个泛化的统计数据,不应用作定义可靠性设计目标或故障和保修回报现场分析的指标。

如图 1-4 所示,在正态分布下 50% 的样本 MTBF 是小于平均值的,如果我们以等于 MTBF 时间的频率实施维护预防计划,则它将有 50% 的失败概率。

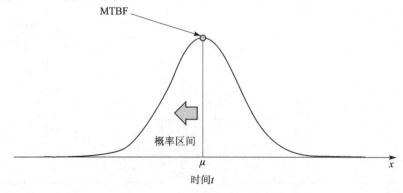

图 1-4　正态分布下的 MTBF

另一方面,实际产品的失效率曲线也不会像前述的理想浴盆曲线那样表示为理想化和简单化的平滑曲线,失效率随时间将会发生相应的变化。

在实际的失效率曲线中,曲线中间部分也将存在很多的故障率峰值。这些峰值可能会延伸到理论分析上的磨合期,这也使得曲线的磨合期部分远远超出了技术规定的范围,而且实际上不会对产品的可靠性产生重大影响。但是,如果没有对构成浴盆曲线中间部分峰值的故障或所谓的使用寿命周期的故障进行详细的根本原因分析,则可能将任何故障率的增加都误认为是系统寿命周期的固有磨合阶段。在失效分析中可以发现,最初看起来是部件磨损模式的原因,实际上可能是由于产品确实受到非正常应力或其他原因造成的故障率升高,相应的这些潜在的故障原因就容易被忽视。

图 1-5 所示为实际情况下的浴盆曲线。

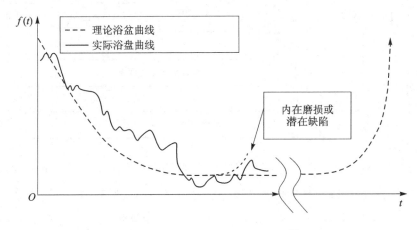

图 1-5 实际情况下的浴盆曲线[3]

这并不是说 MTBF 是一个糟糕的指标,它只是一个不完整的指标;作为一个不完整的指标,它不适合风险知情的决策。而真正的问题则不在于平均无故障时间,而在于故障时间呈指数分布的隐含假设。

在意识到这个问题之后,从真实的失效数据来探讨产品的可靠性而不是仅仅通过理论的假设和推理的思想应运而生,相应地,可靠性试验也逐渐发展了起来。通过对产品各个研制生产阶段进行试验的方法,获取真实的产品失效数据,提前暴露产品设计缺陷,将对产品可靠性的评价提供重要且更加准确可信的依据。但与此同时,由于可靠性试验以获取产品最真实的失效情况为宗旨,而不同的产品失效时间存在差异,可能要经历很长时间才能获取到有效的试验数据。这就关系到试验应力的选择,过低的试验应力会造成试验时间过长,成本增加;而过高的试验应力又会导致产品产生预期之外的失效。这时,HALT(高加速寿命试验)技术对于合理设置可靠性试验方案就起到了至关重要的作用。

HALT 试验中采用的环境应力比常见的加速试验更加严酷。其目前主要应用于产品开发阶段,它能以较短的时间促使产品的设计和工艺缺陷暴露出来,为改进产品设计、提升产品可靠性提供依据。

1.1.4　可靠性试验在现代可靠性工程中的地位

产品生产出来后,其可靠性是否达到定量要求,必须通过可靠性试验予以验证。同时,在设计和生产过程中可能存在各种各样的可靠性缺陷,通过可靠性试验,可以暴露设计、工艺、材料等方面存在的可靠性缺陷,从而采取措施加以改进,使可靠性逐步提高,最终达到预定的可靠性水平。

图1-6所示为可靠性工程工作流程。

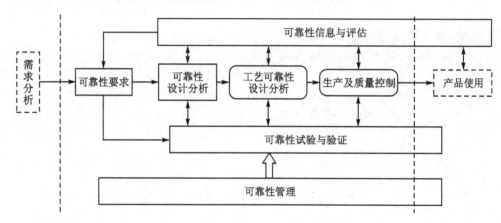

图1-6　可靠性工程工作流程

在研发阶段,对试样进行可靠性测试,找出产品在原材料、结构、工艺、环境适应性等方面存在的问题,经过反复试验而加以改进,以提高产品的可靠性指标。在试生产阶段,当新产品定型后,根据产品技术条件进行鉴定试验,以便全面考核产品是否达到规定的可靠性指标。在生产过程中,监控产品质量的稳定程度(监控原材料质量变差或性能下降以及工艺流程失控)。

总之,可靠性试验贯穿于产品的整个生命周期,是保证产品质量、保证产品各项可靠性指标达到要求的重要手段。通过可靠性试验,可以及时暴露产品各个阶段所潜在的问题,并提出相应的改进措施。可靠性试验在可靠性工程中的地位至关重要。

1.1.5　可靠性试验的发展趋势

传统可靠性试验是围绕着可靠性定义的"三规定"开展的,所以其宗旨是对环境的真实模拟。为了能够实现这一目的,20世纪后期人们对各种环境的综合效应进行了大量研究,研发了大量综合环境试验设备,例如湿度、温度与高度三综合,湿度、温度与噪声三综合,湿度、温度与振动三综合,湿度、温度与光辐射三综合,湿度、高度、温度与振动四综合,湿度、高度、温度、振动与恒加速度五综合。随着人们对可靠性与环境密切关系的深入了解,产品的环境试验与可靠性试验逐渐开始呈现出以下特点:

① 环境的模拟转变为多因素综合环境的模拟,不再是过去单因素的发展;

② 试验从模拟空间环境变为模拟时间-空间过程;

③ 环境模拟技术和激发试验技术并行;

④ 效应模拟和实际使用的环境模拟并行;

⑤ 大力发展力学环境下的多台并激精准模拟技术。

在 20 世纪上半叶,通过上述手段,产品的环境试验与可靠性试验得到极大的发展,一定程度上保证了产品的环境适应性与可靠性,为武器装备整体可靠性的提高做出了重大的贡献。但是,随着经济的发展与科学技术的进步,产品的环境与可靠性试验设备变得更加复杂,试验成本不断增加,试验时间也越来越长,花费大量的人力、物力与财力后得到的产品已经不能满足人们生活的需求,而且随着产品可靠性的普遍提高,简单的模拟方法已经不能快速暴露产品的潜在缺陷,因此人们开始探究产品故障的机理以及如何用有效的手段去激发产品的缺陷,从而探究可靠性试验的新技术及新方法。

以 GJB 450A《装备可靠性工作通用要求》[4] 为例,GJB 450A《装备可靠性工作通用要求》把可靠性试验与评价列为其 5 个工作项目系列中的第 4 个系列(该系列共有 7 个工作项目),如图 1-7 所示。可以看出,相对于 GJB 450 而言,GJB 450A 在工作项目的内容方面增加了可靠性研制试验、可靠性分析评价和寿命试验 3 个工作项目。

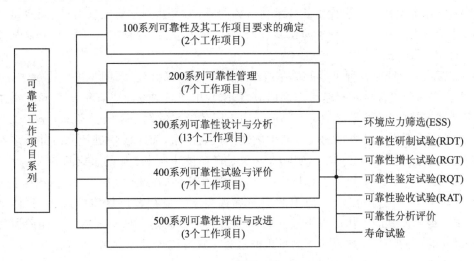

图 1-7　可靠性工作项目

虽然 GJB 450/450A 中规定了各种类型的实验室可靠性试验,但这些试验在我国军用装备研制和生产中尚未得到全面应用,重点进行过的试验有环境应力筛选、可靠性增长试验和可靠性鉴定试验,对于可靠性验收试验则基本没有开展过。由于可靠性研制试验是 GJB 450A 中新规定的工作项目,因此,尚未作为正式试验项目纳入可靠性试验计划中。而在国外,GJB 450A 中规定的试验已被称为传统的试验项目,并认为其已不能适应现代产品研制生产的思路和要求。

第一,实践表明传统可靠性试验的作用是有限的,且随着人们对产品质量和可靠性要求的不断提高,传统的可靠性试验方法已不能适应新的需要。第二,产品市场和竞争的国际化及快速发展趋势和一些重大高成本项目的出现,使要求促进产品设计的观念产生了根本性的变化,即不再像原来按合同或规范要求的环境应力条件设计产品,而是按"技术基本极限",即按最大可能能力设计产品,从而使产品耐应力的实际能力远远超过规范规定或使用中遇到的应力。这一设计思路完全背离了以往的剪裁原则,从而也对传统的试验设计思路和方法提出了挑战。第三,由于现代研制产品所用原材料和元器件质量水平的提高,可靠性快速提高和产品设计技术的快速发展及产品的寿命和可靠性的迅速提高,应用传统的可靠性统计试验来验证新型产品的可靠性指标需要很长的时间和很高的费用,往往难以承受,甚至不太可能;同时,由于民用产品快速的更新换代和军用产品快速研制的需求,迫使人们去寻求一种更为有效的试验方法。实际上,20 世纪中叶,国外就开始将可靠性试验的重点转向快速激发故障的高加速应力试验,并用此对产品进行强化设计。

可以看出,可靠性试验技术的发展初期,起因是由于战争中武器装备的可靠性不高,武器装备的性能直接决定着战场的走向,主要思路是通过模拟实际环境情况,以环境模拟技术为中心来验证武器装备的失效率等指标。在这之后,随着产品复杂度的提高以及试验技术的发展,可靠性试验可以考虑的因素也逐渐增多。这既意味着我们对产品的可靠性评估有着更符合实际情况的判定,但与此同时,复杂的产品和试验也给我们带来了巨大的人力、物力消耗。如果继续遵循传统的可靠性试验方法,想要得到一批复杂产品的可靠性指标将是一件积年累月的工作,甚至无法完成,这对于目前的产品需求来说是完全不符合要求的。针对这个问题,如今的科研人员,在保留传统可靠性试验技术项目的同时,为了达到缩短试验时间、减少试验消耗的目的,开始研发了新的可靠性加速试验技术,如高加速应力筛选试验(HASS)和高加速寿命试验(HALT)。

HALT 是一种针对各种类型的单一或综合环境因素或负载,采用步进应力的方法,依次一步一步使产品经受强度水平越来越高的应力,来找出产品的设计缺陷和薄弱环节,并加以改进,使产品越来越健壮,并最终确定产品耐应力极限的工艺过程。高加速寿命试验的关键是应用高应力来快速地将产品内部的设计和工艺缺陷激发出来,而对故障进行分析并采取纠正措施改进设计,从而使产品更为健壮,实际上它也是产品设计强化工作的组成部分。

HASS 是一种剔除批生产过程中引入产品内潜在缺陷的筛选方法。一般用快速温度循环和随机振动两个应力综合进行,使用的应力远远高于产品规范所规定的应力,具体则根据HALT 试验得到产品的工作应力极限和破坏应力极限来确定。HASS 用于研制阶段经过了HALT 试验的产品,同时,如果对产品批生产过程未进行统计过程控制,因而未达到受控状态或稳定状态,那么所有出厂产品均需进行 HASS。

HALT 和 HASS 这两种试验分别用于研制阶段的改进设计和批生产阶段剔除早期故障。其试验效率较传统的可靠性研制/增长试验和环境应力筛选高得多,并大大节省了研制费用。如 HALT 在发现设计缺陷方面,从传统试验的几周和几个月可缩短到几天或几个小时,而HASS 用于剔除早期故障的时间可从 80~120 h 减少到 1~2 h。

按照国外一些公司的经验,由于 HALT 和 HASS 中的环境应力远远超出规范和使用中实际遇到的应力值,通过 HALT 的产品,可不必进行可靠性鉴定试验。他们认为花费大量时间和费用,不如将这些资源用于进行 HALT,以提高产品的耐应力极限。倘若一定要评估产品的可靠性水平,可以应用短时高风险方案进行验证。因此,随着产品设计思路从满足规范要求向达到技术基本极限的转变,HALT 和 HASS 试验将在一定范围内逐步取代传统的可靠性试验。

至此,可靠性试验的发展方向也就由传统以模拟实际环境为中心的试验方法转向加速应力试验。高可靠长寿命已经成为装备发展,特别是重大装备和重大工程的发展目标和紧迫需求。作为保障装备高可靠长寿命的有效手段,加速试验技术的发展目前备受关注。加速试验技术的研究与应用既能为当前高新装备研制的高可靠长寿命提供应对策略,也将在整体上促进我国可靠性共性技术的全面发展。

加速寿命试验技术已经在武器装备、航空航天和民用机电产品等诸多领域的长寿命问题研究中获得成功应用。西方国家在进行导弹的定寿延寿时广泛应用了加速寿命试验技术。

加速退化试验的理论和方法目前还处于探索阶段,研究时间不长,大多数的研究是针对具体应用问题提出的具体模型和方法,缺少一般性的指导理论和方法,应用研究也主要集中在发光二极管、逻辑集成电路、电源、绝缘体等元器件和材料。随着理论、方法与应用研究的不断深入,加速退化试验对于解决高可靠长寿命的评价问题必将发挥重要的作用。

《中国制造2025》有三段话与可靠性有关系,一是加强可靠性设计、试验、验证技术的研究和应用;二是推广先进的在线故障预测与诊断技术及后勤系统;三是国产关键产品可靠性指标达到国际先进水平。可靠性越来越成为国家发展的重点关注对象。随着各种武器装备、商业产品的迅猛发展,我们的产品在性能上已经达到了一个较高的水平,但是产品的质量也是最重要的指标之一。为了保证产品交付后的可靠性,可靠性试验技术还将在这个过程中起到至关重要的作用。而装备的复杂度、精尖度的提高也势必增加可靠性试验的成本,国外的加速试验相比国内成熟很多,因此继续发展加速试验也势必将成为可靠性试验的主要发展方向。在这个过程中,我们需要做到以下几点。

1. 结合应用需求开展研究

在加速寿命试验和加速退化试验的统计分析与优化设计研究中,算法的复杂性一直都是加速试验工程应用中的主要障碍。研究加速试验需要重视算法简化和可操作性问题,使加速试验技术便于高可靠长寿命工程的应用。同时,加速试验优化设计方法的鲁棒性也是应用的基本前提,以降低优化设计对于先验信息的依赖程度。此外,加速试验CAE的研究也将有助于推动加速试验的工程应用。目前的优化算法领域也在迅猛发展,先进的算法技术对于可靠性试验也能起到极大的推动作用。

2. 以指南与规范推进应用

加速试验的深入发展和应用需要借助于指南与规范的支持。在深入研究与广泛验证的基础上,应该编撰有关加速试验的技术指南或规范,并通过相关职能部门正式发布实施,为加速试验应用于高可靠长寿命工程提供应用层面的指导,促进加速试验技术应用于工程实际。

3. 以重大装备应用为重点开展应用

加速试验在重大装备中的应用工作在我国还有待深入。应该在更为广泛的层面开展针对重大装备的应用研究工作,特别是以当前急需解决的装备定延寿、卫星高可靠等应用为重点,建立一系列在各领域令人信服的典型应用案例,推进加速试验技术在装备高可靠长寿命工程中的应用普及。

4. 发展支撑设备与控制技术

从长远发展来看,支撑设备与控制技术的研究对于加速试验的广泛应用将发挥重要支撑作用。目前可靠性强化试验广泛采用的强化设备存在诸多不足,针对性的优化研究工作势在必行,同时可以充分利用电动振动台的可控性,在电动振动台上实现频谱可控的超高斯随机振动环境模拟,弥补强化试验设备频谱不可控的不足,以便可靠性强化试验方法的推广与普及。随着加速寿命试验与加速退化试验应用的开展,用于支撑试验研究的各类加速平台也将是一个重要的研究内容。

5. 重视与仿真技术的交叉研究

仿真技术在可靠性试验中的应用已经成为一个重要趋势,对于加速试验的研究具有重要的促进作用。首先,在缺乏失效模型的情况下,仿真手段及其与试验研究的结合将有可能成为有效的加速试验应用途径;其次,将蒙特卡罗仿真引入加速寿命试验和加速退化试验的优化设计,可建立方便应用的优化设计方法;再次,将有限元仿真引入可靠性强化试验,利用仿真手段实现可靠性强化试验的思想,可构建虚拟可靠性强化试验平台。

综上所述,可靠性试验技术的发展历程经历了以模拟实际使用环境为中心的模拟实验阶段,随着产品设备复杂度的提高,模拟实验的放大将消耗巨大的资源,甚至根本无法完成。因此,加速试验、可靠性强化等方法应运而生。结合电子信息技术、实验室技术等的发展,我们已经将曾经需要几千个小时的试验项目缩短到几十个小时就能完成,并且能取得非常好的效果。装备产品会日益复杂,对可靠性试验的要求也会继续严苛,加速试验中各种应力的标定、校准也需要更加合理有效的算法来获得,并且可靠性试验的标准统一、强化控制系统也有待发展,为了进一步降低成本,结合仿真技术也是发展方向之一。

1.2　可靠性试验的目的及其与其他相关试验的关系

1.2.1　可靠性试验的目的

① 发现产品在设计、元器件、零部件、原材料和工艺方面的各种缺陷——发现缺陷。

② 为提高产品的可靠性、改善产品的战备完好性、提高任务成功率、减少维修费用及保障费用提供信息——提供信息。

③ 确认是否符合可靠性定量要求——验证指标。

针对不同的产品有不同的指标,如可靠度 $R(t)$、故障率 $\lambda(t)$、MTBF、MTTF、首翻期(可修复产品)、使用期限(不可修复产品)等。

1.2.2　可靠性试验与其他相关试验的关系

1. 可靠性试验与环境试验

环境试验是产品最基本的试验,只有通过了环境合格鉴定试验的产品才能投入可靠性增长试验;通过了环境验收试验的产品才能投入可靠性验收试验。如美军标 MIL－STD－785B 中明确地指出:"应该把 MIL－STD－810 中描述的环境试验看作可靠性研制和增长的早期部分。这些试验必须在研制初期进行,以保证有足够的时间和资源来纠正试验中暴露的缺陷,而且这些纠正措施必须在环境应力下得到验证,并将这些信息作为可靠性大纲中一个不可缺少的部分纳入故障报告、分析、纠正措施系统(FRACAS)。

同时,这两种试验基本上都采用试验室试验方法,在规定的受控环境中进行,所采用的环境设备和试验方法包括相应的夹具设计原则都可以相互借鉴。对进行环境试验所用的环境条件的研究,为可靠性试验条件的制定提供了先决信息,同时可靠性试验剖面中的温度、振动量值的确定与相应环境条件的确定基本相同。

可以认为,环境试验是可靠性试验的基础和前提,许多环境试验工作应在可靠性试验之前开展,为可靠性试验提供信息和依据。

表1-2所列为产品研制阶段的试验项目。

表1-2 产品研制阶段的试验项目

项 目	阶 段	环境试验	可靠性试验
研制阶段	研制过程	工程科研试验(环境适应性增长试验)	可靠性增长试验和环境应力筛选(ESS)
	投产前	环境合格鉴定试验	可靠性鉴定试验和ESS
生产阶段	生产中或结束时	环境例行试验	环境验收(交付)试验
	交付前	ESS	可靠性验收试验

表1-3所列为环境试验和可靠性试验的区别。

表1-3 环境试验和可靠性试验的区别

名 称	环境(合格鉴定)试验	可靠性(鉴定)试验
试验目的	鉴定产品对环境的适应性,确定产品耐环境设计是否符合要求	定量鉴定产品的可靠性,确定产品固有可靠性是否符合阶段目标要求
试验项目	GJB 150规定了19个项目,HB 6167规定了23个项目。实际试验时至少选取其中重要的10个以上项目	几个主要环境因素
环境应力选用原则	基本上采用极值,即采用产品在储存、运输和使用中可能遇到的极端环境作为试验条件	采用任务模拟试验,即真实地模拟使用中遇到的主要环境条件(如GJB 899规定由任务剖面确定环境剖面,最后确定试验剖面)
应力施加方式	各单因素试验和多因素综合试验,以一定的顺序组合,逐个施加	一次综合施加
试验时间	每项时间基本上取决于选用的试验及试验顺序。目前各种标准规定的几种试验方法中,除霉菌试验28 d和湿热试验最长240 h外,一般不超过100 h,试验时间比可靠性试验短得多	时间取决于要求验证的可靠性指标的大小和选用的统计试验方案及产品本身的质量。试验的结果不一定以时间为准,而应进行到受试件试验的总台数达到规定值,或进行到按方案能确定接收或拒收为止
试验终止决策	一旦出现故障,试验即告停止,认为受试件未通过试验,并进行相应决策	以一定的统计概率表示试验结果。根据所选统计方案决定允许出现的故障数。出故障后不一定拒收,可以进行修复

2. 可靠性试验与例行试验

例行试验是军代表管理体系中要求在出厂验收前完成的试验,它是出厂验收的依据,可靠性验收试验理论上可以作为例行试验的一部分,但是在例行试验的要求中并没有明确说明。例行试验一般包括性能试验、环境适应性试验等。例行试验不对产品的可靠性进行考核。例行试验与可靠性试验的区别如表1-4所列。尽管例行试验不是可靠性试验,也不针对可靠性指标,但是例行试验的结果可以作为后续开展信息融合的可靠性评估工作的一个数据源。

表 1-4   例行试验与可靠性试验的区别

例行试验	可靠性试验
仅考核物理参数及性能是否符合出厂验收指标	考核物理参数及性能是否符合出厂验收指标,同时可靠性要满足规定要求
只考虑环境应力的效应,且一般为单应力;不考虑综合环境应力,也不考虑累积效应	考虑综合环境应力对产品的效应,同时考虑产品的累积效应和时间变化效应
只能给出性能指标,不能给出可靠性指标	可以给出可靠性指标

1.3   可靠性试验的分类

可靠性试验有许多分类方法。一般情况下,根据试验目的它可以分为两大类,即工程试验(包括环境应力筛选、可靠性增长摸底试验和可靠性增长试验等)和统计试验(包括可靠性测定试验、可靠性鉴定试验与可靠性验收试验);根据试验场地可分为实验室试验(也称内场试验)与使用现场试验(也称外场试验);根据试验结束方式可分为完全试验和截尾试验(定时截尾、定数截尾和序贯截尾);按照抽样方式可分为全数试验与抽样试验(环境应力筛选属于全数试验,可靠性鉴定和可靠性验收试验属于抽样试验);按照应力类型可分为模拟试验和激发试验(可靠性强化试验、加速寿命试验、加速退化试验等都属于激发试验)。

1.3.1   工程试验与统计试验

工程试验的目的在于暴露产品的缺陷,通过采取纠正措施加以排除或改进来提高产品的可靠性或使产品更加"健壮",一般安排在工程研制阶段。环境应力筛选因其目的是发现和排除不良零件、元器件、工艺缺陷和其他原因所造成的早期故障,因此常常与可靠性研制试验、可靠性增长试验等一同划归在工程试验的范畴。

统计试验的目的是为了验证产品的可靠性或寿命是否达到了规定的要求。统计试验包括可靠性鉴定试验、可靠性验收试验等。

1. 环境应力筛选(ESS)

环境应力筛选(ESS)是对研制和批生产质量合格的全部产品零件、组件及整机,在一项或一系列环境应力条件下进行的,目的是剔除有故障的产品,因此称环境应力筛选,也称老炼。很显然,它属于全数试验。该试验在研制阶段和批生产阶段都要进行,一般在研制厂、所自己的实验室中进行(没有条件也可以请第三方机构进行)。严格意义上说,ESS 更像是一种工艺方法而非试验。

目的:发现和剔除由于材料、不良零件、元器件、工艺缺陷和其他原因所造成的早期故障,提高产品的可靠性。

一般来讲,只要能将产品中的潜在缺陷激发成故障的环境应力都可以用于筛选,但不能对好的产品造成损坏。实践表明,最有效的应力是温度循环加随机振动,该应力条件不改变故障机理,能够有效剔除潜在缺陷,提高批产品的可靠性水平,但不能提高产品的固有可靠性;该试验为工程试验,有利于可靠性验证试验的顺利进行。

筛选一般分为三级(三个百分之百):元器件、组件(插件板)或部件(SRU)、整机(LRU)。

方法:常规筛选和定量筛选。

常规筛选常用的有两种方法:

① 典型温度循环和随机振动综合施加,此方法由美国海军提出(1979 年海军电子产品生产筛选方案,NAV MAT P‐9492),美国国防部普遍采用。

② 温度循环与随机振动顺序施加,GJB 1032A—2020《电子产品环境应力筛选方法》[5](替代 GJB 1032—1990[6])、MIL‐STD‐2164A《电子设备环境应力筛选方法》[7]。

定量筛选:美军标 DOD‐HDBK‐344《电子设备环境应力筛选》[8]、GJB/Z34—1993《电子产品定量环境应力筛选指南》[9]。

2. 可靠性增长摸底试验

可靠性增长摸底试验是根据我国国情开展的一种可靠性研制试验,是在产品研制阶段,为了以较少的费用寻找故障,暴露产品的潜在缺陷,以便采取有效的纠正措施,保证产品具有一定的可靠性水平和安全性,提高产品的可靠性而进行的可靠性模拟试验。它是一种以可靠性增长为目的,但不确定增长目标值的短时间可靠性增长试验。GJB 450A—2004[4]将其定义为一种研制试验。

3. 可靠性增长试验(RGT)

可靠性增长是贯穿于产品寿命周期内,为达到逐步改正产品设计和工艺缺陷、提高产品可靠性而进行的"试验—故障分析—改进"(TAAF)过程的全部工作的总称。实现可靠性增长的三个要素如下:

① 通过分析和试验发现故障;

② 故障的分析和反馈;

③ 有效的改进和纠正措施。

其中故障分析的方法一般可以采用故障模式、影响及危害性分析(Failure Mode Effects and Criticality Analysis,FMECA)、故障树分析(Fault Tree Analysis,FTA)等方法。

可靠性增长试验是实现产品可靠性增长的方法之一,一般特指在工程研制阶段、产品性能基本达到规定要求后,在承制方或第三方实验室中、在真实或模拟实际的环境条件(与可靠性鉴定试验条件相同)下进行的暴露缺陷,并进行分析和采取有效措施改进设计,使产品固有可靠性得到不断提高的一种试验。

目的:暴露和确定潜在的设计和工艺方面的缺陷,通过采取纠正措施提高可靠性。

时机:时机选在研制基本完成,完成环境试验和环境应力筛选、可靠性鉴定试验之前。(此时产品结构、功能已基本确定,但未定型,未进入批生产,发现问题还来得及纠正。)

试验时间:一般为产品预期的 MTBF 值的 5～25 倍。

适用产品:研制中采用了较多高新技术的复杂产品和重要度较高的关键产品。

4. 可靠性鉴定试验(RQT)和可靠性验收试验

可靠性鉴定试验是为了确定产品在规定的环境及工作条件下是否达到设计规定的可靠性要求而进行的试验。可靠性鉴定试验用于设计定型、生产定型、主要设计或工艺变更后的鉴定。

可靠性验收试验是为了验证批量产品的可靠性不随生产期间的工艺、工装、工作流程等的变化而降低所进行的可靠性试验,通常适用于批生产阶段。

那么,在设计定型阶段已经进行了可靠性鉴定,为什么还要进行验收试验呢？原因有以下几个:

① 由于批量生产的需要,一般其生产工艺与设计定型时的单件生产不同;

② 随着科学的发展,新工艺、新工装不断采用,新工艺、新工装是否会带来可靠性的变化(特别是降低)需要验证;

③ 生产加工人员的变动可能会导致同状态、不同批次产品的一致性发生变化。

可靠性鉴定试验和可靠性验收试验统称为可靠性验证试验(Reliability Verification Test,RVT),是用数理统计的方法来验证产品是否符合规定的可靠性要求,因而属于统计试验的范畴。

1.3.2 模拟试验与激发试验

模拟(simulation)试验是模拟产品真实使用条件的一种实验室试验,1.4.1 小节中提到的可靠性增长摸底试验、可靠性增长试验、可靠性鉴定试验、可靠性验收试验以及 GJB 450A 中提到的常规寿命试验都属于模拟试验。

激发(stimulation)试验是一种采用人为施加较正常使用条件更严酷的应力,加速激发潜在的缺陷,经分析改进提高产品可靠性的试验方法。加速应力试验(Accelerated Stress Testing，AST),也称可靠性强化试验(Reliability Enhancement Testing,RET)或高加速极限试验(Highly Accelerated Life Test，HALT)。加速寿命试验(Accelerated Life Testing，ALT)和加速退化试验(Accelerated Degradation Testing，ADT)等都属于激发试验的范畴。环境应力筛选和高加速应力筛选(Highly Accelerated Stress Screening，HASS)一般也被列入激发试验的范畴,但这两项工作其实并不是严格意义上的试验,不过这并不妨碍我们将它们纳入可靠性试验工作中统一去考虑。

可靠性强化试验 RET(Reliability Enhancement Testing)的内涵是用加大应力的方法,加速激发产品潜在缺陷,通过分析改进来达到提高产品可靠性的目的,使产品"健壮"起来。可靠性强化试验常用于产品研制阶段,GJB 450A 将其定义为一种研制试验,其试验目的与可靠性增长摸底试验类似。另外,可靠性强化试验还可以作为确定高加速应力筛选(HASS)的预试验。这些内容将在第 4 章和第 5 章中涉及。

加速寿命试验 ALT(Accelerated Life Testing),是通过对产品施加加速应力的试验方法,搜集其试验过程中的寿命数据,利用数理统计知识,结合加速累积损伤理论,外推产品在正常应力水平下的寿命与可靠性。

加速退化试验 ADT(Accelerated Degradation Testing)与加速寿命试验类似,也是利用加速应力的方法外推正常应力水平下产品的寿命与可靠性。这种试验技术与 ALT 的根本区别就在于评估的对象不同。ALT 是针对试验过程中出现的产品失效数据进行评估,而 ADT 是针对试验过程中产品性能的退化数据进行评估。随着科学技术的发展,产品的可靠性越来越高、寿命越来越长,若使用加速寿命试验,则试验过程中只能观测到相当少或根本观察不到故障发生。而加速退化试验就避免了这个问题。

加速寿命试验和加速退化试验属于统计试验。

1.3.3 完全试验、定时截尾试验、定数截尾试验和序贯试验

① 完全试验——试验到全部样品失效为止。如寿命试验(完全寿命试验),一般样本量为1,一直进行到样本寿命消耗完为止。

② 定时截尾试验——试验到某一特定的时间时停止试验。

③ 定数截尾试验——试验到出现事先规定的故障数时停止试验,适用于可靠性鉴定试验和可靠性验收试验。

④ 序贯试验——试验中,根据累积的故障数和累积试验时间,每发生一个故障,均按试验方案及事先规定的合格判据,判断并确定接收、拒收还是继续试验,适用于可靠性验收试验。序贯试验的特例是序贯截尾试验,比较常用。可靠性鉴定试验不推荐选用序贯试验方法。

1.3.4 内场模拟试验和外场试验

前面提到的可靠性试验都属于实验室试验,也称内场试验,以区别于在使用现场进行的各类试验(称外场试验)。

外场可靠性试验是指在使用现场(外场)进行的可靠性试验。外场可靠性试验的条件一般为实际使用、运输、停放的自然环境条件以及诱发环境条件。外场试验一般针对整机(飞机、导弹、坦克、舰艇、机动车辆、火炮等)进行。由于相比实验室试验,外场试验更加真实,因此只要条件具备,应尽可能早和多地开展外场试验。

综上所述,结合产品各个阶段将适用的可靠性试验总结成表 1-5。

表 1-5 各类可靠性试验的目的、适用对象及适用时机

试验类型	试验性质	相关标准和文件	目 的	适用对象	适用时机
环境应力筛选	工程试验	GJB 1032、GJB/Z 34	为研制和生产的产品建立并实施环境应力筛选程序,以便发现和排除不良元器件、制造工艺和其他原因引入的缺陷造成的早期故障	主要适用于电子产品(包括元器件、组件和设备),也适用于电气、机电、光电和电化学产品	产品的研制阶段、生产阶段和大修过程等
可靠性研制试验	工程试验	GJB 450A	通过对产品实施适当的环境应力、工作载荷,寻找产品中的设计缺陷,以改进设计,提高产品的可靠性水平	主要适用于电子产品,也适用于机电产品	产品的研制阶段的早期和中期
可靠性增长试验	工程试验	GJB 1407、GB/T 15174	通过对产品施加模拟实际使用环境的综合环境应力,暴露出产品的潜在缺陷并采取纠正措施,使产品的可靠性达到规定的要求	主要适用于电子产品,也适用于部分机电产品	产品的研制阶段的后期,可靠性鉴定试验之前,产品的技术状态基本已经确定

试验类型	试验性质	相关标准和文件	目　的	适用对象	适用时机
可靠性鉴定试验	统计试验	GJB 899A、GB 5080	验证产品的设计是否达到规定的可靠性要求	主要适用于电子产品,也适用于部分电气、机电、光电、电化学产品,还适用于成败型产品	产品设计定型阶段,产品的技术状态已经固化
可靠性验收试验	统计试验	GJB 899A、GB 5080	验证批生产产品的可靠性是否保持在规定的水平	主要适用于电子产品,也适用于部分电气、机电、光电、电化学产品,还适用于成败型产品	产品批生产阶段

1.4　可靠性试验贯穿产品全寿命周期

1.4.1　产品寿命周期的划分

产品的寿命周期自然地划分为三个阶段,即研制阶段、生产阶段和使用维护阶段。这三个阶段的可靠性工作各有特点,对于一个产品固有属性而言,产品的可靠性主要在研制阶段生成,即靠可靠性设计来保证,靠试验(不限定于可靠性试验)来发现问题,避免设计缺陷,因此在研制阶段应创造条件尽量早地开展可靠性试验(包括仿真),试验开展得越早、越充分,越可以节省研制经费,加快研制进度;生产阶段的可靠性工作主要针对批生产工艺、工装对产品可靠性的影响,试验主要侧重于批生产的可靠性验收试验;使用阶段的可靠性工作主要针对产品的使用可靠性,侧重于各设备(系统)之间的匹配以及人机之间的磨合,试验主要以外场地面试验和机上试飞验证为主,也可以包括结合外场数据、其他寿命阶段试验数据、使用数据综合评估与持续评价以及相应的持续改进及举一反三。

美国重大武器装备项目管理大致分为概念探讨、论证与定案、全面研制、采购与部署四个阶段;军用航天系统项目管理与重大武器装备管理过程略有不同,分为概念探讨、方案论证与定案、全面研制、生产与部署四个阶段;战术导弹的研制项目计划主要包括提出作战要求、方案论证与定案、考核验证、全面研制、生产、部署等六个阶段。

目前我国武器装备的研制寿命周期一般可以划分为方案论证阶段、工程研制阶段、生产阶段和使用阶段。

参考文献[1]将飞行器全寿命期研制阶段划分为:

阶段 0——立项前的酝酿阶段;

阶段 1——方案探索和系统定义阶段;

阶段 2——方案确定阶段;

阶段 3——工程研制阶段;

阶段 4——生产和部署阶段;

阶段 5——使用和保障阶段。

这种划分更加全面和科学。

　　航空军工产品型号研制一般划分为论证阶段、方案阶段、工程研制阶段、设计定型阶段和生产定型阶段五个阶段。研制阶段的产品分为 C(初样)、S(试样)、D(设计定型和生产定型状态)。首飞一般安排在 S 阶段,调整试飞多安排在转入 D 阶段之前。

　　航天产品寿命周期的划分与航空产品略有不同,型号产品设计过程主要分为方案论证、概念设计、结构设计、总体设计、施工设计及试样定型和生产使用等阶段。研制阶段产品分为模样、初样和定型三个阶段。

1.4.2　各阶段的可靠性试验

　　产品的可靠性试验贯穿于产品的设计研制、生产及使用维护等产品寿命整个过程的各个阶段。

　　产品可靠性是设计制造出来的,但必须通过试验予以验证。在产品的研制阶段,为保证产品具有一定的可靠性水平或提高产品的可靠性,要通过试验暴露产品的缺陷,进而对故障进行分析,采取有效措施,使产品的可靠性得到保证或改善,如可靠性研制试验、可靠性增长试验,以及各种性能试验、环境试验等;在产品生产阶段,为保证产品达到要求的可靠性水平,要进行各种质量控制工作,其中就包括环境应力筛选;在产品设计定型(或鉴定)之前,进行鉴定试验,验证产品的可靠性是否达到要求的可靠性指标,随后才能转入批量生产;批量生产产品在交付使用前还要通过验收试验来对产品的可靠性进行验收,合格的,用户接收,否则拒收;在产品的使用维护阶段,要进行现场的使用试验,等等。可见,可靠性试验贯穿于产品的整个寿命周期中,而且是产品可靠性评价的一个重要手段,是可靠性工程的一个重要环节。

1. 研制阶段可靠性试验及其作用

　　产品在研制阶段,对于可靠性工程的任务主要是提高产品的固有可靠性水平。产品的固有可靠性与产品所用的零件、部件,以及材料的选择、设计技术、制造技术直到产品完成的每个阶段都有着密切的关系。产品在研制阶段通过可靠性增长试验的方法,暴露产品从选材、设计方案到样机的研制整个过程各个环节中的薄弱环节,然后通过深入细致的分析研究,采取相应的有效改正措施,重新选择材料及设计方案,防止失效的再出现,使产品的固有可靠性得到增长。

　　(1) 研制初期——失效率试验、元器件筛选

　　研制初期需要对产品(系统)进行可靠性预计(应力法、计数法),可靠性预计需要产品的失效率数据,数据来源一般有两个途径:

　　① 由标准、手册或优选目录给出,如 MIL－STD－217F《电子设备可靠性预计》[10],GJB/Z 299D《电子设备可靠性预计手册》(尚未见正式颁布的版本,修订后的 GJB/Z 299D 将合并代替 GJB/Z 299C—2006[11] 和 GJB/Z 108A—2006《电子设备非工作状态可靠性预计手册》[12],将满足武器装备现代化建设中采取大量的新型元器件而产生的对可靠性预计适用性、覆盖面、实用性和准确性等方面的需要,将为维修性、保障性、测试性和安全性等领域工作的开展提供更加扎实的基础)。此外,还有 PPL(元器件优选目录清单)、美国军品目录、"七专"产品目录等。

　　② 由试验获得(特别是对于那些在各种目录中没有的特殊器件,尤其是那些机电产品的自制件),即通过电子元器件的失效率试验获得数据,该试验是一种为确定产品的失效率等级而进行的寿命试验。

　　注:"七专"指七个专门的质量控制方法——专批、专人、专料、专机、专检、专技、专卡。"七专"产品一般由定点的生产厂家生产。

　　元器件筛选(老炼)的目的是剔除有缺陷的元器件。

插件板或部件筛选的目的是剔除有缺陷的插件板或部件。

（2）研制中期——可靠性研制试验

可靠性研制试验通常包括可靠性增长摸底试验和可靠性强化试验,是为了以较少的费用寻找故障,并采取有效的改进措施,来保证产品具有一定的可靠性水平和安全性。航空产品可靠性研制试验常用于首飞和调整试飞前。

20 世纪 90 年代初,为了以较少的费用暴露设计和工艺过程的缺陷,采取有效的改进措施,确保某飞机首飞和调整试飞的顺利进行,根据"七五"期间大量可靠性试验结果统计发现,产品在 100 h 左右的试验时间内能发现 50% 的故障(当时产品的可靠性水平普遍较低),因此在使用方的大力支持下,在该飞机首飞前,对火控系统和电源系统总共 20 余项产品进行了 100 h 的可靠性增长摸底试验。该试验不验证产品可靠性指标,只是暴露问题并及时改进。实践证明,其效果是显著的。

"神舟"飞船从一号开始就有 15 项关键产品在试样阶段开展了可靠性增长摸底试验。四号和五号又有返回舱、静压高度舱等重要系统在正样阶段前期进行的充分的可靠性增长摸底试验。事实证明,这些试验暴露的故障为后续产品的改进和性能的稳定打下了坚实的基础。

后续的型号研制初期,均借鉴了上述两个型号的成功经验,在产品首次装备前完成了相应时间的可靠性摸底试验。

然而随着装备可靠性水平的整体提升,故障分布明显出现了后移现象,需要的摸底试验时间越来越长,慢慢失去了其快速暴露缺陷的优势,人们开始寻求更加快捷的方法尽可能多地暴露产品的潜在缺陷来保障产品研制阶段的早期即具备高的可靠性(有时人们也称为健壮性),于是可靠性强化试验(RET)应运而生。RET 越早开展效果越好。但由于可靠性增长摸底试验简单易行,可以较大规模开展,对于保证首飞安全仍然有一定的优势。

（3）研制后期——可靠性增长试验(RGT)

通过试验,激发产品的缺陷,进行分析,采取有效的纠正措施,使产品的可靠性得到增长。它是一个"试验—分析—改进"(TAAF)的过程。

可靠性增长试验与通常所说的可靠性增长是有区别的,可靠性增长是提高产品可靠性的一种管理方法,涉及到设计改进、工艺更改、采用新方法新技术等方方面面,贯穿于产品的全寿命周期;而可靠性增长试验只是在研制阶段为了充分暴露缺陷,达到增长目的而采取的一种试验手段。

2. 定型阶段可靠性试验及其作用

产品自从样机研制出来后就要进入定型阶段。为了验证产品的设计是否能在规定的环境条件下,满足规定的性能及可靠性设计的要求,就必须进行可靠性鉴定试验(RQT)。根据可靠性鉴定试验所得产品的各种可靠性特征参数,可以对产品设计的可靠性预测与分配做进一步的校验,并通过此校验,重新调整产品各分系统可靠性指标的分配,使可靠性设计达到较佳效果。

可靠性工程中的一项重要任务就是开展产品的可靠性预测,以电子产品为例,预测电子产品设计的 θ_p 值是否满足设计的要求。由于可靠性预测主要依据可靠性数据中心发布的元器件失效数据,对于元器件的质量系数 π_θ、应用系数 π_A、温度系数 π_T 及环境系数 π_E 等参数一般是凭经验参照国外手册而定,这样预测的可靠性指标 θ_p 就与电子产品的实际可靠性水平会有一定的差异。电子产品通过可靠性鉴定试验后,经数理统计,可得到电子产品的验证 MTBF 值,因而可对照检查试验前的可靠性预测是否正确。更重要的是电子产品经过试验,暴露了薄弱环节出现在产品的哪些系统(或部分),对照产品设计时各系统的可靠性指标分配是否合理,即可做必要的重新分配。

3. 批量生产阶段可靠性试验及其作用

产品自定型进入批量生产后,可靠性试验主要是周期性的可靠性验收试验和现场可靠性使用试验。根据这些试验收集到的信息,做科学的分析,可以反映产品批量生产过程中产品质量的波动情况。这样可及时采取相应的有效补救措施,保证产品质量的相对稳定,巩固甚至提高产品原有的可靠性水平。当然还有一个必不可少的项目是环境应力筛选(ESS),它是装机前必须要完成的一个工艺项目。

可靠性验收试验(RAT)是为了验证定型后批量生产的产品是否在规定条件下都能满足规定的性能及可靠性要求所做的试验。一般验收试验是周期性的,不一定每批都进行。产品的可靠性是由制造来保证的;产品的可靠性与制造过程的质量控制、生产方式、技术水平、生产环境,以及材料、元器件的供应和保管等都有直接关系。因此,通过周期性的可靠性验收试验,可以及时检验、反映产品批量生产过程中产品质量的变化情况。例如,某厂黑白电视机批量生产一年后,取样进行可靠性验收试验,按台时方案进行试验。试验过程共出现失效 6 次,其中 4 次的失效机理都是由于人工焊接的印刷板引出柱和引线之间的焊点虚焊。技术人员集中分析了引起虚焊的内在原因,主要是产品进入批量生产后,工人在流水线作业并按件计酬。焊接工人只考虑报酬,缩短了焊接时间,造成焊点出现焊接时间不够的冷焊现象。根据此分析,技术人员采取了相应的改进措施,同时加强工人的质量观念教育,克服工人只顾计酬而忽略产品质量的错误思想,杜绝虚焊的再出现。这样发现问题及时解决,保证了产品的可靠性水平。

环境应力筛选(ESS)实际上是一种工艺手段,但是一般会纳入可靠性试验统筹管理。严格意义上讲,环境应力筛选是属于生产阶段的一个工艺过程,是质量检验的一个环节,是质量控制和测试过程的延伸。当然,在装备研制的发展过程中,人们逐渐发现其剔除缺陷(特别是早期缺陷)的作用和价值,将其应用到装备研制的各个阶段,比如说首飞前的各项试验之前及装机前、试验鉴定之前等,并应运而生了很多高效的筛选手段,这部分内容将在第 7 章进行阐述。研制过程中,每一次样机(硬件)所用元器件也需要筛选,但这些时机的筛选既有保证样机可靠性的目的,更有摸索确定生产过程中环境应力筛选条件的目的。

4. 使用阶段可靠性试验及其作用

现场可靠性使用试验(外场试验),就是对销售出去的产品有计划地进行质量跟踪,收集用户的有关使用情况,然后经信息处理来反映产品的使用可靠性的方法。人为模拟的试验均有一定的局限性,而现场使用试验可以比较真实地反映产品的工作可靠性情况。产品的工作可靠性是由固有可靠性和使用可靠性两部分组成的。产品从出厂到用户的手中要经过包装、运输和保管等环节,而且产品的用户千差万别,对使用产品的熟悉程度也不同,这些因素直接影响产品的使用可靠性。产品的可靠性是由设计奠定的、生产保证的、使用维持的,因此,根据现场的可靠性使用试验所收集到的信息,一方面可反映产品固有可靠性方面存在的薄弱环节,然后做相应改进;另一方面可得到产品在使用可靠性方面的薄弱环节,针对此情况,可以强化产品在使用可靠性方面的工作。这样使产品的可靠性得到维持,产品的工作可靠性也得到进一步的提高。

一般来讲,对于设备级和小系统级,多采用实验室验证;而对于大型系统和整机、整弹则多采用外场试验验证；对于航空装备，外场试验考核的是 MFHBF（Mean Flight Hours Between Failures），即平均故障飞行小时。

1.5　全书章节分布

可靠性试验的框架和内容十分丰富，贯穿于产品的研制、定型、生产、使用各个阶段。根据其目的不同，可靠性试验也分为多个类型。本书先对可靠性试验的发展过程、基本要素、实施方法进行概述，之后对各类可靠性试验的具体内容做出详细介绍。

我们在第一部分（含第 1、2、3 章）从阐述可靠性的基本概念开始，结合可靠性试验的目的，奠定全书中心思想。可靠性试验以发现产品设计缺陷、提高产品可靠性、保证产品生产质量为目的，书中描述了可靠性试验的起源发展、基本类型等。

第 1 章，首先介绍了可靠性的基本概念和核心观念，之后介绍了可靠性试验的历程以及发展前景，并介绍了可靠性试验的基本概念、技术基础，阐述了可靠性试验在可靠性工程中的重要地位；同时，初步介绍了可靠性试验的基本分类。

第 2 章，介绍了可靠性试验的基本方法及基本要素。对可靠性试验具体实施所需的条件、判据等进行介绍，并阐述试验剖面设计方法，如数据预处理、时频域分析等，为试验的进行做准备。在本章还加入了电机/导钻/洗衣机的试验剖面设计案例，更加具体地对介绍的试验设计进行实例说明。

第 3 章，详细描述了可靠性试验的实施过程。对试验场所的选择，试验前的各项准备，试验中的具体流程和要求，试验后的数据处理、纠正措施等都进行了详细的阐述，并结合案例进行深入说明。本章内容也与后续各个具体可靠性试验方法紧密联系。

接下来，我们在第二部分（含第 4、5、6、7、8、9 章）转向对具体试验方法的介绍。这部分分别对贯穿产品设计、研制、生产、使用各个阶段所对应的具体可靠性试验方法进行了详细介绍。

第 4 章，介绍了可靠性研制试验的相关内容。可靠性研制试验在产品设计阶段起到重要作用，与可靠性增长试验有相似的目的（见第 5 章）。但在研制阶段初期不能开展严格意义上的正规可靠性增长试验，因此规划可靠性研制试验有重要意义。我们同样对可靠性研制试验进行了详细介绍，对其基本内容、试验方法进行阐述。可靠性研制试验是通过对产品施加一定的环境应力和（或）工作载荷，寻找产品中的潜在缺陷，以进一步改进设计，提高产品固有可靠性的一系列实验。可靠性研制试验是一个试验—分析—改进（TAAF）的过程。它以找出产品的设计、材料与工艺缺陷，对采用的纠正措施的有效性进行试验验证为主要目的。它对试验样机的技术状态、试验环境条件等无严格的要求。产品在研制、生产过程中都可开展可靠性研制试验，但在研制阶段的早期进行更适宜。可靠性研制试验可在实际的、模拟的或加速的环境下进行，试验中所用应力的种类、量值和施加方式，可根据受试产品本身的特性、预期使用环境的特性和可提供的试验设备的能力等来决定。

第 5 章，介绍了可靠性增长试验的相关内容。可靠性增长试验，是在产品研制生产之后通过对产品施加真实的或模拟的综合环境应力，暴露产品的潜在缺陷并采取纠正措施，使产品的可靠性达到预定要求的一种试验，与可靠性研制试验有相似之处。它也是一个有计划的试验—分析—改进（TAAF）的过程，其试验目的在于对暴露出的问题采取有效的纠正措施，从而达到预定的可靠性增长目标。

第 6 章,介绍了可靠性验证试验的相关内容。在产品研制定型、生产制造后要对产品是否达到目标可靠性指标进行验证。可靠性验证试验的目的是验证产品的可靠性是否达到规定的要求,验证新开发产品的设计是否达到规定的最低可接受的跨学科定量要求。可靠性验证试验通过各种可靠性指标,运用统计实验方法对产品进行相关鉴定工作。

第 7 章,介绍了采用环境应力筛选的方法对早期潜在缺陷进行剔除。简单介绍了常规筛选方法,重点介绍了定量筛选和高加速应力筛选(HASS)。在设计研制阶段,产品的研制工作不可能一次完成,其可靠性不可能一次达到规定的要求,这个过程是一个不断试验、不断改进的过程。在产品的生产制造过程中难以避免由于原材料、不良元器件、工艺缺陷和其他原因而存在早期故障,这种潜在缺陷,用常规的质量控制或检测方法很难将其剔除。环境应力筛选(Environmental Stress Screening,ESS)是为发现和排除产品中不良元器件、零件、工艺缺陷和防止出现早期失效,在环境应力下所做的一系列试验,是可靠性试验中的一种类型,也是产品制造过程中的一道工序。

第 8 章,介绍了外场可靠性试验的相关内容。为了评价产品(设备或系统)的可靠性,在使用现场(外场)进行的可靠性试验称为现场(外场)可靠性试验。现场可靠性试验是产品在现场实际使用条件下进行的,这些实际使用条件包括:产品停放,工作运行的地理、大气自然环境;完成各种规定任务所执行的任务剖面产生的各种诱发环境;工作条件、工作载荷等复杂因素。外场可靠性试验能真实地反映产品在实际使用条件下的可靠性水平,可获得产品的使用可靠性。

第 9 章,介绍了寿命试验和加速试验的相关内容。在目前产品可靠性越来越高的趋势下,许多产品都能在极端严酷的环境应力下无故障地运转上千个小时,传统的可靠性试验方法已经不再胜任,因此加速试验应运而生。加速试验是指在保证不改变产品失效机理的前提下,通过强化试验条件,使受试产品加速失效,以便在较短时间内获得必要信息,来评估产品在正常条件下的可靠性或寿命指标。通过加速试验,可迅速查明产品的失效原因,快速评定产品的可靠性指标。

第 10 章,介绍了多源信息融合在可靠性及寿命评估领域的运用,阐述了信息融合的来源、发展与在可靠性工程中的前景,以及信息融合方法在可靠性与寿命评估中的具体运用实践及方法。随着大数据的发展,多源数据融合成为可靠性工程及寿命评估方法的一个有力工具,通过结合多参数、多类型的数据可以形成更加有效合理的可靠性指标和评估方法。

本章习题

1. 什么叫可靠性试验?说明一下可靠性试验的分类。
2. 航空航天产品的寿命周期自然地分为哪三个阶段?各有什么特点?
3. 可靠性试验的目的和意义是什么?举例说明可靠性试验在航空航天可靠性工程中的重要地位。
4. 对航空器件进行例行试验的目的和意义是什么?
5. 例行试验和可靠性试验有哪些异同点?请以航空航天产品的试验举例说明。
6. 调研并思考:航空航天可靠性试验未来的发展方向及突破点在哪里?

第2章 可靠性试验的基本方法与要素

2.1 可靠性试验的基本方法

前面我们已经介绍过可靠性的定义,即产品的可靠性是指产品在规定的条件下和规定的时间内,完成规定的功能的能力。这个定义的要素是"三规定",即"规定条件"、"规定时间"和"规定功能"。可靠性试验始终是围绕着"三规定"开展的,在具体规划可靠性试验时,则应考虑试验条件、故障判据和试验方案这三个因素。可靠性试验的基本方法就是模拟现场工作条件、环境条件(或者是在分析现场条件的基础上,在失效机理不变的前提下,采用更加严酷的条件,以期暴露更多的缺陷),将各种工作模式及应力按照一定的关系和一定的循环次序反复地施加到受试产品上,通过对试验中发生的故障的分析与处理,将信息反馈到有关环节并采取相应的纠正措施,即可使受试对象的可靠性得到根本提高或做出合格与否的结论。因此,要使可靠性试验达到预期的目的,就必须特别注意试验条件的选择,以及试验循环(时间)和故障判据的确定。

2.2 可靠性试验的要素

可靠性试验考虑的主要因素就是可靠性定义中的"三规定"在试验过程中的具体体现。可靠性试验考虑的主要因素与可靠性定义中"三规定"之间的对应关系如图 2-1 所示。

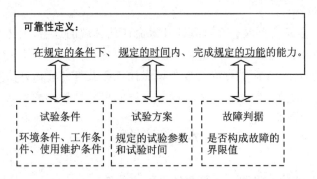

图 2-1 可靠性试验考虑的因素与可靠性"三规定"之间的关系

2.2.1 试验条件及试验应力

1. 试验条件

规定的条件在试验中就体现为试验所施加的试验条件,试验条件一般包括环境条件、工作条件和使用维护条件。

（1）环境条件

环境条件是指产品所经受的各种物理、化学和生物条件。按环境因素的属性可分为：气候环境（包括温度、湿度、气压、雨、冰、沙尘、盐雾等）、力学环境（包括振动、冲击、炮振、恒加速度等）、生物环境（包括霉菌、海洋生物等）、电磁辐射环境（包括无线电干扰、雷电、电场等）、化学环境（如酸雨、腐蚀性大气、盐雾等）以及人因环境等。

产品所处的环境条件取决于产品所属装备及其执行任务的自然环境、安装平台、安装位置，它由多个环境因素综合作用，且各种环境因素的环境应力是变化的，因此完全模拟其现场环境条件是不太现实的，应根据产品所处的环境尽可能真实地模拟产品较敏感的环境，包括温度、湿度、振动、低气压、炮振、霉菌、盐雾等（加速试验除外）。

（2）工作条件

产品在现场使用时有各种输入和输出负载状况，各种工况不同，给产品造成的损伤不同。因此，需得到各种工况所占的时间、使用比例及一种工况转换到另一种工况的转换条件、各工况转换次序等，为确定试验的工作条件提供依据。工作条件包括产品的功能模式、工作循环、输入/输出信号、负载情况（电负载、机械负载）、电源特性（电压、频率、波形、瞬变及容差）、产品的启动特性、工作循环等。这些条件由产品的特性、功能和性能决定。

产品在试验过程中的工作条件一般应包括：

① 功能模式：产品可能具有若干种不同的功能模式。试验过程中，为了考察其功能，诱发任何潜在的缺陷，产品应在典型的实际使用方式中工作。对于具有多种功能模式的产品，在工作循环中应尽可能模拟各种功能，各功能所占时间比例可按典型的战斗任务或使用情况进行分配。

② 输入/输出信号：在规定输入信号的特性要求时，应该对所有影响受试产品的可测量信号规定可接受的误差。

③ 负载条件：包括电负载和机械负载（如飞机的起落架）。电负载主要是阻性负载（如电炉）和感性负载（如电机）。它们直接影响产品的有关性能参数。因此试验过程中必须加以重视。最好的情况是驱动真实的负载进行试验，如条件不允许，可驱动模拟负载或空载运行，但必须预先对由此可能带来的后果进行深入分析。

④ 工作能源：试验中应规定外部电源的特性（如电压、频率、波形、瞬变等）和其他外部能源（如压缩空气、液压等）的相应参数。

⑤ 产品的实际操作：试验过程中，应合理地模拟现场使用时工作人员对产品的实际操作过程（如启动特性、工作循环等），不能给受试产品增加不必要的额外应力。

（3）使用维护条件

使用维护条件指使用现场的维护条件，包括寿命件、易损件和消耗品的更换，以及位置和角度的修正等，其因产品的不同而差异较大，一般规定试验中的使用维护条件应与现场使用时的维护条件相一致。

使用维护作为实际使用过程中的一项正常操作程序，也应当在试验过程中得到体现，因此，试验中应把预防性维护作为一项正常操作程序，并应规定使用维护的内容，包括：

① 应采取的使用维护措施和必不可少的维护项目。

② 维护的时间间隔等。

③ 试验过程中进行的维护，必须与现场使用时的维护项目和要求一致，不进行维护或进

行额外的维护都会影响试验结果的准确性。

2. 选择试验条件时应考虑的因素

正确地选择试验条件是产品可靠性试验结果能否真实反映产品可靠性水平的重要因素之一,所以在制定可靠性试验方案时要特别重视试验条件的选择和试验周期的设计。

除非有特殊要求(比如后面将提到的加速试验技术),实验室应尽可能模拟产品的实际使用条件,过应力或欠应力都会影响到试验的结果及可靠性评估的准确性。选择试验条件时需考虑以下因素:

① 试验目的。试验条件是根据不同的试验目的来选择的。如果从安全角度出发,要求产品的可靠性不能低于某一水平,则试验条件应当考虑最严酷的使用条件;如果是鉴定试验,则应当考虑正常使用情况下的典型环境条件;如以快速暴露故障为目的的强化试验,则应当选取超出规定容许范围但不改变产品失效机理的应力条件。

② 现场实际使用条件(包括环境条件、工作条件和使用维护条件)。

③ 使用条件下不同应力因素引起故障的可能性,即对各种类型及等级的应力引起产品故障的模式及其概率有个初步的估计。

④ 不同试验条件的试验费用。综合试验的费用一般高于单应力试验。

⑤ 试验设备条件。

⑥ 满足产品合同要求的试验时间。

⑦ 预计的可靠性特征量随试验条件的变化情况。

3. 试验应力

在可靠性试验中,试验条件是以试验应力的方式施加到产品上的。试验应力是指试验时施加的环境应力及工作应力的类型。环境应力包括温度、湿度、振动、低气压、沙尘、盐雾、霉菌等,工作应力指电应力、输入/输出、负载(机械负载、电负载)等。试验应力的研究内容包括:试验中施加的环境应力和工作应力的类型、大小(应力水平)、作用时间长短、施加频率及次数、施加的次序等。试验应力应根据现场使用所完成的典型的任务剖面时的应力情况来确定。

(1) 应力及其影响

产品(设备)在现场使用中,由于环境条件和工作条件等的关系,会受到各种应力的作用。各主要应力以及对产品的影响概述如下:

高温:热老化,可能使绝缘失效;软化、融化,损坏结构;黏性降低、蒸发,使润滑性能下降,物体膨胀变形,内部机械应力增加,运动零件磨损加剧等。

低温:黏度增大、固化,降低润滑性能;结冰,使电气性能或机械性能恶化;脆化,使机械强度降低,导致破裂或断裂;物体收缩,损坏结构。

温度冲击:突发性的温度应力产生极不均匀的膨胀和收缩,极易引起电气性能和机械性能恶化。

潮湿:可使产品膨胀破裂。化学反应引起的腐蚀和电蚀,可降低机械强度,影响功能,电气性能下降,绝缘性降低等。

低气压:空气介电强度降低,引起绝缘击穿,形成飞弧、电晕等;对密封结构,出现膨胀,导致结构破坏,漏油、漏气等。

振动及碰撞：强烈而持续的振动，尤其是随机振动会导致结构的疲劳损坏；强烈的冲击会造成结构的瞬时超越损坏。

沙尘：加剧磨损，堵塞机械运动部件及电气通路。

盐雾：引起化学反应，产生腐蚀和电蚀，使机械强度和电气性能恶化。

重复启动：反复加载引起机械疲劳，浪涌引起电击穿。

电源电压变化：过量或不足的电压，使某些元器件寿命缩短或导致某些不稳定的缺陷暴露。

连续工作：导致磨损、性能退化等。

可见，产品在现场使用中，由于受不同应力的作用，所产生的问题也不尽相同。因此，有必要对产品在使用环境下的各种应力进行统计研究，并寻找对其影响较大的应力，以便指导试验。

（2）试验应力的选择

国内外故障统计表明[13]，航空机载设备有 52% 左右的故障是由环境因素引起的，而其中温度占 42%，振动占 27%，湿度占 19%。这三种应力引起的故障占环境因素引起故障的 82% 左右，因此对产品可靠性影响最大的环境应力是温度、湿度、振动，因此一般可靠性试验常采用这三种环境应力；对于一些特殊的产品还应加上低气压（真空度）应力，试验时还应对产品通电工作，即施加电应力。产品大多数故障都可以通过这些基本应力的不同施加形式得到诱发，但事实证明，最有效的是上述应力综合施加。

1）温度应力

在可靠性试验中，温度应力应真实地模拟产品现场使用的环境温度应力情况，它取决于飞机机型，执行任务的地域，完成典型任务的气动加热情况，飞机上升、下降速度造成的热循环情况，产品所在机舱的冷却方式（空调或冲压空气冷却）和产品自身发热情况等。在确定温度应力时，应规定：

① 起始温度（地面停放时的冷浸、热浸）及时间；

② 工作温度（执行任务时的最高、最低温度，温度变化率及变化次数）；

③ 温度循环次数；

④ 冷却方式及冷却气流的温度和流量。

2）湿度应力

湿度应力应真实地模拟产品现场使用的环境湿度情况，以及执行任务的地域等情况。试验循环期间施加的湿度应力，除特殊情况外，一般只有预计到现场使用中可能会出现冷凝、结霜或结冰的试验阶段，才通过向试验空间喷入水蒸气（或其他方法）来提高产品试验环境的湿度，以模拟现场使用中所经历的湿度条件。试验循环的其他阶段，一般对湿度不加控制。

3）低气压

对于航空机载设备，当空气压力的变化影响装备性能时，应采用高度模拟，即施加低气压应力。例如对于用增压冷却部件来保持充分热交换的气压密封装置，需要对流冷却的非气密密封单元、用气压维持密封的真空元件，以及气压变化可能改变元件参数或产生电弧的装置等，都应采用高度模拟。低气压应力是模拟飞机升空以后，空气密度下降的环境条件。应根据飞机执行任务时实际的升降率、极限高度以及持续时间等来确定其试验时的应力水平。在确定低气压应力时应规定：

① 极限高度；

② 升降速率；

③ 持续时间及次数；

④ 循环次数。

4) 电应力

电应力包括产品通、断电时间,规定的工作模式及工作周期,规定的输入标称电压及其拉偏(按机上最大允许偏差进行拉偏)。

5) 振动应力

施加于受试产品的振动激励应尽量模拟实际使用时的振动应力,即模拟飞机在执行各种任务时对产品产生的振动激励。它与飞机的类型,产品在飞机上的舱位、安装和支承方式,以及飞机执行典型任务的各个阶段的情况等有关。在确定振动应力时,应考虑以下因素:

① 振动类型(正弦、随机、随机+正弦);

② 振动频率范围及量值;

③ 振动施加的方向;

④ 振动持续时间及总时间。

考虑上述因素的目的,是为了使受试产品在试验过程中所处的振动响应在振动特性、量值、频率范围和持续时间等方面均尽可能与现场使用环境条件下的振动响应相类似。除了要考虑以上因素外,在实验室模拟振动激励施加振动应力时还必须考虑机械阻抗效应、安装夹具及产品的频响特性、模态、干扰以及振动的交互作用等,这些因素可能会影响实验室内模拟振动环境的效果,有可能会对产品产生过应力,甚至损伤、破坏。

4. 试验应力的确定准则

在制定试验方案时,需要确定产品施加的应力水平,确定应力水平应按照实测应力—估计应力—推荐应力这样一个顺序原则来选取。当有充足的实测数据时,应优先选取实测应力,其次是估计应力、推荐应力。

① 实测应力:根据产品实际使用时的安装位置、安装方式、用途及执行典型任务时的实测工作应力和环境应力数据来确定试验应力。

② 估计应力:在得不到实测数据时,可根据相似任务、相似用途、相似安装位置的相似产品的实测数据,来估计确定试验应力的类型、大小和作用时间等。

③ 推荐(参考)应力:在无法获得实测应力和估计应力数据,而且使用方也未规定应力的类型和大小的前提下,可以根据飞机的典型任务、产品现场使用情况及产品的技术要求等条件,选取有关标准,如 GJB 899A—2009[14] 推荐的相应应力。

5. 试验应力的施加方法

一般有四种方法:单应力、双应力、组合环境应力、综合环境应力。

① 单应力:在某些特殊情况下,只有一个主要环境或某些特殊产品仅对一种应力敏感,试验中也可以只施加该环境应力。比如有些机电产品,仅仅对电应力敏感,那么在寿命试验中考虑到试验费用,没有必要施加多应力,因此通常只施加电应力。

② 双应力:对于某些在特殊场合使用的产品,如仅对某两个环境应力特别敏感时,在试验中也可以只施加这两个应力。

③ 组合环境应力：把多个单应力按一定顺序组合（先后）施加。其适用于没有条件实现综合试验的情况。一般应在技术条件中规定应力的种类、大小、组合先后次序及循环次数等。随着三综合试验设备的普及，组合环境应力施加方法基本已很少使用。

④ 综合环境应力：除特殊规定外，对于大多数产品，通常应按照所规定的现场主要使用应力的种类，将各种应力综合于同一试验时间和空间。其适用于电子产品、某些机电产品、复杂系统。一般选取较为敏感的温度、湿度和振动环境，根据产品的特殊需要，有时还需要施加低气压应力（真空度）。综合环境应力试验示意图如图 2-2 所示。

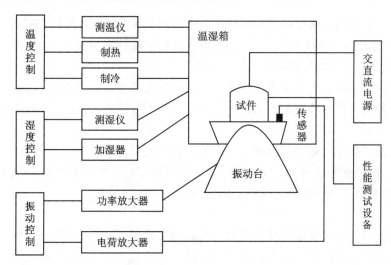

图 2-2　综合环境应力试验示意图

需要特别指出的是，综合环境应力试验这种方法最好，得出的可靠性特征值最接近现场使用的可靠性特征值。由于产品的某些故障只有在综合环境应力作用下才能暴露出来，因此目前可靠性增长、鉴定和验收试验都施加综合环境应力。

航空机载产品的环境条件通常由主机厂、所或其他使用部门提供。研制单位据此制定可靠性试验的环境条件。如使用方未提出环境条件，则双方可根据有关标准的规定共同协商制定产品的环境条件；也可由研制单位提出，经使用部门认可后执行。

如果使用方没有特殊规定，通常可靠性试验应在电压输入、温度、湿度、振动和其他相关应力的综合作用下进行。根据 GJB 899A，可靠性试验一般选择温度、振动、湿度综合环境应力，这是因为综合环境应力比起单一或组合应力具有以下优点：

① 能更真实地反映产品的实际使用环境；

② 能更充分地暴露缺陷，使产品可靠性快速提高；

③ 更能反映产品的实际可靠性水平。

这些综合环境应力的量值应根据产品的任务来确定。

2.2.2　试验剖面

试验剖面是试验条件在试验过程中的具体实现形式，是试验设备可以识别并最终通过试验设备作用于被试品的试验应力的集合。

1. 关于几个剖面的概念

（1）寿命剖面

寿命剖面是对产品从接收到寿命终结或退出使用所经历的各种事件和状态(包括环境条件、工作方式及延续情况)的一种时序描述。它涉及寿命期内的每一个重要事件,如运输、贮存、试验和检验、备用与待命、运行与使用及其他任何可能事件。寿命剖面是确定产品环境条件的基础。

（2）任务剖面

任务剖面是对产品完成规定任务所经历的全部重要事件和状态的时序描述。它是寿命剖面的一部分,一种产品可用于执行单一任务,也可以用于执行多项任务,因此任务剖面可以是一个,也可以是多个。例如导弹的挂飞阶段和自由飞阶段,就是两种完全不同的任务,其剖面也不同。任务剖面是决定产品在使用中将会遇到的主要环境条件的基础,它取决于产品的使用要求。每一种飞机都有其特定的飞行包线及特定的飞行任务,这是由飞机的性能决定的。

（3）环境剖面

环境剖面是产品在运输、贮存、使用中遇到的各种主要环境参数的时序描述,它主要依据任务剖面确定,同时兼顾运输和贮存。每个任务剖面都对应一个环境剖面,因此环境剖面可以是一个,也可以是多个。任务剖面与环境剖面一一对应。

（4）试验剖面

试验剖面是直接供试验用的环境参数与时间的关系图,是按照一定的规则对环境剖面进行处理后得到的。试验剖面还应考虑任务剖面以外的环境条件,例如飞机起飞前地面停放和开机启动的温度环境。对设计用于执行一种任务的产品,试验剖面与环境剖面和任务剖面是一一对应的关系;对设计用于执行多项任务的产品,则应按照一定的规则将多个试验剖面合并成为一个综合试验剖面。

2. 确定试验剖面的基本方法和步骤

可靠性试验综合环境应力试验剖面的制定是可靠性试验工程中的一个重要内容。在实验室进行的可靠性试验应尽可能真实地模拟产品的实际使用环境,尽可能与实际使用过程中遇到的具有主要影响的环境因素相一致。制定试验剖面之前一定要充分分析产品的现场使用环境,了解起主要作用的环境因素及其应力水平、持续时间等。

本节以航空机载设备为例,论述可靠性试验剖面的确定方法。确定综合环境应力就是由设备的任务剖面得到环境剖面,从而得到最后试验剖面的过程。其他类型设备的可靠性试验剖面可参考本方法制定,也可参照相应的国家标准或国家军用标准制定。

为了尽可能真实地模拟产品在使用中遇到的实际环境条件,应优先选用实测应力,特别是温度和振动;也可使用估计应力。在得不到上述应力时,可使用参考应力。以喷气式飞机机载设备为例,按照GJB 899A—2009《可靠性鉴定和验收试验》附录B的有关内容,说明确定综合试验剖面的基本方法和步骤。其他装备可参照相关标准及规范制定试验条件。

（1）确定任务剖面

每一种飞机的设计都有特定的飞行包线及特有的飞行任务剖面。一般来讲,民机只有一个任务剖面,而军机则有多个任务剖面(如巡航、转场、作战、特技等)。飞机的任务剖面的特性参数应按空间状态分阶段给出,包括:阶段高度、阶段马赫数、阶段持续时间及各稳定状态之间的转换时间和转换速率等，多任务剖面还应当给出各任务的任务比(见表 2-1)。任务剖面特性参数可以以图形或表格的形式给出，一般由飞机设计部门提供。当无法得到飞机的飞行包线和任务方面的资料时，可根据标准中给出的通用战斗任务资料来制定任务剖面特性参数图或表。表 2-1 为某飞机某一任务剖面特性参数表示例。图 2-3 为任务剖面特性参数图示例。

表 2-1　任务剖面特性参数表示例

任　务	任务比/%	段名称	起始高度/km	最终高度/km	马赫数 1	马赫数 2	时间/min
中		爬升	0	5	0.2	0.67	1.8
中		巡航	5	5	0.6	0.6	29.55
高	33	作战	5	5	0.8	0.9	5
		返航爬升	5	11	0.67	0.8	2.9
		返航巡航	11	11	0.8	0.8	18.5
		下滑	11	0	0.85	0.4	10

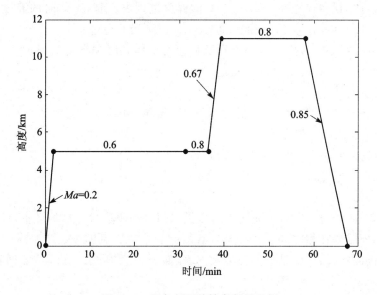

图 2-3　任务剖面特性参数图示例

(2) 确定环境剖面

应根据任务剖面特性参数表确定环境剖面。在三综合环境剖面中，主要的环境参数是温度、振动、湿度和输入电压以及它们相应的持续时间。一般包括两部分任务：一部分是从冷天地面环境开始并持续到热环境，另一部分则是从热环境开始返回到冷环境，简称冷天和热天(分别代表冬季和夏季以及相应的过渡)。一般一个冷天和一个热天以及从冷天到热天和从热天到冷天的一个过渡构成一个循环。确定环境剖面除了根据任务剖面各阶段参数外，还应考虑：设备类别、设备在飞机上的安装位置、设备安装舱段的冷却方式、设备本身的冷却方式等。

1) 设备类别

GJB/Z 457—2006《机载电子设备通用指南》[15]对机载电子设备的类别给出了明确的规定,具体如下:

1 类:所设计的设备应能在 −55～55 ℃的温度范围内(间断工作时的温度为 70 ℃)、高度在 15.20 km(50 000 ft)至海平面连续工作;

1A 类:所设计的设备应能在 −55～55 ℃的温度范围内(间断工作时的温度为 70 ℃)、高度在 9.12 km(30 000 ft)至海平面连续工作;

1B 类:所设计的设备应能在 −40～55 ℃的温度范围内(间断工作时的温度为 70 ℃)、高度在 4.56 km(15 000 ft)至海平面连续工作;

2 类:所设计的设备应能在 −55～70 ℃的温度范围内(间断工作时的温度为 95 ℃)、高度在 21.28 km(70 000 ft)至海平面连续工作;

3 类:所设计的设备应能在 −55～95 ℃的温度范围内(间断工作时的温度为 125 ℃)、高度在 30.40 km(100 000 ft)至海平面连续工作;

4 类:所设计的设备应能在 −55～125 ℃的温度范围内(间断工作时的温度为 150 ℃)、高度在 21.28 km(70 000 ft)至海平面连续工作;

5 类:所设计的设备应能在 −55～95 ℃的温度范围内(间断工作时的温度为 125 ℃)、高度在 30.40 km(100 000 ft)至海平面连续工作,工作时间不超过 6 h。

确定环境剖面时必须考虑产品的类别及相应的工作温度和高度的要求,一般工作温度及飞行高度要求不应超出该类设备规定的范围。

2) 设备在飞机上的安装位置

座舱、前设备舱、后设备舱、雷达舱、发动机舱、尾舱、机翼等。

3) 设备安装舱段的冷却方式

空调冷却(密封)、冲压空气冷却(不密封)。

4) 设备本身冷却方式

环境空气冷却、辅助空气冷却。

GJB/Z 457—2006 指出,对于需要飞机提供专门冷却源进行冷却的设备,设备在分类标识上是有区别的,即需要在相应的设备分类号后加上字母"X",例如 2X、1BX 等。

确定环境剖面的过程,就是编制环境数据表,如表 2-2 所列。在环境数据表中,应列出以下项目和参数。

① 任务阶段——地面不工作、地面工作、起飞、爬升、巡航、俯冲等。

② 持续时间——每个任务阶段的时间(min)。

③ 高度——每个任务阶段的飞行高度(km)。

④ 飞行马赫数——每个任务阶段的飞行速度。

以上 4 个数据来源于任务剖面参数表,而下面的数据则要根据高度、马赫数和持续时间等参数按标准中规定的方法计算得出。

⑤ 设备环境温度(机舱温度)——设备所在安装位置的环境温度(℃),应包括模拟冷天执行任务和热天执行任务两种情况,每种情况还包括地面和空中两部分。

表 2－2　环境剖面数据表 (示例)

任务阶段	持续时间/min	高度/km	马赫数 Ma	机舱温度/℃	温变率/($℃·min^{-1}$)	动压 q/Pa	W_0/[$(m·s^{-2})^2·Hz^{-1}$]	W_1/[$(m·s^{-2})^2·Hz^{-1}$]	露点温度/℃	设备状态	输入电压/V
1. 地面不工作,冷天	30	0		−54		—	—	—	不适用	断开	
2. 地面工作,冷天	30			−54					不适用	接通	
3. 起飞	1	0	0.60	—	1.83	—	0.2	0.1	不适用	接通	
4. 爬升	11	0.3~10.36	0.60	—		13 406	0.05	0.025	不适用	接通	
5. 巡航	18	10.36	0.55	−32		5 267	0.008	0.004	不适用	接通	
6. 俯冲	4.25	10.36~0	0.85		3.05	25 903	0.19	0.09	不适用	接通	
7. 巡航	45	0	0.60	−19		25 903	0.19	0.09	不适用	接通	
8. 巡航(战斗)	5	0	0.83	−10		49 029	0.7	0.35	不适用	接通	第一试验循环为设计的标称电压的110%;第二试验循环为设计的标称电压;第三试验循环为设计的标称电压的90%。三个试验循环输入电压的变化构成一个完整的电应力循环。整个试验期间重复这一电应力循环
9. 巡航	45	0	0.60	−19		25 903	0.19	0.09	不适用	接通	
10. 爬升	7	0~10.67	0.70		1.85	17 955	0.09	0.045	不适用	接通	
11. 巡航	18	10.67	0.45	−32		3 639	0.004	0.002	不适用	接通	
12. 降落至热天	14	10.67~0	0.40		7.35	5 937	0.01	0.005	不适用	接通	
13. 地面不工作,热天	30	0		71		—	—	—	31	断开	
14. 地面工作,热天	30	0		71		—	—	—	31	接通	
15. 起飞	1	0	0.60	—	5.00	—	0.2	0.1	不适用	接通	
16. 爬升	11	0.3~10.36	0.60	—		13 406	0.05	0.025	不适用	接通	
17. 巡航	18	10.36	0.55	11		5 267	0.008	0.004	不适用	接通	
18. 俯冲	4.25	10.36~0	0.85		14.1	25 903	0.19	0.09	不适用	接通	
19. 巡航	45	0	0.60	71		25 903	0.19	0.09	不适用	接通	
20. 巡航(战斗)	5	0	0.83	71		49 029	0.7	0.35	不适用	接通	
21. 巡航	45	0	0.60	71		25 903	0.19	0.09	不适用	接通	
22. 爬升	7	0~10.67	0.70		8.71	17 955	0.09	0.045	不适用	接通	
23. 巡航	18	10.67	0.45	10		3 639	0.004	0.002	不适用	接通	
24. 降落到冷天	14	10.67~0	0.40	—	4.57	5 937	0.01	0.005	不适用	接通	

　　不同类别的设备、在飞机中的安装位置不同,设备的工作温度是不同的。前已述及,设备安装的机舱有空调冷却和冲压空气冷却两种冷却方式,设备自身又有环境空气冷却和辅助空气冷却两种冷却方式,不同的冷却方式下,产品的工作环境温度也是不同的;另外,飞行高度和飞行速度也会直接影响设备的工作温度,因此,确定温度应力必须了解以下信息:

- 设备类别(GJB/Z 457—2006);
- 设备在飞机中的位置;

- 设备安装舱段的冷却方式；
- 设备本身的冷却方式；
- 飞行高度和马赫数。

■ 环境空气冷却的设备

▷ 热天地面阶段和持续时间：温度 55 ℃(Ⅰ类设备)、70 ℃(Ⅱ类设备)，不工作和工作持续时间均为 30 min。

▷ 冷天地面阶段和持续时间：温度−55 ℃(Ⅰ类设备和Ⅱ类设备)，不工作和工作持续时间均为 30 min。

▷ 热天空中各飞行阶段温度和持续时间：空调机舱内Ⅰ类设备查表 2-3，空调机舱内Ⅱ类设备查表 2-4，冲压空气冷却机舱内设备查表 2-5(如表中没有对应数据，可采用线性插值的方法获得)；持续时间即各相应任务阶段的持续时间。

以执行表 2-1 任务的Ⅱ类设备为例，查表计算得到热天巡航：46 ℃；作战：61 ℃；返航巡航：19 ℃；持续时间为各相应任务阶段的持续时间。

表 2-3　空调舱内Ⅰ类设备热天温度

高度/km	温度/℃
0	55
3	53
6	40
9	40
12	30
15	20

表 2-4　空调机舱内Ⅱ类设备热天温度

高度/km	温度/℃			
	马赫数 Ma			
	≤0.6	0.8	1.0	≥1.0(高性能[1])
0	70	70	70	95
3	56	68	68	93
6	40	55	63	88
9	15	36	56	80
12	5	10	46	70
15	5	10	36	60
18	5	10	24	49
21	5	10	11	35

　　1) 环境冷却的设备在这些温度下工作 30 min 后必须停机 10 min，以符合 GJB/Z 457—2006 的间歇工作要求。

表 2-5 冲压空气冷却机舱内设备热天环境温度

高度/km	温度/℃			
	马赫数 Ma			
	≤0.4	0.6	0.8	≥1.0(高性能[1])
0	48	60	75	95
3	27	38	52	71
6	6	16	29	46
9	−15	−6	7	23
12	−36	−30	−16	−1
15	−30	−19	−7	8
18	−31	−23	−11	4
21	−30	−22	−10	5

1) 环境冷却的 Ⅱ 类设备在这些温度下工作 30 min 后必须停机 15 min,以符合 GJB/Z 457—2006 的间歇工作要求。

考虑到设备散热对机舱温度的影响比较大,冷天空中各飞行阶段的温度确定可以有如下两种方法,在有充足数据的情况下,计算方法结果更加准确。

方法 1:如果设备功耗比较大,且机舱内还装有许多其他设备阻碍冷却气流,则从表 2-6 "温"机舱查出各飞行阶段的温度,否则从表 2-7"冷"机舱查出各飞行阶段的温度。

表 2-6 空调机舱内 Ⅰ 类和 Ⅱ 类设备温度——"温"机舱

高度/km	温度/℃			
	马赫数 Ma			
	0~0.59	0.6~0.79	0.8~0.99	≥1.0(高性能)
0	8	12	19	27
0.6~3	24	29	36	44
6	16	20	27	35
9	7	11	17	24
12	8	12	17	24
15	6	9	14	21

表 2-7 空调机舱内 Ⅰ 类和 Ⅱ 类设备温度——"冷"机舱

高度/km	温度/℃			
	马赫数 Ma			
	0~0.59	0.6~0.79	0.8~0.99	≥1.0(高性能)
0	−26	−19	−10	2
0.6~3	−4	3	13	27
6	−17	−10	−1	11
9	−32	−26	−17	−6
12	−33	−27	−18	−8
15	−38	−32	−24	−14

方法2：当具有补充的热数据和设备工程数据时，可以用下列公式计算各任务飞行阶段的冷天温度。

$$T_c = \frac{3.41P_E + 14.4 \times 1.8 \times 0.453\,6^{-1}V \times \left(\frac{9}{5}T_{in} + 32\ ℃\right) \times U \times 1.8 \times 0.304\,8^{-2}ST_r}{1.8(U \times 0.304\,8^{-2}S + 14.4 \times 0.453\,6^{-1}V)} \tag{2-1}$$

式中　T_c——冷天机舱温度，℃；

P_E——电负载，W；

V——进入机舱空气流速，kg/min；

T_{in}——进入机舱空气温度，℃；

U——总传热系数；

S——机舱暴露于大气的面积，m^2；

T_r——恢复温度，℃。

其中，总传热系数 U 按下式计算：

$$U = 2 - \frac{0.6}{15\,240}h \tag{2-2}$$

式中　h——高度，km。

恢复温度 T_r 按下式计算：

$$T_r = (1 + 0.18Ma^2)(T_A + 273\ ℃) - 273\ ℃ \tag{2-3}$$

式中　T_A——高空环境温度，见表2-8；

Ma——马赫数。

持续时间即相应任务阶段的持续时间。

表2-8　温度和高度的关系

高度/km	0	3	6	9	12	15
T_A/℃	51	−26	−43	−62	−65	−73

同样以执行表2-1任务的Ⅱ类设备为例，应用方法一确定各阶段温度，巡航：−6 ℃；作战：4 ℃；返航巡航：−18 ℃；持续时间为各相应任务阶段的持续时间。

■ 辅助空气冷却的设备

辅助空气冷却的设备，其各阶段工作时的环境温度与环境空气冷却的设备一样，只是在试验过程中也需要单独对产品通以辅助冷却空气来冷却产品。对辅助冷却空气有以下几点要求：

➢ 地面不工作阶段，辅助冷却空气流速应为零（即不通风）；

➢ 在试验箱空气加热过程中，辅助冷却空气质量流量应为规定的最小值，这种状态保持到试验箱空气温度开始下降时为止；

➢ 在试验箱空气冷却过程中，辅助冷却空气质量流量应为规定的最大值，这种状态保持到试验箱空气温度开始上升时为止；

➢ 在试验剖面中要求设备工作的所有阶段，辅助冷却空气的流速、温度及露点温度应符合设备规范的要求。

⑥ 温变率——对应高度和马赫数变化的过渡阶段。

温变率与飞机的高度和飞行马赫数变化有关,应按任务阶段(主要是爬升、俯冲等任务阶段)进行计算。计算方法是将变化后两个稳定状态温度之差除以该阶段的持续时间。

仍以执行表 2-1 任务的 Ⅱ 类设备为例。

冷天　起飞、爬升:17.5 ℃/min;返航爬升:−7.59 ℃/min;下落:8.8 ℃/min。

热天　起飞、爬升:−8.57 ℃/min;返航爬升:−14.48 ℃/min;下落:−7.4 ℃/min。

当两个衔接的任务阶段都是温度变化阶段时,计算温变率的方法类似。

例 2.1　某飞机的某任务剖面(局部)如图 2-4,求爬升和俯冲阶段空调机舱内 Ⅱ 类设备的温变率。

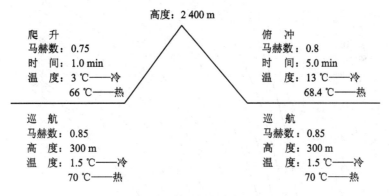

图 2-4　某飞机任务剖面图

解:

爬升阶段:

热天:2 400 m,马赫数为 0.75,查表 2-4 并经过插值计算后,约为 66 ℃;300 m,马赫数为 0.85,查表 2-4 为 70 ℃,则

$$温变率 = \frac{66-70}{1.0} \; ℃/min = -4 \; ℃/min$$

冷天:2 400 m,马赫数为 0.75,查表 2-7 冷机舱为 3 ℃;300 m,马赫数为 0.85,查表 2-7 并经过插值计算后,约为 1.5 ℃,则

$$温变率 = \frac{3-1.5}{1.0} \; ℃/min = 1.5 \; ℃/min$$

俯冲阶段:

热天:2 400 m,马赫数为 0.8,查表 2-4 并经过插值计算后,约为 68.4 ℃;300 m,马赫数为 0.85,查表 2-4 为 70 ℃,则

$$温变率 = \frac{68.4-70}{1.0} \; ℃/min = -1.6 \; ℃/min$$

冷天:2 400 m,马赫数为 0.8,查表 2-7 冷机舱为 13 ℃;300 m,马赫数为 0.85,查表 2-7 并经过插值计算后,约为 1.5 ℃,则

$$温变率 = \frac{13-1.5}{5.0} \; ℃/min = 2.3 \; ℃/min$$

⑦ 动压——q,计算动压的目的是为了计算振动应力的功率谱密度 W_0。

动压 q 通常可以从型号总体单位提供的环境剖面数据表中直接查出,在没有直接给出 q 的情况下,可以根据每一飞行阶段的高度和马赫数,从图 2-5(见 GJB 899A 图 B3.5-4)中查出。

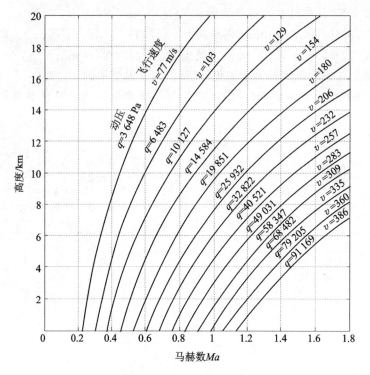

图 2-5　动压 q 与马赫数和高度的关系

当需要更精确的 q 数据时,也可通过计算得到。计算方法如下:

$$T = T_0 - 6.5H/1\,000, \quad H \leqslant 11\,000 \text{ m} \tag{2-4}$$

式中　H——飞行高度,m;

　　T_0——海平面大气温度,288 K(15 ℃)。

然后计算声速 a(m/s):

$$a = 20.046\,6\,T^{\frac{1}{2}} \tag{2-5}$$

飞行速度 v(m/s)是马赫数 Ma 和声速 a 的函数,即

$$v = Ma \cdot a \tag{2-6}$$

动压 q(Pa)的计算公式如下:

$$q = \frac{1}{2}\rho v^2 \tag{2-7}$$

式中,v 为飞行速度;ρ 为某高度空气密度,当 $H \leqslant 2\,000$ m 时,

$$\rho = 1.225 \times (1 - 0.225\,577 \times H \div 10\,000)^{4.255\,88} \tag{2-8}$$

对于每一个稳定飞行的阶段,选用一个动压,对于高度变化的飞行阶段(如俯冲、爬升等)应按该阶段的马赫数和该阶段的平均高度计算或查出一个 q 值,作为该阶段的平均动压,用于计算该阶段的振动功率谱密度;如果该阶段的马赫数未知,也可取该阶段开始和结束时的两个 q 值的算术平均值作为该阶段的平均动压。

⑧ 加速度功率谱密度——W_0 和 W_1，$(m/s^2)^2/Hz$。

在已知动压 q 的前提下，可以通过下述公式计算各任务阶段的振动功率谱密度：

$$W_0 = K \times q^2/22.925 \qquad (2-9)$$

式中　K——位置系数，可通过表 2-9 查得；

　　　q——动压，Pa。

注：当 $q > 5.7 \times 10^4$ Pa 时，取 5.7×10^4 Pa。

表 2-9 喷气式飞机设备振动位置系数

K	设备安装位置
0.67×10^{-8}	紧贴在平滑而且不间断的外表面结构上
0.34×10^{-8}	驾驶舱内或安装在靠近平滑而且不间断的外表面的机舱内或架子上
3.5×10^{-8}	紧贴在靠近如空腔、脊状突起、刀形天线等有间断的表面，或直接位于此类表面后面的结构上
1.75×10^{-8}	安装在靠近如空腔、脊状突起、减速板等有间断表面的机舱内，或直接位于此类表面后面的机舱内

注：振动频谱图见图 2-6（见 GJB 899A 图 B3.5-2）。

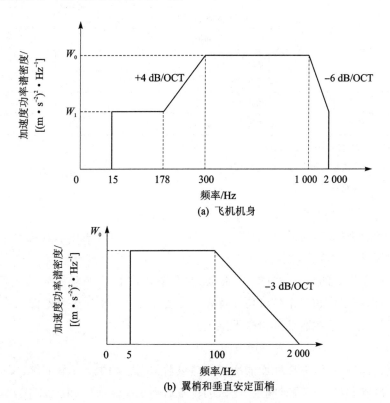

(a) 飞机机身

(b) 翼梢和垂直安定面梢

图 2-6 喷气式飞机随机振动频谱

按下式计算 W_1：

$$W_1 = W_0 - 3 \text{ dB} \qquad (2-10)$$

某些特殊情况下，也可直接从表 2-10 查出。

表 2 - 10　特殊情况的 W_0 值

机　种	状　态	设备安装部位	$W_0/[\mathrm{m \cdot s^{-2}})^2 \cdot \mathrm{Hz^{-1}}]$
战斗轰炸机	起飞	紧贴在靠近直接暴露于发动机排气尾端的结构的机上(1 min)	70
	巡航	紧贴在靠近直接暴露于发动机排气尾端的结构的机上(1 min)	17.5
	起飞	安装在发动机舱内或靠近发动机排气口面的发动机前端(1 min)	10
	巡航	安装在发动机舱内或靠近发动机排气口面的发动机前端(1 min)	2.5
	起飞、着陆、机动飞行	翼梢和垂直安定面梢[1)],减速器(速度版)(1 min)	10
	高动压力 (≥4.785×10^4 Pa)	翼梢和垂直安定面梢[1)]	2
	巡航	翼梢和垂直安定面梢[1)]	1
	起飞	其他所有有效部位(1 min)	0.2
运输机	起飞	安装在机身上	1
	起飞	安装在内部	0.5
	起飞	发动机喷气的机翼后部[2)]	5
	所有情况	翼梢和垂直安定面梢[3)]	1

1) 用于翼梢和垂直安定面梢的频谱图见 GJB 899A 图 B.3.5 - 2。

2) 不包括上表面的吹气襟翼和外端的吹气襟翼。

3) 起飞着陆和巡航时间的 10%。

⑨ 湿度——相对湿度(%)或露点温度。

对于不同的装备(如地面设备、舰船、潜艇、喷气式飞机、直升机等),其湿度应力是不同的,一般由相应的标准来确定。

对于喷气式飞机上的设备,GJB 899A 规定,仅在每一试验循环的热天地面阶段注入湿气,并在热天地面不工作和工作阶段均保持露点温度≥31 ℃,直到热天地面工作结束;其他阶段均不注入湿气,湿度不控制且试验箱不烘干。

⑩ 设备状态——通电工作或不通电不工作。

在整个试验循环中,只有在地面的冷浸和热浸阶段,受试的设备不工作,模拟飞机在机场停放的条件。冷浸和热浸一段时间后,受试的设备启动至少 2 次(一般为 3 次),以考核其在极端环境条件下的启动能力。启动后,受试设备还需在冷浸和热浸环境下连续工作。试验循环的其他阶段,受试设备均处于连续工作状态。

⑪ 电应力——输入电压,V。

一般在试验过程中应按照设备规范规定的输入电压变化范围施加电应力,分为标称电压、上限电压和下限电压。如果设备规范中没有明确规定,通常对于喷气式飞机设备按照如下要求施加电应力:第一试验循环输入电压为标称电压的 110%,第二试验循环输入电压为标称电压,第三试验循环输入电压为标称电压的 90%。三个试验循环的输入电压变化构成一个完整的电应力循环,整个试验期间重复电应力循环。有时飞机研制总体单位也会根据飞机的特点给定电应力循环。

在获得以上各项参数的基础上,填写环境剖面数据表(见表 2 - 2)或绘制环境剖面。

试验剖面是由环境剖面转化而来的,但不是完全对应的关系,有以下简化原则。

温度简化原则如下:

- 删去热天阶段中温差低于 10 ℃ 或持续时间小于 20 min 的部分。
- 当温度变化率低于 5 ℃/min 时,按 5 ℃/min 处理,持续时间按此变化率及该阶段温度变化幅度计算得到。
- 分别找到热天和冷天的最高工作温度和最低工作温度,并将其余的温度值以持续时间作为加权因子加权平均得到加权温度值。

一般经过上述简化后,最后冷天、热天各剩下 5 个温度量值:地面不工作、地面工作、最高、最低、加权。具体方法参考 GJB 899A—2009 附录 B。

振动应力简化原则如下:

对于任意环境剖面的冷天和热天,无论环境剖面数据表中计算出多少 W_0 值,在试验剖面中,最多只使用 5 个振动量值。简化原则如下:

- 先剔除环境剖面中低于 $0.1(m/s^2)^2/Hz$ 的所有 W_0 值;
- 起飞振动量值一般取 $0.2(m/s^2)^2/Hz$,持续时间为 1 min;
- 在其余各阶段中找出最大和最小振动量值(W_0)及其持续时间,并将其直接应用于试验剖面中;
- 将其余各阶段的振动量值加权平均,并将其用于试验剖面中,持续时间为这些阶段之和;
- 为保持振动的连续性,剔除的所有振动量值低于 $0.1(m/s^2)^2/Hz$ 的阶段均采用 $0.1(m/s^2)^2/Hz$,并用于试验剖面,称为连续振动量值。

因此一般振动剖面采用下述 5 个振动量值:

起飞振动量值——W_{OTO};

最大振动量值——W_{OMAX};

最小振动量值——W_{OMIN};

加权振动量值——W_{OINT};

连续振动量值——W_{OC}。

于是,得到如表 2 - 11 所列的试验剖面数据及如图 2 - 7 所示的试验剖面。

多用途设备的合成试验剖面:

实际上,许多设备往往用于执行多种任务,即它也可以有多种任务剖面。对于这些多任务剖面的设备,通常会将多个试验剖面合成为一个能够覆盖各种任务的合成试验剖面。合成试验剖面由若干个单一任务试验剖面按照相关标准(如 GJB 899A)中规定的原则转换而成。

表 2 - 11　试验剖面图数据

任务 阶段	持续 时间/ min	机舱 温度/ ℃	温变率/ (℃·min^{-1})	W_0/ [(m·s^{-2})^2· Hz^{-1}]	露点 温度/ ℃	设备 状态	输入 电压/V
1. 地面不工作,冷天	30	-54	—	—	不适用	断开	
2. 地面工作,冷天	30	-54	—	—	不适用	接通	
3. 起飞	1	—	5.0	0.2	不适用	接通	
4. 爬升	3.4	—		0.1	不适用	接通	
5. 巡航	18	-32	—	0.1	不适用	接通	
6. 俯冲	2.6	—	5.0	0.19	不适用	接通	
7. 巡航	45	-19	—	0.19	不适用	接通	第一试验循环 为设计的标称 电压的 110%; 第二试验循环 为设计的标称 电压;第三试 验循环为设计 的标称电压的 90%。三个试 验循环输入电 压的变化构成 一个完整的电 应力循环。整 个试验期间重 复这一电应力 循环
8. 巡航(战斗)	5	-10	—	0.7	不适用	接通	
9. 巡航	45	-19	—	0.19	不适用	接通	
10. 爬升	2.6	—	5.0	0.1	不适用	接通	
11. 巡航	18	-32	—	0.1	不适用	接通	
12. 降落,热天	14	—	7.35	0.1	不适用	接通	
13. 地面不工作,热天	30	71	—	—	31	断开	
14. 地面工作,热天	30	71	—	—	31	接通	
15. 起飞	1	—	5.0	0.2	不适用	接通	
16. 爬升	11	—		0.1	不适用	接通	
17. 巡航	18	11	—	0.1	不适用	接通	
18. 俯冲	4.25	—	14.1	0.19	不适用	接通	
19. 巡航	45	71	—	0.19	不适用	接通	
20. 巡航(战斗)	5	71	—	0.7	不适用	接通	
21. 巡航	45	71	—	0.19	不适用	接通	
22. 爬升	7	—	8.71	0.1	不适用	接通	
23. 巡航	18	10	—	0.1	不适用	接通	
24. 降落,冷天	12.8	—	5.0	0.1	不适用	接通	

　　这里必须指出,有些设备由于执行的任务相差太远,很难合成为一个能够合理覆盖各项任务的剖面,这时可以按照任务比,在试验过程中分别施加各任务剖面转化得到的试验剖面,例如导弹的挂飞和自主飞阶段任务就很难合成,试验过程中就可以部分循环使用挂飞试验剖面,部分循环使用自主飞试验剖面,比例按照任务比分配。

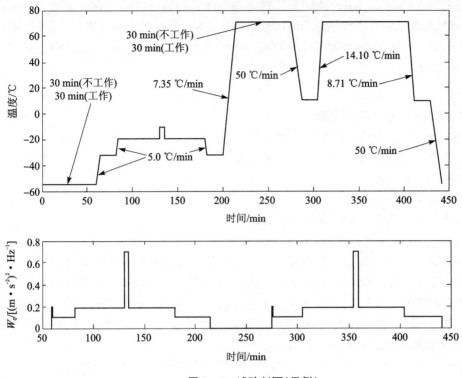

图 2 - 7　试验剖面(示例)

2.2.3　试验方案

试验方案是指试验方根据现行标准所选用的统计试验方案或工程试验方案,也可以是自行制定的非标准试验方案。试验方案中最重要的是试验参数和总试验时间。根据试验目的的不同,可选择不同的试验方案。例如:统计试验方案可以分为定时、定数和序贯试验方案;工程试验方案可以是环境应力筛选方案、可靠性增长试验方案以及可靠性摸底试验方案等。根据选定的试验方案,确定试验参数和试验时间。比如鉴定试验参数有:MTBF 检验下限 θ_1、MTBF 检验上限 θ_0、生产方风险 α、使用方风险 β、鉴别比 d、故障数 c、总试验时间 T 等;增长试验参数有:增长率 m、增长起始点、增长目标值、总试验时间 T 等。

2.2.4　故障判据

故障判据指是否构成故障的界限值,主要包括:故障定义和故障分类。不同的试验,故障分类的原则是不同的。

一切可靠性活动都是围绕故障展开的,都是为了防止、消除和控制故障的发生,故研究可靠性问题就是研究故障问题。因此在可靠性试验中,产品故障的判定及故障的分析和处理是最关键、最重要的工作之一,它直接关系到试验结果的准确性以及实验的效果。必须抓住一切故障,对所有故障都必须进行详细记录,并充分利用故障信息去分析、评价和改进产品的可靠性。

1. 故障(failure、fault)的定义

在 GJB 451A—2005《可靠性维修性术语》[16]中将故障定义为"产品或产品的一部分不能

或将不能完成预定的功能的事件或状态"；对某些电子元器件、弹药,也称为失效。就试验而言,故障是指原为合格的产品在规定的时间和条件下,其一个或几个功能丧失,或其性能参数超出了容许范围,也指产品的机械部件、结构部件或元件的破裂、断裂或损坏(GJB 899A)。

2. 故障分类

(1) 按照故障发生在产品不同寿命阶段分

① 早期故障——通过筛选剔除；

② 偶然故障——可靠性试验中发生的故障；

③ 耗损故障——通过寿命(耐久性)试验暴露。

(2) 按照故障性质分

① 批次性故障——一般与设计、元器件质量和筛选有关；

② 个别故障——与使用和试验方法有关。

(3) 按照故障在实际使用现场是否可预计出现分

可靠性试验(特别是验证试验)中,受试产品的故障按是否在以后的现场使用中预计出现而分为关联故障(relevant failure)和非关联故障(non-relevant failure)。关联故障是指可以预期在以后的现场使用中发生的故障,又进一步分为责任故障和非责任故障。而非关联故障是指由受试产品的外部条件引起的产品故障,以及在使用现场中不会发生的,包括某些从属故障、误用故障和已经证实由某种将不再采用的设计引起的故障。

责任故障(responsibility failure)：指承制方提供的受试样品在试验中出现的关联的独立故障以及由此引起的任何从属故障。在计算可靠性特征量值时应包括关联责任故障,它是判定受试产品可靠性指标的依据。但一个独立故障及其从属故障只计为一次责任故障。

非责任故障(non-responsibility failure)：指非受试产品自身原因产生的故障。非责任故障不作为判定受试产品可靠性指标的依据,但需要作为故障记录。

误用故障(misuse failure)：指对产品施加了超出其规定忍受能力范围的应力而造成的故障。在可靠性试验过程中,误用故障可能是非故意的不符合规定的试验条件造成的。例如：试验的严酷度超出规定范围,试验人员粗心大意等。

(4) 按照故障之间的关系分

① 独立故障(independent failure)——产品本身故障,不是由其他产品引起的；

② 从属故障(dependent failure)——由于另一故障或其他产品故障而引起的故障；

③ 间歇故障(intermittent failure)——产品发生故障后不经修复而在有限时间内可自行恢复的故障。

(5) 按照故障危害度分

① 灾难性故障——机毁人亡；

② 严重故障——机毁人不亡；

③ 轻度故障。

(6) 按照故障产生原因分

① 设计缺陷引起的故障；

② 制造缺陷引起的故障；

③ 元器件缺陷引起的故障；

④ 操作错误引起的故障。

（7）按照故障机理分

① 渐发性故障——如磨损、疲劳、性能下降（可预测）；

② 突发性故障——如卡死、断裂、器件烧坏等（不可预测）。

图 2 - 8 所示为故障分类示例。

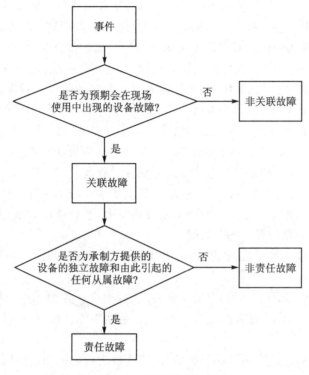

图 2 - 8　故障分类示例

2.2.5　性能检测点和检测周期

可靠性试验过程中受试产品必须通电工作且必须对其进行性能检测。有可能的话最好采用自动监测，这样可以得到受试产品发生故障的准确时间。若采用人工测试，则应在每个试验循环中都设置若干测试时间点，这些测试点在试验程序（或大纲）中规定。测试点设置的原则：在试验剖面中对受试产品影响最大的应力条件下设置。按照 GJB 899A，如不能确定故障发生的准确时间，则认为其发生在上一次测试时。

2.3　基于实测环境数据的试验剖面设计

2.3.1　测量规划

在实验室里模拟实际环境进行可靠性试验，是降低成本、提高可靠性的有效途径。如前所述，目前我国多数装备可靠性试验剖面的制定都是以 GJB 899A《可靠性鉴定和验收试验》为依据的，环境试验则以 GJB 150A 系列《军用装备实验室环境试验方法》为依据。上述标准主要参考美军标制定，但由于我国武器装备毕竟与美国不同，其环境条件，特别是振动环境存在很大差异,单纯照搬是不合理的,而且美军标所给出的振动谱形与量级是多种机型数据的综合,所以其结果必然缺乏针对性,造成某些设备过试验,而另一些设备则欠试验。多年的可靠性模拟试验的经验也证明,很多在实验室顺利通过可靠性试验的设备,装备部队后仍然会出现各种各样的问题,这与试验环境条件,即施加的应力(特别是振动应力)本身有很大关系。因此对振动环境进行实测,再根据实测结果确定振动试验条件已越来越被人们认可和重视。

美国已经认识到其试验标准存在的问题并采取了措施,如指导可靠性试验的 MIL – STD – 781 系列标准也已经变为手册。对于指导美军方环境试验的最新标准 MIL – STD – 810H[7],不再提供具体的环境应力量级,而只是提供对环境应力剪裁的方法,更加提倡使用实测应力。

正确地进行振动环境数据测量是进行数据处理与归纳的前提。对实际环境进行测量时,应首先确定被测对象任务剖面,即使用状态或工作情况。例如一种车辆的使用情况包括道路状态、行驶速度、任务比和被测车辆的结构情况。对于飞机则应根据其飞行剖面确定其工作状态;对于特种飞机还应确定其特殊的工作状态。在主要的测量状态中,还应考虑大气湍流、跑道不平度、外部噪声等因素可能的变化情况并分别进行测量。

对于飞机,在测量过程中除了测量该状态的环境数据外,还应将相应的飞行状态参数完整地记录下来。同时应当根据飞行任务剖面确定飞机寿命,预计使用次数(飞行起落数)以及各测量状态在飞机全部寿命中经历的总时间。

振动测量时对测点的数量、位置和方向,频率范围,动态范围,误差预估,环境效应等各项条件都要有合理的规定。

由于环境实测过程受测量空间、测量设备的限制,还存在各种噪声干扰、动态范围和分辨率不满足要求等问题,导致测量数据品质较差,很多数据不能直接使用,因此,需对实测数据进行预处理。

如果预处理后的数据存在随机和正弦信号,首先要进行随机和正弦信号分离,然后对分离的随机数据进行平稳性、正态性检验,再对数据进行时域和频域分析;最后进行处理归纳,得到可靠性试验剖面振动条件。

2.3.2　实测数据预处理

信号预处理包括:信号削波辨识及处理、间歇噪声辨识与消除、信号丢失处理、虚假趋势辨识与消除等。信号预处理的目的是为数据分析和处理提供真实的、高品质的原始数据,以保证数据处理结果的正确性。

振动测试中常见的信号异常及其预处理过程如图 2-9 所示。

1. 信号削波辨识及处理

灵敏度设置过高,仪器测量量程上限不够,可导致数据采集系统采集的信号削波或饱和。信号输出装置的量程选择不适当,也可能引起明显的信号削波。

由于削波的数据经过滤波等环节后,对于瞬态信号很难从采集的时间历程上辨识是否产生削波,因此对于瞬态信号一般通过测量系统的最大输出峰值与所测瞬态信号的峰值进行比较来判断是否削波。如果测量的信号的峰值等于或大于测量系统峰值的 95%,则认为可能产生了削波。

对瞬态信号和周期信号,削波不仅会显著地降低信号的峰值,还会增加信号的高频分量。如果模拟时间历程目视检查已确认削波现象存在,则这些所测得的周期信号和瞬态信号应予以剔除。

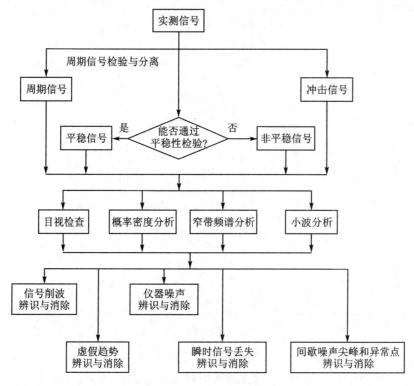

图 2-9　实测数据预处理

对平稳随机信号,产生削波时其概率密度曲线尾缘上呈现出尖峰,如图 2-10 所示。对随机信号,假如削波发生在信号均值的 ±1.5 倍标准偏差范围内,应将该测量数据剔除。

2. 间歇噪声和异常点辨识及消除

在数据采集期间,会出现一类特殊的噪声问题,即在所测的时间历程中存在间歇的"噪声尖峰"。间歇噪声尖峰量值大,如果不去掉,将会使真实信号的频谱值产生严重失真。

对周期数据,可以通过时间历程的目视检查发现间歇噪声尖峰的存在;而对瞬态信号,有时很难发现间歇噪声尖峰的存在。对宽带平稳随机信号,可用下述方法进行噪声尖峰的辨识,并将它们从真实数据中区分开来:

① 检查测量记录,查看在信号中观察到噪声尖峰的时刻是否有引起其发生的物理事件。

② 对多通道测量,噪声尖峰源对所有的通道可能是共同的,直接对所有同步测量所得的时间历程进行比较,确定该可疑的噪声尖峰是否确实在所有的测量通道中同时出现。当然,必须考虑到真实的物理事件也会在所有的测量通道中产生尖峰值的可能性。

噪声尖峰可用概率密度分析来检测,有噪声尖峰的随机信号如图 2-10 所示。

对于宽带平稳随机信号,通常应将所有超过信号均值 ±4 倍标准偏差的宽带随机信号的时间历程值去掉,按下列步骤进行插值处理:

① 在尖峰之后的第一个值和尖峰之前的最后一个值之间内插一个适当的新值,替代所消除的每个尖峰值。例如信号是周期性的,应采用信号前一个周期中所观察到的数据值内插。对随机和瞬态信号,虽然可以使用较复杂的内插程序,但一般线性内插已足够。

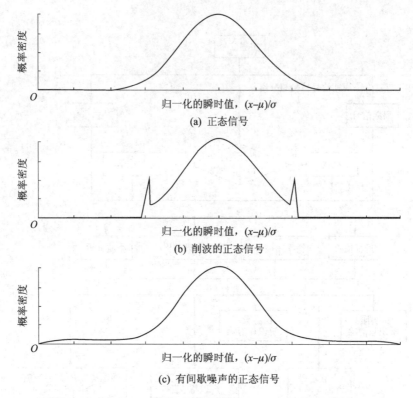

图 2-10　正态信号、削波信号及有间歇噪声的正态信号的概率密度

② 若是用超采样方式采集的数据,则采集的时间历程可用线性插值。在数据分析前,在时间历程数字滤波和抽取时进行插值。

为了保证数字时间历程所有其他值的时间基准不变,所有的消除值都必须用内插值替代;而且,数据预处理不应在预处理后的时间历程中留下任何不连续点。

3. 过大仪器噪声辨识及处理

由于一台或多台数据采集仪器的灵敏度(增益)设置过低,导致数据采集系统动态范围小,造成信号与测量系统背景噪声相比太小,即信噪比过低。

辨识检测仪器噪声过大最有效的方法就是在进行正式测量前后,测量数据采集系统的输出(通常称它为静态时间历程),即测量仪器的本底噪声,而后将它与动态测量数据相比较。

对周期信号,如果仅要求从数据分析中得到信号的频谱,则可通过窄带滤波的方法来抑制过大仪器噪声的影响。

采用滤波的方法可消除信号分析中不需要的频率分量。为避免因不满足采样定理而出现频率混淆及高频噪声,可采用低通滤波器。滤波器的种类有 Elliptic、Bessel、Butterworth、Chebyshev、InvChebyshev 等。对于数字信号,还可采用数字滤波器。

由于噪声大多是平稳的随机信号,因此难以通过目视时间历程检查到噪声的存在,需转换到频域进行判断。如果在测量频谱中检测到过大仪器噪声,则按下列步骤对测量数据的谱值进行修正:

① 辨识那些自谱密度值比背景噪声自谱密度值至少高 3 dB 的所有频段;

② 在所辨识的所有频段中,确定自谱密度值与背景噪声自谱密度值的比值(dB 值),它是

频率的函数；

③ 根据②得到的比值,按标准的修正因子,减小计算的自谱密度值。

另外,在平稳随机信号的处理中,通常采用基于傅里叶变换的线性滤波方法。该方法利用带通滤波器很容易将被宽带噪声淹没的一个窄带信号恢复出来。当振动信号受到强脉冲干扰、信号本身是宽带或者非平稳时,该方法就无能为力了。针对这种情况,目前比较常用的解决办法有:

① 联合时频分析法:将时域内的一维信号展成联合频域上的二维信号,来研究非平稳信号的局部特征;

② 小波变换法:对信号进行局部细化分解,由于其对信号的低频部分具有较高的频率分辨率和较低的时间分辨率,对信号的高频部分具有较高的时间分辨率和较低的频率分辨率,故特别适合于探测信号某个频段中的瞬态信号成分。

4. 虚假趋势辨识及处理

如果测量数据的均值缓慢地随时间变化,其变化周期大于测量的持续时间,即数据采集系统数据信号的频率下限 f_1 明显高于测量持续时间 T_r 的倒数,即 $f_1 \gg 1/T_r$,则可认为测量的数据存在虚假趋势。虚假趋势项如不去掉,则会在相关分析和功率谱分析中出现很大的畸变,甚至可能使低频时的谱估计完全失去真实性。

虚假趋势可用趋势检测算法来处理。由于多数情况下,虚假趋势并非是由于放大器或压电传感器元件的饱和而产生的,并且这种虚假趋势的存在只使频谱计算中低频分量失真,因此可用最低频率 f_1 作为高通滤波的截止频率恢复。

信号中的线性和其他单调的趋势能按下列方法进行消除:

① 用多项式阶数小于或等于 3 的常规回归分析程序,对数字时间历程进行最小二乘拟合;

② 从所测信号时间历程的数值中减去①中确定的最小二乘多项式的值。

5. 瞬时信号丢失辨识与处理

实测信号有时会受到未知干扰而突然消失在测量仪器的背景噪声中。如果信号在以后测量中不再恢复,通常表明传感器或数据采集系统中某些仪器出现故障。

对于瞬态数据,信号丢失如果发生在瞬态事件期间,则可导致有效瞬态信号畸变或模糊,从而使时间历程的目视检查效果不明显。这时,应弄清瞬态信号在时间历程中出现的准确时间,以便辨识瞬态信号是否丢失。

对周期和平稳随机信号,如果在测量时间历程的目视检查期间检测到信号暂时丢失,则这些包含有信号丢失的时间间隔内的数据可从数字时间历程中删除,而信号丢失前、后的其余测量信号仍可用于数据分析。应该按下述步骤完成预处理后的测量数据的频谱分析:

① 将预处理后的时间历程信号分成适合于频谱分析的 n_d 个不连续的时间段,在任何时间段中,不允许出现由于预处理引起的不连续性。

② 如果从信号中删除了大量的信号,则①的方法可造成分析结果中主要信息的丢失,该问题可选用段搭接的方法解决。但如果这种方法用于随机信号的频谱分析,那么所得到的频谱估计方差已不再与数据段数成反比。

③ 对同一试验、多路测量的情况,为了便于比较,应使用同一时间段上的测量数据进行谱

分析。

对于暂时丢失的信号,一般可用两个信号丢失之间的任一段信号来计算得到满足要求的频谱。

2.3.3　数据分离与检验

随机振动与周期振动有本质的区别,两者相互混淆会造成数据分析结果的误差,因此需对随机振动与正弦振动进行分离。

只有在满足平稳、各态历经的前提下,才能用单个随机振动时间历程的统计特征去表征整个随机振动。因此在数据处理之前,需对原始数据进行平稳性检验,还要对振动数据进行正态性检验,只有在其满足正态分布的情况下,才能定量地表示随机振动的统计误差。

1. 正弦与随机信号分离

测量的振动信号往往为随机和正弦信号两者的混合。由于随机振动及正弦振动的特征与归纳方法有本质的区别,所需的数据分析方法也是不同的,所以需对随机信号混有的正弦分量进行辨识,并与随机分量分离。

设振动信号中包含有正弦分量和随机分量,随机分量是一个局部白噪声,即在分析频率范围内,随机分量的功率谱密度值是一个不随频率变化的恒定值。

假定让其通过某一带宽为 B、放大倍数为 1 的带通滤波器,则有

$$\sigma_i^2 = \sigma_R^2 + \sigma_p^2 = B_i \phi(f) + \sigma_p^2 \tag{2-11}$$

式中,σ_i^2 为滤波器输出的总均方值;σ_R^2 为随机分量的均方值;σ_p^2 为正弦分量的均方值;B_i 为滤波器的带宽;$\phi(f)$ 为随机分量的功率谱密度值。

如将同一信号分别用带宽为 B_1 和 B_2 的带通滤波器进行分析,得

$$\left.\begin{array}{l} \sigma_1^2 = B_1 \phi(f) + \sigma_p^2 \\ \sigma_2^2 = B_2 \phi(f) + \sigma_p^2 \end{array}\right\} \tag{2-12}$$

式中,B_1 和 B_2,以及 σ_1^2 和 σ_2^2 已知。求解可得

$$\phi(f) = \frac{\sigma_2^2 - \sigma_1^2}{B_2 - B_1} \tag{2-13}$$

$$\sigma_p^2 = \frac{B_2 \sigma_1^2 - B_1 \sigma_2^2}{B_2 - B_1} \tag{2-14}$$

$\phi(f)$ 与 σ_p 便是分离所得的随机分量与正弦分量。

2. 平稳性检验

统计特征不随时间变化的随机振动称为平稳的随机振动。对某一时间历程测量数据,如果在一系列邻接的短时间段上的平均特性与时间无关,则可认为其平稳。平稳性的重要特征是:数据的平均值波动很小,波形的峰谷变化比较均匀,以及频率结构比较一致。

只有在满足平稳的各态历经的前提下,才能用单个随机振动时间历程的统计特征去描述整个随机振动过程。因此,在正式进行数据分析之前,首先要对测量数据进行平稳性检验。

对于平稳性检验,应该从随机过程的总体来检验,但这显然不可能,所以只能近似检验,即把单个时间历程记录分成若干段,若每段各自按时间平均的统计特性彼此都一样,则可认为是平稳随机过程。它是一种非参数的检验方法,适用于所有时间历程,并且与它们的概率密度函

数无关。这种检验方法对检验在整个测量期间所关心的参数值的单调趋势是有效的,但不适用于检验周期趋势。

随机振动的平稳性检验中,以均方值离散程度为基础的轮次检验法用得较多,它只与出现一组均方值中的"轮次"的数目有关。其步骤如下:

① 把采样记录分成 K 个等时间区间,可以认为这些区间上的数据是独立的。

② 对每个区间计算均方值 $\bar{x}_1^2, \bar{x}_2^2, \cdots, \bar{x}_k^2$。

③ 计算上述均方值时间序列的平均值:

$$\bar{x}_0^2 = \frac{1}{k} \sum_{i=1}^{k} \bar{x}_i^2 \qquad (2-15)$$

④ 对每个大于和小于平均值的均方值分别标以(＋)和(－),并按原来的次序排列,计算序列(＋)、(－)变号的次数,即"轮次"的数目 R。

⑤ 给定置信水平 $1-\alpha$,根据 α 和 $N/2$,查轮次分布表(见表 2－12),得到相应的轮次数区间 $[R_1, R_2]$。

表 2－12　轮次分布表

$n=N/2$	α 0.99	0.975	0.95	0.05	0.025	0.01	$n=N/2$	α 0.99	0.975	0.95	0.05	0.025	0.01
5	2	2	3	8	9	9	30	21	22	24	37	39	40
6	2	3	3	10	10	11	35	25	27	28	43	44	46
7	3	3	4	11	12	12	40	30	31	33	48	50	51
8	4	4	5	12	13	13	45	34	36	37	54	55	57
9	4	5	6	13	14	15	50	38	40	42	59	61	63
10	5	6	6	15	15	16	55	43	45	46	65	66	68
11	6	7	7	16	16	17	60	47	49	51	70	72	74
12	7	7	8	17	18	18	65	52	54	56	75	77	79
13	7	8	9	18	19	20	70	56	58	60	81	83	85
14	8	9	10	19	20	21	75	61	63	65	86	88	90
15	9	10	11	20	21	22	80	65	68	70	91	93	96
16	10	11	11	22	22	23	85	70	72	74	97	99	101
18	11	12	13	24	25	26	90	74	77	79	102	104	107
20	13	14	15	26	27	28	95	79	82	84	107	109	112
25	17	18	19	32	33	34	100	84	86	88	113	115	117

若计算出的"轮次"数 R 落在此区间内,则该随机振动信号是平稳的;反之,是不平稳的。

例 2.2　一个持续时间为 20 s 的随机信号测量数据,每 1 s 为一段,每一段均方值的估计值为 5.5,5.1,5.7,5.2,4.8,5.7,5.0,6.5,5.4,5.8,6.3,6.4,4.9,5.4,5.9,5.4,6.2,5.8,6.5,5.4。问:对于显著水平 $\alpha=0.05$,该随机信号是否平稳?

解:

首先计算 N:$N=20$。

应用式(2－15)计算上述均方值序列的平均值为 5.6,则均方值序列可标记为

$-,-,+,-,-,+,-,+,-,+,+,+,-,-,+,-,+,+,+,-$

计算轮次数目 R：$R=12$。

对于 $\alpha=0.05$，$N=20$ 情况下对应的轮次数上限为 6，下限为 15；被检验数据为 6，下限为 15；被检验数据的轮次数为 12，因此是平稳的。

3. 正态性检验

判断随机信号的概率分布是否满足正态分布，在工程中有重要意义。检验方法如下：

① 一般可直接使用数据处理系统的软件计算信号的概率密度函数，然后与理论的正态分布数据比较，可判断数据是否满足正态分布。

② χ^2 拟合优度检验：

a. 计算平均值 μ 和标准方差 S；

b. 假设 $x(t)$ 的采样值 x_i 满足正态分布；

c. 将 $(-\infty,+\infty)$ 分成 K 个区间，每个区间的概率为 $1/K$，按正态分布分别计算每个区间 $x(t)$ 的上下限；

d. 计算 x_i 落在每个区间的个数，用 $f_i(i=1,2,\cdots,K)$ 表示；

e. 由下式计算统计量 χ^2 的值：

$$\chi^2=\sum_{i=1}^{K}\frac{\left(f_i-\frac{N}{K}\right)^2}{N/K} \qquad (2-16)$$

f. 查 χ^2 分布表，自由度 $n=K-3$。给定置信水平 $1-\alpha$，查得的值用 $\chi_\alpha^2(K-3)$ 表示；

g. 若 $\chi^2<\chi_\alpha^2(K-3)$，则 $x_i(i=1,2,\cdots,K)$ 满足正态分布。

2.3.4 时域分析

振动信号的时域分析主要包括特征值分析、相关分析、概率密度分析、数据积分、数据微分等。特征值一般包含信号的最大值、最小值、有效值(均方根)等，相关分析则包含自相关分析和互相关分析。如果需要观察该数据的量值分布特性，则需计算数据的概率密度函数；如果已知加速度的实测数据，要观察它的速度特性，则需对该数据进行积分。

1. 概率密度分析

对基于可靠性试验的振动数据来说，大多为平稳的离散数据，所以采用概率密度分布直方图来表示信号量值的分布特性。

采集的 N 个离散数据 $\{x_n\}$ 是从均值为零的平稳随机振动信号中按等时间间隔采样得到的，其概率密度函数的估计值为

$$p(x)=\frac{N_x}{N\Delta x} \qquad (2-17)$$

式中，N_x 是序列 $\{x_n\}$ 中落在区间 $[x-\Delta x/2,x+\Delta x/2]$ 上的数据个数，Δx 是中心为 x 的窄区间。设 $\{x_n\}$ 的数值分布在区间 $[a,b]$ 上并将 $[a,b]$ 分成 k 个窄区间，则每个窄区间的宽度为

$$\Delta x=\frac{b-a}{k} \qquad (2-18)$$

设第 i 个区间的起点为 $a+i\Delta x$，终点为 $a+(i+1)\Delta x$，序列 $\{x_n\}$ 中落入区间 $[a+i\Delta x,a+(i+1)\Delta x]$ 上的个数记为 N_i。这样就得到了一个新的数据序列 $\{N_i\}$，其满足：

$$N = \sum_{i=1}^{k} N_i \qquad (2-19)$$

则式(2-17)转化为

$$p(x) = \frac{N_i}{\sum_{i=1}^{k} N_i} \cdot \frac{k}{b-a} \qquad (2-20)$$

2. 自相关分析

自相关函数表示振动前段的数值情况与延时 τ 的振动数值情况相似的程度。

用 $R_x(\tau)$ 表示自相关函数,其定义为

$$R_x(\tau) = \lim_{T \to \infty} \frac{1}{T} \int_0^T x(t) x(t+\tau) \mathrm{d}t \qquad (2-21)$$

$$\rho_x(\tau) = \frac{R_x(\tau) - \mu_x^2}{\sigma_x^2} \qquad (2-22)$$

自相关函数是随机振动信号分析中的一个重要参量。自相关函数曲线的收敛快慢在一定程度上反映了信号中所含各频率分量的多少,反映了波形的平缓和陡峭程度。

自相关函数是检验信号类型的一个非常有效的工具,尤其适用于周期性检验。这是因为随机分量的自相关函数总是随着时间趋于无穷大而趋近于零或某一常数,含有周期成分的随机信号,其自相关函数在 τ 很大时都不衰减;而不含周期成分的随机信号,其自相关函数在 τ 很大时趋近于零或某一常数。

3. 互相关分析

在工程实际中往往涉及到多个随机过程,如对机械系统的动力特性研究可能涉及到输入与输出两个随机过程;对于两个或多个随机过程的描述,要用到二维概率密度函数、互相关函数、互功率谱密度和相干函数等统计特性。

若 $x(t)$、$y(t)$ 是两个各态历经随机过程的样本函数,则互相关函数定义为

$$R_{xy}(\tau) = \lim_{T \to \infty} \frac{1}{T} \int_0^T x(t) y(t+\tau) \mathrm{d}t \qquad (2-23)$$

互相关函数经常用来识别振动信号的传播途径、传播距离和传播速度等,如测量管道内的液体、气体的流速,机动车辆运行速度,检测并分析设备运行振动和工业噪声传递的主要通道,以及各种运载工具中的振动噪声影响等;另外,互相关函数也可用在噪声背景下提取有用信息,消除噪声干扰。

4. 数据积分和微分

由于仪器设备或者测试环境的限制,采样数据可能是"位移"、"速度"或者"加速度",所以需要通过对采集到的数据积分或微分才能得到其他物理量。"位移"、"速度"和"加速度"三者满足以下关系:

$$a = \frac{\mathrm{d}v}{\mathrm{d}t} = \frac{\mathrm{d}^2 s}{\mathrm{d}t^2} \qquad (2-24)$$

$$s = \int v \mathrm{d}t = \frac{1}{2} \iint a \, \mathrm{d}t^2 \qquad (2-25)$$

式中,a 表示加速度,v 表示速度,s 表示位移。

对于采集的离散数据,微积分的计算公式如下:

数据积分:

$$X(n) = \sum_{i=0}^{n} X(i)\, dt \qquad (2-26)$$

数据微分:

$$X(n) = \sum_{i=1}^{n} [X(i) - X(i-1)]/dt \qquad (2-27)$$

式中,$dt = 1/f_s$,f_s 为采样频率。

积分和微分还可以在频域中实现。根据傅里叶逆变换的公式,加速度信号在任一频率的傅里叶分量都可以表示为

$$a(t) = A e^{j\omega t} \qquad (2-28)$$

式中,A 为加速度信号在频率 ω 处的幅值。

当初速度为 0 时,对加速度信号的时间积分可以得出速度信号,即

$$v(t) = \int_0^t a(\tau)\, d\tau = \int_0^t A e^{j\omega\tau}\, d\tau = \frac{A}{j\omega} e^{j\omega t} = V e^{j\omega t} \qquad (2-29)$$

式中,$v(t)$ 为速度信号在频率 ω 处的傅里叶分量,V 为速度信号在频率 ω 处的幅值。

于是一次积分在频域中的关系式为

$$V = \frac{A}{j\omega} \qquad (2-30)$$

当初速度和初位移均为 0 时,对加速度信号的傅里叶两次积分可得出位移:

$$x(t) = \int_0^t \left[\int_0^\tau a(\lambda)d\lambda \right] d\tau = \int_0^t V e^{j\omega\tau}\, d\tau = \frac{V}{j\omega} e^{j\omega t}$$

$$= -\frac{A}{\omega^2} e^{j\omega t} = X e^{j\omega t} \qquad (2-31)$$

式中,X 为位移信号在频率 ω 处的幅值。

于是两次积分在频域中的关系式为

$$X = -\frac{A}{\omega^2} \qquad (2-32)$$

同理,一次微分和两次微分在频域中的关系式分别为

$$A = j\omega V \qquad (2-33)$$

$$A = -\omega^2 X \qquad (2-34)$$

频域积分在振动信号处理中是一个非常有用的处理方法。在多数情况下,振动位移的测试非常麻烦,甚至无法直接测试。例如,在振动台上进行试验,要测量产品的测量点相对于振动台台面的振动位移是非常困难的,即使要测试这些测点的绝对位移也是很麻烦的,而利用加速度信号传感器间接测量振动位移是一种行之有效的方法。

2.3.5 频域分析

1. 频谱分析

信号的频谱描述了信号中频率的成分及大小,是分析确定信号频域分布的有力工具。对于机载设备的振动环境数据,如果包含周期分量,比如直升机螺旋桨附近区域的振动情况,就

需要进行频谱分析。

傅里叶变换在振动数据的处理中是必不可少的运算工具。傅里叶变换的基础是傅里叶级数,傅里叶级数是将时域数据分解为无穷多个离散的谐波。

傅里叶变换是在时间无限条件下定义的,即

$$X(f) = \int_{-\infty}^{\infty} x(t) \, \mathrm{e}^{-\mathrm{j}2\pi ft} \, \mathrm{d}t \tag{2-35}$$

但是,在工程实际中我们只能在一个有限的时间区间内计算有限傅里叶变换,得到截断时域数据的频谱 $X_T(f)$,即

$$X_T(f) = \int_{-T/2}^{T/2} x_T(t) \, \mathrm{e}^{-\mathrm{j}2\pi ft} \, \mathrm{d}t \tag{2-36}$$

从数学上看,可以认为

$$x_T(t) = x(t) \cdot \mu(t) \tag{2-37}$$

式中　$x_T(t)$——截断后的信号;

　　　$\mu(t)$——时间截断函数。

$$\mu(t) = \begin{cases} 1, & -T/2 \leqslant t \leqslant T/2 \\ 0, & \text{其他} \end{cases} \tag{2-38}$$

则

$$\begin{aligned} X_T(f) &= \int_{-\infty}^{\infty} x_T(t) \, \mathrm{e}^{-\mathrm{j}2\pi ft} \, \mathrm{d}t \\ &= \int_{-T/2}^{T/2} x(t) \, \mathrm{e}^{-\mathrm{j}2\pi ft} \, \mathrm{d}t \\ &= \int_{-\infty}^{\infty} x(t) \cdot u(t) \, \mathrm{e}^{-\mathrm{j}2\pi ft} \, \mathrm{d}t \end{aligned} \tag{2-39}$$

设

$$U(f) = \int_{-\infty}^{\infty} u(t) \, \mathrm{e}^{-\mathrm{j}2\pi ft} \, \mathrm{d}t \tag{2-40}$$

则

$$u(t) = \int_{-\infty}^{\infty} U(f) \, \mathrm{e}^{\mathrm{j}2\pi ft} \, \mathrm{d}f \tag{2-41}$$

式中,$U(f)$ 为与 $u(t)$ 对应的数学谱窗。

将式(2-41)代入式(2-36),则有

$$X_T(f) = \int_{-\infty}^{\infty} X(f_1) U(f-f_1) \mathrm{d}f_1 = X(f) \otimes U(f) \tag{2-42}$$

式(2-42)表明,在时域进行有限截取后得到的频谱是原谱与窗函数的褶积,不同的窗函数对频谱分析结果有较大影响,因此需要选择合适的窗函数。

下面简单介绍几种常用的窗函数。

(1) 矩形窗

离散表达式为

$$u_n = 1, \quad n = -\frac{N}{2}, -\frac{N}{2}+1, \cdots, -1, 0, 1, \cdots, \frac{N}{2}+1 \tag{2-43}$$

矩形窗的特点是旁瓣较大,尤其是第一旁瓣峰太高,达到主瓣高度的 21%,所以泄漏很大。矩形窗的优点是非常容易获得,而且主瓣宽度小,其等效带宽为 $1/T$。

（2）海宁（Hanning）窗

离散表达式为

$$u_n = \frac{1}{2}\left(1 + \cos\frac{2\pi n}{N}\right), \quad n = -\frac{N}{2}, -\frac{N}{2}+1, \cdots, -1, 0, 1, \cdots, \frac{N}{2}+1 \quad (2-44)$$

海宁窗的特点是旁瓣很小，旁瓣的衰减很快。主瓣宽度为 $1.5/T$，比矩形窗的主瓣宽度大。总的来讲，其比矩形窗泄漏小得多。海宁窗也比较容易获得，是经常使用的一种时间窗。

（3）汉明（Hamming）窗

离散表达式为

$$u_n = 0.54 + 0.46\cos\frac{2\pi n}{N}, \quad n = -\frac{N}{2}, -\frac{N}{2}+1, \cdots, -1, 0, 1, \cdots, \frac{N}{2}+1$$

$$(2-45)$$

汉明窗是由矩形窗上拼加一个海宁窗形成的。汉明窗中包含一个高为 0.08 的矩形窗和一个最大高度为 0.92 的海宁窗。由于海宁窗的主瓣比矩形窗主瓣宽，利用矩形窗的第二个主瓣是正值，使其部分抵消海宁窗的第一旁瓣的负值。所以汉明窗的第一旁瓣高度非常小，但是其他旁瓣的衰减没有海宁窗快，因为这些旁瓣是受汉明窗中的矩形窗支配的。汉明窗主瓣等效宽度由于第一旁瓣负值的部分抵消作用而略优于海宁窗，为 $1.4/T$。汉明窗泄漏也很小，汉明函数不难获得，所以汉明窗也是常用的时窗之一。

（4）钟形窗

钟形窗也叫高斯窗，离散表达式为

$$u_n = \exp\left[-\alpha\left(\frac{n}{N}\right)^2\right], \quad \alpha > 0, \quad n = -\frac{N}{2}, -\frac{N}{2}+1, \cdots, -1, 0, 1, \cdots, \frac{N}{2}+1$$

$$(2-46)$$

系数 α 取不同的值的时候，得到不同形状的钟形窗。当 $\alpha = 24$ 时，所得到的钟形窗函数标准差 $\sigma \approx T/7$。这时在窗宽 T 范围之内正好是一个完整的钟形函数图形。

钟形窗 $u_n = \exp\left[-\alpha\left(\frac{n}{N}\right)^2\right]$ 的频谱 $U(f)$ 仍为钟形函数。

$$U(f) = \frac{\sqrt{\pi}\,T}{\sqrt{\alpha}}\exp\left(-\frac{\pi^2 T^2 f^2}{\alpha}\right) \quad (2-47)$$

与其他时窗的频谱不一样，钟形窗没有零交点，只有当 $|f| \to \infty$ 时才有 $U(f) \to \infty$。因此钟形窗的频谱图上只有主瓣，没有旁瓣，主瓣等效宽度太大，达到 $1.9/T$，故钟形窗仍有一定的泄漏。要减少泄漏，可以增大 α，使钟形窗谱图变瘦。但同时时域钟形波也变瘦，使时窗两端的信息损失太大。一般 α 选在 16～28 之间。

（5）$\frac{1}{10}$ 余弦坡度窗

$\frac{1}{10}$ 余弦坡度窗是在矩形窗的两端各 $\frac{1}{10}T$ 范围内改为余弦函数，使在两个端点上的值为零，然后平滑上升，到中间 $\frac{8}{10}T$ 范围内值都为 1。其表达式为

$$U(n)=\begin{cases}\dfrac{1}{2}\left(1-\cos\dfrac{10\pi n}{N}\right), & n<\dfrac{N}{10}\\[2mm] 1, & \dfrac{N}{10}<n<\dfrac{9N}{10}\\[2mm] \dfrac{1}{2}\left\{1+\cos\left[10\pi\left(n-\dfrac{9N}{10}\right)\Big/N\right]\right\}, & n>\dfrac{9N}{10}\end{cases} \quad (2-48)$$

$\dfrac{1}{10}$余弦坡度窗与海宁窗、钟形窗一样,能将 $x(t)$ 在窗内两端的数据削平,平滑两端的不连续性。$\dfrac{1}{10}$余弦坡度窗频谱的主瓣呈三角形,旁瓣很小,泄漏很小。

2. 自功率谱分析

自功率谱密度是分析随机信号功率随频率分布的一种方法,自功率谱密度与自相关函数互为傅里叶变换对(维纳-辛钦定理),自功率谱曲线与频率轴所围的面积就是信号的均方值。自功率谱密度是实测随机振动数据在频域内统计归纳的对象。

对于各态历经随机数据,计算功率谱密度函数最常用的两个数学方法是:

① 通过对自相关函数作傅里叶变换得到,叫作拉克门-杜开(Blackman - Tukey)法;

② 对原始数据直接进行快速傅里叶变换得到,叫作柯立-杜开(Cooley - Tukey)法。

从计算效率来看,②法比较好,特别是当时域采样频率容量 N 较大时,②法比①法计算效率高。所以计算功率谱的直接傅里叶变换法广为使用,这里介绍柯立-杜开法。

$$G(f)=2\int_{-\infty}^{\infty}R_x(\tau)e^{-j2\pi f\tau}d\tau \quad (2-49)$$

$$G(f)=2\int_{-\infty}^{\infty}R_x(\tau)e^{-j2\pi f\tau}d\tau=\int_{-\infty}^{\infty}\lim_{T\to\infty}\frac{2}{T}\int_{-T/2}^{T/2}x(t)x(t+\tau)dt\,e^{-j2\pi f\tau}d\tau$$

$$=\lim_{T\to\infty}\frac{2}{T}\int_{-\infty}^{\infty}\int_{-\infty}^{\infty}x(t)e^{j2\pi ft}dt\,x(t+\tau)e^{-j2\pi f(t+\tau)}d(t+\tau)$$

$$=\lim_{T\to\infty}\frac{2}{T}\int_{-\infty}^{\infty}x(t)e^{j2\pi ft}dt\int_{-\infty}^{\infty}x(t+\tau)e^{-j2\pi f(t+\tau)}d(t+\tau)$$

$$=\lim_{T\to\infty}\frac{2}{T}\int_{-\infty}^{\infty}x(t)e^{j2\pi ft}dt\int_{-\infty}^{\infty}x(t)e^{-j2\pi ft}d(t) \quad (2-50)$$

设采样点数为 N,采样间隔为 Δt,样本长度 $T=n\Delta t$,采样频率 $f_c=1/\Delta t$。作离散傅立叶变换时,离散频率取:

$$f_k=kf_0=k\frac{1}{T}=\frac{k}{N\Delta t}=\frac{k}{N}f_c \quad (2-51)$$

$G_k(f)$ 的离散值定义为 $G(f)$ 在离散频率 f_k 上的值。将积分变为求和得

$$G_k(f)=G(f)\big|_{f=f_k}=\frac{2}{N\Delta t}\cdot\sum_{n=0}^{N-1}x(n\Delta t)\exp\left(j\frac{2\pi kn}{N}\right)\Delta t\sum_{n=1}^{N-1}x(n\Delta t)\exp\left(-j\frac{2\pi kn}{N}\right)\Delta t$$

$$=2N\Delta t\left[\frac{1}{N}\sum_{n=0}^{N-1}x(n\Delta t)\exp\left(j\frac{2\pi kn}{N}\right)\right]\left[\frac{1}{N}\sum_{n=1}^{N-1}x(n\Delta t)\exp\left(-j\frac{2\pi kn}{N}\right)\right]$$

$$(2-52)$$

根据　　$X_k(f)=\dfrac{1}{N}\sum_{n=0}^{N-1}x(n\Delta t)e^{-j\frac{2\pi kn}{N}},\quad X_K^*(f)=\dfrac{1}{N}\sum_{n=0}^{N-1}x(n\Delta t)e^{j\frac{2\pi kn}{N}}$

得
$$G_k(f) = 2N\Delta t X_K X_K^* = 2N\Delta t \, |X_K|^2$$

用上述方法计算功率谱密度函数时,相当于用宽度为 T、幅值为 1 的矩形窗截断了随机信号,因此产生泄漏误差。

用原始数据 $x(t)$ 乘以时窗函数 $u(t)$,等于对原始数据进行不等加权修改,结果会使计算出来的功率谱密度 $G_k(\omega)$ 的值减小,因此需要对最后的结果进行修正。

由于功率谱密度函数的物理意义是按照频率分布的功率度量的,而功率与 $[x(t)]^2$ 成比例,因此,最大值为 1 的时窗 $u(t)$,将使得 $[x(t)]^2$ 减小为原值的 $1/[u(t)]^2$。加时窗后计算出来的功率谱密度函数应乘以修正系数 K_0。

$$K_0 = \cfrac{1}{\cfrac{1}{T}\displaystyle\int_{-T/2}^{T/2}[u(t)]^2 \mathrm{d}t} \tag{2-53}$$

在数字式数据分析中,时窗函数要用离散表达式。具体用什么窗函数,要根据具体问题和窗函数的特点而定,一般要求其频谱旁瓣小,即第一旁瓣与主瓣高度之比越小越好。此外,还要求每倍频程旁瓣衰减率要大,主瓣宽度要小。主瓣宽度可以用其等效宽度来衡量。

3. 频域双通道分析

双通道包括:互功率谱密度分析、频率响应谱分析以及相干函数谱分析。

互功率谱是两个随机信号在频率域上相关性的描述,定义为

$$G_{xy}(f) = \int_{-\infty}^{\infty} R_{xy}(\tau)\mathrm{e}^{-\mathrm{j}2\pi f\tau}\mathrm{d}f \tag{2-54}$$

频率响应函数,是线性系统输入与输出之间的频率域描述,为互谱与自谱之比。频响函数是复值函数,既可以用实部和虚部描述,也可以用幅值和相位描述。计算公式为

$$H_{xy}(f) = \frac{G_{xy}(f)}{G_{xx}(f)} \tag{2-55}$$

相干函数是线性系统输入、输出间在频率域上相关性的描述。平稳随机信号 $x(t)$ 与 $y(t)$ 之间的相干函数定义为

$$r_{xy}^2 = \frac{|G_{xy}(f)|^2}{G_{xx}(f)G_{yy}(f)} \tag{2-56}$$

2.3.6　数据归纳

大量的振动测量数据只有通过科学的归纳处理,才能反映出综合振动特性,并在一定理论基础上制定出试验剖面。用不同的归纳方法给出的试验参数,在量值和形式方面会有一定差别。

随着理论、技术、设备的发展,以及对振动环境、数据、试验基本性质认识的提高,归纳方法也在不断发展。由于环境数据的复杂程度、试验要求和试验考核目的各不相同,需采用不同的归纳方法。

如果实测数据的任务是得到振动功能试验的条件,则振动数据归纳应采用所有状态下的极值环境条件。功能试验的目的是检验产品在振动环境作用下是否产生性能故障,各结构的连接、固定、安装、变形及间隙限制之类的工艺是否受到破坏等。由于振动引起的性能故障及工艺问题可按峰值准则处理,所以环境试验的功能试验的量值应选取所有状态的最大振动量

值,持续时间应选取一次使用中最严重的振动时间。

　　如果试验的目的是评价产品的可靠性,则振动环境应尽量模拟产品在寿命期内使用过程中所经历的典型环境条件。归纳出的结果应该比较真实地反映出振动环境的实际典型条件。如果归纳出来的数据量级太小,则利用此结果进行的试验将使设备不能经受足够强度的振动环境考核,造成欠试验;如果归纳出来的数据太大,则会对设备提出过分苛刻的要求,增加设计和制造中的困难和成本,造成过试验。

　　归纳方法和形式应简单易行,具备工程可操作性,否则在工程中将难以实施。

　　振动数据归纳方法最常见的有包线法和统计法等。

1. 包线法

　　包线法包括作图包线法、状态包线法、状态区域数据归纳法等。

　　(1) 作图包线法

　　该方法是将某一测量点的全部振动数据画在同一张频率-振动量值(幅值或加速度谱密度)图上,应包络绝大部分数据点而只摒弃少数孤立的突出点,或以谱峰的包线作为振动标准曲线。该方法归纳出的曲线反映出相应环境的绝对最大量值。其主要缺点是对如何合理地规定试验时间未提供行之有效的方法,且过于保守。

　　(2) 状态包线法

　　英国航空工业委员会制定的《机载设备的通用标准》3G-100列出了各种使用状态下的振动量值作为试验参数,且只对一定状态下的测量数据进行包络。飞行状态是首先要给予关注的,这也是被称为状态包线法的由来。它利用各种状态经历的时间设计试验时间,可将振动试验的量值和时间建立在较为合理的基础上。但是它没有把振动的功能试验和耐久试验分开,而且把总试验时间上限规定为 50 小时。如果小于 50 小时,则按计算的实际时间进行试验;如果大于 50 小时,则只做 50 小时试验。频率上限规定为 1 000 Hz,这些规定在实际中并不十分合理,而且局限于单纯的数据归纳,无法满足编制可靠性试验剖面所需的飞行状态包线内所有飞行状态的振动数据归纳需求。

　　(3) 状态区域数据归纳法

　　状态区域数据归纳法是我国航空领域在吸收总结了国外归纳方法的优点的基础上提出的一种归纳方法。同一状态的振动量值按不同的频率段进行归纳。多个状态下数据归纳时,对于振动量值在每个频段取绝大部分数据点的包线;振动时间是将各个状态经历的时间按疲劳累积损伤等效的原理进行合成,最后将所有频段数据进行综合。

　　状态区域数据归纳法适合于振动的功能试验和耐久性试验,也可用来制定可靠性试验条件。

2. 统计法

　　用统计法估计振动环境是从试验目的所要求的环境条件出发的,并与试验方案要求的置信度一致。国外的很多资料都推荐过,如:

　　美国环境科学与技术学会(IEST)的《动力学数据采集和分析手册》提出以各次测量的均值 $\bar{X}$ 和标准差 S 为依据计算置信度为 97.5% 的振动试验条件:

$$X = \bar{X} + 1.96S \tag{2-57}$$

　　美国军用标准 MIL-STD-810F 在方法 516.5 的附录中规定了由测量数据确定环境条

件的方法,如测量数据满足正态分布,则应用参数统计的方法预计环境条件:

$$X = \bar{X} + kS \qquad (2-58)$$

美国罗姆航空发展中心空军司令部对 4 架飞机实测振动数据分析采用的是统计法,取置信度为 99%,覆盖数据比例为 99.9%。

美军标 MIL-STD-1540C《运载器、顶级飞行器、航天器试验要求》[18] 规定:在振动、噪声和冲击环境的统计估计中,振动、噪声和冲击环境的鉴定试验及验收试验是以统计的期望值和方差为依据,用于鉴定试验的极限环境值是指该值在 99% 次飞行中,用 90% 置信度估计不会被超过;用于验收试验的最高环境是指该值在至少 95% 次飞行中,用 50% 置信度估计不会被超过。

假设实测的振动数据服从正态分布 $X \sim N(\mu, \sigma^2)$ 时,对于正态分布的随机变量,在区间 $(-\infty, x_\beta]$ 上的概率为

$$F(x_\beta) = \frac{1}{\sqrt{2\pi}\sigma} \int_{-\infty}^{x_\beta} \exp\left[\frac{-(t-\mu)^2}{2\sigma^2}\right] \mathrm{d}t = \beta \qquad (2-59)$$

满足上式概率的随机变量上限为

$$x_\beta = \mu + K_\beta \sigma \qquad (2-60)$$

式中,K_β 为满足 $P(Z \leqslant K_\beta) = \beta$ 的正态分布分位点。

在给定 β 的概率下,随机变量 X 的上限为

$$X_H = \mu + K_\beta \sigma \qquad (2-61)$$

但在实际问题中往往总体参数 μ 和 σ 是未知数,只能通过部分子样 $X_i (i=1,2,\cdots,N)$ 得到子样均值 $\bar{X}$ 和标准偏差 S。由此确定振动环境条件的上限:

$$X = \bar{X} + Z_a S \qquad (2-62)$$

若根据子样均值 $\bar{X}$ 和标准偏差 S 来估计随机变量在一定概率下的上限,则随机变量的容差上限应具有 $\bar{X} + KS$ 的形式。

根据 $\bar{X}$ 和 S 得到的在概率为 β 下的随机变量上限就有一定的置信度 γ,即随机变量 X 在置信度 γ 下,小于 X_H 的概率为 β。

上述关系可用下式表示:

$$P(X_H = \mu + K_\beta \sigma \leqslant \bar{X} + KS) = \gamma \qquad (2-63)$$

式中,K 称为容差上限系数。式(2-63)可变为

$$P\left(\frac{\sqrt{N}(\mu - \bar{X}) + \sqrt{N}K_\beta\sigma}{S} \leqslant \sqrt{N}K\right) = \gamma \qquad (2-64)$$

$$P\left[\frac{\frac{\sqrt{N}(\mu - \bar{X})}{\sigma} + \sqrt{N}K_\beta}{\frac{S}{\sigma}} \leqslant \sqrt{N}K\right] = \gamma \qquad (2-65)$$

$$\frac{\frac{\sqrt{N}(\mu - \bar{X})}{\sigma} + \sqrt{N}K_\beta}{\frac{S}{\sigma}} = \frac{\frac{\mu - \bar{X}}{\sigma/\sqrt{N}} + \sqrt{N}K_\beta}{\sqrt{\frac{S^2}{\sigma^2}}} = \frac{Z + \lambda}{\sqrt{A}} \qquad (2-66)$$

式中，$Z = \dfrac{\mu - \bar{X}}{\sigma / \sqrt{N}} \sim N(0,1)$ 为标准正态分布，$A = \dfrac{S^2}{\sigma^2} \sim \chi^2(N-1)$ 为自由度 $N-1$ 的 χ^2 分布，$\lambda = \sqrt{N} K_\beta$ 称为非中心度。

方程（2-66）为自由度 $f = N-1$、非中心度 $\lambda = \sqrt{N} K_\beta$ 的非中心 $t(f,\lambda)$ 分布，当 $\lambda = 0$ 时，方程（2-66）就简化为 t 分布。给定概率 β 可计算出 K_β；给定置信度 γ，可计算出 $t(f,\lambda)$。于是式（2-63）可写成

$$P(t(f,\lambda) \leqslant \sqrt{N} K) = \gamma \qquad (2-67)$$

在给定自由度 $f = N-1$、非中心度 λ 以及置信度 γ 后就可由非中心 t 分布计算出 $t(f,\lambda)$，从而计算出 K 值。可以求得给定置信度 γ、以概率 β 包含数据的振动环境单边容差上限系数为 $K = \dfrac{t(f,\lambda)}{\sqrt{N}}$。

因此，得到置信度 γ 下以概率 β 包含数据的振动环境单边容差上限，即

$$X_{\mathrm{H}} = \bar{X} + K \cdot S = \bar{X} + \frac{t(f,\lambda)}{\sqrt{N}} S \qquad (2-68)$$

表 2-13 给出了不同 N、β 和 γ 值对应的正态容差因子值。

表 2-13　容差上限的正态容差因子

N	$\gamma = 0.50$			$\gamma = 0.90$			$\gamma = 0.95$		
	$\beta=0.9$	$\beta=0.95$	$\beta=0.99$	$\beta=0.9$	$\beta=0.95$	$\beta=0.99$	$\beta=0.9$	$\beta=0.95$	$\beta=0.99$
3	1.50	1.94	2.76	4.26	5.31	7.34	6.16	7.66	10.55
4	1.42	1.83	2.60	3.19	3.96	5.44	4.16	5.14	7.04
5	1.38	1.78	2.53	2.74	3.40	4.67	3.14	4.20	5.74
6	1.36	1.75	2.48	2.49	3.09	4.24	3.01	3.71	5.06
7	1.35	1.73	2.46	2.33	2.89	3.97	2.76	3.40	4.64
8	1.34	1.72	2.44	2.22	2.76	3.78	2.58	3.19	4.35
9	1.33	1.71	2.42	2.13	2.65	3.64	2.45	3.03	4.14
10	1.32	1.70	2.41	2.06	2.57	3.53	2.36	2.91	3.98
12	1.32	1.69	2.40	1.97	2.45	3.37	2.21	2.74	3.75
14	1.31	1.68	2.39	1.90	2.36	3.26	2.11	2.61	3.58
16	1.31	1.68	2.38	1.84	2.30	3.17	2.03	2.52	3.46
18	1.30	1.67	2.37	1.80	2.25	3.11	1.97	2.45	3.37
20	1.30	1.67	2.37	1.76	2.21	3.05	1.93	2.40	3.30
25	1.30	1.67	2.36	1.70	2.13	2.95	1.84	2.29	3.16
30	1.29	1.66	2.35	1.66	2.08	2.88	1.78	2.22	3.06
35	1.29	1.66	2.35	1.62	2.04	2.83	1.73	2.17	2.99
40	1.29	1.66	2.35	1.60	2.01	2.79	1.70	2.13	2.94
50	1.29	1.65	2.34	1.56	1.96	2.74	1.65	2.06	2.86
∞	1.28	1.64	2.33	1.28	1.64	2.33	1.28	1.64	2.33

3. 基于实测数据的可靠性试验剖面设计

基于实测数据处理,首先应计算出不同状态下的自功率谱密度,然后对数据进行归纳,给出主要典型情况下的自功率谱密度,最后给出执行不同任务时在不同阶段的功率谱密度。

数据归纳结果为制定可靠性试验剖面奠定了基础,但往往不能将归纳结果直接引用为可靠性试验剖面,还需进行工程处理,在归纳结果上加一个储备系数才可成为试验条件,这是因为:

① 实测所得的样本数据有限,所测数据并不一定就是实际使用情况的最大量值。

② 试验样品数量有限,而且在其加工过程中可能存在个体差异,致使被考核产品的试验结果并不能完全代表其他产品的情况。

③ 实验室试验与实际使用情况可能存在差异,如以部件代替整机或以夹具代替使用安装结构进行试验所产生的差异等。

2.3.7　基于实测环境数据的某机载设备试验剖面设计(实例)

某机载设备平台为特种运输机,飞机飞行的典型状态为起飞滑行、爬升、巡航、下降、着陆等 5 种状态。一次飞行的典型加速度波形如图 2-11 所示,共有测量设备安装处 Z 方向 8 架次的飞行振动数据,采样频率为 2 048 Hz。

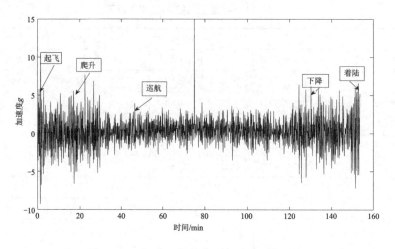

图 2-11　一次飞行的典型加速度时间历程

对于随机振动,只有在平稳各态历经的前提下,才能使用单个样本的统计特征来表征整个随机振动过程。因此,在对振动数据进行后续频域处理分析之前,需对振动环境数据进行分段处理,以保证通过分段处理得到的单个振动数据样本能够保持平稳,进而使得通过后续频谱的计算得到的单个样本统计特征能够代表整个随机振动。

按飞机的飞行状态,对实测数据分为起飞滑行、爬升、巡航、下降、着陆等 5 段,对分段后的振动实测数据开展时域预处理分析工作,其中包括各段振动数据时域波形的绘制、虚假趋势的辨识与处理等。通过上述时域预处理方法,所得结果可为后续振动数据频域分析提供更为准确的数据输入。

1. 异常点辨识及消除

对振动数据进行处理,得到各个测量轴向振动数据的时域波形。某次测量时某时间段 Z 方向的测量波形如图 2 - 12 所示。

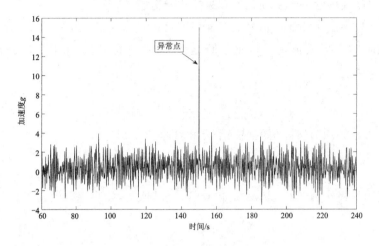

图 2 - 12　某时间段的振动时间历程

振动信号数据中出现的异常极大量值可能是受干扰等情况所导致的,在后续振动数据处理过程中应予以去除。去除异常点后的波形如图 2 - 13 所示。

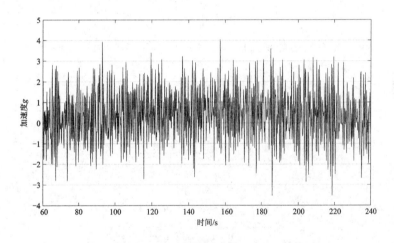

图 2 - 13　去除异常点后某时间段的振动时间历程

2. 振动环境数据虚假趋势辨识与处理

在进行振动数据预处理过程中,发现振动数据存在漂移现象,这可能是由于振动信号数据在通过传感器进行测量、传输和记录的过程中,测量系统随温度变化产生的零点漂移、传感器低频性能的不稳定以及传感器周围的环境干扰等零点漂移或其他原因,会使测量数据附加一个缓变的不合理倾向,通常其变化周期大于数据的采样时间,可认为测量的数据存在虚假趋势。如不将虚假趋势项去除,会在后续相关分析和功率谱分析中引起较大畸变,甚至可能使低频谱估计完全失去真实性。

因为趋势项大部分为线性或者幂函数的形式,而幂函数和线性函数又统称为多项式函数,所以本节基于多项式函数的趋势项提取和剔除进行分析。

假设带有趋势项的实测振动信号的时间序列为 $\{x_i\}(k=1,2,3,\cdots,n)$。序列中的趋势项可用含有 m 次幂的多项式描述。为便于简化计算,令采样间隔时间 $\Delta t=1$,此时可用下式描述:

$$\hat{x}_k = \sum_{j=0}^{m} a_j k^j \qquad (2-69)$$

设函数 E 为趋势项与实际值的误差平方和,即

$$E = \sum_{k=1}^{n}(\hat{x}_k - x_k)^2 = \sum_{k=1}^{n}\left[\sum_{j=0}^{m} a_j k^j - x_k\right]^2 \qquad (2-70)$$

为了得到 E 的极小值,取其对 a_j 的偏导数,令其值为零,整理得到 $m+1$ 个方程:

$$\sum_{k=0}^{n}\sum_{j=0}^{m} a_j k^{j+i} = \sum_{k=1}^{n} x_k k^i \qquad (2-71)$$

解方程组可得到 $m+1$ 个待定系数 $a_j(j=0,1,2,\cdots,m)$,m 为设定的多项式阶数,其满足关系式 $0\leq j\leq m$。

当 $m=0$ 时求得的趋势项为常数:

$$a_0 = \frac{1}{n}\sum_{k=1}^{n} x_k \qquad (2-72)$$

可以看出,当 $m=0$ 时的趋势项为信号采样数据的算术平均值,于是得到去除常数趋势项的计算公式为

$$y_k = x_k - \hat{x}_k = x_k - a_0, \quad k=1,2,\cdots,n \qquad (2-73)$$

当 $m=1$ 时为线性趋势项,求得趋势项系数为

$$a_0 = \frac{2(2n+1)\sum_{k=1}^{n} x_k - 6\sum_{k=1}^{n} x_k \cdot k}{n(n-1)} \qquad (2-74)$$

$$a_1 = \frac{12\sum_{k=1}^{n} x_k \cdot k - 6(n-1)\sum_{k=1}^{n} x_k}{n(n-1)(n+1)} \qquad (2-75)$$

则去除趋势项的计算公式为

$$y_k = x_k - \hat{x}_k = x_k - (a_0 + a_1 \cdot k), \quad k=1,2,\cdots,n \qquad (2-76)$$

当 $m\geq 2$ 时为曲线趋势项,同样采取上述方法可以得到 2 阶以上的各系数,当 $m=q(q\geq 2)$ 时的系数矩阵为

$$\begin{bmatrix} n & \sum\limits_{k=1}^{n} x_k & \sum\limits_{k=1}^{n} x_k^2 & \cdots & \sum\limits_{k=1}^{n} x_k^m \\ \sum\limits_{k=1}^{n} x_k & \sum\limits_{k=1}^{n} x_k^2 & \sum\limits_{k=1}^{n} x_k^3 & \cdots & \sum\limits_{k=1}^{n} x_k^{m+1} \\ \vdots & \vdots & \vdots & \ddots & \vdots \\ \sum\limits_{k=1}^{n} x_k^m & \sum\limits_{k=1}^{n} x_k^{m+1} & \sum\limits_{k=1}^{n} x_k^{m+2} & \cdots & \sum\limits_{k=1}^{n} x_k^{2m} \end{bmatrix} \begin{bmatrix} a_0 \\ a_1 \\ a_2 \\ \vdots \\ a_m \end{bmatrix} = \begin{bmatrix} \sum\limits_{k=1}^{n} y_k \\ \sum\limits_{k=1}^{n} x_k y_k \\ \sum\limits_{k=1}^{n} x_k^2 y_k \\ \vdots \\ \sum\limits_{k=1}^{n} x_k^m y_k \end{bmatrix} \qquad (2-77)$$

在实际振动信号处理中,通常取 $m=1\sim3$ 来对采样数据进行多项式趋势项的消除。本小节在计算过程中,$m=2$。这里以某一段振动数据子样(1.5~2 s)为例,其各轴向虚假趋势去除前后对比如图 2-14 所示。可以看出,原始振动信号数据存在漂移现象,而通过最小二乘法进行虚假趋势去除后,可能准确地去除由于测量系统随温度变化产生的零点漂移、传感器低频性能的不稳定以及传感器周围的环境干扰等零点漂移等产生的缓变不合理倾向,继而减小后续相关分析和功率谱分析中的畸变,最终提高低频谱估计的真实性。

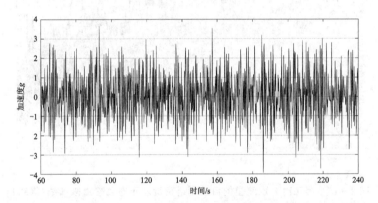

图 2 - 14　三轴向虚假趋势去除前后对比

在对各种状态的数据进行预处理后,要估计每段数据的自功率谱密度。为保证功率谱密度的统计精度在 ±1 dB 范围内,选取的子样数 q 应大于 120。

假设第 m 个子样的时间序列为 $a_m(n)$,其中 $m=1,2,3,\cdots,q$;$n=1,2,3,\cdots,N$。N 为子样的数据点数,本次处理为 4 096,采样频率 $f_s=5\ 120$ Hz。

对每个子样加汉宁窗,计算每个子样的频谱 $X_m(k)$:

$$X_m(k) = \sum_{n=1}^{N} a_m(n) \cdot \mathrm{e}^{\frac{-\mathrm{j}2\pi nk}{N}}$$

式中,$k=1,2,3,\cdots,N$。

计算每个子样的自功率谱密度 $G_m(k)$:

$$G_m(k) = \frac{2}{Nf_s} \cdot |X_m(k)|^2$$

由汉宁窗系数进行修正,修正后的结果为 $\bar{G}_m(k) = 2.67G_m(k)$。在总子样范围内进行平均,得到自功率谱密度的估计值:

$$\hat{G}(k) = \frac{1}{q}[\bar{G}_1(k) + \bar{G}_2(k) + \cdots + \bar{G}_q(k)]$$

在对起飞滑行、爬升、巡航、下降、着陆等各状态的功率谱密度进行分析后发现:各飞行任务段中起飞与着陆段的振动特性较为相近,功率谱密度基本相同,可以归纳为同一个功率谱密度。爬升段、下降段与巡航段较为相近,自功率谱振动谱形状相近,爬升段、下降段稍高于巡航段的振动量值,可归纳为一种功率谱密度的谱形,但量级不同。

实测振动环境数据经过频域分析后得到的自功率谱密度需要做进一步的统计归纳,找到它们在预先给定的置信度和分位点下随机变量的容差上限。

对8次测量的自功率谱密度,用 $\gamma = 50\%$ 的置信度、$\beta = 95\%$ 的概率计算正态单边容差上限,得到起飞的容差上限曲线(见图2-15中黑线)和巡航的容差上限曲线(见图2-16中黑线)。

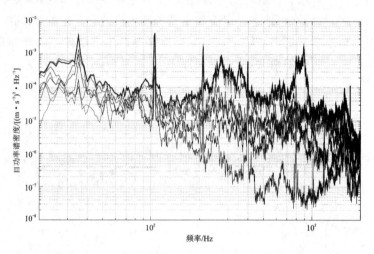

图2-15　起飞时8次测量的自功率谱密度及正态容差上限曲线(黑线)

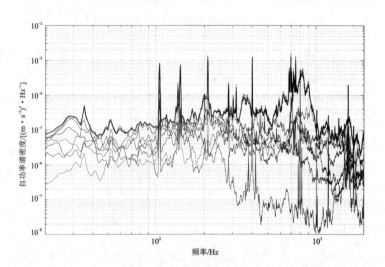

图2-16　巡航时8次测量的自功率谱密度及正态容差上限曲线(黑线)

对黑色曲线进行工程处理后,得到该设备的可靠性振动试验条件,如表 2-14 所列。

表 2-14　某机载振动试验条件

飞行阶段	宽带随机部分		窄带随机部分		持续时间/ min
	频率/Hz	功率谱密度/ $[(m \cdot s^{-2}) \cdot Hz^{-1}]$	频率范围/ Hz	功率谱密度/ $[(m \cdot s^{-2}) \cdot Hz^{-1}]$	
起飞	20	0.001	33～37	0.005	2
	300	0.001	105～110	0.005	
	450	0.000 1	210～220	0.003	
	600	0.000 1	395～400	0.004	
	700	0.003			
	2 000	0.000 1			
	均方根值(g_{rms})	1.60			
爬升	20	0.000 5	33～37	0.002 5	15
	300	0.000 5	105～110	0.002 5	
	450	0.000 05	210～220	0.001 5	
	600	0.000 05	395～400	0.002	
	700	0.001 5			
	2000	0.000 05			
	均方根值(g_{rms})	1.13			
巡航	20	0.000 5	33～37	0.002 5	120
	300	0.000 5	105～110	0.002 5	
	450	0.000 05	210～220	0.001 5	
	600	0.000 05	395～400	0.002	
	700	0.001 5			
	2000	0.000 05			
	均方根值(g_{rms})	1.13			
下降	见上升量值				
着陆	见起飞量值				

飞行阶段	宽带随机部分		窄带随机部分		持续时间/min
	频率/Hz	功率谱密度/$[(m\cdot s^{-2})\cdot Hz^{-1}]$	频率范围/Hz	功率谱密度/$[(m\cdot s^{-2})\cdot Hz^{-1}]$	
着陆振动量级	20 0.001 33~37 0.005 300 0.001 105~110 0.005 450 0.000 1 210~220 0.003 600 0.000 1 395~400 0.004 700 0.003 2 000 0.000 1				2
	均方根值(g_{rms}) 1.60				

本章习题

1. 可靠性试验的原理是什么？试用航空航天方面的具体实例说明。

2. 确定检测参数项目的原则是什么？

3. 选择试验条件时应考虑哪些因素？

4. 对于航空航天设备，为什么要以使用环境条件进行分类？

5. 在航空航天产品试验中，试验应力的确定原则是什么？什么是实测应力？

6. 某安装在冲压空气舱的 Ⅱ 类设备，其任务如表 2 - 15 所列，试据其制定环境剖面数据表。

表 2 - 15　任务表

任　务	任务比/%	段名称	起始高度/km	最终高度/km	马赫数 1	马赫数 2	时间/min
巡逻	11.27	爬升	0	11	0.2	0.8	4.75
		巡航	11	11	0.8	0.8	16.1
		巡航	11	11	0.8	0.8	11
		作战	11	11	0.8	0.9	10
		巡航	11	11	0.8	0.8	15.7
		下滑	11	0.5	0.8	0.5	11.6
		等待	0.5	0.5	0.5	0.5	10
		下降	0.5	0	0.2	0	0.3

7. 已知某飞行器飞行高度为 11 500 m、飞行马赫数为 0.8,试计算其动压。

8. 为什么要对测量的振动数据进行预处理,其通常包括哪些工作?

9. 随机振动与正弦振动信号如何分离,处理方法有何不同?

10. 简述自功率谱密度与自相关函数的关系。

11. 对振动数据归纳的方法有几种? 简要说明。

第 3 章 可靠性试验的实施过程

3.1 概 述

可靠性试验是产品整个可靠性工作中重要的组成部分之一,正确的试验实施过程是保障可靠性试验结果真实可信的前提,要完成可靠性试验,必须了解可靠性试验的实施过程。为了有效地保证可靠性试验的结果有较高的置信度,使可靠性试验得出的可靠性验证值(如平均故障间隔时间)能够代表现场使用时的可靠性水平(要达到完全一致是不现实的),必须对可靠性试验的实施过程提出系统的、统一的、严格的要求。每一个型号在研制过程中,特别是在可靠性要求中,都会针对可靠性试验制订出详细的计划,对于每一项可靠性试验,还应编制详细的试验大纲(主要包括试验目的、受试产品的描述、试验设备、试验的环境条件、性能监测、故障判据以及数据处理等方面的要求),制定试验程序及质量保证措施等文件;试验完成后,应给出相应的试验报告。

产品的种类和品种很多,现场使用条件也千差万别,本书仅提出可靠性试验实施过程中的通用要求。各类产品在可靠性试验实施过程中的特殊要求需根据产品技术规范的要求在可靠性试验方案中具体规定。

图 3-1 为可靠性试验实施过程导图,在下面的各节中,将借助该图对可靠性试验的过程

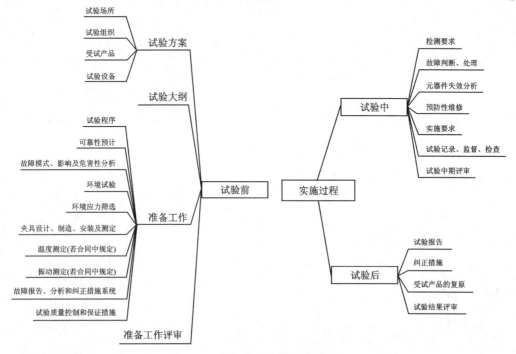

图 3-1 可靠性试验实施过程导图

进行详细讲述。

3.2　可靠性试验前的工作内容

当接受到试验任务时,首先要制定试验方案,进行试验方案评审;若评审不通过,则修订试验方案直至试验方案通过评审;试验方案通过评审后,编制试验大纲。然后进行试验大纲评审,若评审不通过,则修订试验大纲直至试验大纲通过评审;试验大纲通过评审后,做好试验前的各项准备工作,如编制试验程序、设计制造试验夹具、确定产品技术状态及可靠性试验前的相关试验、编写质量保证措施报告、测试试验夹具等。最后,为检测是否具备开试条件,需进行准备工作评审。

3.2.1　试验方案

按照 GJB 450A—2004[4] 的要求,为了保证产品在现场使用中达到要求的可靠性水平,产品订购方在提出研制要求时就应确定可靠性要求(工作项目 101),进而确定可靠性工作项目要求(工作项目 102)及可靠性计划(工作项目 201)。研制单位根据项目要求,在研制工作一开始就应制订产品可靠性工作计划(工作项目 202),可靠性工作计划是为了落实订购方的可靠性计划而制订的具体实施计划,用来实现产品可靠性要求。可靠性试验在产品可靠性工作项目中的位置见表 3-1(GJB 450A—2004)。按照 GJB 450A—2004 的要求,对于每一项可靠性试验,都应制订试验计划和方案,主要包括试验目的、受试产品的描述、试验设备、试验的环境条件、性能监测、故障判据以及数据处理等方面的要求。一般大的型号会制定一个可靠性试验总体方案,内容包括试验类型、项目及其选取原则、试验方式及统计试验方案、试验剖面确定、试验的组织实施、工作进度要求、试验场所选取、验收及评审要求等。

表 3-1　可靠性工作项目应用矩阵表[4]

标准条款号	工作项目编号	工作项目名称	论证阶段	方案阶段	工程研制与定型阶段	生产与使用阶段
5.1	101	确定可靠性要求	√	√	×	×
5.2	102	确定可靠性工作项目要求	√	√	×	×
6.1	201	制订可靠性计划	√	√	√	√
6.2	202	制订可靠性工作计划	△	√	√	√
6.3	203	对承制方、转承制方和供应方的监督和控制	△	√	√	√
6.4	204	可靠性评审	√	√	√	√
6.5	205	建立故障报告、分析和纠正措施系统	×	△	√	√
6.6	206	建立故障审查组织	×	△	√	√
6.7	207	可靠性增长管理	×	√	√	○
7.1	301	建立可靠性模型	△	√	√	○
7.2	302	可靠性分配	△	√	√	○
7.3	303	可靠性预计	△	√	√	○
7.4	304	故障模式、影响及危害性分析	△	√	√	△

标准 条款号	工作项目 编号	工作项目名称	论证阶段	方案 阶段	工程研制与 定型阶段	生产与 使用阶段
7.5	305	故障树分析	×	△	√	△
7.6	306	潜在通路分析	×	×	√	○
7.7	307	电路容差分析	×	×	√	○
7.8	308	制定可靠性设计准则	△	√	√	○
7.9	309	元器件、零部件和原材料的选择与控制	×	△	√	√
7.10	310	确定可靠性关键产品	×	△	√	○
7.11	311	确定功能测试、包装、贮存、装卸、运输和维修 对产品可靠性的影响	×	△	√	○
7.12	312	有限元分析	×	△	√	○
7.13	313	耐久性分析	×	△	√	○
8.1	401	环境应力筛选	×	△	√	√
8.2	402	可靠性研制试验	×	△	√	○
8.3	403	可靠性增长试验	×	△	√	○
8.4	404	可靠性鉴定试验	×	×	√	○
8.5	405	可靠性验收试验	×	×	△	√
8.6	406	可靠性分析评价	×	×	√	√
8.7	407	寿命试验	×	×	√	△
9.1	501	使用可靠性信息收集	×	×	×	√
9.2	502	使用可靠性评估	×	×	×	√
9.3	503	使用可靠性改进	×	×	×	√
符号说明：√—适用；×—不适用；○—仅设计更改时适用；△—可选用						

1. 试验场所

开展可靠性试验的试验场所,应能提供可靠性试验所需要的综合环境条件并满足相关标准的精度和质量要求,因此要求承担可靠性试验的实验室应拥有通过国家最高计量检定部门检定的三综合试验设备,且应按 GJB 2725A 或 GJB 15481 建立质量体系。对于可靠性验证试验,由于试验结论将作为设计定型、生产定型、鉴定或验收的依据,因此除必须具备以上要求外,实验室还必须有相应的资质并取得上述质量体系的认可;另外,还应按下列优先顺序原则进行选取,并经使用方认可。

① 应选择独立于承制方的实验室。为保证客观、公正,通常选择独立于研制和使用方的第三方实验室进行试验。

② 由于产品自身的特殊性,在没有具备试验条件的第三方实验室可供选择的前提下,在使用方或使用方委托的代表及有资质的第三方实验室严格监督下,允许在承制方的实验室中对其产品进行试验。

2. 试验组织

可靠性试验由承担试验的实验室(一般简称试验承试单位或承试方)总体负责,主要负责制定受试产品可靠性试验大纲,组织评审并报上级主管部门批复,组织可靠性试验的实施,协助使用方代表对试验的全过程进行质量监控,详细记录试验期间发生的故障及故障处理情况,协助承制单位进行故障分析及故障归零等工作,完成可靠性试验报告,给出试验结论性意见。

试验的全过程应受使用方(或订购方)或其委托的代表监督(军品可靠性试验一般由驻承研厂所或其所在地区军事代表室负责试验的监督工作),试验方案、试验剖面、检测项目、故障判据、受试产品技术状态、试验实施程序、受试产品在试验过程中的故障归零及测试数据应得到其确认,必要时对试验报告进行会签。

总体研制单位负责提供综合环境应力试验剖面或实测数据、安排试验计划并根据型号研制任务的总体进度协调各方面关系,以及产品在试验过程中发现设计缺陷,需要更改设计时协调与主机的接口关系等。

受试产品研制单位负责提供满足要求的受试产品和相关检测设备,完成规定的可靠性预计、故障模式及影响分析(FMEA 或 FMECA)等工作并提供相关报告,完成受试产品规定的环境试验项目以及环境应力筛选并提供相关报告,配合承试单位开展试验,负责对试验中产品故障的有关分析、修复、处理记录及针对试验中的责任故障的技术归零工作。

在试验过程中,试验的组织管理一般以试验工作组的形式开展,试验工作组的组成及各组成部分的职责将在 3.2.3 小节中阐述。

3. 受试产品

产品研制的不同阶段,试验目的不同,对受试样品的要求也是不同的。基本上,可靠性试验可以对研制阶段的样机、试制产品和批生产产品中的任何一种产品进行。

产品母体必须基本上是同一的,即产品以相同的方法、在相同的条件下生产出来,采取同样的预处理措施(如老炼预处理或环境应力筛选)。可靠性试验的样品则须从母体中随机抽取,以使其可靠性试验具有代表性。

在可靠性鉴定试验前,产品应通过性能试验和环境试验,并且设计、工艺的修改均已落实,产品的技术状态符合设计定型技术状态。

可靠性鉴定试验的样品不得另外进行直接的、间接的或其他形式的特殊预处理,也不能采取技术条件规定的正常维护程序以外的维护。

可靠性增长试验前,应通过产品性能试验和规定的环境试验项目,但设计、工艺修改不一定都得完成,因为可靠性增长试验是产品研制阶段进行的试验,通过边试验、边分析、边改进,求得产品可靠性的增长。

可靠性增长试验一般抽取一台产品。按照 GJB 899A 的规定,可靠性鉴定试验的样品数应按合同规定,或由承制方与使用方商定。若无具体规定,一般不少于 2 台。可靠性验收试验的样品,若订购方无其他规定,每批产品至少应有 2 台试验验收。推荐的样本大小为每批产品的 10%,但最多不超过 20 台。

4. 试验设备要求

试验设备应能提供试验所要求的应力条件,经过计量检定合格并在规定的试验期间内正常地工作。试验的检测仪器仪表必须满足试验所要求的测量项目和测量精度,其精度至少应为被测参数容差的 1/3。

3.2.2 试验大纲

由于沿用 GJB 450—88 的习惯,也为了区分统计试验方案以及可靠性增长试验方案,目前大多数型号中依然保留了试验大纲作为试验的依据及纲领性文件。试验大纲(或试验方案)一般依据总体试验方案,根据 GJB 450A—2004[4]《装备可靠性工作通用要求》编制。设计定型产品可靠性鉴定试验大纲必须通过军工产品定型机构组织的评审,并报军工产品定型委员会批准。

制定可靠性试验大纲时应考虑的主要因素如下:

① 以往对产品可靠性信息的收集、分析和了解程度;

② 不依赖可靠性试验而获得可靠性保证的可能性;

③ 可靠性试验的大致费用;

④ 可靠性设备的可用性;

⑤ 可利用的人力和时间;

⑥ 试验样品的代表性;

⑦ 可靠性预计的结果;

⑧ 环境试验、性能试验是否合格。

为了防止重复试验而又能充分利用其他试验的结果,应尽可能将可靠性试验与性能、环境和耐久性试验等结合起来,构成一个比较全面的可靠性综合试验大纲,这样既可以提高效率、节省经费,又能保证不漏掉那些在单独进行的试验中经常忽略或不易发现的缺陷。

可靠性试验大纲的内容因试验目的和试验类型的不同而略有不同,主要差异包括:

① 试验目的、要求以及试验所依据的标准和规范。

② 适用范围。

③ 受试产品说明及要求(包括受试产品的组成、功能、技术状态、样品数量等)。

④ 具体试验方案。对于可靠性鉴定试验,应给出是选用标准试验方案,还是选用高风险方案,以及具体方案中的 α、β、d、C、θ_1、θ_0、T;对于可靠性增长试验,应给出选用的增长模型(Duane、AMSAA)的增长率 m 及增长目标值等。

⑤ 试验条件(包括环境条件、工作条件及使用维护条件)。

⑥ 试验设备及检测仪器(包括试验设备和检测仪器的技术要求)。

⑦ 性能、功能检测(包括受试产品性能,功能检测项目、方法,检测表格和内容,检测点的设置等)。

⑧ 故障判据、故障分类及故障统计,故障的修复说明及修复后的验证要求。

⑨ 受试产品的预处理及预防性维护。

⑩ 其他有关事项。

应当指出,产品可靠性试验,应根据产品研制阶段或生产阶段的不同、试验目的以及订货合同的要求,来选择适当的试验类型。要求不同,选择的试验类型不同,试验方法就不同,试验结果的处理和评定方法也不一样。例如,产品在研制阶段,希望通过可靠性试验来发现产品可靠性的薄弱环节,以便采取改进措施,提高产品的固有可靠性,此时就应当选择增长试验。如果产品处在设计定型或生产定型或是重大技术改进后,需对其可靠性进行验证和鉴定,则应当采用可靠性鉴定试验,而且一般选用定时截尾试验方案。如果是定型后的批生产产品送交验收,则选择可靠性验收试验,此时根据合同或技术协议规定,只要统计试验方案通过就可以交货。批生产阶段的可靠性验收试验一般选用概率比序贯截尾试验方案,也可以选用定时截尾试验方案。这两种方案都可以对产品的 MTBF 真值作出估计。

如果产品是用成功率作为可靠性的特征值,则选择成功率试验方案。如果合同要求每台产品都要经过可靠性验收,那么就要选择全数试验方案。

对于可靠性增长试验,还应按 GJB 1407—1992[19] 提供增长模型、增长率及其他有关说明。

3.2.3　可靠性试验前应进行的准备工作

在可靠性试验前应进行以下准备工作:编制试验程序,可靠性预计,FMECA,环境试验,环境应力筛选,夹具的设计、制造、安装及测定,温度测定,振动测定,FRACAS,试验质量控制和保证措施,试验前准备工作评审。

1. 编制试验程序

可靠性试验程序用来具体地体现可靠性试验大纲的实施,详细说明可靠性试验中有关设备的使用方法,以及试验的具体实施方法和步骤。可靠性试验程序供使用方作为审查和批准承制方进行可靠性试验、监督试验和评价试验结果的依据之一。

可靠性试验的试验程序应包括以下主要内容:

① 受试系统的说明及要求(包括受试产品组成单元清单,拟安排试验的单元清单、功能、最近的技术状态,以及获准的更改、偏离、超差的说明或图样目录,是否有预防性维护以及维护内容);

② 试验设备与检测仪器(包括试验设备与检测仪器的名称、型号、规格、制造厂家、技术指标、计量标定及全套试验装置,以及受试产品和检测仪器的安装布局简图);

③ 试验方案;

④ 试验条件(列出温度、湿度、振动、电应力等具体的试验应力施加方法,给出具体可操作的试验剖面,包括为了便于实施操作对试验大纲规定的试验剖面的必要修正说明等);

⑤ 性能、功能检测(检测功能、性能参数的环境条件,以及检测表格和内容、检测时间、检测内容的容差、检测点的设置等);

⑥ 故障处理(故障定位、故障处理步骤、修复后重新投入试验的要求等);

⑦ 试验中出现重大事故的处理办法;

⑧ 试验的实施过程和步骤(试验前的准备工作,试验中的工作内容及试验后的要求等)。

试验程序应由产品承试单位编写,且上述内容可以根据不同产品适当删减或增加。

2. 可靠性预计

可靠性预计的目的是预计产品的可靠性水平,检查产品可靠性设计的有效性,预测对产品可靠性影响较大的元器件、零部件及应力条件,以便引起足够的重视。可靠性预计是根据组成产品的元器件、零部件的可靠性来推断产品(或系统)的可靠性。这是一个从局部到整体、由小到大、自下而上的过程。

可靠性预计是可靠性设计中一项很重要的工作,也是目前试验前要求完成的一项主要工作。可靠性预计应根据产品研制进程不断地深入和完善,试验前应有最新的预计结果。

对于可靠性增长试验,产品的可靠性预计值 θ_p 可以用作确定增长目标值的依据。对于可靠性验证试验,产品可靠性预计值 θ_p 可以用作制定试验方案时选择 MTBF 检验下限(θ_1)或 MTBF 检验上限(θ_0)的依据。产品预计的平均故障间隔时间 θ_p 应大于试验方案中的上限值 θ_0,使产品能高概率通过试验考核。如果发生 θ_p 小于 θ_0 的情况,必须改进产品的可靠性或调整试验参数。这里所说的改进产品的可靠性不是指重新确定元器件的失效率及重新计算各种因子的数值,即不是凑出一个大于某方案 θ_0 的 θ_p 值,而是要切实在设计、制造及管理上采取有效的改进措施。元器件失效率数据一般采用国家数据中心颁布的数据或国家军用标准规定的数据,也可以使用承制方与使用方共同确认的数据,不能由单方任意确定。需要特别说明的是,产品可靠性预计值 θ_p 仅仅从一方面反映产品的设计水平,不代表产品的真实可靠性。产品的真实可靠性水平,以及产品可靠性预计是否准确,只有通过试验或现场使用来验证。

若产品使用国产元器件,产品承制方可以按 GJB/Z 299C《电子设备可靠性预计手册》中提供的应力分析预计法进行产品可靠性预计,并提交可靠性预计报告作为试验前准备工作评审的文件之一[11]。若产品使用进口元器件,其失效率等数据应采用相应的国家数据手册。例如,若用美国元器件,其失效率等数据应采用 MIL - HDBK - 217F 中提供的数据。

在进行可靠性预计时,应注意的内容如下:

① 必须采用应力预计法而不能采用计数法。

② 应把所有元器件的预计值列表,再列出 SRU,最后给出外场可更换单元(Located Renewable Unit,LRU)的预计值。

③ 元器件预计,特别是电阻、电容器件,不能采用"批处理",例如:质量等级、环境系数等。

④ 注意超"PPL"(元器件优选目录)的元器件,如质量等级 B2 的元器件。

⑤ 自制件预计值的选取。

3. 故障模式、影响及危害性分析(FMECA)

故障模式、影响及危害性分析(FMECA)是分析产品故障原因和结果之间关系的一种主要方法,由产品承制方完成。FMECA 的目的是系统地分析所有可能的故障模式、故障原因,确定其对产品产生的影响,并把所有可能的故障模式按其严重程度及其发生概率予以分类,以便发现设计中潜在的薄弱环节,作为试验和使用过程中的故障定位、故障分析、故障处理,进而作为制定有效的纠正措施和试验保障的依据。

FMECA 是否有效,很大程度上取决于可利用的资料和分析人员的技术水平、经验及对产品的熟悉程度。因此,为了提高 FMECA 的有效性,此项工作一般应由产品设计人员完成。当然,在分析过程中还应当充分听取生产、管理和使用等各部门有经验的工程技术人员的意见,特别是可靠性工程技术人员应参与 FMECA 工作。在进行 FMECA 之前,还应当广泛收集有助于实施 FMECA 的各种信息和资料。

FMECA 一般由两部分组成,即故障模式及影响分析(FMEA)和危害性分析(CA)。FMECA 的分析程序的基本步骤见图 3 - 2。详细的方法和步骤可以根据 GJB/Z 1391—2006《故障模式、影响及危害性分析指南》[20] 来实施。

危害性分析(CA)分为定性和定量两种方法。一般而言,在不能获得产品技术状态数据或故障率(λ_p)时,应选择定性分析方法;若可以获得产品技术状态数据或故障率(λ_p),则应选择定量分析方法,并分析危害度。可靠性试验之前,产品 FMECA 必须完成定性分析。如有可

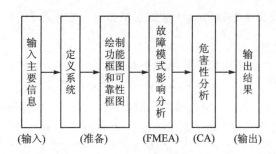

图 3-2　FMECA 分析程序的基本步骤

能,应完成定量分析。

为了贯彻国军标,使产品可靠性试验实施过程规范化,保证产品 FMECA 及试验结果具有可比性,航空军工产品应按 GJB/Z 1391—2006 的要求进行 FMECA,并提交 FMECA 报告。如有可能,还应提交工程试验中故障信息及处理措施报告,作为试验前准备工作评审文件之一。

4. 环境试验

为了保证可靠性试验的顺利进行及结果的真实有效,产品可靠性试验前应根据 GJB 150A《军用装备实验室环境试验方法》,按相应成品协议及产品技术规范所规定的环境试验项目,完成环境试验,并提交试验报告,作为可靠性试验前准备工作评审的文件之一。

环境试验不同于可靠性试验,它考核的是产品对环境的适应性,判定产品是否能满足设计和工艺技术规范中所规定的使用环境条件的要求,即在规范规定的极值环境下能否工作(或不损坏)。由于使用环境的多种多样,环境试验项目比较多(GJB 150A—2009 规定了 29 项,如高温、低温、振动、冲击、低气压、湿热、霉菌、盐雾、沙尘等),环境条件一般为极限条件,试验时间也相对较短。而可靠性试验主要是模拟现场使用中经常碰到的有主要影响的环境条件,一般是考核产品在典型条件下或实际使用中的主要环境条件下的可靠性,试验时间相对比较长,试验环境条件为综合环境条件,一般多为温度、振动和湿度的综合。可靠性试验与环境试验的区别如表 3-2 所列。

表 3-2　可靠性试验与环境试验的区别

序 号	项 目	可靠性试验(RT)	环境试验(ET)
1	目的	了解、评价、分析和提高产品可靠性(具体有三条):发现缺陷、提供信息、验证指标	考核产品环境适应性
2	试验项目	少(相对而言)。GJB 450A 给出 7 个试验工作项目	多。GJB 150A 提供了 29 个环境试验项目
3	试验条件	典型条件	极值条件
4	试验时间	长。如: 环境应力筛选:80~120 小时; 可靠性增长试验:5~25 倍要求的目标值; 可靠性鉴定试验:最少 $1.1\theta_1$(θ_1 为 MTBF 检验下限)	试验时间短(霉菌试验除外)。如: 温度试验:2 小时; 振动功能试验三个方向各 1 小时
5	产品处理	修复后允许交付使用	一般不允许交付使用

产品环境试验一般可以在产品承制单位的环境实验室完成,也可以委托其他有条件的单

位来完成，完成单位应提交试验报告。环境鉴定试验一般也要求在第三方完成。

5. 环境应力筛选

环境应力筛选的目的是发现和排除由于不良零件、元器件、工艺缺陷和其他原因所造成的早期故障。GJB 899A 规定："为了保证可靠性验证试验的顺利进行和结果的准确性，试验前受试设备应进行应力筛选，消除早期故障"。原国防科工委《武器装备可靠性维修性设计若干要求》中规定："对元器件和关键、重要电子产品的电路板及外场可更换单元（LRU）应百分之百进行筛选"；同时还规定："凡未经筛选、检验的元器件不得装配到产品上。对有高可靠性要求的元器件还应根据有关规定进行针对性筛选"。

筛选可以选用多种环境应力，如热冲击、温度循环、机械冲击、随机振动、离心加速度等，视具体情况而定。但若使用方没有特殊要求，则 LRU 必须按 GJB 1032A[3] 的规定进行温度循环加随机振动的筛选方法进行筛选。

筛选中的故障与产品可靠性试验结果的判定无关，但是应该详细记录故障现象，认真进行故障分析，并采取有效的纠正措施。

6. 夹具的设计、制造、安装及测定

夹具是振动试验中用来将振动台产生的机械力和能量传递给受试件的一种过渡装置，俗称转接板或过渡板。

夹具设计涉及到机械、力学、振动等多方面的理论，在有关振动试验理论的书籍[21]中一般都有专门的介绍，因此在本书中不做深入的阐述，只简单介绍在可靠性试验中对夹具的一般要求。

对试验夹具的要求：在整个试验的频率范围内其频率响应要平坦且连接面各点响应尽可能一致；安装产品后，应保证夹具的重心与振动台的中心重合，避免产生横向振动或不平衡力矩；夹具的阻尼要大（一阶共振时的放大因数 Q 不大于 4），质量是试件质量的 2~4 倍且横向运动（垂直与激振方向）要尽可能小，波形失真要小（一阶固有频率之前不大于 25%，一阶固有频率之后不大于 60%）。

夹具的材料通常采用硬铝合金（如 LY12）或铝镁合金，这类材料重量轻、阻尼特性好，且加工性好。也有采用硬木或其他硬质金属材料的。

重量是夹具最关键的参数，对于同一尺寸的金属而言，铝-镁的密度小于钢，比钢好，加工便宜，比刚度（k/m）大，可以很好地改变夹具的频率特性。

夹具测定的目的是了解夹具振动的动态特性和传递特性，使可靠性试验顺利进行，获得的数据和结果科学、准确。无论合同是否要求进行振动测定，按目前国家重点型号研制管理的惯例，可靠性试验前都应对振动夹具进行测定，并提供夹具测定报告，作为试验前准备工作评审的依据。夹具测定报告包含以下主要内容：夹具测试的目的、地点、时间、测试人员；测试设备（包括振动台和振动数控系统）的主要性能指标（振动台和控制系统及使用的传感器、电荷放大器等仪器必须通过计量检定，并在检定有效期内）；夹具结构、材料、重量、重心及与振动台的连接方式；夹具测定过程及其改进过程；夹具测定谱（需说明是正弦扫频振动测定还是随机振动测定）；测定结果或结论，并应附上有关测定数据或图表。

7. 温度测定

如果产品中有热惯性比较大的器件，需要进行温度测定时，应在可靠性试验程序规定的温

度工作循环下对一台样件进行温度(热)测定试验。温度测定的目的是确定受试产品过热点和具有最大热惯量的零部件,建立受试产品温度与试验箱内空气温度之间时间与温度的关系,通过这些关系确定受试产品的热稳定水平。当最大热惯量点的温度与试验的下(上)限温度之差不超过 2 ℃时,便认为温度下(上)限已经稳定。确定试验方案时,试验所施加温度应力的持续时间不得少于最大热惯量点的稳定时间。

用于温度测定的受试产品一般不应再用作可靠性试验的样品,因为这种施加应力的附加工作时间,会使受试产品带上缺陷;如果没有别的产品,必须将该产品用于可靠性试验,则必须经使用方同意。

不是所有产品在进行可靠性试验前都必须进行温度测定,只有当合同要求温度测定时才进行并提供测定报告。温度测定报告应给出温度测定的结果,确定"过热点"和达到热稳定时的保温时间。温度测定报告是使用方判断受试产品可靠性试验前准备情况是否良好的依据之一。温度测定的内容可参见合同要求或参考相关标准(如 GJB 899A)。

8. 振动测定

当合同要求进行振动测定时才进行振动测定。应当用一台样件进行振动测定试验,找出受试产品发生共振的条件和设计的薄弱环节。若无其他规定,振动条件应采用可靠性试验程序规定的条件。进行振动测定试验的样件在振动测定试验中的安装方式应尽量模拟其实际安装情况,并与可靠性试验中的安装方式相同。对测定试验期间发生的任何故障都应报告、调查、分析、找出原因,应在可靠性试验开始前采取经过验证并已得到批准的相应纠正措施。

振动测定必须提供测定报告。振动测定报告应给出测定结果,确定受试产品是否存在共振条件,确定与组件或部件中可能存在过应力有关的加速度合力的大小。振动测定报告是使用方判断受试产品可靠性试验前准备情况是否良好的依据之一。振动测定的内容可参见合同要求或参考相关标准(如 GJB 899A)。

9. 故障报告、分析和纠正措施系统(FRACAS)

产品可靠性是用故障出现的频率加以计算的。对产品可靠性分析、评价和改进都离不开故障信息。建立故障报告、分析和纠正措施系统(Failure Report,Analysis & Corrects Action System,FRACAS)的目的是保证故障信息的正确性和完整性,并及时利用故障信息对产品进行分析、改进,实现可靠性增长。可靠性试验应使用闭环系统来收集试验期间出现的所有故障数据,分析这些故障发生的原因,采取纠正措施,并做好记录。FRACAS 的基本内容包括故障报告表、故障分析报告表、故障纠正措施报告表以及这些报告表的传递和相应的组织管理工作。

(1) 故障报告

故障报告是对产品在试验、检测和使用过程中出现的故障现象及相关因素所做的文字记述,是进行准确故障分析及采取有效纠正措施所依据的第一手材料。因此,故障报告应力求报告及时,内容客观、全面、真实,且格式规范,可操作性强,易于管理。故障报告的内容应包括:识别故障件的信息、故障现象、试验条件、机内检测(Built-In Test,BIT)指示、发生故障时产品的工作时间、故障观测者、故障发生时机以及观测故障时的环境条件等。若使用方没有特殊要求,产品可靠性试验实施过程中,则采用 GJB 841—1990《故障报告、分析和纠正措施系统》[22]规定的故障报告表。

（2）故障分析

根据故障报告提供的信息，充分利用试验现场的有利条件，及时对报告的故障做必要的分析，以确定故障原因。

故障报告闭环系统应对故障调查和分析提供有关资料。故障分析应从需要的硬件层次进行。根据具体情况可采用试验、分析、X 射线检查、显微检查和元器件失效分析等方法。若使用方没有特殊要求，则产品可靠性试验实施过程中，采用 GJB 841—1990 规定的故障分析报告表。

（3）纠正措施

根据分析结果，确定故障原因以后，应由责任单位制定纠正措施，并予以实施，以防止并减少同类故障再发生。纠正措施应按工程更改程序有关规定进行，且纠正措施需要经过相应时间的试验或使用，以验证其有效性。若使用方没有特殊要求，则产品可靠性试验实施过程中，采用 GJB 841—1990 规定的故障纠正措施报告表。

（4）报告表的传递

故障信息的流动是以报告表的形式在有关部门或单位之间传递实现的。传递应及时、畅通、准确，以便有关部门能及时了解情况，有利于故障信息的管理、保存及进一步对试验实施过程的监控。故障报告、故障分析报告及故障纠正措施报告的编号及传递程序应符合总设计师系统 FRACAS 的管理章程。

（5）组织管理

在产品研制过程中建立和运行故障报告闭环系统，是实现可靠性增长的需要，是进行正确的设计决策的需要。

可靠性鉴定试验前，故障报告闭环系统应尽早建立和运行，因为在设计定型前的研制阶段纠正措施可选择的方案多、灵活性大，而试验期间虽然也能采取纠正措施，但方案受到限制，实施也相对困难些。对试验期间可能发生的故障，应进行早期的调查分析，采取有效的纠正措施，避免使问题积压，将故障带到试验中来解决。

为了审查重大故障、故障趋势及纠正措施，可根据其机构设置的具体情况，成立专门的故障审查组织。故障审查机构与质量保证部门的工作应协调一致。若在试验期间成立故障审查组织，则应由使用方、承制方及承试方的代表组成。

10. 试验质量控制和保证措施

健全试验质量控制和保证措施的目的是贯彻全面质量管理的方针，对影响试验质量的诸因素进行有效的控制，确保试验的质量和试验能正常进行。

首先，试验前应成立由使用方、承制方和承试方等方面的代表组成的试验工作组。对于可靠性鉴定和验收试验，可由承试单位任组长，承制单位的军代表任副组长（对由军方直接组织的鉴定/验收试验，则应使用方或使用方委托的代表担任组长）；对于可靠性增长试验或委托第三方作为承试方，为了保证试验的公正性和避免一些干扰，一般可由承试方的代表担任组长；产品研制单位（承制方）产品试验现场的负责人作为成员参加工作组。

试验工作组工作职责如下：

① 负责对试验前各项准备工作、试验过程中的有关规章制度、值班安排、试验步骤、遇到紧急情况和不可预测情况的处理办法、试验后的后续工作及其他有关事宜做全面安排，制定试验质量控制和保证措施，对影响试验质量的诸因素进行有效的控制，确保试验的质量和试验能

正常进行。

② 根据上级有关决定,解决试验过程中的有关问题。

③ 负责监督试验信息的收集和处理信息数据。

④ 提供评审有关材料,编写中间及最终鉴定报告,提出鉴定结论性意见。

根据有关标准的要求和目前国家重点型号管理的惯例,应提供试验质量控制和保证措施报告,供试验前准备工作评审。该报告的主要内容有:

① 试验目的。

② 试验工作组及参试人员的组织机构。

③ 质量控制和质量保证的实施过程,包括编制试验大纲、试验程序及做好试验前的准备工作;夹具的设计、制造和测定;试验前的人员培训、动员;试验仪器和设备的计量标定及状态;试验中的规章制度及要求;试验后需要完成的工作内容等都应在实施过程中有明确阐述。

④ 值班制度。

⑤ 遇到紧急情况及不可预测情况时的处理意见等。

11.　试验前准备工作评审

试验开始前,应在承试单位由有关主管部门组织一次试验前准备工作的评审,以确定试验条件是否具备,确保已批准的试验大纲及试验程序中规定的所有试验要求得以满足。评审的主要内容包括评审有关文件和试验现场检查等。

提交试验前准备工作评审的主要文件如下:

① 试验大纲;

② 试验程序;

③ 可靠性预计报告;

④ FMEA 或 FMECA 报告;

⑤ 环境试验报告;

⑥ 环境应力筛选报告;

⑦ 温度测定报告(若合同中规定);

⑧ 振动测定报告(若合同中规定);

⑨ 夹具测定报告;

⑩ 试验质量控制和保证措施报告。

另外,还应包括合同中规定的其他报告,如 BIT 报告、电磁兼容试验报告等;在有重要软件的产品可靠性鉴定试验前,还应提供软件第三方测试报告。评审组应给出评审意见和是否可以开始试验的结论。

3.3　可靠性试验的实施要求

3.3.1　对受试样品检测的要求

可靠性试验得出的可靠性特征量的置信度很大程度上取决于检测的准确性、检测手段的完善程度以及受试产品被检测的次数。由于检测是确定产品是否正常、相应的工作时间的必要手段,因此在产品的可靠性试验大纲中要规定检测方法、检测的时间间隔和要求等。

1. 检测方法和要求

检测方法分两种：自动检测和人工检测。若有可能,应尽量采用自动检测。但限于条件,一般较多地采用人工检测或人工和自动检测相结合的方式。

测试时需要注意：

① 测试时要保持受试产品处在要求的环境条件下,检测时,受试产品最好保持在试验箱内。在特殊情况下,如果在技术上有困难,也可将受试产品从试验箱中取出测量,但应规定最大允许检测时间,以保证测试的准确性。

② 规定各个功能参数检测顺序。应优先测量受试产品从箱内取出时可能变化最快的主要参数。由于箱外检测方法复杂,容易产生差错,受外界影响大,因此,迫不得已时才采用。

③ 受试产品的取出或重新投入试验,都应尽量减少对其他受试产品的附加影响。

④ 试验工作组成员和试验主管工程师应随时监督检测过程和检查检测结果。

2. 测量时间点

试验过程中如果采用计算机自动监测方法,则可以随时了解产品的功能是否正常以及性能参数的变化趋势。但如果采用人工检测,则要设置若干个检测点,检测点设置得合理与否,直接影响产品性能和功能监测的结果。应在程序中规定测量时间点。测量时间点设置的原则是：试验剖面中在对受试产品工作影响最大的应力条件下必须设置测量点;测量点不要过多,否则测量工作量太大;但测量点也不能太少,太少有可能不能确定故障发生的准确时间及应力情况,给故障分析带来麻烦。按 GJB 899A 的规定,若不能确定故障发生的准确时间,则应认为故障是上一次无故障检测时发生的。

若合同中没有规定,一般在由冷天和热天组成的试验剖面循环中设置 4 个测量时间点。第 1 个测量时间点应设置在冷天地面工作结束前;第 2 个测量时间点应设置在与冷天最大振动量值相对应的温度段;第 3 个测量时间点应设置在热天地面工作结束前;第 4 个测量时间点应设置在与热天最大振动量值相对应的温度段。

3. 检测参数的确定

可靠性试验中,检测的功能和性能参数应在试验大纲中明确规定。

检测的参数一般指表征产品在现场使用中能顺利完成规定功能和性能的主要指标。

3.3.2　故障判定及故障处理

不同的产品,因其完成的功能不同,其故障判据是不同的。前已述及,在可靠性试验大纲中应规定故障判据、故障分类及故障统计,故障的修复说明及修复后的验证要求;在试验程序中应规定试验故障的处理方法。在第 2 章中,我们已经对故障的定义及其分类进行了阐述,因此试验过程中首先必须知道出现什么情况即可认定发生了故障(即故障判定);另外,要对故障进行分类,然后按照程序内容对故障进行处理。

从故障定义中不难看出,其包含功能故障和参数故障两部分内容。功能故障很容易判定,对于参数故障,一般可有如下解释：

① 对产品的每项被测参数应规定可接受的范围(容差),当被测的任何性能参数永久或间断(非偶然)地超出此范围时,就认为发生了一次故障。

② 如果不止一个性能参数偏离了规定的范围,且能证明不是同一原因引起这些参数超差,则每项超差的性能参数都应算作一次独立的故障(如能证明是同一原因引起的,则可认为是同一次故障)。

故障处理的一般步骤是:

① 受试产品发生故障时,应先记录故障现象、故障发生的时间及环境应力量值,并报告现场负责人,然后将其撤出试验,撤时应尽量避免影响其他产品继续试验。

② 更换有故障的零部件,其中包括由其他零部件故障引起应力超出允许额定值的零部件,但不能更换性能虽已恶化但未超出允许容限的零部件。

③ 经修理恢复到可工作状态的受试产品,在证实其修理有效后,应以尽量不影响其他受试产品的方式,尽快重新投入试验。

④ 在取出有故障的受试产品进行修理期间,试验数据应连续记录。

⑤ 除已确定为非关联故障外,对故障检测过程中受试产品或其部件出现的故障,若不能确定是原有故障引起的,则应进行分类和记录,并作为与原有故障同时发生的多重关联故障处理。

⑥ 除事先已规定或经使用方批准的以外,不应随意更换未出故障的模块或部件。

⑦ 在故障检测和修理期间,必要时,经使用方批准,可临时更换接插件,以保证试验的连续性。

⑧ 若质量保证和工艺实践证明,在修理过程中拆下的零部件可能会降低产品的可靠性,则不应将它再装入受试产品中。

另外,试验期间,应正常运转 FRACAS,对故障登记、故障报告、故障分析等都应满足 FRACAS 的要求。

3.3.3　元器件失效分析

元器件失效分析是在试验过程中产品的故障定位已经确认到元器件,并需要确定元器件的失效机理时才需进行的工作。

元器件失效原因中一类为元器件未正确使用和选用问题;另一类为元器件本身质量问题。

进行元器件失效分析的目的是,通过失效机理分析,找出失效原因,并及时反馈到产品承制单位,为承制单位优选、淘汰元器件品种,改进产品设计及合理使用元器件提供科学依据,使产品的可靠性得到提高。

3.3.4　预防性维护

凡是在技术条件中或现场的使用维护条例中,对把预防性维护作为实际使用过程中一项正常操作程序的产品,在其可靠性试验中都应包括此项预防性维护程序,但在可靠性试验期间和产品修理期间不允许进行其他额外的维护,除非试验合同中另有规定。

维护的项目一般有更换、调整、校准、润滑、清洗、复位等。在可靠性试验的实施程序中应规定维护的时间间隔。此外,为保证可靠性试验的顺利完成,应对试验设备和检测仪器进行及时的维修和保养,但要注意避免妨碍试验程序的正常实施。

3.3.5　试验程序的实施要求

可靠性试验实施的一般要求主要包括：

① 受试产品在试验程序开始前必须进行初始检查,主要性能指标与规定功能都必须合格;受试产品在初始检查时,必须在标准(或常温)环境条件下测量一组性能数据,以便与试验过程中各种试验条件下测量的数据进行比较,确定是否有故障。

② 试验前应对试验的准备工作进行检查,检查试验的必备条件是否满足,如不满足,试验不能开始。

③ 受试产品应按现场安装方式或设备技术规范的要求正确地装入试验设备中,并要特别注意保证受试产品、试验设备及试验人员的安全。试验的操作及受试产品的校正、调整,应按现场使用的实际情况、设备使用说明书的要求及试验程序的规定执行。

④ 试验中应严格执行试验程序的规定。试验人员未经试验方案制定人的同意不得更改试验大纲、试验程序、试验方法及要求,也不得违背试验大纲及试验程序的要求实施试验。

⑤ 试验中应按试验程序规定的时间间隔进行测量,并保证试验数据的连续性、完整性和准确性。

⑥ 试验中若出现故障,应实事求是、严格认真地按失效的分析处理规定进行分析与处理。

⑦ 达到方案规定的试验时间(或故障数)后,将产品恢复到标准环境条件下,再测量一组性能数据,并与实验前及试验中各数据进行比较,判断产品是否正常。

⑧ 试验结束后,应及时地按试验方案中对试验报告的要求写出试验报告,并按规定的程序进行评审。

3.3.6　试验记录、监督、检查

试验过程中对每件受试产品都应记录所需全部数据和发生的异常情况以及试验设备运行工作情况等,试验中所有记录均应按试验程序规定的要求进行。记录包括：受试产品的检测记录(自动检测的应有全部电子记录并抽取其中典型的循环和检测有故障的循环的数据打印记录,经检测人员等签署后归档保存)、试验设备监测记录(包括试验设备的应力施加记录、过程数据以及值班日志等)、故障记录(包括故障报告、故障分析报告和故障纠正措施报告以及故障处理过程中的分析会的纪要等)。对于可靠性验证试验,使用方或其委派的代表有权力和责任接近受试产品,以便及时对可靠性试验实行检查和监督。

检查、监督的内容一般包括试验地点、受试产品的选择、试验条件、试验方案、试验程序、试验设备、检测仪器和仪表、试验操作及故障分析与处理等。

对有可靠性要求的产品在承制方研制期内进行的研制试验或可靠性增长试验,一般使用方可以不提出检查和监督的要求。但实验室应按自身质量体系的要求进行监督。

承制方对使用方按规定进行的检查与监督应积极协助和支持,并提供方便。

3.3.7　试验中期评审

对于长时间的可靠性增长或鉴定试验,或者试验过程中出现了重大技术问题,试验工作组可根据具体情况在承试方安排试验中期评审,以便及时审查试验进展情况、分析和处理试验过程中出现的问题及通报最新试验结果。

3.4　可靠性试验后的工作内容

3.4.1　试验报告

试验结束后,承试方应按试验大纲的要求,参照有关标准规定的格式和内容,及时完成试验报告,并按有关规定提交。试验报告的内容包括:

- 对试验的全面描述;
- 试验目的的说明,包括类型、测试单位和要定量考核的要求;
- 试验方法和条件;
- 试验情况记录;
- 出现的问题及处理方法;
- 总体评价、战技指标有关性能参数的满足情况;
- 测试设备和试验设备的精度及检定情况;
- 不合格情况下的试验结果和后续工作意见。

3.4.2　纠正措施

产品可靠性试验的一个很重要的目的就是通过试验暴露其可靠性的薄弱环节,针对试验中出现的故障采取相应的纠正措施,以提高产品的固有可靠性。因此可靠性试验后,要对所有故障制定纠正措施方案。纠正措施是指产品发生故障后,经故障分析,找出故障原因、故障机理等,从设计或工艺上采取措施,防止类似故障再次发生。对于增长试验,纠正措施应体现在试验报告中;对于鉴定试验,试验后应追踪故障的纠正和归零工作。

事实证明,产品可靠性试验中出现的故障,一般都是现场使用中出现较多的常见故障,由此说明可靠性试验能够比较真实地反映产品现场使用的情况。此外,可靠性试验所花的财力、人力及时间都比较多,所以从可靠性试验中获得的每一个信息都是很宝贵的,试验后应认真研究、分析,采取措施,使产品质量和可靠性水平得以提高。

3.4.3　受试产品的复原

产品的可靠性试验是模拟现场的使用条件的试验,不是破坏性试验,所以用于可靠性试验的产品在试验以后应当复原,使产品复原到满意的工作状态,即完全符合产品的技术条件的要求。在复原工作中,如使用方没有特别的规定,则失效的零件要更换,性能退化但尚未超出允许极限的零件要更换,试验中寿命受到很大影响的元器件也要更换。复原后的产品按正常验收程序验收入库,使用方按合同接收。对于一些有寿命期的元器件,经过试验其寿命肯定会受到影响,但如果不超过寿命期,从节约的角度考虑可暂不更换,但需经供需双方协商,且生产方应提供备件。

3.4.4　试验结果评审

试验结束后应对试验完成情况进行评审,确认试验结果,给出评审结论性意见。对于没有发生重大问题的可靠性试验,也可以不单独组织试验结果评审。

本章习题

1. 为什么要对可靠性试验提出要求？请结合航空航天方面的实例加以说明。
2. 对于航空航天产品的可靠性试验，其设计依据是什么？
3. 进行航空航天产品可靠性试验前应具备哪几个条件？为什么？
4. 在航空航天产品可靠性试验中，对试验的实施有哪些要求？
5. 对航空航天产品可靠性试验的记录与报告有哪些要求？

第4章 可靠性研制试验

4.1 概　述

4.1.1 可靠性研制试验的概念

任何产品(包括部件、设备以及整机)的研制过程中,其可靠性不可能一次达到规定的要求,是一个不断试验、不断改进的过程,在这一过程中通过各种试验暴露产品的设计缺陷,经分析改进后产品的可靠性得以不断提高,因此从某种程度上讲,产品的研制过程本身就应当是一个可靠性逐步增长的过程,研制过程中的许多试验也是一种形式的可靠性增长试验;而且,经验告诉我们,越早开展可靠性试验,越可以少走弯路,对产品的可靠性设计越有帮助。

在研制阶段初期不可能开展严格意义上的正规的可靠性增长试验(见第7章),除了时间和费用不允许外,产品本身也不具备条件。因此对研制阶段的可靠性试验进行规划是很有意义的。

我们需要格外重视在研制阶段通过一定量的可靠性试验来提高产品的可靠性。保证产品能达到设计的可靠性水平的另一个重要原因是随着可靠性工程的发展[①],人们开始对建立在恒定失效率[②]假设上的可靠性预计方法产生了越来越多的质疑。过去人们过度依赖可靠性预计的结果,这种做法对简单系统影响不大,随着系统越来越复杂,带来的问题是产品在使用过程中问题大量暴露,达不到设计的可靠性水平,而通过研制阶段科学合理的可靠性试验,特别是基于健壮设计理念的可靠性强化试验(RET),则可以将潜在缺陷暴露在设计阶段,最大程度地发现设计中的可靠性问题。

鉴于此,GJB 450A 在"可靠性试验与评价"工作项目中专门规定了可靠性研制试验(工作项目 402)。

GJB 451A—2005 给出了可靠性研制试验(reliability development test)的定义:对样机施加一定的环境应力和(或)工作应力,以暴露样机设计和工艺缺陷的试验、分析和改进过程。GJB 450A—2004[4]也指出:可靠性研制试验通过向受试产品施加应力将产品中存在的材料、元器件、设计和工艺缺陷激发成为故障,进行故障分析定位后,采取纠正措施加以排除,这实际上也是一个试验分析、改进(Test Analysis And Fix)的过程,即 TAAF 过程。

可靠性研制试验和环境适应性研制试验都是用来激发产品的设计缺陷的,是工程研制试验的一部分,且相互联系密切,试验结果对提高环境适应性和可靠性有相同的影响,因此常常

---

① 这个在第 1 章中讨论过。

② 从机理上讲,电子产品是不可能存在无限寿命的,这也不符合恒定失效率假设,除非它们仅仅是一些独立功能的器件的堆积。它们的失效率一定与使用环境、质量等级以及使用频率有关。随着器件水平的提高,器件失效率越来越低,复杂电子系统的失效率与工艺以及器件之间的连接等的关系更为密切,而非取决于器件的失效率,这一点已被许多当代学者所认同。

在规划时结合进行。广义上,工程研制阶段各种与产品的可靠性有关的或旨在提高产品可靠性的试验,都可看作可靠性研制试验,甚至可以包括性能试验和环境试验。

可靠性研制试验同可靠性增长试验一样都是为了提高产品的可靠性,但两者在目的、方法和开展时机等方面还是有一些差别的,如表 4-1 所列。首先可靠性研制试验一般在研制阶段初期或中期前开展,而且越早开展,效果越好;其次可靠性研制试验主要是为了暴露缺陷而采取纠正措施,更改设计,其核心理念是使产品更加"健壮",一般没有定量要求。而可靠性增长试验则有增长目标的要求,还要根据试验结果定量计算试验结束时产品的可靠性水平,评价是否达到增长目标。

表 4-1　可靠性研制试验与可靠性增长试验之间的区别

类　别	可靠性研制试验	可靠性增长试验
目的	提高产品的固有可靠性水平	使产品可靠性达到规定的要求
适用时机	研制样机生产出来之后尽早进行	研制阶段后期,可靠性鉴定试验之前
试验方法	可靠性增长摸底试验、可靠性强化试验等,或与性能试验、环境试验相结合	有模型的可靠性增长试验
试验施加的环境条件	模拟实际的使用环境或加速应力环境	模拟实际的使用环境

4.1.2　可靠性研制试验的特点

尽管可靠性研制试验的意义已为人们所公认,而且已在工程中广泛应用并取得了很好的成效,但至今仍没有一个标准或法规对其试验方案设计及实施方法等进行严格规范。这并不奇怪,因为研制试验的目的本身就是发现缺陷并加以改进,只要是能够有效暴露产品潜在缺陷的方法都是可行的。因此在众多工程型号中,大多根据自身特点、相关产品的信息及工程经验来规划。近年来针对研制试验开展的相关研究也很多。本书将介绍工程上常用的、目前较为普及的可靠性增长摸底试验和可靠性强化试验,并对可靠性强化试验进行较为深入的探讨。为防止混淆,研制阶段后期作为一项特殊的可靠性研制试验的可靠性增长试验将单独作为一章(第 5 章)进行讨论。

(1) 目的和作用

通过对产品施加适当的环境应力、工作载荷,暴露产品中的设计缺陷,以改进设计,提高产品的固有可靠性水平,尽快提高产品可靠性,以达到其规定的可靠性要求。

(2) 依　据

军用产品:GJB 450A 工作项目 402——《可靠性研制试验》。

民用产品:JB/T 7559—1994——《机械产品可靠性研制试验通则》。

(3) 适用时机

从研制试验的目的不难看出,在具备一定的结构、功能和性能的前提下,越早开展可靠性研制试验,越有机会暴露设计和工艺上的缺陷,并通过试验、分析与改进(TAAF)过程来提高产品的固有可靠性。

在工程研制阶段的早期一般进行可靠性强化试验,试验的目的侧重于充分暴露设计缺陷,通过采取纠正措施,来提高产品的可靠性,因此,大多采用加速环境应力,加速环境应力可以采用单应力步进加速或多应力同时步进加速;工程研制阶段的中期,根据型号研制需要进行可靠性增长摸底试验,试验的目的侧重于保证型号首次现场试验成功,试验条件应尽可能模拟实际使用条件,大部分采用综合环境条件。

（4）受试产品要求

可靠性研制试验的受试产品应基本具备产品规范要求的功能和性能。受试产品在设计、材料、结构与布局及工艺等方面应能基本反映将来生产的产品。

受试产品可以不经环境试验,直接进入可靠性强化试验阶段。但是受试产品必须经过全面的功能、性能试验,以确认产品已经达到技术规范规定的要求。在可靠性增长摸底试验前需要完成环境试验,具体见 4.2 节和 4.3 节。

（5）应力施加

可靠性研制试验的应力可根据产品特性、需提高可靠性的大致幅度、试验设备条件、经费和进度等因素进行确定。使用的应力（如温度应力、振动应力、湿度应力和其他应力）既可依次单独施加,也可组合或综合施加;既可模拟真实应力施加,也可使用加速应力施加,但加速应力的强度应不会激发出使用中不会出现的故障模式。

结合多年工作经验总结出研制试验的以下特点。

（1）根本目的是暴露缺陷

可靠性研制试验主要是为了暴露缺陷并采取纠正措施,更改设计,其核心理念是使产品更加"健壮",因此越早开展,效果越好,一般在研制阶段初期或中期前开展;而且一般可以没有定量的可靠性目标要求（可靠性增长试验则有增长目标的要求,还要根据试验结果定量计算试验结束时产品的可靠性水平,评价是否达到增长目标）。

（2）试验方法无强制性要求

由于研制试验的目的就是发现缺陷,改进设计,使产品可靠性得到提高,因此,只要能够达到这一目的,试验方法是不限的,既可以是模拟试验,也可以是激发试验,甚至也可以是两种方法相结合。国外在研制阶段多采用加速试验来充分暴露缺陷（目前我国也在许多新型号中进行了应用）,而我国型号上最常采用的可靠性增长摸底试验也证明起到了很好的作用,特别是为首飞安全起到了保驾护航的作用（因为许多产品试验后还要装备部队使用）。

（3）试验对象无明确限制

基于可靠性研制试验的上述目的,任何希望提高可靠性的产品都可以开展此项试验,合同中大多也不会规定哪些产品必须完成此项试验,受试产品的级别也不限制。

（4）可以和研制阶段的其他试验结合进行

可靠性研制试验是用来激发产品的设计缺陷的,是工程研制试验的一部分,因此在规划时应尽可能结合其他研制试验一起进行,比如它和环境适应性研制试验的相互关系密切,试验结果对提高环境适应性和可靠性有相同的影响,因此一般适宜结合进行。

（5）试验时机无明确规定

可靠性研制试验可以在研制阶段的任何时间进行,没有明确规定,但通常在产品首次装备试用前（比如飞机首飞前）完成才有意义。

4.1.3　可靠性研制试验的发展

可靠性研制试验这个固定的称谓以及它所代表的工作内容,实际上是根据我国工程研制的特点定义的。国际上,诸如美国,可靠性研制试验并没有作为一项单独的试验项目来规划,但相应的工作却是不可或缺的，而且各个公司有各个公司的做法，也在不断发展。

从 20 世纪 50 年代初，美国就开始对军工产品采用单环境应力模拟的缺陷暴露试验与鉴定试验，以检验产品的设计质量和可靠性；从 70 年代开始发展到采用综合环境应力模拟可靠性试验，并在试验中模拟任务剖面中的主要环境应力。随着可靠性模拟试验的发展，美国国防部从 1963 年开始陆续颁发了一系列可靠性模拟试验的标准，如 MIL - STD - 781 系列标准、空间飞行器试验标准 MIL - STD - 1540 及其修订版。至今，传统的环境模拟可靠性试验仍然是美国为保障军工产品研制阶段可靠性而实施的主要试验手段之一。

可靠性强化试验的雏形是 20 世纪 50—60 年代的老化（老炼）试验，所施加的应力是高温及后续的温度循环、温度冲击等。1979 年美国海军颁布了海军生产筛选大纲 NAVMAT P - 9492，规定用激发的方法排除缺陷，收到了很好的效果，产品可靠性得到了很大的提高。

1988 年，Hobbs 研究并提出"设计强化（design ruggedization）"的理念，并应用于高加速寿命试验（Highly Accelerated Life Tests，HALT）[23]。

1990 年，美国 AT&T 公司由 Pual Parker 领导的产品研发小组采用加速应力试验 AST（Accelerated Stress Testing）来改善个人电脑的可靠性，获得显著效果。

20 世纪 90 年代中期，美国波音公司在总结多年开展加速应力试验技术研究及生产、管理经验的基础上，首次提出可靠性强化试验（Reliability Enhancement Testing，RET）。

1994 年，Lloyd W. Condra 在一篇论文中述及 RET 与其他加速试验的关系时，建议将可靠性强化试验这一术语作为通用名词。

美国波音公司在 1995 年 11 月 2—3 日召开了故障预防策略研讨会（Failure Prevention Strategies Symposium）。在这次会上，进一步明确了可靠性强化试验，并对 RET 的技术体系作了全面的阐述，包括 RET 概念、目的、目标、要求，以及产品在研制与生产过程中具体 RET 的实施过程和管理等内容[24]。

从 1988 年 Hobbs 提出高加速寿命试验（Highly Accelerated Life Tests，HALT）以来，人们一直沿用这个概念，但是这个试验并非一个定量的寿命试验方法，很多学者质疑这个定义的严谨性。直到 2013 年，国际电工委员会（IEC）在其标准 IEC 62506/Ed1—2013：*Mothods for Product Accelerated Testing* 中将 HALT 改为 Highly Accelerated Limit Tests[25]，即高加速极限试验（英文缩写是一样的），这个定义与这一试验方法十分契合，至此，大家开始渐渐接受并使用这一定义。

如今，可靠性强化试验及其各种衍生试验仍然在各国广泛开展并发挥着巨大的作用，随着数据的积累、统计计算方法的应用以及强度应力干涉模型的运用，各种定量的、有针对性的强化试验方法的研究也是目前很多公司关注和研究的热点。例如美国著名的卫星制造公司洛拉尔航天系统公司为应对商业卫星用户对功率、带宽、指向等的更加严苛的要求，降低生产后发现设计问题的概率，从 1999 年开始对新研发的单元全部进行 HALT 试验。事实上，为了降低轨道上发生故障的可能性，MIL - STD - 1540E 认证专门规定了这项试验[18]。

可靠性增长摸底试验是我国的独创，20 世纪 90 年代初，为了以较少的费用暴露设计和工艺过程的缺陷，采取有效的改进措施，确保某型飞机首飞和调整试飞的顺利进行，根据"七五"期间大量可靠性试验结果统计发现，产品在 100 h 左右的试验时间内能发现 50% 的故障，因此在使用方的大力支持下，在该型飞机首飞前，对火控系统和电源系统总共 20 余项产品进行了 100 h 的可靠性增长摸底试验。该试验不验证产品的可靠性指标，只是暴露问题并及时改进。

实践证明,效果是显著的。后来,根据我国型号研制的国情,为了保证首飞安全和调整及科研试飞能顺利进行,在多个型号(包括目前在研的许多型号)的歼击机、教练机以及飞船等在首飞前都采用了此方法,并对试验的方案和时间进行了更科学的论证。实践证明,可靠性增长摸底试验对确保首飞安全和调整及科研试飞顺利进行是非常有效的。

随着产品质量和可靠性水平的提高,我们也面临着如何在研制阶段的初期用更短的试验时间暴露更多的设计缺陷的问题。从 20 世纪 90 年代以来,以北京航空航天大学为代表,已在许多领域的很多型号中陆续开展了大量的可靠性强化试验,为产品的健壮设计提供了很多指导,技术上已经成熟。

为规范研制阶段的可靠性试验工作,建立全寿命周期试验管理理念,2004 年,在 GJB 450 修订时,可靠性研制试验作为一项专门的试验与评价工作项目列入到 GJB 450A 中。

4.2 可靠性增长摸底试验

4.2.1 概 述

1. 定 义

作为可靠性研制试验的一种,可靠性增长摸底试验仅仅在 GJB 450A—2004[4] 中有所涉及。GJB 450A—2004 中指出:"目前在国内一些研制单位,为了了解产品的可靠性与规定要求的差距所进行的可靠性增长摸底试验(或可靠性摸底试验)也属于可靠性研制试验的范畴"。在其他相应的标准(如 GJB 451A—2005《可靠性维修性保障性术语》[16])中也没有对其给出明确的定义,但考虑到其在型号研制过程中所处的地位以及起到的作用,本书仍将其作为一个独立的章节进行介绍。

可靠性增长摸底试验(或称可靠性摸底试验)是根据我国国情开创的一种可靠性研制试验。为了解产品可靠性与规定要求的差距进行的可靠性增长摸底试验是一种以可靠性增长为目的,无增长模型,也不确定增长目标值的短时间可靠性增长试验。其试验的目的是:在模拟实际使用的综合应力条件下或加严综合应力条件下,用较短的时间、较少的费用,暴露产品的潜在缺陷,并及时采取纠正措施,使产品的可靠性水平得到增长,保证产品具有一定的可靠性和安全性水平,同时为产品以后的可靠性工作提供信息。

2. 试验设备

常规可靠性试验设备通常指的是温度、湿度、振动三综合试验设备。

常规可靠性试验设备通常采用机械或机械+液氮的制冷方式,其温度范围一般在 $-70\sim +200\ ℃$ 之间。机械制冷的试验设备,其温度变化速率一般不超过 15 ℃/min;而机械和液氮混合制冷的试验设备,其温度变化速率一般不超过 30 ℃/min。常规试验设备采用的激振设备通常体积较大,称为振动台。振动台的类型通常有机械振动台、电液振动台、电动振动台等,而目前应用较多的是电动振动台。电动振动台系统的组成如图 4-1 所示,主要包含基座、励磁线圈、动圈、支架、动圈线圈、台面、导向环、消磁线圈和动圈承重支架等。电动振动台的通直流电的励磁线圈,产生恒定的磁场;通交流电的动圈在恒定磁场的电磁力作用下,带动台面产生振动。电动振动台通过动圈将激振力由台面和夹具传递到安装在夹具上的试件上,使试件产生振动。

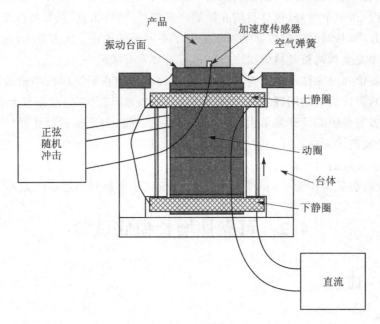

图 4 - 1　电动振动台的组成

　　国内外生产电动振动台的厂家很多,目前在国内销售产品较多的是英国 LDS 公司、美国 L.E 公司、美国 U.D 公司、日本 IMV 公司等;国内有苏州试验仪器厂、西北机器厂等。

4.2.2　基本流程

　　可靠性增长摸底试验的基本流程主要包括:试验前产品状况及相关工作检查、可靠性增长摸底试验大纲制定、可靠性增长摸底试验程序制定、试验前准备工作评审、可靠性增长摸底试验实施与监控、试验中期评审、试验改进措施制定与验证、试验结束受试产品检测、实验报告编写、试验结束后的评审和受试产品的整修等。

4.2.3　受试产品

1. 受试产品的选取

　　可靠性增长摸底试验应以较为复杂的、重要度较高的、无继承性的新研或改型电子产品为主要对象。具体有:

　　① 对于长寿命高可靠的部分电气、机电、光电等产品,如果试验条件允许,也可安排可靠性增长摸底试验。

　　② 重要度较高的关键产品,例如,航空机载 Ⅱ 类或关键 Ⅲ 类产品。

　　③ 大量采用新技术、新材料、新工艺,技术跨度大、技术含量高,缺乏继承性等技术特点的新研产品。

　　④ 含电子元器件数量和种类较多的关键复杂产品。

2. 受试产品技术状态

　　可靠性增长摸底试验的受试产品一般为 S(试样)型件,应具备产品规范要求的功能和性能。受试产品在设计、材料、结构与布局及工艺等方面应能基本反映将来生产的产品的技术状态。

试验前受试产品应通过有关非破坏性环境试验项目和环境应力筛选,完成 FMEA 和可靠性预计,且必须经过全面的功能、性能试验,以确认产品已经达到技术规范规定的要求。

4.2.4　试验时机

可靠性增长摸底试验的时机无明确要求,但作为一项研制试验,原则上在产品条件允许的前提下,越早开展越好,且应尽可能与产品研制阶段的其他试验结合进行。很多重点型号,为了保证首飞和调整试飞的安全性及顺利完成,常常安排在首飞装机前或调整试飞初期进行可靠性增长摸底试验,特别是对影响首飞安全的关键产品,很多型号要求必须在首飞前完成可靠性增长摸底试验。

4.2.5　试验时间的选取原则及依据

可以统一规定,也可以根据产品复杂程度、重要度、技术特点、可靠性要求等因素对各种产品分别确定试验时间。若分别确定试验时间,通常可取该产品 MTBF 设计定型最低可接受值的 10%～20%。早期根据我国产品可靠性水平及工程经验,通常可靠性增长摸底试验的试验时间一般取 100～200 h。

随着产品整体可靠性的提高,100 h 的试验时间似乎不太充分。北京航空航天大学航空可靠性综合重点实验室对 1998—2008 年 10 年开展的 152 项有代表性的各种可靠性试验进行了统计分析,得出结论如下:48.7% 的故障发生在试验的前 100 h 内,66.4% 的故障发生在 200 h 内,12.5% 发生在最后的 10% 时间内,试验的中间阶段故障很少。对于研制阶段的试验,200 h 以内发生的故障占到总故障数的 87.3%。统计结果表明,可靠性增长摸底试验的时间定为 200 h 是合理的。当前,一些具有长寿命、高可靠特性的装备,也有将可靠性增长摸底试验时间定为 300 h 的。

前面指出,通过筛选的产品依然不可避免地会存在一定量早期缺陷,如果将这些缺陷带入到使用中,必然会存在安全隐患,因此进行一定量时间的可靠性增长摸底试验也可以帮助进一步剔除早期缺陷,提高产品的使用可靠性,即尽可能使产品的失效率接近浴盆曲线的盆底;另外,通过实施相应的 TAAF,也可以使产品的固有可靠性得到一定的提高,即使浴盆曲线整体下移。因其主要目的是了解产品的可靠性,故试验时间一般不会很长。

4.2.6　试验剖面

一般可靠性试验应模拟产品实际的使用条件制定试验剖面,包括环境条件、工作条件和使用维护条件,尽可能采用实测数据(见 2.2.1 小节试验条件)。但由于可靠性增长摸底试验是在产品研制阶段的初期实施的,一般不会有实测数据,因此一般按 GJB 899A—2009《可靠性鉴定和验收试验》确定试验剖面。在不破坏产品且不改变产品失效机理的前提下,也可适当使用加速应力。

4.2.7　试验方案

在有效的试验时间内,产品出现故障,必须进行分析,采取纠正措施改进修复后,可继续试验,但必须经过一定的试验时间来验证纠正措施的有效性(可根据具体情况来定,一般选 30～50 h)。如果产品的故障为元器件故障,则必须对元器件进行失效分析,找出元器件失效机理,并落实纠正措施。

4.2.8　实施要点

可靠性增长摸底试验的实施方法可参照第 3 章的要求,没有特殊的实施要求,但应注意以下几点:

① 可靠性增长摸底试验是根据我国国情开展的一种可靠性研制试验。它是一种以可靠性增长为目的、无增长模型、也不确定增长目标值的短时间可靠性增长试验。其试验的目的是在模拟实际使用的综合应力条件下,用较短的时间、较少的费用,暴露产品的潜在缺陷,并及时采取纠正措施,使产品的可靠性水平得到增长,保证产品具有一定的可靠性和安全性水平,同时为产品以后的可靠性工作提供信息。

② 在研制阶段应尽早开展可靠性增长摸底试验,通过试验、分析、改进(TAAF)过程,来提高产品的固有可靠性。

③ 对于关键或重要的新研产品,尤其是新技术含量较高的产品,应安排可靠性增长摸底试验。总师单位应在型号试验规划中明确需要进行可靠性增长摸底试验的产品。可靠性增长摸底试验应在军代表监控下进行。

4.2.9　可靠性增长摸底试验的实施实例

某型号研制过程中,在综合权衡产品的结构特点、重要度、技术特点、复杂程度及经费等因素后确定若干个产品进行可靠性增长摸底试验,并且统一规定了可靠性增长试验的试验时间为 160 h。其中某电子产品进行的可靠性增长摸底试验,按照试验剖面每个循环为 8 h,共进行 20 个循环。

受试产品属于 S 型件,即产品的设计、材料、结构、布局与工艺等方面基本反映将来设计定型产品的技术状态。试验前,受试产品已具备技术规范所要求的功能和性能;受试产品按 GJB 299B 和 GJB 813 的应力分析法,进行了可靠性预计,其预计值大于成熟期设计目标值;受试产品按 GJB 1391 进行了故障模式影响及危害性分析(FMECA);受试产品按 GJB 1032A[4] 进行了环境应力筛选,剔除了早期故障;同批产品按型号的研制要求完成了规定的环境试验项目。

该产品可靠性增长摸底试验所用的试验设备为综合环境试验系统。该试验系统具备温度应力、湿度应力、振动应力同时施加的能力,并具备施加应力量值、变化速率、时间顺序等记忆与程序控制功能,能满足试验产品的综合环境应力的施加要求。试验用所有仪器均经计量部门鉴定合格,且在有效期内,其精度满足被测参数容差的 1/3。

本次试验按照综合环境试验条件进行,综合环境试验条件的应力包括:温度应力、湿度应力、振动应力。试验剖面如图 4-2 所示。

试验过程中,受试产品分别在 11、19、21、29、89、122.5、146 h 各出现一次故障,对每次故障进行分析,并采取纠正措施,使产品的固有可靠性得到了增长。

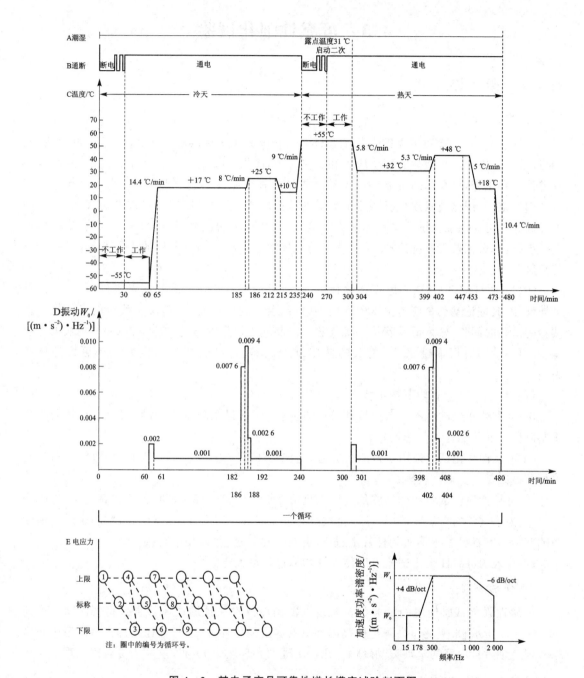

图 4-2　某电子产品可靠性增长摸底试验剖面图

4.3　可靠性强化试验

4.3.1　概　述

1. 定　义

GJB 451A—2005 对可靠性强化试验（Reliability Enhancement Testing，RET）的定义为："通过系统地施加逐步增大的环境应力和工作应力，激发和暴露产品设计中的薄弱环节，以便改进设计和工艺，提高产品可靠性的试验。它是一种可靠性研制试验"[16]。它可以在研制阶段早期实施，采用比技术规范极限更加严酷的试验应力，可以提高产品的固有可靠性，使产品更加健壮。可靠性强化试验又称加速应力试验（AST）、高加速极限试验（HALT）。洛拉尔航天系统（也称劳拉航天系统公司，美国著名的卫星制造公司）的 HALT 项目是其应用的一个显著案例。

RET（或 HALT）其核心思想是健壮设计，即通过试验及获得的数据来指导设计，使产品更加健壮，其理论基础是应力强度干涉模型（后面会专题讨论）。它解决了传统的可靠性模拟试验的试验时间长、效率低及费用高等问题。产品通过可靠性强化试验，可以获得更快的增长速度、更高的固有可靠性水平、更低的使用维护成本、更好的环境适应能力和更短的研制周期[①]。

可靠性强化试验有如下技术特点：

① 可靠性强化试验不要求模拟环境的真实性，而是强调环境应力的激发效应，从而实现研制阶段产品可靠性的快速增长；

② 可靠性强化试验采用步进应力方法，施加的环境应力是变化的，而且是递增的，可以超出规范极限甚至到破坏极限；

③ 可靠性强化试验对产品施加三轴六自由度振动（以下简称全轴振动）和高温变率；

④ 为了试验的有效性，可靠性强化试验必须在能够代表设计、元器件、材料和生产中所使用的制造工艺都已基本落实的样件上进行，并且应尽早进行，以便进行改进；

⑤ 有效的可靠性强化试验可以使设计均值达到最大化。

2. 试验设备

可靠性强化试验使用的试验设备是以液氮制冷技术并且通过风管直接将气流吹向产品（如图 4-3 所示）来实现超高降温的高温变率的温度循环环境；以气锤连续冲击多向激励技术来实现三轴六自由度的全轴振动环境。用以上述两种环境应力与湿度应力综合来实现强化应

---

① 从 20 世纪 80 年代末—90 年代初，可靠性强化试验技术相继在各工业部门推广应用，无一例外地取得了很大的成功。但是由于商业竞争与军工保密的原因，至今许多重大成果仍未解密发表，连名称也尚未统一。如最早从事此项技术研究的 G.K.Hobbs、K.A.Gray 和 L.W.Condra 等人，他们称这种试验为高加速寿命试验（Highly Accelerated Life Testing，HALT）和高加速应力筛选（Highly Accelerated Stress Screen，HASS）。HALT 针对产品设计过程，HASS 则针对产品生产过程。波音公司在应用该技术时，提出了可靠性强化试验（RET）的概念。用可靠性强化试验来统称这类技术是较为合理的，因为它突出了强化试验的特点。在可靠性强化试验中，应力的施加是一步步地增加，一次次地排除缺陷，故也叫步进应力试验（Step Stess Testing，SST）。另外，也有称可靠性强化试验为应力寿命试验（Stress Life，STRIFE），以及应力裕度和强壮试验（Stress Margin And Robustness Test，SMART）等。

力的综合环境。

图 4 - 3　可靠性强化试验设备风管

若没有能提供全轴振动和高温变率的强化试验设备,也可以利用常规可靠性试验设备进行可靠性强化试验,但应尽量提高温变率。

可靠性强化试验设备除了采用液氮制冷技术来实现超高的降温速率之外,最突出的技术是气锤式三轴六自由度随机振动(也称全轴振动或椭球振动)。这种振动台实际上是多个气锤连续冲击,台面弹性支撑,气锤按不同角度安装在台面下,用伺服阀控制冲击波形及量值大小,如图 4 - 4 所示。

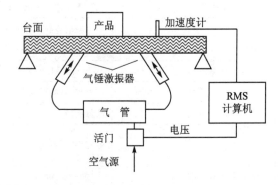

图 4 - 4　三轴六自由度气锤振动台及原理简图

三轴六自由度随机振动在三个互相垂直的 x、y 和 z 方向上产生线加速度振动,在围绕三个正交轴方向上产生旋转振动,如图 4 - 5 所示。力和力矩的本质不同。它们所具有的特性也不一样。由于力、加速度和力矩轴有不同的性质,所以在六维空间观察到的振动现象被称为六自由度(6DOF)。这种振动系统被称作具有连续谱的随机系统,因为由于驱动的振动源通过激振锤冲程的随机变化而变化了。激振锤每一次循环都对活塞施加转矩来改变活塞的角位置,从而改变活塞的冲程。活塞的冲击有一额定的反复速率,可将其表示为额定工作频率。活塞的冲击在频域上表现为工作频率及其倍频上的谱线。冲程变化使活塞反复冲击的速率低于或高于额定值,这就使它们的倍频以连续的方式充满了频谱。

为使三轴六自由度随机振动系统的性能可接受并可调节,必须定量描述其运行特性。为

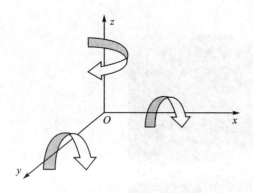

图 4-5 三轴六自由度随机振动

此,当物体在气锤反复冲击下产生加速变形时,必须用加速度分布函数、峰值概率分布函数来描述。气动振动台的台面底部装有多个激振器(见图 4-4)。每个激振器相对振动台底面都有斜度。各激振器的对称轴线都在垂直平面内。头两个垂直平面相互平行,各平面内的激振器在 x 方向有较大投影,故称为 x 轴激振器;另外两个垂直平面也互相平行,各平面内的激振器在 y 方向有较大投影,故称为 y 轴激振器。激振器发出冲击力的时间很短,它给予系统的冲量不会引起明显的位移。当系统在激振器强迫振荡作用下产生稳态振荡运动时,其系统能量保持不变。

三轴六自由度振动台的关键技术有两个:一是锤头击打频率 $f = 30 \sim 50$ Hz 和锤头打击度可随机调制(通过冲程),这样由若干个锤头和一个台面构成的气动振动台便可产生一种非高斯型的伪随机振动激励;二是累积疲劳系数(AFF)分析方法在该类激励的成功应用。

强化试验设备与常规可靠性试验设备的对比如表 4-2 所列。

表 4-2 两种试验设备的对比

	技术指标	强化试验设备	常规试验设备
振动	激励方向	六轴激励,3 个线性,3 个旋转	单轴激励
	激振方式	气锤连续冲击多向激励技术	电动激振
	控制方式	均方根值控制。频谱不可控,低频能量小,位移小	功率谱控制。频谱可控、在给定的带宽下能量可控、位移较大
	频率范围	2 Hz~10 kHz	5 Hz~2 kHz(小激振器可达 5 kHz)
	台面载荷	推力较小,载荷轻	载荷相对较大
温度	冷却方式	液氮制冷	机械或机械+液氨制冷
	温变率	温变率大,可达 60 ℃/min,甚至更高	温变率小,一般机械制冷不超过 15 ℃/min,机械+液氮制冷可达到 30 ℃/min
	控制范围	−100~+200 ℃	−70~+200 ℃,通常使用−55~+70 ℃
	有无风管	有	无
	控制传感器	非固定式传感器,安装在产品表面	固定式传感器,安装在出风口附近

3. 应力极限

可靠性强化试验的目的是从根本上清除设计薄弱环节,减少缺陷,降低单位成本,缩短研制周期,使用户更加满意,增加竞争力。可靠性强化试验是故障防治策略中的关键环节;与应力筛选针对生产缺陷不同,它的目标主要针对设计缺陷或设计薄环节。

目前有许多不同的术语用来描述产品的各种应力极限。各类试验应力极限(即技术规范极限、设计极限、工作极限和破坏极限等)的范围均分为上限、下限。环境应力筛选(ESS)应力极限应在技术规范极限与设计极限之间。在某种意义上,不存在 RET 极限,因为它是作为一种试验进程而确定的。RET 显然不会超过破坏极限,如图 4-6 所示。

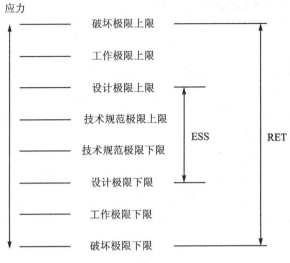

图 4-6　产品的各种应力极限的定义

① 技术规范极限(Technical Specification Limit):由使用方或承制方规定的应力极限,产品预期在该极限内工作。

② 设计极限(Design Limit):承制方在设计产品时,考虑设计余量而设计的极限。技术规范极限和设计极限之差称为设计余量。

③ 工作极限(Operational Limit):产品正常工作的极限,在用以确定相关应力对可靠性影响的加速试验过程中,施加于产品的应力极限。加速寿命试验通常在该极限内进行。

④ 破坏极限(Destruct Limit):产品出现不可逆失效的应力极限。破坏极限可以通过可靠性强化试验测定。

⑤ ESS 极限(ESS Limit):ESS 试验是最终交付产品前的一个筛选过程。ESS 极限可通过可靠性强化试验确定,而且通常处于设计极限之内。

4.3.2　试验应力及产品健壮

1. 试验应力

理论上讲,RET 可以施加任何应力,只要能激发出产品的潜在缺陷而又不改变其失效机理的应力都是可行的。工程上,RET 施加的主要环境应力有:低温、高温、快速温变循环、振动、湿度,以及快速温变循环与振动综合环境应力。一般电子产品在可靠性强化试验中不施加湿度应力,由湿度应力引起的故障主要靠其他试验来剔除,例如:温度-湿度环境试验。

试验所选取的试验应力应结合产品实际使用环境,由产品设计工程师与试验工程师共同商定。试验应力可以是环境应力,如温度、振动等;也可以是电应力,如电压、电功率等;还可以是工作应力,如使用频率。具体选择原则如下:

① 应力选择以产品实际使用环境为基础;

② 在尽可能短的试验时间内暴露尽可能多的产品缺陷;

③ 选择综合应力时,要综合考虑各应力的相互影响关系,如快速温变和湿度不宜同时

施加;

④ 选择的试验应力应该能在实验室实现;

⑤ 满足一定的效费比要求。

2. 步进应力

为了充分暴露缺陷,可靠性强化试验多采用步进应力试验方法。图 4-7 是典型步进应力试验示意图。应力可以是振动、温度等应力之一或其综合。试验从某一初始应力(一般低于技术规范极限应力)开始,以一定的步长进行,每步停留时间从几分钟到 20 min,一般不超过 30 min。试验过程中实时连续监控产品。

图 4-8 是广义形式的步进应力试验示意图。3 个广义应力为 S_1、S_2 和 S_3 并相互垂直。这些应力也许是环境应力,如温度或振动;或者是工作应力,如电压。这里只提到 3 种应力,实际上所有可能产生失效的应力都必须考虑。小立方体表示技术规范极限,立方体的外角表示这些应力极限内最恶劣的应力状态。大立方体代表超出技术规范应力极限的一种应力组合。向量 T 从技术规范极限立方体的外角到试验极限立方体的外角,它描述了应力组合以步进方式增加通过的路径。图 4-8 详细地描述了向量 T。

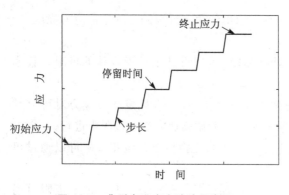 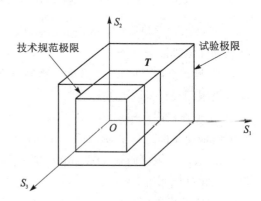

图 4-7 典型步进应力试验示意图   图 4-8 向量 T 的说明

结合图 4-7,应力单位是被选择进行试验的组合或综合应力的增量。这些台阶相当于持续时间,可以小到几分钟,一般不超过 24 h。不同形式的应力 S_1、S_2 和 S_3 可以同时施加或顺序施加。第一级或第一步通常处于或低于技术规范应力极限。这一步完成后将失效的零件拆除并进行分析。继续进行试验之前,在这一步上,可以分析并修正设计误差或其他缺陷。逐步增大应力等级,重复这一过程,直到出现下述 3 中情况之一:达到破坏极限;应力等级已经达到远远超过了为验证耐用产品设计所要求的水平;随着以更高的应力等级引入新的失效机理,不相关失效开始出现。不相关失效是指使用中不可能出现的失效,例如焊点熔化。

3. 应力-强度干涉模型

应力-强度干涉模型最初是在 1945 年由 Wilcoxon、Mann 和 Whitney 从非参数的角度提出来的。目前,该模型是机械可靠性分析中常用的一种可靠性评估模型。此模型中的应力和强度都是广义的应力和强度概念,即应力代表引起失效的因素,强度则是抵抗失效的能力。本节将使用该模型来说明可靠性强化试验的基本原理。

理想状态下,如果产品耐受某一应力的能力(我们称为强度)能够远远地高于这一应力,那么产品对于这一应力来讲是安全可靠的,如图 4-9 所示。

对于产品的应力耐受力,即强度或产品的工作极限而言,其分布很难量化,与一致性有关,也与制造能力有关,而且在制造过程中还有可能改变,导致其具有随机性。而应力实际上就是产品所经历的环境因素,也不是一成不变的,也会服从某种分布。导致产品失效的应力往往服从一个统计分布规律。比如导致电子产品失效的温度应力就可以采用图 4-10 所示的概率密度函数来描述。下面将通过一个例子来说明健壮度的概念。

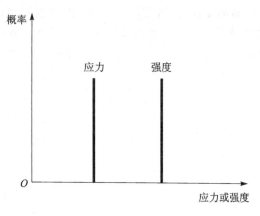

图 4-9　应力-强度图

假设某产品设计能耐受大约 80 ℃的高温,即若超过该温度应力水平,则该产品将失效。但由于前述的一些影响因素会使得同一批产品中有的相对健壮,比如能耐受 90 ℃甚至 100 ℃的高温,而有的却仅能耐受 40~50 ℃。因此这批产品能耐受的温度应力通常服从一个统计分布,比如本例中的均值为 80 ℃正态分布(见图 4-10)。如果该产品在外场通常经受的温度应力水平是 30 ℃,但由于某些内外部的随机因素影响,那么该工作环境也会出现一些变化。由图 4-10 看到,产品失效发生在工作环境应力与产品本身的耐环境能力的交叠处;换言之,此时产品暴露在高温中。

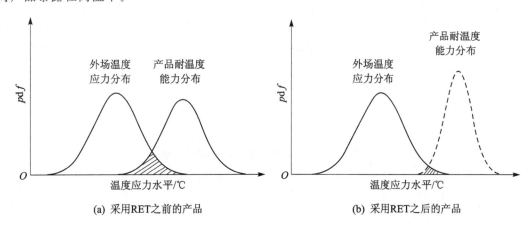

(a) 采用RET之前的产品　　　　　　　　(b) 采用RET之后的产品

图 4-10　应力强度干涉模型

我们注意到平均工作温度和产品失效的温度几乎相差 50 ℃。一般而言,产品的健壮度是合适的。但是要考虑到交叠区。因为两个条件的交叠,即使在正常的工作条件下也可能发生失效。

通过健壮性设计并结合对元器件质量和制造工艺偏差的严格管理,可使产品达到其可靠性指标要求。通常,改进设计能够提高产品的耐环境能力,而更严格的元器件和制造工艺的质量控制可以有效控制产品耐环境能力(强度)分布的方差。这样,产品的工作环境应力和产品强度的交叠区就将缩小,如图 4-10(b)所示。

对比图 4-10(a)、(b)可知,采用 RET 快速暴露产品故障后,通过采取相应的改进措施,产品耐温度能力(强度,即产品的工作极限)可以得到提高;而且,由于产品的元器件和制造工艺得到了有针对性的严格控制,故产品的一致性得到提高。因此,环境应力和产品工作极限之间的安全裕度得到了扩大,从而降低了外场失效发生的概率。其他环境应力,比如低温、振动和电应力也存在相似的工作应力和产品工作极限分布。

事实上,如果知道了应力和强度的分布,就可以计算出失效的概率 P_f,即图 4 - 10 中的阴影部分。注意,这里计算的不是失效率 λ,因为我们重点考虑的是强度,而不是时间。

假设应力 X 和强度 Y 分别是均值和方差为 μ_x、σ_x 和 μ_y、σ_y 的随机变量,定义失效概率 $P_f = P(Y < X)$,则

$$P_f = \int_0^\infty \int_0^x f_x(x) f_y(y) \, dy \, dx \qquad (4-1)$$

大部分时候,我们并不能得到应力和强度分布的准确模型,特别是应力模型,但是这并不影响我们从 RET(HALT)中获得收益,因为如果试验方法得当,故障定位准确且纠正措施有效,则 HALT 可以使设计强度均值达到最大,方差最小,当然 P_f 就会降低,这就是 HALT 的意义所在。

4. 可靠性强化试验与浴盆曲线

在产品研制生产过程中使用可靠性强化试验时,必须小心选择其应力水平,否则将会损坏好的产品或者过大地耗损产品寿命。可靠性强化试验的目的,尤其在生产中,是排除将导致产品早期故障的缺陷而非对产品带来疲劳。通过确定早期失效的根原因以及采取相应的纠正措施,可将产品的早期故障大大减少。而且,由于在设计阶段开展了可靠性强化试验,且针对其暴露的故障采取了相应的纠正措施,因而产品质量得到了提高,从而使产品的整个使用寿命阶段的外场失效率得以降低,如图 4 - 11 底部虚线表示的失效率曲线所示。因此,可靠性强化试验不仅有助于排除产品早期故障,而且能使产品更加健壮并且能够提高消费者所关注的全质量。

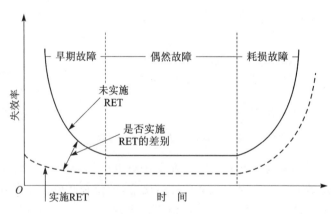

图 4 - 11　可靠性强化试验与浴盆曲线

由图 4 - 11 所示的产品浴盆曲线可知,可靠性强化试验可以暴露并消除掉可能会导致早期故障的产品潜在缺陷,但对偶然故障和耗损故障没有太大的意义。由于针对产品设计缺陷采取了相应的纠正措施,因此可靠性强化试验还可以降低偶然故障阶段和耗损阶段的产品失效率(这可以从位置较低的曲线看出),这便是可靠性强化试验的优点之一。

4.3.3　受试产品

1. 受试产品的选取

任何一个武器装备的研制过程,都不可能对构成装备的各项产品全部进行可靠性强化试验。因此,必须考虑产品本身的结构特点、重要度、技术特点、复杂程度以及经费的多少等因素,综合权衡来确定可靠性强化试验的对象。

(1)产品的结构特点

由于机械产品的寿命大多数呈非指数分布,其故障多发区一般集中在耗损阶段,因此对其安排可靠性强化试验意义不大。电子产品寿命基本上服从指数分布,且试验环境易于模拟。因此,可靠性强化试验的对象主要是电子产品。对于电气、机电及光电产品,如果试验条件允许,也可安排可靠性强化试验。

(2)产品的重要度

对于重要度较高的关键产品,为了确保产品在研制初期具有一定的可靠性和安全性水平,应安排可靠性强化试验。例如,航空机载 A 类或关键 B 类产品。对于重要度较低的产品(例如,航空机载 C 类产品),其可靠度主要通过可靠性设计分析来保证,一般不必安排可靠性强化试验。

(3)产品的技术特点

对于采用了大量的新技术、新材料、新工艺,技术跨度大,缺乏继承性等技术特点的新研产品,应安排可靠性强化试验,并根据可靠性强化试验的情况,对产品进行改进和验证。对于采用新设计较少、技术跨度较小、继承性较高、设计较为成熟、初始可靠性水平较高的产品,一般不安排可靠性强化试验。

(4)产品的复杂程度

对于所使用的电子元器件数量和种类较少的产品,其可靠性可通过设计过程的可靠性分析来保证。这种产品在短时间内发生故障的概率很低,对它们安排可靠性强化试验的意义不大;对于所使用的电子元器件数量和种类较多的关键复杂产品,应优先安排可靠性强化试验。

因此,建议可靠性强化试验以较为复杂的、重要度较高的、无继承性的新研或改型电子产品为主要对象,类似的电气、机电及光电产品也可适当考虑。

2. 受试产品技术状态要求

可靠性强化试验的受试产品应具备产品规范要求的功能和性能。受试产品在设计、材料、结构与布局及工艺等方面应能基本反映将来生产的产品。受试产品可以不经环境试验,直接进入可靠性强化试验阶段。但是受试产品必须经过全面的功能、性能试验,以确认产品已经达到技术规范规定的要求。

4.3.4　试验方案及样本量要求

工程上一般是按照图 4-12 的方案开展可靠性强化试验,包括低温步进应力试验、高温步进应力试验、快速温变循环试验、振动步进应力试验和综合环境应力试验。具体试验时间可以根据设备、产品结构重量等实际情况进行设计;应力也不限于上述几种,也可以选择其中的部分应力。

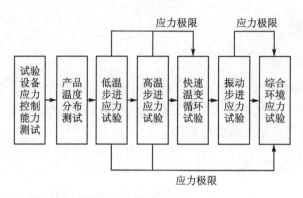

图 4-12　可靠性强化试验方案

实施可靠性强化试验时,试验样本量的确定原则如下:

① 如不寻找产品的破坏极限,那么至少应投入 2 个试验样本。其中一个进行低/高温步进应力试验和快速温度循环试验,另一个进行振动步进应力试验和综合环境应力试验。

② 鉴于试验成本的约束,若寻找产品的破坏极限,那么至少投入 4～5 个试验样本。其中,每项步进应力试验(低温、高温和振动)的样本量为 2 个,且仅选取 2 个中的 1 个进行破坏极限确认试验。

③ 若试验样本量充足,且为了确认产品质量的一致性,那么应至少保证每个试验项目投入 2 个以上的试验样本。

4.3.5　应力施加方式及试验剖面(参考)

1. 应力施加顺序

可靠性强化试验一般按以下顺序施加环境应力:低温步进、高温步进、快速温变循环、振动步进、快速温变循环与振动综合应力。

2. 步进应力施加方法

(1) 高/低温步进应力施加方法

1) 起始点温度

低温步进应力试验在室温或某一接近室温的温度条件下进行,通常取+20～+30 ℃。

高温步进应力试验在室温或某一接近室温的温度条件下进行,通常取+20～+40 ℃。

2) 每步保持时间

每步的保持时间应包括元器件及零部件完全热/冷透的时间和产品检测所需时间。不同的试验设备其升降温速率不同,通常使用测温仪器在整个试验过程中监测最大热惯性部件的温度。因此每个温度水平的保持时间以测温结果达到设定值并稳定后开始功能和性能测试,热/冷透时间通常在 20～30 min 之间,具体可以通过测温仪器的温度显示值来确定热/冷透时间。功能检测在受试产品热/冷透之后进行,具体时间由受试产品的检测要求决定。

3) 步　长

步长通常为 10 ℃,但是某些时候也可以增加到 20 ℃ 或减小到 5 ℃。建议在高/低温工作极限前步长设定为 10 ℃,在高/低温工作极限后步长调整为 5 ℃,视产品具体情况而定。建议试验应力达到产品工作极限之后,适当减小步长,继续试验至破坏极限。

4）温变率

常规可靠性试验设备温变率不小于 15 ℃/min；强化试验设备温变率不小于 40 ℃/min。

5）高/低温工作极限和高/低温破坏极限

在高/低温步进的过程中，一旦发现产品出现异常，应立即将温度恢复至上一量级，然后进行全面检测；如果产品恢复正常，则判定产品出现异常的温度应力为产品的高/低温工作极限；如仍然不正常，则判定产品出现异常的温度为产品的高/低温破坏极限。

6）检　测

整个试验过程中受试产品处于通电工作状态，并施加标称电压。在每个温度段受试产品达到温度稳定后，首先进行 5 次通断电启动检测，以考核受试产品在该温度下的启动能力，保证每次上下电后功能正常。之后，再进行产品的性能检测。

7）试验终止判据

① 试验持续到受试产品的低/高温破坏极限或者达到试验箱的最低/高温度；

② 受试产品发生不可修复故障；

③ 受试产品出现故障，如果确认该故障在产品使用过程中不可能出现，或者出现故障的应力水平远高于产品的技术规范极限且确保已有足够的安全余量，则可终止试验；

④ 根据目前国内的技术水平，若无特殊情况，电子产品如果无故障，一般试验到低温 −70 ℃、高温 125 ℃可以终止试验。

8）注意事项

在试验过程中，如果产品第一次出现异常的温度应力就是产品的破坏极限，则应该考虑调整试验步长。产品检测时间不宜过长。

图 4−13 所示为典型低温步进试验剖面图，图 4−14 所示为典型高温步进试验剖面图。

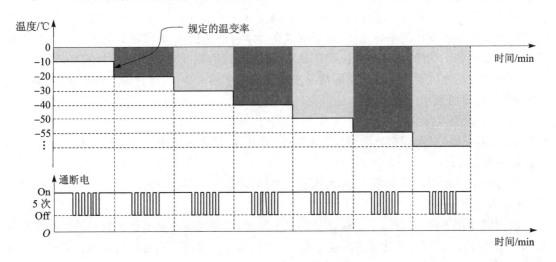

图 4−13　典型低温步进试验剖面图

（2）快速温变循环应力施加方法

1）上下限温度

温度循环中的上下限温度值决定了试验强度。温度范围（高低温之差）表明了产品在每一个循环中经受的应力/应变。为使缺陷发展为故障所需的循环数最少，应选择最佳上下限温

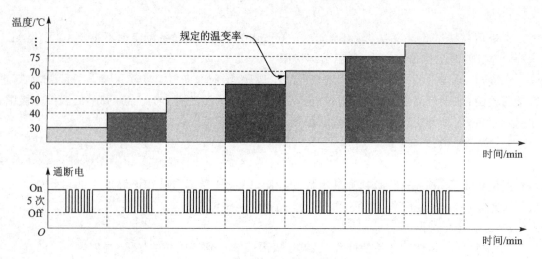

图 4 - 14　典型高温步进试验剖面图

度值。

选择上下限温度值的关键是给受试产品施加适当应力以析出缺陷而又不损坏好的产品。通常快速温变循环的上、下限不超过产品破坏极限的 80%。

若未找到受试产品的温度破坏极限，可取低温工作极限＋5 ℃～高温工作极限－5 ℃。例如：受试产品低温工作极限为－60 ℃，高温工作极限为 100 ℃，若无特殊要求，则快速温变循环试验温度范围为－55～95 ℃。

2) 温变率

温变率以复杂的方式影响试验强度，也影响试验时间，从而影响试验费用。

基于常规试验设备的可靠性强化试验，其温变率一般在 15～30 ℃/min 之间。这一速率是指试验箱内温度变化的平均速度，由于受试产品本身的热惯性，其实际的温变率会远低于试验箱温度变化的平均速度，具体取决于产品本身的热惯性，以及产品在箱内的安装、风速和试验箱的能力等。在试验中应根据实际情况来设定温变率的大小，以达到激发产品缺陷、缩短试验时间、节约试验费用的目的。

3) 上下限温度持续时间

上下限温度持续时间包括两部分：元器件(零部件)温度达到稳定所需时间和在上下限温度浸泡时间。

当受试产品中响应最慢部分(最大热惯性部件)的温度与最终设定温度之差在规定值之内时，就认为实现了稳定。

浸泡时间用于两个目的，一是保证材料发生蠕变，二是完成功能测试。材料发生蠕变所需时间一般为 5 min 左右，因此浸泡时间一般不小于 5 min。浸泡时间可延长至测试完成。在通常情况下，受试产品在上下限温度保持时间为 20～30 min。

4) 温度循环次数

温度循环次数影响试验的有效性和总试验时间，从而影响试验费用。

在可靠性强化试验中，无论产品的复杂程度如何和施加应力的大小，以及循环次数有无固定限制，都应以激发出产品的潜在缺陷为准。通常在试验中采用常规试验设备所能提供的最大降温速率作为快速温度循环试验的温变率。若要达到相同的缺陷激发效果，则不同的温变率需要的循环次数不同。温变率与循环次数的关系可参考表 4-3 确定。

如果试件在某个温变率所需循环次数内还未出现故障,则应考虑扩大温度变化范围,即改变上下限温度水平,重新开始试验。

5)检　测

整个试验过程中产品处于通电工作状态。在每个温度段受试产品达到温度稳定后,首先进行 5 次通断电启动检测,以考核受试产品在该温度下的启动能力,保证每次上下电后功能正常。之后,再进行产品的性能检测。

6)受试产品输入电压

快速温变循环过程中,必须在产品规定的标称电压、最高输入电压及最低输入电压下进行功能、性能测试,以考核输入标称电压及高、低电压极限下的产品工作能力。表 4-4 给出了不同的交直流输入电压施加的顺序。

表 4-3　温变率与循环次数的关系

温变率/(℃·min⁻¹)	所需循环次数/次
10	16.1
15	11.1
20	8.7
25	7.2
30	6.2

表 4-4　输入电压顺序

循环顺序	输入电压
1	规定最高输入电压
2	标称输入电压
3	规定最低输入电压
4	标称输入电压
5	规定最高输入电压
⋮	⋮

7)试验终止判据

试验在以下情况下终止:

① 产品发生不可修复故障。

② 修复产品出现的故障所需费用超过修复所带来的效益。

③ 温变率已经达到试验箱的最大值,完成所需的循环数后仍不出现故障。

图 4-15 所示为典型快速温度循环试验剖面图。

(3)振动步进应力施加方法

1)振动控制谱

采用常规可靠性试验设备电振动台或三轴六自由度振动台进行振动步进应力试验的振动控制谱。

2)振动应力初始值

采用常规可靠性试验设备电动台进行振动步进应力试验的初始值一般为 $2g_{rms}$(总均方根值);为了提高试验效率,也可以从 $3\sim5g_{rms}$ 开始,应根据受试产品具体情况决定。

采用三轴六自由度振动台进行振动步进应力试验的初始值一般为 $5g_{rms}$;为了提高试验效率,也可以从 $6\sim8g_{rms}$ 开始,应根据受试产品具体情况决定。

3)每步停留时间

每个振动应力水平的停留时间应包括受试产品振动稳定后的驻留时间以及功能和性能检测时间。振动稳定后驻留时间一般为 $5\sim10$ min,功能和性能检测应该在振动稳定后进行,所

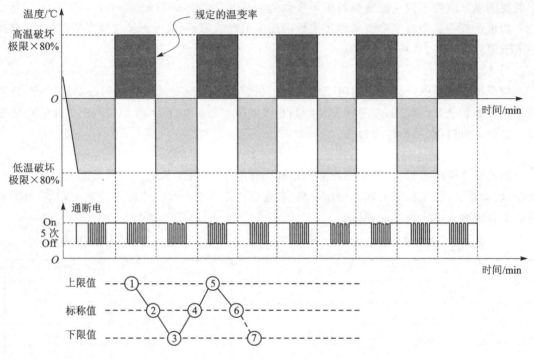

图 4－15　典型快速温度循环试验剖面图

需时间视受试产品具体情况而定。

4）振动步进应力步长

采用常规可靠性试验设备电动台进行振动步进应力试验的应力步长一般为 $2\sim3g_{rms}$，不超过 $3g_{rms}$。

采用三轴六自由度振动台进行振动步进应力试验的应力步长一般为 $3\sim5g_{rms}$，不超过 $5g_{rms}$。

具体选择依据受试产品能够承受的最大应力和受试产品的实际使用情况而定。在试验过程中，可以根据实际情况适当调整。在估计接近振动工作极限或达到振动工作极限后，建议适当减小步长以找到破坏极限。

5）振动应力工作极限和破坏极限

在振动应力步进试验过程中，如果发现产品出现异常，应立即将应力恢复至下一量级，进行全面检测；如果产品又恢复正常，则判定产品出现异常的振动应力为产品的振动应力工作极限；如果仍不正常，则判定当前应力为振动应力破坏极限。

6）检　测

整个试验过程中受试产品处于通电工作状态，并施加标称电压。

7）试验终止判据

① 试验持续到受试产品的振动破坏极限或者达到试验设备所能提供的最大振动应力量值；

② 受试产品发生不可修复故障；

③ 受试产品出现故障，如果确认该故障在产品使用过程中不可能出现，或者出现故障的

应力水平远高于产品的技术规范极限且确保已有足够的安全余量,则可终止试验;

④ 根据目前国内的技术水平,若无特殊情况,电子产品如果无故障,一般常规可靠性试验设备振动台试验到 $26g_{rms}$ 或三轴六自由度振动台试验到 $45g_{rms}$ 即可以终止试验。

图 4-16 所示为典型振动步进试验剖面图。

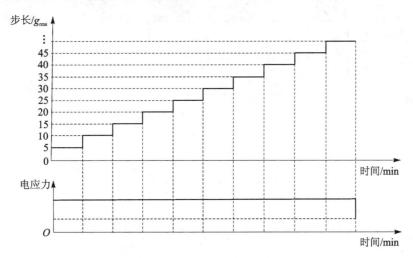

图 4-16 典型振动步进试验剖面图

(4)综合应力施加方法

1)温度循环

综合应力试验中的温度循环应力施加方法见 4.3.6 小节,其温变率一般取快速温度循环应力的量值,循环次数一般推荐 5 次。

2)振动应力

振动应力一般分为恒定振动应力和步进振动应力。

恒定振动应力前几个循环按破坏极限的 50% 施加,最后一个循环施加微振动应力。微振动应力一般为:电动台试验设备在 $2g_{rms} \pm 1g_{rms}$,三轴六自由度振动台试验设备在 $5g_{rms} \pm 3g_{rms}$。

步进振动应力,根据已完成试验获得的振动应力工作极限和设定的循环次数确定步长。假如在振动应力步进试验中,产品的工作极限为 $35g_{rms}$,并且设定的温度循环次数是 5,那么最初的试验循环应该以 $7g_{rms}$ 水平开始。每一个循环之后,应该以振动水平为 $7g_{rms}$ 的步长增加,则具体的剖面参数为:循环 1 振动量级为 $7g_{rms}$,循环 2 振动量级为 $14g_{rms}$;循环 3 振动量级为 $21g_{rms}$;循环 4 振动量级为 $28g_{rms}$;循环 5 振动量级为 $35g_{rms}$。

3)试验终止判据

试验在以下情况下终止:

① 完成设定的试验剖面;

② 发生不可修复的故障;

③ 修复受试产品出现的故障所需费用超过修复所带来的效益。

图 4-17 所示为典型综合环境应力试验剖面图。

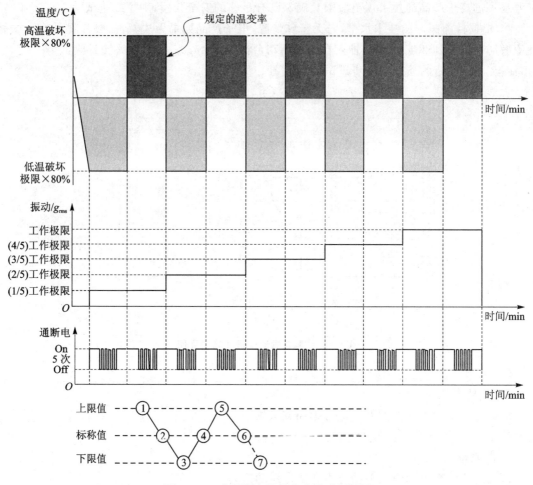

图 4 - 17　典型综合环境应力试验剖面图

4.3.6　试验实施过程

可靠性强化试验的基本方法是通过施加步进应力,不断地加速激发产品的潜在缺陷,并进行改进和验证,使产品的可靠性不断提高,并使产品的耐环境能力达到最高,直到现有材料、工艺、技术和费用支撑能力无法做进一步改进为止。

可靠性强化试验具体实施过程分为试验设备温控能力测试、产品温度分布测试、低温步进应力试验、高温步进应力试验、快速温度循环试验、振动步进应力试验和综合环境应力试验等几个步骤,其中快速温度循环试验的温度应力极限通过低温步进应力试验和高温步进应力试验确定,而低温步进应力试验、高温步进应力试验和振动步进应力试验三个试验确定的应力极限也是作为确定综合环境应力试验应力条件的依据,如图 4 - 12 所示。

1. 试验设备温控能力测试

可靠性强化试验前,应该先测试试验设备对温度应力的控制能力,如:温度超调、稳定时间、控制误差以及温度场的空间分布情况等,以明确产品在试验设备中的安装位置。

（1）温度场测试方法

为了得到试验设备内部空间温度场的真实数据,将整个试验设备沿横、纵方向各截取几个面,通过这些平面的温度分布来分析整个试验设备的温度场。从节约成本的角度考虑,可以不必测量整个试验箱的温度场,只需要对可安装产品的部分按以上方法进行测量,就可以确定受试产品周围的温度场空间分布情况。

（2）试验设备温控能力测试剖面

为了解试验设备的技术指标能否达到试验的截止温度和温变率的要求,并确定控温过程中的温度超调、稳定时间、控制误差以及温度场的空间分布等情况,需要对试验设备的空载特性进行测试。可根据试验设备和受试产品的具体情况制定一个空载测试的温度步进剖面,如图 4-18 所示。

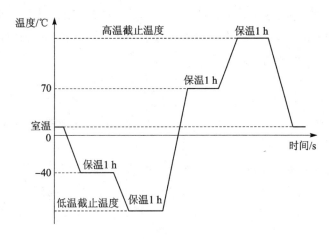

图 4-18　试验设备温控能力测试剖面

2. 产品温度分布测试

产品温度分布测试过程中需要注意以下几个问题:

① 测试前拆下产品外壳。在箱内安装试件的附近位置测量环境温度,并测量产品的表面温度,比较表面温度和环境温度的差异。

② 重点考察试件中发热量大的部分。利用温度传感器重点监测产品重要的元器件,如运算放大器、三极管、稳压管、大功率管等。

③ 由于试验过程中需要在产品温度稳定后才能进行功能、性能测试,而且不同的设备,产品温度稳定的时间也各不相同,所以需要在试验前测量受试产品在达到设定温度后的温度稳定时间。

3. 预试验

受试产品在试验设备上安装完毕后,首先应进行全面的功能、性能检测,以确保施加试验应力前产品是完好的。在正式试验前,还需进行短时间的小量级振动预试验,以确认受试产品被牢固地安装在台面上,并能有效地传递能量。

4. 正式试验

按照预先设定的试验剖面进行低温步进应力试验、高温步进应力试验、快速温度循环试验、振动步进应力试验和综合环境试验,并严格按照测试方案进行检测,记录试验应力数据和受试产品的所有信息。

试验过程中如出现故障,则停止试验,记录故障模式及应力水平,并进行故障定位,然后再进行故障原因分析。对于暂时无法分析的故障,可留待进一步的分析,继续其他试验步骤以发现其他故障。

5. 故障处理

当受试产品在可靠性强化试验中出现异常或故障时,故障处理应按以下的规定进行:

① 当确认发生故障时,应立即停止试验,现场人员应详细记录故障现象、发现时机、试验应力等情况。可以使用 GJB 841 提供的故障报告表、故障分析报告表和故障纠正措施报告表,也可以按型号统一要求重新制定有关表格。

② 故障发生后,注意保护故障现场,进行故障定位。故障定位后应尽量利用试验现场条件验证定位的正确性。

③ 故障分析清楚并准确定位后,应进行故障机理分析。若确认故障是由元器件引起的,则应进行元器件失效分析。

④ 根据故障机理分析结果和产品实际情况,确定是否对已定位的故障采取纠正措施。若采取纠正措施,则应对纠正措施的有效性进行回归验证;若由于当前技术水平限制,或出现故障的应力水平远高于产品的技术规范极限且确保已有足够的安全余量,则可以不采取纠正措施。

6. 改进措施验证

故障根本原因分析和改进措施是可靠性强化试验的核心。因此,在可靠性强化试验过程中不能放过任何一个被激发出的故障,是设计问题就要改进设计,是工艺问题就要改进工艺。只有采用有效的纠正措施,才能加速设计和工艺的成熟,才能充分发挥可靠性强化试验的长处。基于试验结果的故障分析和设计改进见 4.3.9 小节。

改进措施落实后,还应对改进后的产品继续进行可靠性强化试验,以确认改进措施的有效性,以及采取的改进措施是否会引进新的问题。继续进行可靠性强化试验不一定按照试验剖面全部执行,对于故障前的步骤可省略。若出现新的问题,应按照正式试验程序进行故障分析,采取改进措施,然后根据需要,重新设计试验剖面,继续进行试验验证。如此重复试验—分析—改进—再试验的过程,直到产品固有可靠性水平得到显著提高,达到"健壮"的目的。

7. 试验报告

试验结束后应立即进行试验总结,编写试验报告。试验报告要详细记录试验中发现的所有故障的描述、应力水平、故障定位信息、故障原因分析和改进措施。

4.3.7　可靠性强化试验的实施实例

（1）产品描述

某发电机控制盒主要由集成运算放大器、继电器等电子元器件组成。其主要功能是：与 QF-12D 或 QF-12B 型启动发电机配套，对直流启动发电机进行发电控制、电压自动调节和故障保护等。

（2）受试产品的状态及样本量

受试产品为可靠性增长前的定型产品及可靠性增长后的改进设计产品，应具备产品技术规范要求的功能和性能，并应完成环境应力筛选。

试验投入两套受试系统。仪器外形尺寸：310 mm×190 mm×120 mm（含减振器）。仪器质量：5.7 kg。

（3）受试产品的安装

在试验开始之前，先对受试产品和夹具进行称重，并确定重心位置，再安装受试产品，把受试产品固定在夹具上，并连同夹具固定在振动台的台面上。

1. 测试参数

试验的测试参数主要有：综合放大电路各通道输出电流、相敏电路各通道输出电压以及姿控电路输出电压。

2. 试验过程

试验在温度—湿度—振动常规三综合试验设备中进行。发电机控制盒在可靠性强化试验中的各试验项目试验剖面如图 4-19、图 4-20、图 4-21、图 4-23 和图 4-24 所示。其中，振动谱形如图 4-22 所示。

注：图 4-19~图 4-21 中，t_1 表示试验箱空气温度降到低温时间，t_2 表示温度稳定时间，t_3 表示功能性能检测和 5 次上下电功能测试时间。

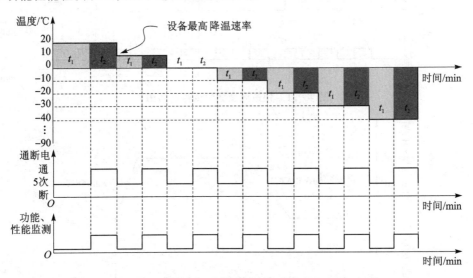

图 4-19　低温步进试验剖面图

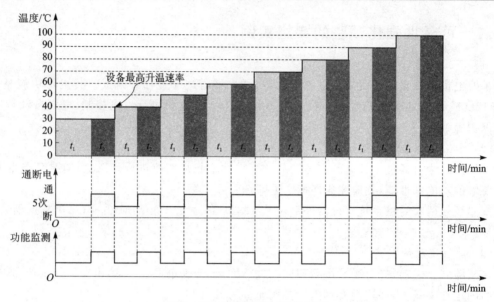

图 4 - 20　高温步进试验剖面图

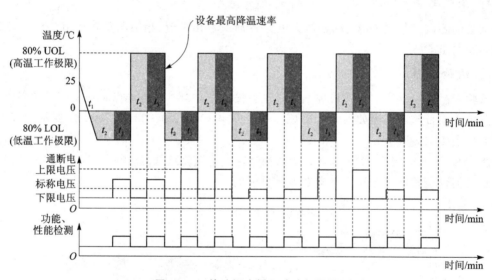

图 4 - 21　快速温度循环试验剖面图

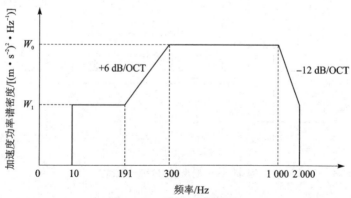

图 4 - 22　随机振动谱形图

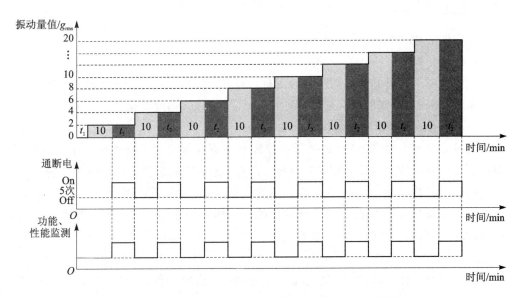

注：t_1 表示试验台起振时间，t_2 表示功能性能检测和 5 次上下电功能测试时间。

图 4 - 23　振动步进试验剖面图

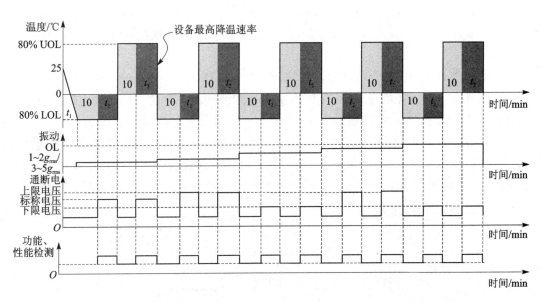

注：t_1 表示试验箱空气温度降到低温时间，t_2 表示功能性能检测和 1 次上下电功能测试时间。

图 4 - 24　综合环境应力试验剖面图

试验过程中共出现 10 个故障。经过故障分析并采取相应的纠正措施后，产品固有可靠性得到了快速的增长。

4.3.8　注意事项

实施可靠性强化试验,应注意以下问题。

(1) 重视所有故障

可靠性强化试验的目的是提高产品的固有可靠性,试验本身只能发现缺陷。要提高产品的固有可靠性,必须对出现的所有故障都进行分析,采取改进措施并验证。

(2) 不是所有缺陷都需要采取改进措施

试验中可能会出现很多故障,重视所有故障并不意味着要对所有故障都采取改进措施。如果确认试验出现的故障在产品使用中不可能出现,就没有必要进行改进;或者出现故障的应力水平远高于产品技术规范,即产品已有足够的安全余量,也可不采取改进措施。虽然不是所有的故障都需要采取改进措施,但所有促成故障的原因都应很清楚并有资料存档。是否采取改进措施,主要由费用、时间、风险等因素决定。

(3) 可靠性强化试验应用的产品层次

可能进行可靠性强化试验的产品层次有:电路板、组(部)件、设备。随着产品越来越复杂,进行可靠性强化试验的难度也越来越大。

4.3.9　基于试验结果的故障分析和设计改进

本部分内容及图表引自 *Next Generation HALT and HASS—Robust Design of Electronics and Systems*(Kirk A. Gray&John J. Paschkewitz)[3],并根据我国的工程特点进行了一些解释。

在完成稳健性试验的每个阶段后,将根据测试结果(DRBTR)进行设计审查,以确定评估试验的有效性并了解故障机理。DRBTR 的重点是详细评估失效的试验并确定纠正措施,之后分配给负责的人员,并跟踪其后续情况。如图 4-25 所示的稳健性指标图或如图 4-26 所示的应力边界图可用于说明产品相对于预期应力水平的设计裕度。这些可以帮助简化决策,以继续进行产品的开发和生产,确保产品所需的稳健性。试验负责人会提供试验结果和观察结果,并附有可能出现失效的原因,且与以前对类似产品的试验进行比较。评审人是领域专

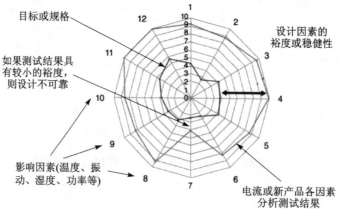

图 4-25　稳健性指标

家,根据结果提出建议。可视化方法用于分析结果,其中之一如图 4 - 27 所示。

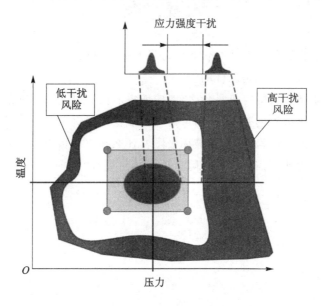

图 4 - 26　应力边界

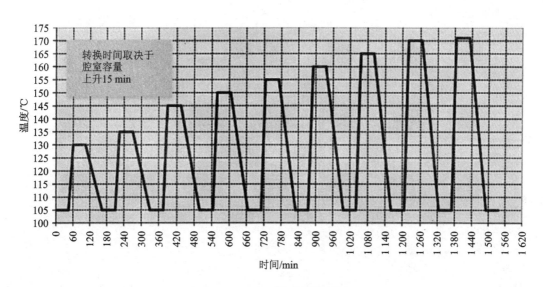

图 4 - 27　步进应力试验剖面

　　分析导致产品失效的机制是评估试验结果的重要部分。故障分析是一个渐进的过程,首先记录故障模式的特征和观察结果,然后以无损检测方法继续检查故障零件,最后解剖损坏的零件并指出故障机理。解剖有可能损坏失效的证据,因此首先必须使用无损方法收集尽可能多的信息,如第 3 章所述。

本章习题

1. 可靠性研制试验的目的是什么？开展可靠性研制试验的依据是什么？

2. 可靠性研制试验的分类是怎样的？

3. 进行可靠性研制试验的时机是什么(对应航空航天产品寿命周期的哪部分)？

4. 试述可靠性强化试验的基本流程,可以具体航空产品为例。

5. 对于航空航天产品而言,什么是破坏极限？什么是工作极限？二者有何关系？

6. 航空航天产品为什么需要进行故障分析？如何进行？

第5章　可靠性增长试验

5.1　可靠性增长概述

5.1.1　可靠性增长的基本概念

1. 基本术语[19]

可靠性增长（Reliability Growth）　由于设计或生产工艺的改进而使产品可靠性特征量随时间逐渐改进的一种过程。

对于可靠性增长试验过程中出现的故障,除需要按照2.2.4小节中图2-8进行划分外,对于责任故障,还需要进一步进行划分,以便确定是否需要采取纠正措施,最终为判定可靠性是否增长提供依据。

系统性故障（Systematic Failure）　与系统薄弱环节直接有关的故障。

残余性故障（Residual Failure）　由残余薄弱环节引起的故障。

A类故障（Failure Category A）　由于时间、费用或技术上的限制或其他原因,由管理者决定不做纠正的系统性故障。

B类故障（Failure Category B）　在试验过程中必须做出纠正的系统性故障。

增长率（Growth Rate）　在双对数坐标下,累积故障率与累计测试时间相关函数关系的曲线斜率的相反数。

理想增长曲线（Idealized Growth Curve）　描绘跨测试阶段的试验总体预期可靠性增长模式,其形式为平滑的增长曲线。

计划增长曲线（Planned Growth Curve）　在研制过程中,预期的系统可靠性水平与试验持续时间的关系曲线,一般由多个阶段增长曲线构成。

可靠性增长跟踪曲线（Reliability Growth Tracking Curve）　试验中用于描述实测可靠性水平和试验持续时间关系的曲线。

修复效率因子（Fix Effectiveness Factor,FEF）　通过修复措施所降低的单个初始模式故障率。

2. 可靠性增长过程、可靠性增长试验和可靠性增长管理

（1）可靠性增长过程

可靠性增长是通过不断地消除产品在设计或制造中的薄弱环节,使产品的可靠性随时间逐步提高的过程。

可靠性增长是保证现代复杂系统投入使用后具有所要求的可靠性的一种有效途径,贯穿于系统寿命周期的各个阶段。不同的寿命阶段,可以通过不同的方法来实现可靠性的增长。

① 研制过程中的可靠性增长：通过性能试验、环境试验、增长试验，以及相应的分析、改进工作，产品的可靠性可不断增长；

② 试生产过程中的可靠性增长：继续纠正样机阶段的薄弱环节，使可靠性得到增长；

③ 批生产过程中的可靠性增长：通过"筛选""老炼"，改进生产工艺或制造工艺，使可靠性得到增长并达到规定的 MTBF 值；

④ 使用过程中的可靠性增长：反馈外场使用信息，改进设计和制造工艺，并通过使用和维护熟练程度的提高，使可靠性进一步增长并在理想条件下达到产品固有的 MTBF 值(MTBF 预计值)。

可靠性增长的过程(见图 5-1)，是一个反复试验、反复改进的过程，即"试验—分析—改进—再试验—再分析—再改进……"(TAAF)。

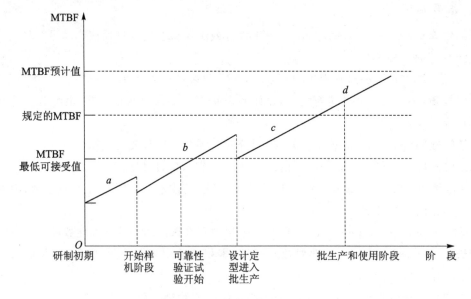

图 5-1　可靠性增长的过程

(2) 可靠性增长试验(Reliability Growth Test，RGT)

有计划地激发故障、分析故障原因和改进设计，并证明改进措施的有效性而进行的试验，称为可靠性增长试验。可靠性增长试验是在产品的研制阶段，为达到可靠性增长的目的而采取的一种试验手段，它是实现可靠性增长的一个正规途径。产品可靠性的增长，很大程度上依赖于试验，要实现有计划的可靠性增长，必须通过可靠性增长试验。

可靠性增长试验的目的：通过 TAAF，解决设计缺陷，提高产品的可靠性。

可靠性增长试验的特点如下：

① 它是工程研制阶段单独安排的一个可靠性工程项目(GJB 450A—2004[4] 工作项目 403)，旨在通过试验及相应的分析改进，使产品的可靠性得到有计划的增长。

② 它是一种工程试验。

③ 试验本身不能提高产品的可靠性，只有进行设计改进，消除薄弱环节，才能提高产品的固有可靠性。

④ 试验条件通常模拟产品的实际使用条件。

⑤ 试验时间通常取产品 MTBF 目标值 θ_F 的 5～25 倍(取决于可靠性增长模型、工程经验和产品规范)。

⑥ 成功的可靠性增长试验可以代替可靠性鉴定试验(依据及条件见 5.1.2 小节)。

1) 安排可靠性增长试验的时机

试验的时机应在工程研制阶段后期、可靠性鉴定试验之前。因为在这个时期,产品性能与功能已基本达到设计要求;产品已接近或达到设计定型技术状态;由于尚未定型并投入大批量生产,故障纠正还有时间,还来得及对产品设计和制造工艺进行更改。

2) 可靠性增长试验的适用对象

由于可靠性增长试验时间长、耗费资源巨大,因此不是所有产品都适合安排可靠性增长试验。一般只有新研及重大技术更改后的复杂、可靠性指标高且需分阶段增长的关键产品才安排进行可靠性增长试验。

可靠性增长试验与其他试验的比较如表 5-1 所列。

表 5-1　可靠性增长试验与其他试验的比较

试验项目	环境应力筛选	可靠性增长	可靠性鉴定	可靠性验收
所属范围	工程试验	工程试验	统计试验	统计试验
军用标准	GJB 1032A	GJB 1407、GJB/Z77	GJB 899A	GJB 899A
试验目的	剔除早期故障,提高产品的使用可靠性	通过综合环境试验及相应的 TAAF,消除设计薄弱环节,提高产品的固有可靠性	验证产品的设计是否达到了规定的可靠性要求	验证批生产产品的可靠性是否保持在规定的水平
样品数量	100%	1 台或多台	一般至少 2 台	每批产品的 10%,但最多不超过 20 台
试验时机	研制及批生产阶段	研制阶段	研制阶段结束时	批生产过程中
试验环境条件	一般为加速应力条件,以达到最佳筛选效果为宜	模拟现场使用典型条件	模拟现场使用典型条件	
结果评估	通过/不通过	利用增长模型评估增长趋势及是否达到增长目标	根据产品寿命分布评估产品可靠性是否达到验证要求	

(3) 可靠性增长管理(Reliability Growth Management, RGM)

为了达到预定的可靠性指标,对时间和经费等资源进行系统的安排,并在估计值与计划值比较的基础上依靠重新分配资源对增长率进行控制,称为可靠性增长管理。

美国陆军装备分析中心对可靠性增长管理的定义为:将可靠性指标看作时间和其他资源的函数进行系统的规划,并在计划值与估计值比较的基础上依靠重新分配资源对当前的增长率进行控制。

在产品研制周期的各个阶段,合理地、有计划地实施可靠性增长管理,意义重大。

① 发现不可预料的缺陷:无论是含有许多高新技术的新研复杂系统、在已有产品基础上集成的新系统,还是在成熟的系统应用于新的领域时,都不可避免地会遇到一些无法预料的问题,这些问题的发现和解决,在一定程度上依赖可靠性增长试验。

② 通过发现问题改进设计：有些问题可能可以预料,但其严重性却很难预料。原型机阶段的开发测试可以发现许多问题,应针对问题改进设计,从而提高产品的性能和可靠性水平。最终达到可靠性目标值也是可靠性增长管理的内容。

③ 降低最后验证的风险：实践证明,多数情况下,仅仅依赖最终的验证,产品的可靠性往往达不到设计要求的目标值。通过定量的可靠性增长使产品初期的可靠性指标接近最终验证的目标,可以大幅度提高验证时通过的概率,甚至可以取代最终的验证。

④ 增加达到成熟期目标值的可能性：在可靠性试验过程中,制定阶段增长目标,并通过资源的整合来逐步达到目标值,是研发过程中可靠性增长管理的综合处理方法。

大量工程实践证明,可靠性增长试验是提高产品可靠性的重要途径。但是单纯依靠可靠性增长试验,对于某些复杂或高可靠性的产品往往是不现实的。原因是：

① 试验时间长(一般为 5～25 倍 MTBF 最低可接受值)；

② 耗费大量资源；

③ 可靠性增长试验通常安排在研制阶段后期,此时重大的设计更改可能会带来更多的资金需求和研制周期的延长。

在产品研制过程中,不可避免地要进行诸如工程设计试验、性能试验、部分环境试验等许多试验,这些非可靠性试验本身往往存在着大量的故障信息,这些信息在可靠性增长过程中是可以利用的。可靠性增长管理的目的就是充分利用研制过程中的这些资源与信息,将可靠性试验和非可靠性试验全部纳入到以提高产品可靠性为目的的综合管理下,实施科学的可靠性增长管理,在节约经费、缩短研制周期的前提下,尽可能快地使产品达到可靠性目标值。

可靠性增长管理的内容如下：

① 提出增长规划,确定增长目标：可靠性增长目标,要根据工程需求以及产品的增长潜力来确定,无需盲目追求高的增长目标；不同的阶段,增长目标也不相同,特别是对于可靠性要求高的产品,要分阶段增长。另外,还应考虑同类产品的情况以及产品当前的可靠性预计值等综合确定。

② 制订增长计划,细化增长要求。

③ 实施增长试验,进行增长评估。

④ 控制增长过程,促进增长实现。其本质就是增长过程的计划、评价和控制。

5.1.2　可靠性增长的作用和意义

1. 提高产品质量,增强竞争力

任何产品在设计初期,都存在某些设计缺陷。产品生产出来后,理想状态下,应当满足合同或任务书对它的可靠性要求。但实际情况远非如此。美国一份报告曾经指出：大型电子-机械系统的首台样机,初期的平均故障间隔时间(MTBF)只有设计要求的 1/10 左右,存在着明显的缺陷。这些缺陷中,元器件缺陷、工艺缺陷、设计缺陷大体各占 1/3。软件的初始可靠性水平更差。而我们国家由于元器件水平和工艺水平明显比美国低,因此我们的产品的初期MTBF 值可能还达不到设计要求的 1/10。因此只有通过一系列的可靠性试验,发现并判明存在的缺陷,才能使产品可靠性水平得到提高。可靠性增长的主要作用,就是通过排除系统性故障原因并降低故障发生概率来提高产品的可靠性水平。

产品可靠性的提高,意味着产品质量的提高、承制方信誉的提高、经济效益的提高。如某型自动驾驶仪在开展可靠性增长工作前,MTBF 值只有 64 h,军方要求的 MTBF 最低可接受值 $\theta_1 = 800$ h,为其初始值的 12.5 倍。经过一年多的可靠性增长工作,初次可靠性鉴定试验没有通过,按照要求需要继续增长,在资金和时间都十分紧张的情况下,是否继续增长成了当时的讨论焦点;经过研究,决定将鉴定试验中发生的故障纳入增长管理过程中,认真分析所有故障原因并逐一加以纠正。经过不断的努力,第二次可靠性鉴定试验无故障顺利通过。产品的可靠性水平提高了一大截,使用方非常满意,承制方的信誉也提高了。

2. 降低全寿命周期费用

对可靠性增长计划进行投资,可以大大节省产品在整个寿命周期内的费用。越早制订可靠性增长计划、开始可靠性增长工作,投资成本越低,获得的利润更高。随着研制和生产工作的一步步开展,纠正和改进工作会越来越难,会受到诸如更改设计图纸、元器件选型甚至生产加工设备的改造等诸多方面的制约,所需要耗费的资金也会越多,投资效益也越差。人们普遍认同美国某装甲公司多年前提出的一组数量关系,即现场使用阶段发现致命问题必须纠正。改型所付出的代价,大约为出厂验收时发现问题所付出代价的 100 倍、生产过程中发现问题所付出代价的 1 000 倍、设计阶段发现问题所付出代价的 10 000 倍。可见在研制阶段的早期,有计划地开展可靠性增长工作,可以大大降低寿命周期费用。

我们可以举一个例子来说明这个问题。F/A-18 战斗机(大黄蜂),是 20 世纪70 年代中期麦道公司研制的用于取代当时的 F-4(鬼怪)和 A-7(十字军)的美国海军的主战飞机。F/A-18 被称为战斗机可靠性和维修性的典范,生存能力极强。该型飞机在研制中特别强调可靠性和维修性设计,并进行了系统的可靠性增长管理和严格的可靠性验证试验,其可靠性水平比其替代机种 F-4 提高了数倍,维修工时也减少了一半以上。据美国海军估算,与 F-4 飞机相比,每架 F/A-18 飞机每年可节省使用保障费用 30 万美元,按使用寿命 20 年计算,在整个寿命期内,每架 F/A-18 可节省 600 万美元。假设服役美国海军的 F/A-18 有 500 架,则节省的费用将是 30 亿美元!

在海湾战争中,美军投入了 191 架 F/A-18 战斗机,其中只有 2 架发生大的故障,其高的出勤率和非常少的维修工时为人们广泛称道,对赢得战争起到了至关重要的作用,其价值更是金钱所不能衡量的。

3. 成功的可靠性增长试验可以代替可靠性鉴定试验

(1) 何谓成功的可靠性增长试验

① 试验过程严格跟踪,故障记录完整;

② 有完善的故障报告、分析和纠正措施系统(FRACAS),故障纠正过程有完整的、可追溯的记录;

③ 试验结果评估方法正确、评估结果真实可信,且不低于计划的可靠性增长目标。

(2) 理论依据

首先,可靠性增长试验与可靠性鉴定试验所施加的环境应力是一致的;其次,二者都可以评估产品的可靠性水平。可靠性鉴定试验是统计试验,用来判定产品可靠性是否达到预期目标,是考核性试验。可靠性增长试验是工程试验,它可以提高产品的可靠性,并可以用数理统计的方法进行评估。因此,如果评估方法正确,评估结果不低于可靠性增长目标值,那么经过订购方同意,就可以不做可靠性鉴定试验。

（3）标准规范依据

美国空军《可靠性与维修性 2000 规划》：完善的 TAAF 试验，可以代替正式合同规定的可靠性鉴定试验和可靠性验收试验；

GJB 1407：一项成功的可靠性增长试验可以免去可靠性鉴定试验。

4. 作为应对早期失效的应力试验

2007 年，IEC 颁布了标准 *Reliability growth — Stress testing for early failures in unique complex systems*（IEC 62429—2007），将可靠性增长试验应用于独特复杂系统（独特指的是类似的系统上不能提供任何相关信息，而本身产量又不大，从研制过程的各类测试中获得的信息不足以对未来的生产使用提供足够的信息支撑）的最终测试或验收测试期间的可靠性增长，试验条件为加速试验，主要关注由硬件和嵌入式软件组成的可修复复杂系统的可靠性增长。它包含 TAAF 的过程，但只涵盖了系统生命周期的早期失效期，而不包括持续失效期和磨损失效期。当一个公司想要优化原型、单个系统或小系列制造期间的内部生产测试时间时，也可以使用它。其主要适用于大型软硬件系统，但不包括大型网络，例如电信和电力网络，因为这些系统的新部分在测试过程中通常不能被隔离。它不包括单独测试的软件，但是当使用模拟操作负载时，这些方法可以用于在运行硬件中测试大型嵌入式软件程序。它在完成系统交付之前或交付时进行增长测试。因此，测试可以在制造商或最终用户的场所进行。如果系统用户通过使用改进版本更新硬件和软件的策略来实现可靠性增长，则可以使用该标准来指导增长过程。该标准涵盖了广泛的应用领域，但不适用于系统的健康或安全方面[26]。

这个标准详细介绍了是否需要开展可靠性增长试验的决策依据、故障定义和数据收集方法、应力施加方法、故障分析和分类、试验结束的准则以及增长评估等。

5.2　常用的可靠性增长模型

可靠性增长试验是反复试验、反复改进的 TAAF 过程，产品的可靠性水平在不断地变动、提高，因此传统的恒定故障率的假设以及相应的数学分析方法已经不再适用，需要用更加科学的可靠性增长数学模型来描述和分析。对可靠性增长过程进行建模，是运用数学模型来定量地描述增长过程的一种方法，借助增长模型，可以预先分析可能的增长趋势并制订增长计划，跟踪增长过程，了解实际增长趋势及评估增长结果。

1. 可靠性增长模型的分类

（1）按增长方式分

时间函数模型：按照给定的数学模型，边试验边改进，使可靠性连续增长。

顺序约束模型：不同的试验阶段改进，使可靠性阶跃式增长。

图 5-1 就是典型的顺序约束模型，但其中的每一段也是时间函数模型。

（2）按故障数据性质分

连续型（时间函数模型）：Duane 模型、AMSAA 或 Crow 模型、IBM/Rosner 模型、Lloyd-Lipow 模型、Aroef 模型。

离散型：Gompertz 模型、EDRIC 模型（IBM 模型的离散形式）、Wolmm 模型。

美国国防部颁发军用手册 MIL-HDBK-189《可靠性增长管理》（该手册已于 2009 年和

2011 年两次重新颁布,目前美国国防部现行有效的《可靠性增长管理手册》为 MIL - HDBK - 189C)中就提供了 8 个离散型模型和 9 个连续型模型[27]。

IEC 2004 年颁布的标准 IEC 61164—2004 中给出了 2 种连续型模型:幂律模型和固定故障数的模型(就是 IBM/Rosner 模型)和幂率模型的离散型形式[28]。

2. 选择增长模型的原则

① 选择经过试验验证的模型;

② 选择模型参数有物理意义和工程意义的模型;

③ 根据产品特点来选择模型(离散、连续)。

例如某空 - 空导弹的制导舱属指数寿命型产品,可以选用连续型模型,如 Duane 模型、AMSAA 模型等,引信和战斗部等组件其工作过程中工作状态不可控制,也不可逆,属于成败型产品,服从二项分布,因此不能应用连续型模型,只能选用离散型模型,如 Gompertz 模型或幂率模型的离散型形式。

为了能够更好地结合可靠性增长试验的具体实施方式,本节结合可靠性增长计划、跟踪与预测三个阶段所构成的可靠性增长流程,讲解目前较为广泛应用的 Duane 模型和 AMSAA 模型及其应用。

5.2.1　Duane 模型

1962 年,美国通用电气公司的 J. D. Duane 分析了两种液压装置及三种飞机发动机的试验数据,发现只要不断地对产品进行改进,累积故障率与累计试验时间在双对数坐标纸上是一条直线,并在此基础上提出了 Duane 模型。Duane 模型的提出,是可靠性增长技术发展过程中的第一个里程碑。由于其表达式简单,适用范围广,现仍被广泛应用于增长计划的制订和增长过程的跟踪过程中。

1. Duane 模型的数学描述

(1) 以累积故障率表示的 Duane 模型

设可修产品的累计试验时间为 t,在 $(0, t)$ 内,共出现了 N 个故障,累积故障次数记为 $N(t)$。产品的平均故障率(或称为累积故障率)$\lambda_{\Sigma}(t)$ 定义为累积故障次数 $N(t)$ 与累计试验时间 t 之比,即

$$\lambda_{\Sigma}(t) = \frac{N(t)}{t} \tag{5-1}$$

Duane 模型指出:在产品研制过程中,只要不断地对产品进行改进,累积故障率 $\lambda_{\Sigma}(t)$ 与累计试验时间 t 之间的关系为

$$\lambda_{\Sigma}(t) = at^{-m} \tag{5-2}$$

式中　a——尺度参数,$a > 0$,与初始的 MTBF 值和预处理有关;

　　m——增长率,$0 < m < 1$。

对式(5-2)两边取对数,得到

$$\ln \lambda_{\Sigma}(t) = \ln a - m \ln t \tag{5-3}$$

可见在双对数坐标纸上,可以用一条直线来描述累积故障率 $\lambda_{\Sigma}(t)$ 与累计试验时间 t 之间的关系,即可以认为它们之间呈线性关系。

a 的几何意义：当 $t=1$ 时，$\ln t=0$，此时 $\ln \lambda_\Sigma(t)=\ln a$，因此 a 为直线在纵坐标上的截距。

累积故障次数 $N(t)$ 与累计试验时间 t 之间的关系为

$$N(t) = t\lambda_\Sigma(t) = at^{1-m} \qquad (5-4)$$

时刻 t 的瞬时故障率 $\lambda(t)$ 为

$$\lambda(t) = \frac{\mathrm{d}N(t)}{\mathrm{d}t} = a(1-m)t^{-m} \qquad (5-5)$$

累积故障率 $\lambda_\Sigma(t)$ 与瞬时故障率 $\lambda(t)$ 之间的关系为

$$\lambda(t) = (1-m)\lambda_\Sigma(t) \qquad (5-6)$$

(2) 以 MTBF 表示的 Duane 模型

对于指数分布，有

$$\theta = \frac{1}{\lambda} = \frac{t}{N(t)} \qquad (5-7)$$

式中，θ 为 MTBF 值。

产品可靠性水平用 MTBF 表示，则有

$$\theta_\Sigma(t) = \frac{t^m}{a} \qquad (5-8)$$

两边取自然对数，有

$$\ln \theta_\Sigma(t) = -\ln a + m\ln t \qquad (5-9)$$

$$\theta(t) = \frac{t^m}{a(1-m)} \qquad (5-10)$$

两边取自然对数，有

$$\ln \theta(t) = -\ln a - \ln(1-m) + m\ln t \qquad (5-11)$$

式中　$\theta_\Sigma(t)$——累积 MTBF；

　　　$\theta(t)$——瞬时 MTBF。

累积 MTBF 与瞬时 MTBF 的关系为

$$\theta_\Sigma(t) = (1-m)\theta(t) \qquad (5-12)$$

显然，累积 MTBF 与瞬时 MTBF 在双对数坐标上为一对平行直线，移动系数为 $-\ln(1-m)$。

图 5-2 为 Duane 模型分别在双对数坐标纸和线性坐标纸上的形状。

尺度参数 a 的意义：其倒数是 Duane 模型累积 MTBF 曲线在双对数坐标纵轴的截距，从一定程度上反映了产品进入可靠性增长试验时的初始 MTBF 水平(此时 t 为 1 而不为 0)。

增长率 m 的意义：它是 MTBF 曲线的斜率，反映了 MTBF 值随时间增长的速度。

2. Duane 模型的优缺点

优点：参数的物理意义直观，易于理解；表达形式简单，使用方便；适用面广。

缺点：没有将 $N(t)$ 作为随机过程来考虑；估计精度不高；不能给出当前(瞬时)MTBF 的区间估计；模型拟合优度检验方法粗糙。

尽管 Duane 模型缺点十分明显，但由于简便好用，在精度要求不高的前提下，目前在工程上仍有很多应用。

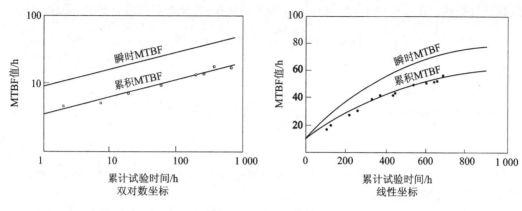

图 5 - 2　Duane 曲线

5.2.2　AMSAA(Crow)模型

1972 年,美国陆军装备分析中心(Army Materiel Systems Analysis Activity)的 L. H. Crow 在 Duane 模型的基础上对计划模型进行改进,提出了可靠性增长的 AMSAA 模型(或称 Crow 模型),给出了参数的极大似然估计与无偏估计、产品 MTBF 的区间估计、模型拟合优度检验方法、分组数据的分析方法及丢失数据时的处理方法。这是可靠性增长技术发展的第二个里程碑。AMSAA 模型把可修产品在可靠性增长过程中的故障累积过程建立在随机过程理论上,并认为这是一个非齐次泊松过程。因此,它可以对数据进行统计处理,并给出 MTBF 的区间估计。

AMSAA 模型的应用建立在一定的数学假设上。

① 在同一个试验阶段,可靠性增长过程能够以幂律均值函数 $\mu(t) = at^b$ 的非齐次泊松过程来表述;

② 基于同一个试验阶段的故障数与试验时间的统计,累积失效率在双对数坐标下为线性的。

AMSAA 模型认为:

在 $(0,t)$ 试验时间内,受试产品故障 $n(t)$ 是一个随机变量,随着 t 的变化,$n(t)$ 也在变化,这样就形成了一个随机过程,记为 $\{n(t), t \geqslant 0\}$。

AMSAA 模型故障次数视为均值函数(数学期望)为 $E[n(t)]$ 的非齐次泊松过程,即

$$E[n(t)] = N(t) = at^b \tag{5-13}$$

式中　$N(t)$——累积故障次数;

　　a——尺度参数($a>0$);

　　b——形状参数($b>0$),与 Duane 模型的 m 之和等于 1,即 $b+m=1$;

　　t——试验时间。

(1) 瞬时故障率表示的 AMSAA 模型

上述非齐次泊松过程的强度,即瞬时故障率 $\lambda(t)$ 服从幂律过程,即

$$\lambda(t) = \frac{\mathrm{d}N(t)}{\mathrm{d}t} = abt^{b-1} \tag{5-14}$$

在系统失效时间服从 Duane 假设的情况下,就可以采用威布尔强度函数表达的非齐次泊

松过程进行描述。在该模型中,由 $m=1-b$ 来进行代换,将模型形式进行转化,得到

$$\lambda(t) = \frac{\mathrm{d}N(t)}{\mathrm{d}t} = a(1-m)t^{-m} \qquad (5-15)$$

这就是 Duane 模型。

(2) MTBF 值表示的 AMSAA 模型

用平均故障间隔时间(MTBF)表示,则 AMSAA 模型转化为

$$\theta(t) = \frac{1}{\lambda(t)} = \frac{1}{abt^{b-1}} = \frac{t^{1-b}}{ab} \qquad (5-16)$$

当 $0<b<1$ 时,$\lambda(t)$ 为减函数(单调下降),MTBF 为增函数,表明故障率降低,故障间隔时间延长,产品可靠性在增加;

同理,当 $b>1$ 时,$\lambda(t)$ 为增函数(单调上升),MTBF 为减函数,表明故障率增高,故障间隔时间缩短,产品可靠性在降低,也称负增长;

当 $b=1$ 时,$\lambda(t)$ 和 MTBF 均为常数,此时产品的可靠性既不降低,也不增高。

(3) AMSAA 模型与 Duane 模型的关系

AMSAA 模型与 Duane 模型在描述累积故障数、MTBF 与累计试验时间的关系时是极其相似的,如代入上述的转换关系 $b+m=1$,则 AMSAA 模型的数学期望与 Duane 模型是一致的。因此,通常说,AMSAA 模型是 Duane 模型的概率解释。

5.2.3　两种可靠性增长模型的对比与选用原则

两种可靠性增长模型的比较如表 5-2 所列。

表 5-2　两种可靠性增长模型的比较

模型名称	类　型	适用范围	优　点	缺　点
Duane 模型	连续型	适用于指数分布产品。可用于制订增长计划,跟踪增长趋势;对参数进行点估计	参数的物理意义直观,易于理解;表达形式简单,使用方便;适用面广;在双对数坐标上是一条直线,图解直观,简便	没有将 $N(t)$ 作为随机过程来考虑;估计精度不高;不能给出当前(瞬时) MTBF 的区间估计;模型拟合优度检验方法粗糙
AMSAA 模型	连续型	适用于指数分布产品。可用于跟踪增长趋势;对参数进行点估计和区间估计	将故障的发生看做随机过程,对数据进行统计处理,可为试验提供一定信度下的统计分析结果	模型的前提是假设在产品改进过程中,故障服从非齐次泊松过程,因此只适用于故障为指数分布的情形,且不适用于试验过程中引入延缓改进措施的评估

两种模型各有特点,使用时应根据需求选取适当的模型。Duane 模型是一个来源于工程的经验模型,其参数的物理意义十分直观,但 Duane 模型给出的是累积故障率(累积故障次数与累计试验时间之比)和累计 MTBF,它描述的是历史,而可靠性增长试验关心的是将来发生故障的可能性,即瞬时故障率(表征的是某一时刻 t 未发生故障的产品在下一时刻 $t+\Delta t$ 发生故障的概率)。Duane 模型中,瞬时故障率是通过累积故障率曲线平移得到的,精度很难保证;AMSAA 模型可以给出瞬时故障率的精确的区间估计,但其仅适用于指数分布。

5.3　可靠性增长试验概述

5.3.1　可靠性增长试验的一般流程

可靠性增长试验的一般流程见图 5 - 3。其一般流程与第 3 章中介绍的可靠性试验实施

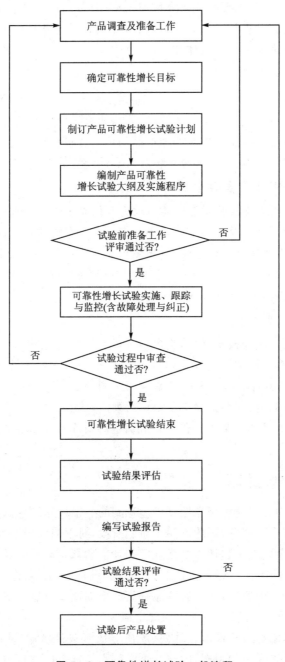

图 5 - 3　可靠性增长试验一般流程

过程类似,但又有其特点。对于可靠性增长试验而言,流程中关键的几个部分是:确定增长目标、制订增长计划(核心是增长模型和计划增长曲线)、增长过程的跟踪以及最终增长结果的评估。我们会在下面的章节中逐一进行介绍。

5.3.2　产品调查及准备工作

接到可靠性增长试验任务后,一般首先需要对产品的可靠性现状有一个初步的了解,比如产品目前处于什么阶段、为什么要开展可靠性增长试验、目前的可靠性现状是什么、都有哪些可能的故障模式以及是否具备增长潜力等,进而需要制定试验条件。第3章介绍的试验前准备工作也适用于可靠性增长试验。具体如下。

1. 可靠性预计

一般要求按照 GJB/Z 299C—2006《电子设备可靠性预计手册》进行可靠性预计[9]。但我们前面对可靠性预计的情况也进行了一些讨论,所以如果我们对产品的现状有足够的了解,通过产品前期开展的可靠性相关工作以及相似产品的可靠性水平能够初步判断产品的可靠性初始水平以及增长空间的话,也可以不必过度依赖可靠性预计的结果。

2. 故障模式、影响及危害性分析

FMECA 对于可靠性增长试验非常重要。因为我们知道,可靠性增长试验的关键是 TA-AF 的过程,通过分析我们可以大概知道:产品都有可能存在哪些缺陷,哪些是危害性大的,哪些是我们可以改进的,哪些是必须改进的,这样就可以了解产品在可靠性方面的增长潜力,同时可以指导我们对试验环境条件进行设计。工程上一般要求按照 GJB Z 1391—2006《故障模式、影响及危害性分析指南》进行 FMECA 分析。

3. 制定试验环境剖面

可靠性增长试验可以选择模拟环境,也可以选择激发环境,工程上多采用模拟环境条件进行可靠性增长试验,此时一般按研制合同和 GJB 1407—92 可靠性增长试验要求的环境条件进行[19]。环境应力剖面应由研制单位根据研制合同中明确的型号寿命剖面和任务剖面以及产品在型号平台上的位置制定,经与试验单位协调后列入试验大纲。

如没有特殊规定,本书 2.2.2 小节和 2.3 节确定的可靠性试验剖面均适用于可靠性增长试验。

5.3.3　可靠性增长目标

增长目标值,是我们希望通过可靠性试验后达到的一个可靠性期望值。前面讨论过,可靠性增长贯穿于产品的整个寿命期,因此不同的研制阶段,对于当前产品的可靠性水平的期许也是不同的。通常,研制合同或研制任务书会规定在什么阶段需要开展有计划的可靠性增长试验,并且会规定 MTBF 的增长目标 θ_{obj},这个值是一个瞬时值,它规定了在增长完成的时刻的可靠性要求。在研制阶段中后期,为了后续能够高概率地通过可靠性鉴定试验,可靠性增长的目标值 θ_{obj} 应稍高于合同或研制任务书中的规定值。

可靠性增长目标是制订可靠性增长计划、选择增长模型、规划各种资源的依据,而且需要经过论证表明是一个可以实现的目标,因此并不是越高越好,过高的增长目标会导致整个增长过程达不到要求,甚至使整个试验失败。

5.3.4　可靠性增长计划

制订可靠性增长计划的目的是优化试验资源,量化潜在的风险,并为成功实现可靠性增长目标制定数学规划。可靠性增长计划需要由可靠性增长计划曲线来量化表达,该曲线也可用于在整个试验过程中给出阶段性可靠性目标值。

计划增长模型用于构建理想的系统可靠性增长曲线,以确定提高系统可靠性所需的试验时间与增长率。

可靠性增长计划的主要作用是:

① 对试验时间、初始可靠性水平、最终可靠性水平、置信水平以及需求等方面进行权衡,以此给出试验大纲和程序制定的依据;

② 指导用户通过参数的历史值来评估给定资源约束与配置的可行性。

1. Duane 可靠性增长计划模型

可靠性增长试验开始前,根据 Duane 模型绘制一条计划增长曲线,作为估计和监控试验的依据。

(1) 确定起始点

Duane 模型增长的起始点是计划增长曲线 M_0 的初始值 (t_1, θ_1),是增长开始发生的那一点,而不是开始试验的那一点;而且需要说明的是,初始的 θ_1 是初始时刻的累积 MTBF 值。

确定起始点纵坐标 (θ_1) 可选用如下方法:

① 利用类似产品的研制经验或试验信息对比确定 θ_1;

② 利用产品本身的试验信息,如功能试验、环境试验等确定 θ_1;

③ 对于已做过可靠性研制试验或摸底试验的产品,取 $\theta_1 = 0.3 \sim 0.4$ MTBF 增长目标值 (θ_{obj});

④ 对于没有做过可靠性研制试验或摸底试验的产品,取 $\theta_1 = 0.1 \sim 0.3$ MTBF 增长目标值 (θ_{obj});

⑤ 可根据产品 MTBF 增长目标值 (θ_{obj}) 用计算的方法确定初始累积 MTBF (θ_1)。令

$$\lambda_{obj} = \lambda_A + \lambda_B (1 - d) \tag{5-17}$$

式中　λ_{obj}——产品要求的故障率,$\lambda_{obj} = 1/\theta_{obj}$;

　　　λ_A——不采取纠正措施的故障率;

　　　λ_B——采取纠正措施的故障率;

　　　d——纠正措施的有效性系数,指 B 类故障经纠正有效并减小故障率 $(d\lambda_B)$ 占 B 类故障率的比例。

定义纠正比(修正系数)k,指 B 类故障率 (λ_B) 与初始故障率 $(\lambda_A + \lambda_B)$ 之比,即

$$k = \frac{\lambda_B}{\lambda_A + \lambda_B} \tag{5-18}$$

则初始瞬时故障率为

$$\lambda(t) = \lambda_A + \lambda_B = \frac{\lambda_{obj}}{1 - dk} \tag{5-19}$$

初始累积故障率为

$$\lambda_1 = \frac{\lambda_{obj}}{(1-m)(1-dk)} \qquad (5-20)$$

初始累积 MTBF 值为

$$\theta_I = (1-m)(1-dk)\theta_{obj} \qquad (5-21)$$

对于新设计的复杂产品,一般取 k 为 $0.85\sim0.95$,d 为 $0.55\sim0.85$。

确定起始点横坐标 t_1 可选用如下方法:

① 粗略估计:可取 $t_1 = 0.5\sim1.0\theta_{obj}$;

② 简便计算:当产品故障服从指数分布时,t_1 时刻的可靠度 $R(t_1) = e^{-\lambda(t)t_1}$ 为

$$t_1 = -\frac{1}{(1-m)\lambda_1}\ln R(t_1) = -\frac{1}{1-m}\theta_1\ln R(t_1) \qquad (5-22)$$

(2) 确定增长率 m

增长率 m 对总试验时间 T 有非常敏感的影响,因此确定增长率 m 应考虑研制计划、经费及产品技术水平等多方面因素,一般 $m=0.3\sim0.7$。当 $m<0.3$ 时,说明试验过程中对故障纠正措施不力;当 $m=0.1$ 时,说明根本就没有采取纠正措施;当 $m=0.6\sim0.7$ 时,说明纠正措施有效。确定原则如下:

如果:

① 对产品非常了解;

② 对同类产品以前的数据掌握充分,且同类产品纠正措施有效;

③ 估计试验中发生故障能准确定位且能有效纠正;

④ 有关部门会很好地配合工作,

则选择比较高的增长率,如 $m\geqslant0.5$;否则 $m=0.3\sim0.4$。

(3) 计算总试验时间 T

总试验时间 T 实际上是达到增长目标值 θ_{obj} 对应的试验时间,那么,由

$$\theta_{obj} = \frac{T^m}{a(1-m)} \qquad (5-23)$$

得到

$$T = t_1\left[(1-m)\frac{\theta_{obj}}{\theta_I}\right]^{\frac{1}{m}} \qquad (5-24)$$

$$\theta_I = \frac{t_1^m}{a} \qquad (5-25)$$

但工程上考虑到经费的关系,往往达不到上述计算的总时间,需要统筹考虑各参数之间的关系再确定。

(4) 绘制计划增长曲线 M_0

例 5.1 某产品战术技术指标要求:MTBF 设计定型最低可接受值为 400 h,在设计定型前要求其实施可靠性增长试验,并将增长目标定为设计定型的最低可接受值,即 $\theta_{obj}=400$ h。试确定试验计划并计算总试验时间(假设 $\theta_I=65$,$R(t_1)=0.1$,$m=0.5$)。

解: ① 确定初始累计试验时间(t_1)。

根据外场使用情况和各类试验情况,认为产品有一个较低的可靠度,取 $R(t_1)=0.1$,且产品服从指数分布。由于

$$R(t_1) = e^{-\lambda(t)t_1} \tag{5-26}$$

则

$$R(t_1) = e^{-\frac{(1-m)t_1}{\theta_1}} \tag{5-27}$$

可计算得到 $t_1 = 299$，我们取 $t_1 = 300$。

② 增长率 $m = 0.5$。

③ 确定总试验时间 T。

$$T = t_1 \left[(1-m)\frac{\theta_{obj}}{\theta_1} \right]^{1/m} = 300 \times \left[(1-0.5) \times \frac{400}{65} \right]^{1/0.5} \text{h} = 2\,840\,\text{h} \tag{5-28}$$

④ 绘制累积计划增长曲线 M_0，如图 5-4 所示。

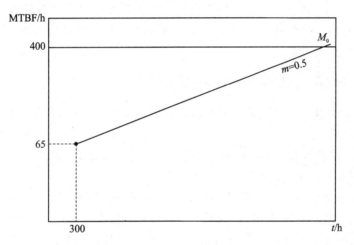

图 5-4　累积计划增长曲线 M_0

2. AMSAA 可靠性增长计划模型

在使用 AMSAA 模型进行计划增长曲线构造时，关键步骤包括以下两点：

（1）确定可靠性增长的起始水平

可靠性增长的起始水平即为计划增长曲线的起点，主要依靠以下信息进行确定：

① 相似系统的可靠性水平；

② 为了能够达到预期的可靠性水平所需要的最低可靠性水平；

③ 通过其他可靠性试验来对系统设计进行预先可靠性水平评估。

（2）绘制理想增长曲线

在可靠性增长的过程中，需要保证在确定的各个点上都达到一定的可靠性水平，而理想增长曲线则是满足该条件的一个理想化的整体增长趋势。

理想增长曲线在初始测试阶段为一条基线，该初始阶段持续时间为 $(0, t_1)$。θ_1 代表了在第一个试验阶段的平均 MTBF。理想化的增长曲线 $M(t)$ 在时间 t_1 至试验结束时间 T 内，按照学习曲线稳定增长，直至达到最终的可靠性水平 θ_{obj}，如图 5-5(a) 所示。该过程绘制于双对数坐标上（见图 5-5(b)），其增长参数为 m。$M(t)$ 的参数方程表达为

$$M(t) = \theta_1 \left(\frac{t}{t_1} \right)^m (1-m)^{-1} \tag{5-29}$$

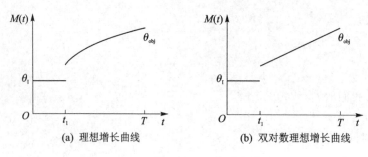

图 5－5　理想增长曲线

在理想增长曲线中,累积故障率与累计试验时间在双对数坐标下是线性的。但在实际试验过程中,在某一固定试验阶段,累积故障率并不服从相同的增长率。事实上,如果将某一测试阶段内所有修复行为进行合并计算,则该阶段的累积故障率应当为常数,在曲线上表现为在该阶段内的可靠性水平不变。

5.3.5　可靠性增长试验大纲和试验程序

除满足第 3 章中对可靠性试验大纲和试验程序的编写要求外,可靠性增长试验的大纲还应包括以下内容:

① 试验方案,包括可靠性增长模型、计划增长曲线、总试验时间等;

② 故障处理及纠正要求;

③ 试验过程中的监测及数据记录要求:应明确试验过程中受试产品和试验设备的监测要求,同时应给出相应的记录表格,特别是对增长过程的监督要求;

④ 用于分析故障及改进设计等所需要的工作时间及资源要求;

⑤ 试验结束要求:应规定试验的结束方式、试验提前结束的条件以及试验结束后应完成的工作项目等。

5.3.6　可靠性增长试验的跟踪

1. 可靠性增长试验过程流程

① TAAF 过程。可靠性增长试验的核心是 TAAF,步骤如下:

a. 借助模拟实际使用条件的试验环境诱发产品故障;

b. 故障定位、分析;

c. 指定纠正措施;

d. 故障纠正;

e. 将修改和重新设计的产品重新投入试验,验证纠正措施的有效性并暴露其他缺陷和故障;

f. 重复 b.～e.。

可靠性增长试验,只有严格执行 TAAF 过程,才能够达到预期增长目标。

② 故障报告、分析和纠正措施系统。

③ 受试产品性能测试。

④ 故障分类。

可靠性试验期间出现的所有故障应按 GJB 451A 分为关联故障和非关联故障。对于可靠性增长试验中诱发的关联故障,由于受到技术条件与研制经费等的限制,不一定所有都能纠正,而且在满足可靠性增长目标的前提下,也并不要求所有的关联故障都必须纠正。因此,从可靠性增长的角度,可以将关联故障划分为系统性故障和残余性故障,进而将系统性故障再细分为 A 类故障和 B 类故障,只有 B 类故障才需要纠正,也只有对 B 类故障采取了有效的纠正措施,产品的可靠性才能得到增长。

可靠性增长试验故障类型及处置。

(1) 系统性故障

系统性故障由系统性薄弱环节诱发,只能通过改进产品设计或工艺方法缺陷才能消除,无改进的修复不能消除系统性故障。系统性故障如不进行纠正,在试验过程中及产品的使用过程中都会重复出现。

(2) 残余故障

残余故障由残余性薄弱环节诱发,由一些偶然因素引起,残余故障一般不会重复出现,因其不具备普遍性也无法纠正。

(3) A 类故障

它是由管理者决定不做纠正的系统性故障。在可靠性增长试验中,不纠正的理由是:

① 由于时间、费用或技术上的限制;

② 对于目前增长试验的目标值而言,该故障的故障率是可以接受的。

(4) B 类故障

它是需要纠正的系统性故障。在可靠性增长试验中,划分为 B 类的故障必须纠正,否则将达不到增长的目标。

必须指出,A 类故障和 B 类故障的划分不是绝对的。首先,随着技术水平等的提高,在研制周期的某个阶段定义为 A 类的故障,在另一个阶段可能就会定义为 B 类;其次,在阶段增长过程中,由于增长目标的不同,也可能导致某些 A 类故障会转换成 B 类。

(5) 故障处置

可靠性增长的目的在于消除缺陷、减少系统性薄弱环节(残余性薄弱环节一般与制造有关,大部分可以通过筛选来排除)。如不通过改进,只进行修理和更换,则无法消除系统性薄弱环节,可靠性不能得到增长,因此,可靠性增长的过程必须是改进的过程,只有通过改进才能达到增长的目的。但必须注意,用来消除系统性薄弱环节的改进措施本身也可能会引入新的系统性薄弱环节。

图 5 - 6 所示为增长过程中对不同故障模式的处理。

(6) 可靠性增长跟踪

可靠性增长跟踪过程的目标主要有:

① 判定系统可靠性水平是否有所提升,以及确定其增长程度(增长率);

② 通过试验数据估计试验后系统的可靠性水平;

③ 比较纠正后系统的可靠性水平与阈值,确定可靠性增长过程是否符合计划。

对于 Duane 模型,如果绘制出的实际增长曲线各点能够构成一条较好的曲线,则说明模型对于描述所观测的增长试验是可行的。还需要将实际增长曲线与计划增长曲线相比较,必要时可对增长过程实施控制,或对增长模型进行修正。而对于用 AMSAA 模型描述的可靠性

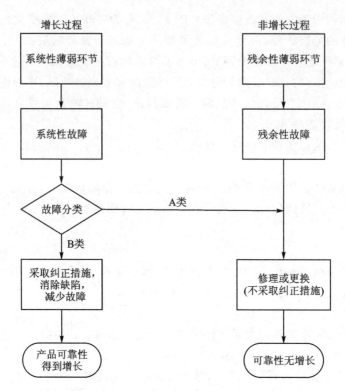

图 5－6　增长过程中对不同故障模式的处理

增长过程的情况,还可以对模型的拟合优度、增长趋势以及任意时刻的 MTBF 值进行估计。

(7) 试验过程中的审查

试验过程中,试验工作组应在增长计划中要求的节点和试验发生重大情况时组织试验中审查。除包括规定的试验项目的完成及监督情况、对当前可靠性增长的估计、对故障的分析及纠正措施的建议等内容外,还应给出对下一步试验工作决策的建议。

2. Duane 模型可靠性增长跟踪

Duane 模型可靠性增长跟踪,核心就是 4 条增长曲线,即

① 计划增长曲线 M_0;

② 计划的瞬时增长曲线 M_0':在 M_0 的上方作其平行线,得到 M_0',移动系数为 $(1-m)^{-1}$;

③ 累积增长曲线 M_c:根据试验中观测到的故障数据,确定累积增长曲线;

④ 瞬时增长曲线 M_c':在 M_c 的上方作其平行线,得到 M_c',移动系数为 $(1-m)^{-1}$。4 条曲线在双对数坐标上的描述如图 5－7 所示。

应用 Duane 模型进行可靠性增长跟踪,就是观察并跟踪实际的增长曲线与计划增长曲线的符合程度,并适时采取纠正措施实现合理增长或调整增长计划以符合实际情况,保证可靠性增长试验的顺利开展的过程。

例 5.2　续例 5.1,试在给出的计划增长曲线基础上,根据试验结果进行增长过程跟踪。

① 绘制计划瞬时增长曲线 M_0'。

作图:

在 M_0 上方,取移动系数 $1/(1-m)=2$,作 M_0 的平行线 M_0'(起始点为 300,100)。

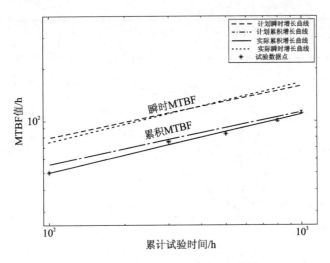

图 5 - 7　Duane 模型可靠性增长曲线

② 绘制累积增长曲线 M_c。

• 根据试验过程中观测到的试验数据在双对数坐标纸上描点(略)。

• 用最小二乘法配成回归直线 M_c(累积增长曲线)。

此时可以检查实际增长率 $\hat{m}$。

在累积增长曲线 M_c 上任取两点：假设试验中的两个点为(400,26.5)和(1 000,52)，则

$$\hat{m} = \frac{\lg 52 - \lg 26.5}{\lg 1\,000 - \lg 400} = 0.73 > 0.5$$

说明增长过程是很好的。

③ 绘制瞬时(当前)增长曲线 M'_c。

• 在 M_e 的上方,取移动系数,作 M_e 的平行线 M'_e。

• 也可以取两点：

在 $t_1 = 400$ h 处,$26.5 \times \dfrac{1}{1-0.73}$ h $= 98$ h；

在 $t_2 = 1\,000$ h 处,$52 \times \dfrac{1}{1-0.73}$ h $= 192.6$ h；

即在(400,98),(1 000,192.6)作 M'_e。

由图 5 - 8 可见,在横坐标 2 850 h 处穿过 $\theta_{obj} = 400$ h 水平线。说明,按目前的增长率 $\hat{m} = 0.73$,可靠性增长到 400 h,需要 2 850 h 的试验时间。

时刻 t_j 的累积 MTBF 值应为

$$\theta_\Sigma(t_j) = \frac{t_j}{N(t_j)}, \quad j = 1,2,\cdots,n \tag{5-30}$$

式中,$N(t_j)$ 为 t_j 时刻的累积故障数。

根据 Duane 模型,有

$$\ln \theta_\Sigma(t_j) = -\ln a + m \ln t_j + \varepsilon_j, \quad j = 1,2,\cdots,n \tag{5-31}$$

式中,ε_j 为残差。

残差平方和为

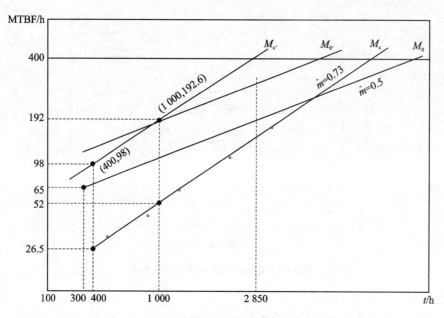

图 5 - 8 MTBF

$$\sum_{j=1}^{n} \varepsilon_j^2 = \sum_{j=1}^{n} \left[\ln \theta_\Sigma(t_j) + \ln a - m \ln t_j \right]^2 \tag{5 - 32}$$

在残差平方和最小的情况下可以得到 a 与 m 的最小二乘估计:

$$\hat{m} = \frac{n \sum_{j=1}^{n} \ln \theta_\Sigma(t_j) \ln t_j - \left[\sum_{j=1}^{n} \ln \theta_\Sigma(t_j) \right] \left(\sum_{j=1}^{n} \ln t_j \right)}{n \sum_{j=1}^{n} (\ln t_j)^2 - \left(\sum_{j=1}^{n} \ln t_j \right)^2} \tag{5 - 33}$$

$$\hat{a} = \exp \left\{ \frac{1}{n} \left[\hat{m} \sum_{j=1}^{n} \ln t_j - \sum_{j=1}^{n} \ln \theta_\Sigma(t_j) \right] \right\} \tag{5 - 34}$$

瞬时故障率 $\lambda(t)$ 的最小二乘估计:

$$\hat{\lambda}(t) = \hat{a}(1 - \hat{m}) t^{-\hat{m}} \tag{5 - 35}$$

如果产品到时刻 t_n 后就不再修改,则其定型后的 MTBF 值的最小二乘估计为

$$\hat{\theta}(t_n) = \frac{t_n^{\hat{m}}}{\hat{a}(1 - \hat{m})} \tag{5 - 36}$$

例 5.3 某台产品在 1 000 h 的可靠性增长试验过程中共发生了 9 次故障,使用 Duane 模型的最小二乘法,求出试验结束时的 MTBF。

已知的试验数据如表 5 - 3 所列。

表 5 - 3 试验数据

序 号	t_j (h)	$N(t)$	$\ln t_j$	$(\ln t_j)^2$	$\theta_\Sigma(t_j)$	$\ln \theta_\Sigma(t_j)$	$\ln \theta_\Sigma(t_j) * \ln t_j$
1	100	2	4.605 2	21.207 6	50.000 0	3.912 0	18.015 5
2	300	4	5.703 8	32.533 1	75.000 0	4.317 5	24.626 0

序　号	$t_j(h)$	$N(t)$	$\ln t_j$	$(\ln t_j)^2$	$\theta_\Sigma(t_j)$	$\ln \theta_\Sigma(t_j)$	$\ln \theta_\Sigma(t_j) * \ln t_j$
3	500	6	6.214 6	38.621 4	83.333 3	4.422 8	27.486 3
4	800	8	6.684 6	44.684 0	100.000 0	4.605 2	30.783 8
5	1 000	9	6.907 8	47.717 1	111.111 1	4.710 5	32.539 2
累加	—	—	30.115 9	184.763 2	—	21.968 1	133.450 8

解：

$$\hat{m} = \frac{5 \times 133.450\ 8 - 21.968\ 1 \times 30.115\ 9}{5 \times 184.763\ 2 - 30.115\ 9^2} = 0.336\ 3$$

$$\hat{a} = \exp\left[\frac{1}{5}(0.336\ 3 \times 30.119\ 5 - 21.968\ 1)\right] = 0.093\ 7$$

结束时 MTBF：

$$\hat{\theta}(t_n) = \frac{1\ 000^{0.336\ 3}}{0.093\ 7 \times (1 - 0.336\ 3)}\ h = 164.130\ 2\ h$$

3. AMSAA 模型可靠性增长跟踪

(1) AMSAA 连续型可靠性增长跟踪模型(Reliability Growth Tracking Model-Continuous, RGTMC)

AMSAA 连续型可靠性增长跟踪模型用于一个测试阶段下的可靠性计算，不能够进行跨测试阶段的表达。

1) 基本理论

在该模型中，令该试验阶段的起始时间为 0，则有 $0 = t_0 < t_1 < t_2 < \cdots < t_k$，其中 t 为对系统做出设计修正时的累计试验时间。在此情境下，一般假设系统的故障率在每两个设计修正行为间的时间段为常数，则有第 i 个时间区间 $[t_{i-1}, t_i)$ 内的系统故障强度为恒定值 λ_i。基于恒定失效率强度假设，在第 i 个时间区间的失效次数 N_i 服从均值为 $n_i = \lambda_i(t_i - t_{i-1})$ 的泊松分布，即

$$\text{Prob}(N_i = f) = \frac{(n_i)^f e^{-n_i}}{f!}, \quad f = 0, 1, 2, \cdots \tag{5-37}$$

如果在试验中有多个系统样件且在设计修正行为下保持基本系统配置完全相同，那么在恒定失效密度的假设下，时间 t_i 可看作第 i 次修正的累计试验时间；且 N_i 为所有系统样件在第 i 个时间区间 $[t_{i-1}, t_i)$ 内的累积失效数之和。该过程可由图 5-9 表达。

当失效密度在某一时间区间内保持恒定(齐次)时，$F(t)$ 则服从平均失效数为 λt 的齐次泊松过程。当失效密度随着时间区间的改变而发生变化时，在某些特定条件下，$F(t)$ 会服从非齐次泊松过程。在可靠性增长中，则称 $F(t)$ 服从均值函数为 $n(t) = \int_0^t \lambda(y) \mathrm{d}y$ 的非齐次泊松过程，其中 $y \in [t_{i-1}, t_i)$。对于任意的 $t > 0$，有

$$\text{Prob}[F(t) = f] = \frac{[n(t)]^f e^{-n(t)}}{f!}, \quad f = 0, 1, 2, \cdots \tag{5-38}$$

其中，整数值过程 $\{F(t), t > 0\}$ 可看作强度函数为 $\lambda(t)$ 的非齐次泊松过程。若 $\lambda(t) = \lambda$，则对于整个时长 t 失效率均为常数，系统在试验过程中可靠性未发生增长，与指数过程相一致。若

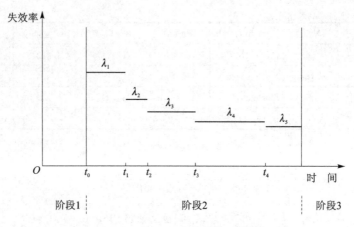

图 5 - 9　修正行为下的故障率变化

$\lambda(t)$ 随着时间减小($\lambda_1 > \lambda_2 > \lambda_3 > \cdots$),则系统的可靠性增长。

2)模型表达

在上述理论基础上,AMSAA RGTMC 模型假设在某一试验阶段内,系统失效强度(故障率)服从非齐次泊松过程,这一非齐次泊松过程可表达为

$$\lambda(t) = abt^{b-1}, \quad a,b,t > 0 \qquad (5-39)$$

式中,a 为尺度参数,b 为形状参数(其决定了强度函数的形状),t 为累计试验时间,则系统在时间 t 的瞬时 MTBF 为

$$\theta(t) = \frac{1}{\lambda(t)} = (abt^{b-1})^{-1} \qquad (5-40)$$

当 $t = T$,即累计试验时间达到总的试验时长时,$\theta(t)$ 即为试验结束时系统配置下的 MT-BF。图 5-10 给出了修正行为下的参数近似化失效率。注意到,在图 5-10 中理论曲线的试验的初始阶段未进行定义,这是由于在试验的第一阶段 $[0, t_1]$ 可靠度定义为常数,直到 t_1 时刻可靠度开始发生增长。图 5-11 解释了这一现象。

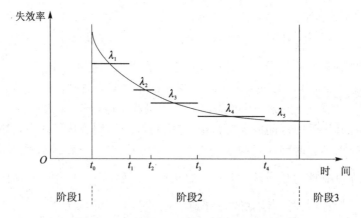

图 5 - 10　修正行为下的参数近似化失效率

3)累积失效数

在 AMSAA 连续型可靠性增长跟踪模型中,累积失效数 $N(t)$ 是一个泊松随机变量,在初

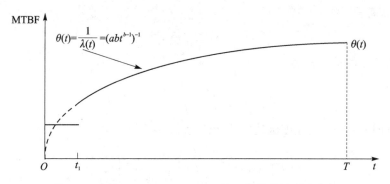

图 5-11　基于 AMSAA RGTMC 的可靠性增长试验阶段

始试验时间到时间 t 之间出现的故障数为

$$\text{Prob}[N(t)=f] = \frac{[n(t)]^f e^{-n(t)}}{f!} \tag{5-41}$$

式中，$n(t)$ 为均值函数，也即与试验时间相关的期望故障数函数。对于非齐次泊松过程，如上所述，其时间 t 下的均值函数表达为 $n(t) = \int_0^t \lambda(x) dx$。可靠性增长过程中，累积失效数也为 $n(t) = at^b$。

4）时间区间失效数

而对于某一时间间隔 t_1 到 $t_2 (t_2 > t_1)$ 之间的失效数，同样为泊松随机变量，其均值可表达为

$$\theta(t_2) - \theta(t_1) = \lambda(t_2^\beta - t_1^\beta) \tag{5-42}$$

根据模型假设，任何时间间隔内发生的故障数均独立于任意与其非重叠间隔内的故障数，且某一任意时刻下，只能发生一次故障。

5）基于独立失效时间数据的估计方法

本部分的估计方法用于分析以下两类数据：① 已知明确的故障时间；② 测试时间已经完成，或者测试正在进行但数据用于某段时间。所需要的数据包括每个故障出现时的累计试验时间，以及累计总试验时间 T。计算每个故障出现时的累计试验时间时，需要将每个系统失效时的时间进行求和，则最终获得的连续失效数据 N 由 $X_1 < X_2 < X_3 \cdots < X_F$ 组成。

a）$\lambda(t)$ 和 MTBF 的点估计

① 当总失效数 $N < 20$ 时，用 a 和 b 的无偏估计 $\bar{a}$、$\bar{b}$ 来进行 $\lambda(t)$ 和 MTBF 的点估计：

$$\bar{\lambda}(T) = \bar{a}\bar{b}T^{\bar{b}-1} \tag{5-43}$$

$$\bar{\theta}(T) = \frac{1}{\bar{\lambda}(T)} = [\bar{a}\bar{b}T^{\bar{b}-1}]^{-1} \tag{5-44}$$

② 当总失效数 $N > 20$ 时，采用极大似然估计对失效强度函数的参数进行估计，则形状参数 b 的估计值为

$$\hat{b} = \frac{N}{N\ln T - \sum_{i=1}^{F} \ln X_i} \tag{5-45}$$

借助 N 来表示时间 T 内观察到故障数的期望值，即 $E[N(T)]$，并用极大似然估计值代

替未知的真值,有

$$N = \hat{a} T^{\hat{b}} \tag{5-46}$$

则可得到尺度参数的估计值为

$$\hat{a} = \frac{N}{T^{\hat{b}}} \tag{5-47}$$

对于任意的 $t > 0$,失效强度函数的估计值为

$$\hat{\lambda}(T) = \hat{a}\hat{b}T^{\hat{b}-1} = \hat{b}\left(\frac{\hat{a}T^{\hat{b}}}{T}\right) = \hat{b}\left(\frac{N}{T}\right) \tag{5-48}$$

式中,N/T 为齐次泊松过程的强度函数估计值。最终,可由 $\hat{\lambda}(T)$ 的倒数作为系统在试验时间 T 内的 MTBF 估计值,来表示系统可靠性的增长水平。

$$\hat{\theta}(T) = \frac{1}{\hat{\lambda}(T)} = (\hat{a}\hat{b}T^{\hat{b}-1})^{-1} \tag{5-49}$$

b) MTBF 的区间估计

在置信度 γ 下的置信区间为 $[\theta_L, \theta_U]$。

对于定时截尾:

$$\theta_L = \pi_1 \cdot \bar{\theta}(T) \tag{5-50}$$

$$\theta_U = \pi_2 \cdot \bar{\theta}(T) \tag{5-51}$$

式中,π_1、π_2 分别为定时截尾置信下限和置信上限系数,可以通过查表(见表 5-4)得到。

表 5-4   AMSAA 模型定时截尾 MTBF 区间估计系数表

γ	0.8		0.9		0.95		0.98	
n	π_1	π_2	π_1	π_2	π_1	π_2	π_1	π_2
2	0.131	9.325	0.100	19.33	0.079	39.33	0.062	99.35
3	0.222	4.217	0.175	6.491	0.145	9.700	0.116	16.07
4	0.289	3.182	0.234	4.460	0.197	6.070	0.161	8.858
5	0.341	2.709	0.282	3.614	0.240	4.690	0.200	6.434
6	0.382	2.429	0.321	3.137	0.276	3.948	0.233	5.212
7	0.417	2.242	0.353	2.827	0.307	3.481	0.261	4.471
8	0.447	2.106	0.382	2.608	0.334	3.158	0.287	3.972
9	0.472	2.004	0.406	2.444	0.358	2.920	0.310	3.612
10	0.494	1.922	0.428	2.318	0.379	2.738	0.330	3.341
15	0.573	1.680	0.509	1.948	0.459	2.220	0.409	2.596
20	0.624	1.556	0.561	1.765	0.513	1.972	0.464	2.251
25	0.660	1.478	0.600	1.653	0.553	1.824	0.504	2.049
30	0.687	1.426	0.629	1.577	0.584	1.724	0.536	1.914
35	0.708	1.386	0.653	1.520	0.609	1.650	0.562	1.817
40	0.726	1.355	0.673	1.477	0.630	1.599	0.584	1.743

γ	0.8		0.9		0.95		0.98	
n	π_1	π_2	π_1	π_2	π_1	π_2	π_1	π_2
45	0.741	1.331	0.689	1.443	0.647	1.550	0.603	1.685
50	0.754	1.310	0.704	1.414	0.662	1.513	0.619	1.638
60	0.774	1.287	0.727	1.370	0.688	1.456	0.646	1.564
70	0.790	1.254	0.745	1.337	0.708	1.414	0.668	1.511
80	0.803	1.235	0.759	1.311	0.725	1.382	0.686	1.469
100	0.823	1.207	0.783	1.273	0.750	1.334	0.715	1.409

对于定数截尾：

$$\theta_L = \rho_1 \cdot \bar{\theta}(T) \tag{5-52}$$

$$\theta_U = \rho_2 \cdot \bar{\theta}(T) \tag{5-53}$$

式中，ρ_1、ρ_2 分别为定数截尾置信下限和置信上限系数，可以通过查表（见表 5-5）得到。

表 5 - 5　AMSAA 模型定数截尾 MTBF 区间估计系数表

γ	0.8		0.9		0.95		0.98	
n	ρ_1	ρ_2	ρ_1	ρ_2	ρ_1	ρ_2	ρ_1	ρ_2
3	0.228	2.976	0.171	4.750	0.135	7.320	0.104	12.531
4	0.330	2.664	0.259	3.826	0.211	5.325	0.168	7.980
5	0.394	2.400	0.317	3.354	0.265	4.288	0.216	5.997
6	0.440	2.214	0.361	2.893	0.306	3.681	0.254	4.925
7	0.475	2.079	0.396	2.644	0.340	3.282	0.286	4.259
8	0.504	1.976	0.425	2.463	0.368	3.001	0.313	3.806
9	0.528	1.895	0.450	2.325	0.393	2.791	0.337	3.476
10	0.548	1.830	0.471	2.216	0.414	2.629	0.357	3.226
15	0.619	1.627	0.546	1.891	0.491	2.161	0.435	2.532
20	0.662	1.519	0.594	1.726	0.541	1.932	0.487	2.208
25	0.693	1.452	0.629	1.624	0.578	1.793	0.526	2.017
30	0.716	1.404	0.655	1.553	0.607	1.699	0.556	1.888
35	0.735	1.367	0.676	1.501	0.630	1.630	0.581	1.796
40	0.750	1.339	0.694	1.461	0.649	1.577	0.601	1.725
45	0.763	1.317	0.709	1.429	0.665	1.535	0.619	1.669
50	0.774	1.298	0.721	1.402	0.679	1.500	0.634	1.624
60	0.791	1.268	0.742	1.360	0.703	1.446	0.660	1.553
70	0.806	1.245	0.759	1.328	0.721	1.406	0.680	1.502
80	0.817	1.228	0.772	1.304	0.736	1.374	0.697	1.462
100	0.834	1.201	0.794	1.267	0.760	1.328	0.724	1.402

c) 拟合优度

产品可靠性增长试验的故障数据是否符合 AMSAA 模型,需要作统计推断,即拟合优度检验。对于已知单个故障发生时间的情况,可以采用 Cramér-von Mises 统计量验证非齐次泊松过程来描述可靠性增长过程的原假设。为了计算该统计量,首先进行形状参数 b 的无偏估计值计算:

$$\bar{b} = \frac{N-1}{N}\hat{b} \tag{5-54}$$

则拟合优度统计量为

$$C_N^2 = \frac{1}{12N} + \sum_{i=1}^{N}\left[\left(\frac{X_i}{T}\right)^{\bar{b}} - \frac{2i-1}{2N}\right]^2 \tag{5-55}$$

式中,失效时间 X_i 必须为顺序的,即 $0 \leqslant X_1 \leqslant X_2 \leqslant \cdots \leqslant X_F \leqslant T$。如果统计量 C_N^2 超出显著性水平 α 的临界值,则拒绝原假设。检验方法的具体步骤如下:

① 通过公式计算统计量 C_N^2;

② 根据给定的显著性水平 α 查表 5-6,可以得到 C_N^2 的临界值 $C^2(N,\alpha)$;

③ 将 C_N^2 与 $C^2(N,\alpha)$ 进行比较:

若 $C_N^2 < C^2(N,\alpha)$,则以显著性水平 α 表示不能拒绝(接受)AMSAA 模型;

若 $C_N^2 > C^2(N,\alpha)$,则以显著性水平 α 表示拒绝 AMSAA 模型。

表 5-6　Cramer 检测统计量的临界值 $C^2(N,\alpha)$

N ＼ α	0.20	0.15	0.10	0.05	0.01
2	0.138	0.149	0.162	0.175	0.186
3	0.121	0.135	0.154	0.184	0.231
4	0.121	0.136	0.155	0.191	0.279
5	0.121	0.137	0.160	0.199	0.295
6	0.123	0.139	0.162	0.204	0.307
7	0.124	0.140	0.165	0.209	0.316
8	0.124	0.141	0.165	0.210	0.319
9	0.125	0.142	0.167	0.212	0.323
10	0.125	0.142	0.167	0.212	0.324
15	0.126	0.144	0.169	0.215	0.327
20	0.128	0.146	0.172	0.217	0.333
30	0.128	0.146	0.172	0.218	0.333
60	0.128	0.147	0.173	0.221	0.333
100	0.129	0.147	0.173	0.221	0.336

例 5.4　本例给出了一个基于独立故障时间数据的案例,其中有两个系统样本在合并设计更改的前提下同时进行试验。每个样本测试 150 h,共计 $T=300$ h。表 5-7 给出了故障时间以及累计试验时间。试验共计出现 $N=45$ 个故障。

表 5-7　独立故障时间数据

故障数	样本 1 故障时间/h	样本 2 故障时间/h	累计试验时间/h
1	2.6*	0.0	2.6
2	16.5*	0.0	16.5
3	16.5*	0.0	16.5
4	17.0*	0.0	17.0
5	20.5	0.9*	21.4
6	25.3	3.8*	29.1
7	28.7	4.6*	33.3
8	41.8*	14.7	56.5
9	45.5*	17.6	63.1
10	48.6	22.0*	70.6
11	49.6	23.4*	73.0
12	51.4*	26.3	77.7
13	58.2*	35.7	93.9
14	59.0	36.5*	95.5
15	60.5	37.6*	98.1
16	61.9*	39.1	101.1
17	76.6*	55.4	132.0
18	81.1	61.1*	142.2
19	84.1*	63.6	147.7
20	84.7*	64.3	149.0
21	94.6*	72.6	167.2
22	104.8	85.9*	190.7
23	105.9	87.1*	193.0
24	108.8*	89.9	198.7
25	132.4	119.5*	251.9
26	132.4	150.1*	282.5
27	132.4	153.7*	286.1
结束	132.4	167.6	300.0

* 表示系统失效。

　　采用本节所述的 RGTMC 方法，可得到形状参数的点估计值 $\hat{b}=0.826$、尺度参数的点估计值 $\hat{a}=0.404$。在试验结束时的失效强度函数估计值为 $\hat{\lambda}(T)=0.124\ \mathrm{h}^{-1}$，MTBF 在试验 300 h 后的估计值为 $\hat{\theta}(T)=8.07\ \mathrm{h}$。图 5-12 在平均失效率(以每 50 h 为间隔)数据上给出了失效强度函数的估计曲线。在 90% 的置信区间下，在试验结束时的 MTBF 双边估计为 [5.7, 11.9]。MTBF 的跟踪增长曲线如图 5-13 所示。

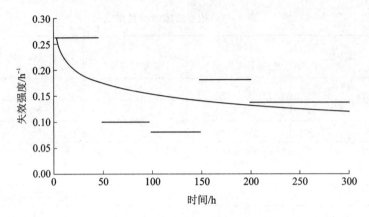

图 5 - 12　失效强度函数估计曲线

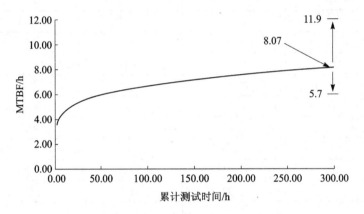

图 5 - 13　90%置信区间下的 MTBF 估计函数

采用 Cramér-von 统计量对模型在置信水平 $\alpha = 0.05$ 下的拟合优度进行检验。采用线性插值的方法得到临界值 0.218,计算统计量为 0.091 5$<$0.218,则 AMSAA RGTMC 适用于该数据集。

（2）AMSAA 离散型可靠性增长跟踪模型(Reliability Growth Tracking Model-Discrete,RGTMD)

AMSAA 离散型可靠性增长跟踪方法用于离散数据,其与 Duane 模型用于连续数据所观察到的学习曲线相一致。

1）基本理论

与 Duane 模型的表达相似,令 t 代表累计试验时间,令 $N(t)$ 代表截止时间 t 的累积失效数,则累积失效率 $\lambda_\Sigma(t)$ 为

$$\lambda_\Sigma(t) = \frac{N(t)}{t} \qquad (5-56)$$

同样地,在双对数坐标下,可以用一条直线来描述累积失效率 $\lambda_\Sigma(t)$ 与累计试验时间 t 之间的关系:

$$\ln \lambda_\Sigma(t) = \delta - m\ln t \qquad (5-57)$$

令 $\delta = \ln a$ 为 y 轴截距,并对上式两边求指数,可得

$$\lambda_\Sigma(t) = at^{-m} \tag{5-58}$$

将式(5-56)代入,可得

$$\frac{N(t)}{t} = at^{-m} \tag{5-59}$$

令 $b = 1 - m$,可将上式变形为

$$N(t) = at^b \tag{5-60}$$

2) 模型表达

假设系统的开发过程包括 i 次配置(对应 $i-1$ 次纠正措施;除非在试验最终阶段仍有纠正措施,则为 i 次纠正)。令 c_i 代表第 i 次配置下需要进行的尝试次数,n_i 为该配置下的故障次数,则通过配置 i 的累积尝试次数 T_i 为 c_i 的和:

$$T_i = \sum_{j=1}^{i} c_j \tag{5-61}$$

配置 i 下的累积失效数 N_i 为 n_j 的和:

$$N_i = \sum_{j=1}^{i} n_j \tag{5-62}$$

N_i 的期望值 $E[N_i]$ 为配置 i 结束时的失效数的期望。$E[N_i]$ 的学习曲线下有

$$E[N_i] = aT_i^b \tag{5-63}$$

令首个配置下的失效概率为 f_1,则首个配置 i 结束时的期望故障数为

$$E[N_1] = aT_1^b = f_1 c_1 \Rightarrow f_1 = \frac{aT_1^b}{c_1} \tag{5-64}$$

第二个配置结束时的期望故障数为首个配置与第二个配置下故障数之和,即

$$E[N_2] = aT_2^b = f_1 c_1 + f_2 c_2 = aT_i^b + f_2 c_2 \Rightarrow f_2 = \frac{aT_2^b - aT_1^b}{c_2} \tag{5-65}$$

由此可以归纳得到失效概率 f_i 的通用表达:

$$f_i = \frac{aT_i^b - aT_{i-1}^b}{c_i} \tag{5-66}$$

在对于所有 i 取值均有 $c_i = 1$ 的特殊情况下,f_i 为平滑曲线 g_i,则试验数据下的故障率为

$$g_i = ai^b - a(i-1)^b \tag{5-67}$$

式中,i 代表试验次数,则第 i 次纠正下的可靠度为

$$R_i = 1 - f_i \tag{5-68}$$

若以 g_i 代替 f_i,则为

$$R_i = 1 - g_i \tag{5-69}$$

以上对于 f_i、g_i 的表达即为 AMSAA 离散型可靠性增长跟踪模型的表达。

4. 增长趋势统计分析

增长趋势统计分析是统计假设检验,对产品在试验中可靠性有无变化作出概率判定:

① U 检验法;

② χ^2 检验法;

③ 参数检验法。

在增长趋势统计分析中,产品在试验过程中的故障时间序列应满足递增排列,即 $t_1 < t_2 < t_3 < \cdots < T$。其中 T 为试验截尾时间:

$$T = \begin{cases} t_0, & \text{定时截尾} \\ t_n, & \text{定数截尾(第 } n \text{ 个故障截尾)} \end{cases} \quad (5-70)$$

(1) U 检验法

检验的统计量为

$$U = \left(\frac{\sum\limits_{j=1}^{M} t_j}{MT} - \frac{1}{2} \right) \sqrt{12M}, \quad j = 1, 2, \cdots, n \quad (5-71)$$

式中　M——故障总数;

$\quad M = N$——定时截尾;

$\quad M = N - 1$——定数截尾。

U 检验法步骤如下:

① 通过公式计算统计量 U。

② 根据给定的显著水平 α 查表 5-8 可以得到临界值 U_0。

表 5-8　U 的临界值 U_0

α/% ＼ M	1	2	3	4	5	≥6
0.2	1.73	2.34	2.64	2.78	2.86	3.09
1	1.72	2.21	2.38	2.45	2.47	2.58
2	1.70	2.10	2.22	2.25	2.27	2.33
5	1.65	1.90	1.94	1.94	1.94	1.96
10	1.56	1.68	1.66	1.65	1.65	1.65
20	1.39	1.35	1.31	1.31	1.30	1.28
30	1.21	1.11	1.07	1.06	1.06	1.04
40	1.04	0.90	0.87	0.87	0.86	0.84
50	0.87	0.72	0.70	0.70	0.69	0.67

③ 将 U 与 U_0 进行比较:

当 $U \leqslant -U_0$ 时,以显著性水平 α 表示可靠性有明显的增长趋势;

当 $U \geqslant U_0$ 时,以显著性水平 α 表示可靠性有明显的降低趋势;

当 $-U_0 < U < U_0$ 时,以显著性水平 α 表示可靠性没有明显的变化趋势。

(2) χ^2 检验法

检验的统计量为

$$\chi^2 = \frac{2(M-1)}{\bar{b}} \quad (5-72)$$

式中　M——故障总数;

$\quad M = N$——定时截尾;

$M=N-1$ ——定数截尾;

$\bar{b}$ ——增长形状参数无偏估计。

χ^2 检验法步骤如下:

① 通过公式计算统计量 χ^2。

② 根据给定的显著水平 α 查 χ^2 表可以得到双侧临界值 $\chi^2_{\alpha/2}(2M)$ 和 $\chi^2_{1-\alpha/2}(2M)$。

③ 将 χ^2 与 $\chi^2_{\alpha/2}(2M)$ 和 $\chi^2_{1-\alpha/2}(2M)$ 进行比较:

当 $\chi^2 > \chi^2_{1-\alpha/2}(2M)$ 时,以显著性水平 α 表示可靠性有明显的增长趋势;

当 $\chi^2 \leqslant \chi^2_{1-\alpha/2}(2M)$ 时,以显著性水平 α 表示可靠性有明显的降低趋势;

当 $\chi^2_{\alpha/2}(2M) < \chi^2 \leqslant \chi^2_{1-\alpha/2}(2M)$ 时,以显著性水平 α 表示可靠性没有明显的变化趋势。

(3) 参数检验法(尺度参数 a 和增长形状参数 b 的估计)

1) a、b 的极大似然估计

$$\hat{a} = \frac{M}{T^{\hat{b}}} \qquad (5-73)$$

$$\hat{b} = \frac{M}{M\ln T - \sum_{j=1}^{n} \ln t_j} \qquad (5-74)$$

2) a、b 的无偏估计

$$\bar{a} = \frac{M}{T^{\bar{b}}} \qquad (5-75)$$

$$\bar{b} = \frac{M-1}{\sum_{j=1}^{n} \ln \frac{T}{t_j}} \qquad (5-76)$$

3) b 的置信区间估计

在置信水平 γ 下,b 的置信区间 $[b_L, b_U]$ 为

$$b_L = \frac{\bar{b}\chi^2\left(\frac{1-r}{2}\right), 2M}{2(M-1)} \qquad (5-77)$$

$$b_U = \frac{\bar{b}\chi^2\left(\frac{1+r}{2}\right), 2M}{2(M-1)} \qquad (5-78)$$

式中　γ ——置信度,通常取 0.8 或 0.9。

例 5.5　某产品在可靠性增长试验中共发生了 52 次故障,故障发生时刻如下。试验于 $T=1\,000$ h 定时截尾。使用 AMSAA 模型对试验数据进行分析,求出试验结束时的 MTBF。

2	4	10	15	18	19	20	25	39
41	43	45	47	66	88	97	104	105
120	196	217	219	257	260	281	283	289
307	329	357	372	374	393	403	466	521
556	571	621	628	642	684	732	735	754
792	803	805	832	836	873	975		

解： ① 增长趋势检验。

使用 U 检验法。将 $M=52$、$T=1\,000$ h 以及各 t_j 分别代入式(5-71)，可以得到趋势检验统计量 $U=-3.713$。

取 $\alpha=0.20$，查表 5-8 可得到趋势检验统计量的临界值 $U_0=1.282$。

因 $U<-U_0$，所以以显著水平 0.20 表明产品可靠性有明显的增长趋势。

② 参数估计。

a、b 的极大似然估计为 $\hat{b}=\dfrac{M}{M\ln T-\sum\limits_{j=1}^{n}\ln t_j}=0.577\,3$，$\hat{a}=\dfrac{M}{T^{\hat{b}}}=0.991\,0$；

a、b 的无偏估计为 $\bar{b}=\dfrac{M-1}{\sum\limits_{j=1}^{n}\ln\dfrac{T}{t_j}}=0.562\,3$，$\bar{a}=\dfrac{M}{T^{\bar{b}}}=1.069\,4$。

③ 拟合优度检验。

采用 Cramér 检验法。将 $M=52$，$T=1\,000$ h 及各 t_j 代入式(5-55)，可得 $C^2(52)=0.038\,3$，取显著水平 $\alpha=0.20$，查表 5-6 得到临界值为 $C^2(52,0.2)=0.128$。因为 $C^2(52)<C^2(52,0.2)$，表明拟合优度检验以显著水平 0.20 不拒绝 AMSAA 模型。

④ MTBF 点估计。

MTBF 的点估计为 $\bar{\theta}(1\,000)=[\bar{a}\bar{b}1\,000^{\bar{b}-1}]^{-1}$ h $=34.2$ h。

因为 N 大于 20，所以应当采用极大似然估计。MTBF 的极大似然估计为

$$\hat{\theta}(1\,000)=[\hat{a}\hat{b}1\,000^{\hat{b}-1}]^{-1}=33.54\text{ h}$$

⑤ b 的置信区间。

对置信水平 $\gamma=0.9$，形状参数 b 的置信区间 $[b_L,b_U]$ 为

$$b_L=\dfrac{\bar{b}\chi^2\left(\dfrac{1-r}{2}\right),2M}{2(M-1)}=0.449\,1，\quad b_U=\dfrac{\bar{b}\chi^2\left(\dfrac{1+r}{2}\right),2M}{2(M-1)}=0.710\,1$$

⑥ MTBF 的置信区间。

取置信水平 $\gamma=0.9$，查表 5-4，得 $\pi_1=0.708$，$\pi_2=1.405$。因此，MTBF 的置信区间 $[\theta_L,\theta_U]$ 为

$$\theta_L=\pi_1\cdot\bar{\theta}(1\,000)=24.2\text{ h}，\quad \theta_U=\pi_2\cdot\bar{\theta}(1\,000)=48.1\text{ h}$$

例 5.6 某产品在可靠性增长试验中共发生了 52 次故障，故障发生时刻如下。试验于 $T=975$ h 第 52 次故障时定数截尾。使用 AMSAA 模型对试验数据进行分析，求出试验结束时的 MTBF。

2	4	10	15	18	19	20	25	39
41	43	45	47	66	88	97	104	105
120	196	217	219	257	260	281	283	289
307	329	357	372	374	393	403	466	521
556	571	621	628	642	684	732	735	754
792	803	805	832	836	873	975		

解：① 趋势检验。

使用 U 检验法。将 $M=N-1=51$、$T=975$ 以及各 t_j 分别代入式（5-71），可以得到趋势检验统计量 $U=-3.764$。

取 $\alpha=0.20$，查表 5-8 可得到趋势检验统计量的临界值 $U_0=1.282$。

因为 $U<U_0$，所以以显著水平 0.20 表明产品可靠性有明显的增长趋势。

② 参数估计。

b 和 a 的极大似然估计为 $\hat{b}=\dfrac{M}{M\ln T-\displaystyle\sum_{j=1}^{n}\ln t_j}=0.581\,8$，$\hat{a}=\dfrac{M}{T^{\hat{b}}}=0.948\,7$；

b 和 a 的无偏估计为 $\bar{b}=\dfrac{M-1}{\displaystyle\sum_{j-1}^{n}\ln\dfrac{T}{t_j}}=0.559\,4$，$\bar{a}=\dfrac{M}{T^{\bar{b}}}=1.106\,7$。

③ 拟合优度检验。

采用 Cramér 检验法。将 $M=51$、$T=975$ 及各 t_j 代入式（5-71），可得 $C^2(51)=0.040\,9$，取显著水平 $\alpha=0.20$，查表 5-6 得到临界值为 $C^2(51,0.2)=0.128$。因为 $C^2(51)<C^2(51,0.2)$，表明拟合优度检验以显著水平 0.20 不拒绝 AMSAA 模型。

④ MTBF 估计。

MTBF 的点估计为 $\bar{\theta}(975)=[\bar{a}\,\bar{b}\,975^{\bar{b}-1}]^{-1}=33.52$ h；

MTBF 的极大似然估计为 $\hat{\theta}(975)=[\hat{a}\hat{b}975^{\hat{b}-1}]^{-1}=32.23$ h。

⑤ b 的置信区间。

对置信水平 $\gamma=0.90$，形状参数 b 的置信区间 $[b_L,b_U]$ 为

$$b_L=\frac{\bar{b}\chi^2\left(\frac{1-r}{2}\right),2M}{2(M-1)}=0.445\,8,\quad b_U=\frac{\bar{b}\chi^2\left(\frac{1+r}{2}\right),2M}{2(M-1)}=0.708\,0$$

⑥ MTBF 的置信区间。

取置信水平 $\gamma=0.90$，查表 5-5，得 $\rho_1=0.723$，$\rho_2=1.398$。因此，MTBF 的置信区间 $[\theta_L,\theta_U]$ 为

$$\theta_L=\rho_1\cdot\bar{\theta}(975)=24.24\text{ h},\quad \theta_U=\rho_2\cdot\bar{\theta}(975)=46.85\text{ h}$$

5.3.7　可靠性增长预测

可靠性增长预测的基本目标可概括如下：

① 基于管理策略、计划实施或已实施的纠正措施、修复有效性和 B 类故障的发生率统计结果，来获取当前或未来关键阶段的可靠性水平。

② 分析可靠性预测对于规划参数的敏感度。

③ 基于成熟度指标（如 MTBF、B 类故障的发生率等）确定系统或子系统的成熟度。

对于开发中的复杂系统可靠性增长过程，主要包括故障模式的暴露、故障模式分析以及对已暴露故障的纠正，以实现系统成熟的目标。可靠度的提高速率取决于以下三个因素：

① 新失效模式暴露过程的持续率；

② 纠正措施的有效性和及时性；

③ 通过纠正措施完成纠正的故障模式集。

AMSAA – Crow 预测模型(ACPM)

(1) 概　述

ACPM 以及相关参数估计方法是用于评估一组延后纠正行为对可靠度的影响,尤其是可以给出系统故障强度在完成延后纠正下、阶段Ⅱ开始时的估计值。在此,以 $\lambda(T)$ 表示系统故障强度,其中 T 代表阶段Ⅰ的时长,ACPM 对于 $\lambda(T)$ 的评估需要基于以下数据:

① 在阶段Ⅰ中出现的 A 类及 B 类故障数;

② 阶段Ⅰ中暴露出的 B 类故障 FEF 的评估值。

由于修复效率因子的评估往往较多依赖于工程经验,因而对于系统故障强度的估计被称为可靠度推断。这一过程主要用于取代广泛应用的"判断程序"。判断程序基于阶段Ⅰ到 $(1-d_i^*)N_i$ 中 B 类故障 i 的故障的减少数 N_i 来进行 $\lambda(T)$ 的估计,其中 d_i^* 为故障模式 i 的 FEF 评估值。$(1-d_i^*)N_i$ 为后续试验中同样会出现于阶段Ⅰ的归因于 B 类故障 i_z 的期望故障数。判断程序以 $\hat{\lambda}_{adj}(T)$ 对 $\lambda(T)$ 进行评估:

$$\hat{\lambda}_{adj}(T) = \frac{N_A}{T} + \frac{\sum\limits_{i \in obs}(1-d_i^*)N_i}{T} \tag{5-79}$$

在此公式中,obs 为测试阶段Ⅰ中出现的 B 类故障模式集。

(2) 模型描述

ACPM 评估了在阶段Ⅰ中延后纠正措施完成后的系统故障强度 $\lambda(T)$,作为系统故障强度期望值的估计($\rho_c(T)=E(\lambda(T))$)。Crow 给出了其近似算法:

$$\rho_c(t) = \lambda_A + \sum_{i=1}^{N}(1-d_i)\lambda_i + \mu_d \cdot h_c(T) \tag{5-80}$$

式中,前两项等于上文中的 $\hat{\lambda}_{adj}(T)$。λ_A 表示恒定的 A 类故障的故障率,λ_i 代表初始的 i 模式 B 类故障的故障率,μ_d 为将 N 个 B 类故障考虑为随机变量时所有 FEF 的假定共同均值,d_i 为当故障模式 i 出现时所实现的 FEF 真值。函数 $h_c(T)$ 代表了在该测试阶段结束时新的 B 类故障的发生率。

基于经验分析,Crow 指出在试验时间 $[0,t]$ 内的 B 类故障可近似为如下形式的幂律函数:

$$\mu_c(t) = at^b \tag{5-81}$$

式中,$a,b>0$。该函数假设在试验期间出现的 B 类故障服从均值函数为式(5-81)的非齐次泊松过程,该方程即为在试验时间 t 预期出现的 B 类故障数。

$$h_c(t) = \frac{d\mu_c(t)}{dt} = abt^{b-1} \tag{5-82}$$

为了能够估计 $\rho_c(T)$,式(5-80)中的第一项在时间 $[0,T]$ 内为常数,根据下式来进行估计:

$$\hat{\lambda}_A = \frac{N_A}{T} \tag{5-83}$$

式中,N_A 为时间 $[0,T]$ 内的 A 类故障数。由于所有修复行为都将在试验阶段完成后才能进行,因此 B 类故障 i 的失效率在时间 $[0,T]$ 内仍视为常数,其估计值为

$$\hat{\lambda}_i = \frac{N_i}{T}, \quad i = 1, \cdots, K \tag{5-84}$$

式中，N_i 为时间 $[0, T]$ 内的 B 类故障 i 出现的次数，且有

$$E(\hat{\lambda}_i) = \frac{E(N_i)}{T} = \frac{\lambda_i T}{T} = \lambda_i \tag{5-85}$$

接下来需要确定在时间 T 时新的 B 类故障的发生率 $h_c(T) = abT^{b-1}$。要对 a 和 b 进行估计，需要预先获知以下数据：

① 在时间 $[0, T]$ 内 B 类故障的数量 N_B；

② B 类故障第一次出现的时间，$0 < t_1 \leqslant t_2 \leqslant \cdots \leqslant t_{N_B} \leqslant T$。

a 和 b 的极大似然估计 $\hat{a}$ 和 $\hat{b}$ 为

$$\hat{a} T^{\hat{b}} = N_B \tag{5-86}$$

$$\hat{b} = \frac{N_B}{\displaystyle\sum_{i=1}^{N_B} \ln\left(\frac{T}{t_i}\right)} \tag{5-87}$$

则 $h_c(T)$ 的估计值可表达为

$$\hat{h}_c(T) = \hat{a}\hat{b}T^{\hat{b}-1} = \left(\frac{N_B}{T^{\hat{b}}}\right)\hat{b}T^{\hat{b}-1} = \frac{N_B \hat{b}}{T} \tag{5-88}$$

Crow 指数由观察到的 B 类故障模式数量 $M(T) = N_B$ 决定，估计值

$$\bar{b}_{N_B} = \left(\frac{N_B - 1}{N_B}\right)\bar{b}, \quad N_B \geqslant 2 \tag{5-89}$$

为 b 的一个无偏估计量，即

$$E(\bar{b}_{N_B}) = b \tag{5-90}$$

因此 $h_c(T) = abT^{b-1}$ 可据此估计为

$$\bar{h}_c(T) = \frac{N_B \bar{b}_{N_B}}{T} \tag{5-91}$$

考虑到在 $i \notin \mathrm{obs}$ 的情况下 $N_i = 0$，则系统故障强度函数的估计量为

$$\hat{\rho}_c(T) = \frac{1}{T}\left[N_A + \sum_{i \in \mathrm{obs}}(1 - d_i^*)N_i + \hat{b}\sum_{i \in \mathrm{obs}} d_i^*\right] \tag{5-92}$$

当 $N_B \geqslant 2$ 时可表达为

$$\bar{\rho}_c(T) = \frac{1}{T}\left[N_A + \sum_{i \in \mathrm{obs}}(1 - d_i^*)N_i + \bar{b}_m \sum_{i \in \mathrm{obs}} d_i^*\right] \tag{5-93}$$

上述两个估计量均满足如下形式：

$$\mathrm{Estimate}\ \rho_c(T) = \frac{1}{T}\left(N^* + \mathrm{Estimate}\ b\sum_{i \in \mathrm{obs}} d_i^*\right) \tag{5-94}$$

在此，N^* 为调整后的故障数，则有 $\hat{\lambda}_{\mathrm{adj}}(T) = \dfrac{N^*}{T} < \bar{\rho}_c(T) < \hat{\rho}_c(T)$。

例 5.7　本案例示例了通过 ACPM 案例预测系统失效强度及 MTBF 值。本案例所采用的数据来源于计算机模拟的均值为 0.7 的 beta 分布，其参数为 $\lambda_A = 0.02$，$\lambda_B = 0.1$，$K = 100$。

模拟试验时长为 $T=400$ h。试验期间出现的故障数为 $N=42$,其中 $N_A=10$,$N_B=32$。这 32 个 B 类故障来源于 $M=16$ 种 B 类故障,由 i 来表示故障的类型。故障模式 i 的首次出现时间为 t_i,且 $0<t_1<t_2<\cdots<t_{16}<T=400$ h。

对于每类故障模式,表 5-9 中第二列给出了首次出现时间以及后续的数次出现时间;第三列给出了各类故障模式的总发生次数;第四列对观察到的各类故障模式给出了评估的 FEF 值;第五列为完成纠正措施后评估的各类故障预期发生次数;最后一列给出了首次发生时间的自然对数,用于计算 $\hat{b}$。

表 5-9　ACPM 案例数据

B 类故障	失效时间/h	N_i	d_i^*	$(1-d_i^*)N_i$	$\ln t_i$
1	15.04,254.99	2	0.67	0.66	2.710 7
2	25.26,120.89,366.27	3	0.72	0.84	3.229 2
3	47.46,350.2	2	0.77	0.46	3.859 9
4	53.96,315.42	2	0.77	0.46	3.988 2
5	56.42,72.09,339.97	3	0.87	0.39	4.032 8
6	99.57,274.71	2	0.92	0.16	4.600 9
7	100.31	1	0.50	0.50	4.608 3
8	111.99,263.47,373.03	3	0.85	0.45	4.718 4
9	125.48,164.66,303.98	3	0.89	0.33	4.832 1
10	133.43,177.38,324.95,364.63	4	0.74	1.04	4.893 6
11	192.66	1	0.70	0.30	5.260 9
12	249.15,324.47	2	0.63	0.74	5.518 1
13	285.01	1	0.64	0.36	5.652 5
14	379.43	1	0.72	0.28	5.938 7
15	388.97	1	0.69	0.31	5.963 5
16	395.25	1	0.46	0.54	5.979 5
总　计		32	11.54	7.82	75.787 3

采用表 5-9 中的数据得到 $\lambda(T)=\lambda(400)$ 的估计值为

$$\hat{\lambda}_{adj}(400)=\left(\frac{1}{400}\right)\left[N_A+\sum_{i=1}^{16}(1-d_i^*)N_i\right]=\frac{10+7.82}{400}=0.044\ 55$$

系统的 MTBF 为

$$\{\hat{\lambda}_{adj}(400)\}^{-1}=\frac{400}{17.82}=22.45$$

则系统的潜在失效强度增长水平的估计值为

$$\hat{\rho}_{GP}=\hat{\lambda}_{adj}(400)=0.044\ 55$$

因此,系统的潜在 MTBF 增长水平估计值为

$$\hat{\rho}_{GP}^{-1}=\{\hat{\lambda}_{adj}(400)\}^{-1}=22.45$$

为了估计更小偏差的系统失效强度与相应的 MTBF,对完成了 16 种表面 B 类故障修复

的数据采用 ACPM 方法进行估计,有

$$\hat{\rho}_{c}(400) = \hat{\rho}_{GP} + \left(\frac{\hat{b}}{400}\right) \sum_{i \in obs} d_{i}^{*} = 0.044\ 55 + \left(\frac{\hat{b}}{400}\right)(11.54)$$

$\hat{b}$ 的极大似然估计值为

$$\hat{b} = \frac{M}{\sum_{i=1}^{M} \ln\left(\frac{T}{t_i}\right)} = \frac{M}{M \ln T - \sum_{i=1}^{M} \ln t_i} = \frac{16}{16 \ln 400 - 75.787\ 3} = 0.797\ 0$$

则基于 $\hat{b}$ 可采用 ACPM 预测得到系统的失效强度为

$$\hat{\rho}_{c}(400) = 0.044\ 55 + \left(\frac{0.797\ 0}{400}\right)(11.54) = 0.067\ 54$$

相应地,可得到 MTBF 为

$$\{\hat{\rho}_{c}(400)\}^{-1} = 14.81$$

对系统失效强度的近似无偏估计,可由 $\bar{b}_{M}$ 代替 $\hat{b}$ 来进行计算,有

$$\bar{b}_{M} = \left(\frac{m-1}{m}\right)\hat{b} = \left(\frac{15}{16}\right)(0.797\ 0) = 0.747\ 2$$

则预测的系统失效强度为

$$\bar{\rho}_{c}(400) = \hat{\rho}_{GP} + \frac{\bar{b}_{M}}{T} \sum_{i=obs} d_{i}^{*} = 0.445\ 5 + \left(\frac{0.747\ 2}{400}\right)(11.54) = 0.066\ 11$$

相应的 MTBF 预测值为

$$\{\hat{\rho}_{c}(400)\}^{-1} = 15.13$$

5.3.8　可靠性增长试验的结束

1. 试验结束的条件

满足以下条件之一,可以结束可靠性增长试验:

① 当试验进行到规定的总试验时间,且利用试验数据估计的 MTBF 值已达到试验大纲要求时;

② 试验虽未进行到规定的总试验时间,但利用试验数据估计的 MTBF 值已达到试验大纲要求时,通过订购方许可,可以提前结束试验,并认为试验符合要求;

③ 当试验无故障进行到要求的 MTBF 值的 2.3 倍时,可以以 90% 的置信度确信产品的 MTBF 值已达到要求,提前结束试验;

④ 最近一次故障后已经有很长时间(要求的 MTBF 值的 2.3 倍)没有发生故障时,经过订购方许可,可以提前结束试验;

⑤ 当试验进行到规定的总试验时间,利用试验数据估计的 MTBF 值没有达到试验大纲要求时,应立即停止试验并做好以下工作:承制方对纠正措施进行全面分析,确定纠正措施是否有效;组织专家对纠正措施进行评审;在征得订购方同意后,进行下一阶段工作。

2. 性能测试

按照 3.3 节的要求对受试产品进行性能测试。

3. 受试产品的处置

原则上讲,可靠性增长试验后的产品不能再用于其他试验,也不能作为产品交付。因为在增长过程中产品结构可能有比较大的变化,且产品可能带有较大的残余应力。

4. 试验的最后评定

试验结束后,还应当应用前面讲过的模型进行进一步的数据评估和分析。

5. 试验后评审和试验报告

试验结束后,承试方应及时编写试验报告,承制方应编写工作总结报告,并应尽快申请对试验结果进行评审。评审的重点是产品可靠性增长是否达到预期水平、故障原因分析及纠正措施是否到位、还有哪些遗留问题等内容。

5.3.9　多台产品可靠性增长试验

航空航天工程上,有些产品的可靠性要求很高,增长目标高,相应的增长试验时间就会很长,单台产品进行可靠性增长试验,无论在时间还是经费上都是不能承受的。这种情况下通常可以采用多台产品同时试验的方法。对于多台产品进行可靠性评估时通常采用如下原则:

① 必须是同型产品;

② 试验过程中任意一台产品发生 B 类故障时,对其他产品进行同步纠正;

③ 试验时间 t 为各产品试验时间之和;

④ 故障数 $N(t)$ 为所有试验产品在$(0,t]$内的故障总和;

⑤ 一般选取 2~3 台,最多不超过 4 台。

由于试验时间的缩短,一些与累积损伤导致故障有关的缺陷将可能无法暴露,而且,如果采取同步纠正的方法,就是以第一次发生某个 B 类故障的时间代替该故障的均值(期望值),必然会带来估计误差;而如果异步纠正,则评估方法会变得非常复杂。因此一般情况下,特别是对复杂产品,尽可能不选择多台产品的可靠性增长试验。

详细的试验方法可参见参考文献[29]。

本章习题

1. 航空航天产品的可靠性增长试验是什么?
2. 熟悉有关可靠性增长试验的术语及概念。
3. 对于航空航天产品的可靠性增长试验方案,至少应包括哪些内容?
4. 根据一个实际航空航天产品的可靠性增长试验数据,计算 AMSAA 模型——跟踪增长曲线。

第6章　可靠性验证试验

6.1　概　述

可靠性验证试验的目的是度量和验证产品的可靠性是否达到规定的要求,并给出可靠性验证值。因试验的最终目的和安排的阶段不同,可靠性验证试验通常包括可靠性鉴定试验(Reliability Qualification Test)和可靠性验收试验(Reliability Acceptance Test)。这两种试验都是应用数理统计的方法验证产品可靠性是否符合规定的要求,因此又称为可靠性统计试验。

可靠性鉴定试验的目的是验证产品的设计是否达到了规定的可靠性要求,是向订购方提供的合格证明的一部分。可靠性鉴定试验是由订购方认可的试验单位按选定的抽样方案,随机抽取有代表性的产品,在规定的条件下所进行的试验,一般用于设计定型、生产定型以及重大技术变更后的鉴定。

可靠性鉴定试验必须对要求验证的可靠性参数值进行估计,并做出合格与否的判定。必须事先规定统计试验方案的合格判据,而统计试验方案应根据试验费用和进度权衡确定。可靠性鉴定试验应在产品设计定型前按计划要求及时完成,以便为设计定型提供决策信息。

订购方对可靠性鉴定试验的要求应纳入合同。对新设计的产品、经过重大改进的有可靠性指标要求的产品,特别是对任务关键的产品或新技术含量较高的产品应进行可靠性鉴定试验。可靠性鉴定试验一般应在有资质的第三方进行。

可靠性鉴定试验的受试产品应代表定型产品的技术状态,并经订购方认定。可靠性鉴定试验应尽可能在较高层次的产品上进行,以充分考核接口的情况,提高试验的真实性。

可靠性鉴定试验的试验条件一般要求模拟产品的真实使用条件(随着可靠性指标的提高,加速可靠性鉴定试验也是一种趋势),因此要采用能够提供综合环境应力的试验设备进行试验,或者在真实的使用条件下进行试验。试验时间主要取决于要验证的可靠性水平和选用的统计试验方案,统计试验方案的选择取决于选定的风险和鉴别比,风险和鉴别比的选择取决于可提供的经费和时间等资源。但在选择风险时,应尽可能使订购方和承制方的风险相同。

可靠性验收试验的目的是验证批生产产品的可靠性是否保持在规定的水平。也就是说,可靠性验收试验是保证产品的可靠性不随生产期间的工艺、工装、工作流程、材料、零部件的变更而降低。可靠性验收试验的受试产品应从批生产产品中随机抽取,受试产品及数量由订购方确定。

与可靠性鉴定试验一样,可靠性验收试验的试验条件一般也要求模拟产品的真实使用条件,并使用能够提供综合环境应力的试验设备进行试验。可靠性验收试验的受试样件同样需要由验证批抽样产生,为了验证交付的批生产产品是否满足规定的可靠性指标要求,必须事先规定统计试验方案的合格判据。统计试验方案应根据费用和效益加以权衡确定。可靠性验收试验方案应经订购方认可。

可靠性验证试验,就方法而言,是一种抽样检验,它注重的是那些与时间有关的产品特性,如 MTBF。

6.2　统计试验方案基础

6.2.1　统计试验方案中的有关概念和参数

统计试验方案是以数理统计作为数学基础的,统计问题是用个体的某些特性值的观测值代表总体的特性(服从某种分布的随机变量)。统计试验就是通过抽样的方式,抽取总体中一定数量的样本进行试验,通过试验获得样本的某特征参数(如 MTBF)的观测值,并据此统计推断总体的可靠性特征值。它根本上是一种抽样检验方法,只不过检验的方法是应用了试验的方法,检验的参数不是某项产品性能参数,而是可靠性相关统计参数(比如 MTBF)。针对这种特殊的抽样检验方法,我们首先定义如下概念和参数。

(1) 抽样检验

按照规定的抽样方案,从提交检验的一批产品中随机抽取一部分样品进行检验,将结果与判别标准相比较,确定整批产品是否合格。它是建立在概率论和数理统计的基础之上的。样本不是总体,每一个个体都有差异,抽样检验的结论必然存在一定的风险和误差,样本量越大,误差越小,抽样的费用就会越高,但同时试验时间可以减少。因此必须要在风险、样本的费用和试验时间及费用等方面进行权衡。抽样检验的前提是工厂的生产是稳定的,产品质量有较好的一致性。这样,从一批产品中抽出来的样品才能在一定程度上代表这批产品的质量,否则抽样检验就没有意义。抽样检验按试验截尾方式分类可以分为定时截尾试验、定数截尾试验、序贯试验的抽样检验方案。

(2) 单位产品、检验批、批量、样本、样本量

为了实施抽样检验而将被检验的对象划分的基本单位称为单位产品(unit of product)。它可以是单件产品、一对产品、一组产品、一件成品的部件,或是一定长度、一定体积、一定重量的产品等。为了实施抽样检验汇集起来的单位产品,称为检验批(inspection lot),简称批。批中所含单位产品的总数称为批量(lot size),一般用符号 N 表示。从批中随机抽取用于检验的单位产品称为样本单位或称为样品(sampling unit)。把样本单位的全体称为样本(sampling)。样本中的样本单位总数称为样本大小,或样本量(sample size),一般用符号 n 表示。

(3) 接收、拒收、接收概率、拒收概率

根据样本,得出批产品或一定量产品或服务满足要求的结论叫接收(Acceptance);根据样本,得出批产品或一定量产品或服务不满足要求的结论叫拒收(Non-Acceptance, Rejection)。当使用一个确定的抽样方案时,具有给定质量水平的批或过程被接收的概率叫接收概率(Probability of Acceptance);被拒收的概率叫拒收概率(Probability of Rejection, Probability of Non-Acceptance)。

(4) θ_0、θ_1、d

θ_0——MTBF 检验上限,它是可接收的 MTBF 值。当受试产品的 MTBF 真值 $\geq \theta_0$ 时,以高概率接收,也称为可接收的质量;

θ_1——MTBF 检验下限,当受试产品的 MTBF 真值 $\leq \theta_1$ 时,以高概率拒收(低概率接收),

也称为极限质量；

d——鉴别比。对于指数分布，$d=\theta_0/\theta_1$。

(5) α、β

β——使用方风险，批产品质量为极限质量时的接收概率；

α——生产方风险，批产品质量为可接收的质量时的拒收概率。

(6) 抽样特性曲线（OC 曲线）

接收概率 $L(\theta)$ 随可靠度指标 θ 变化的曲线称为抽样特性曲线（OC 曲线）。它是表示抽样方式的曲线，从 OC 曲线上可以很直观地看出抽样方式对检验产品质量的保证程度。（这部分将在下一小节专门讨论。）

(7) MTBF 观测值（点估计）

它是指受试产品总工作时间除以关联故障数，一般用"$\hat{\theta}$"表示。

(8) MTBF 验证区间（θ_L，θ_U）

它是指试验条件下真实的 MTBF 的可能范围，即在所规定的置信度下对 MTBF 的区间估计。

6.2.2　抽样特性曲线及抽样风险

1. 理想的抽样特性曲线

若给定平均寿命 θ_0，并规定：当产品批的平均寿命 $\theta \geqslant \theta_0$ 时，这批产品合格，接收，即接收概率 $L(\theta)=1$；当产品批的平均寿命 $\theta < \theta_0$ 时，这批产品不合格，拒收，则 $L(\theta)=0$。接收概率 $L(\theta)$ 随可靠度指标——平均寿命 θ 的变化曲线，称为抽样特性曲线（OC 曲线），表示对于给定的抽样方案，批接收概率与批质量水平的函数关系，从 OC 曲线可直观看出抽样方式对检验产品质量的保证程度。如图 6-1 所示，这是理想的抽样特性曲线，但实际上这种抽样特性曲线是不存在的。

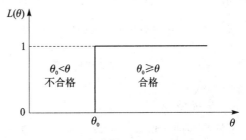

图 6-1　理想的抽样特性曲线

2. 两类错误及风险

由于抽样检验是通过检查一部分样品来判定整批产品的质量状态的（即使是 100％检验也可能存在错检、漏检等错误），所以要求这种推断一点错误不犯是不可能的，只要求犯错误的概率尽量小一些。

在抽样检验中可能会犯下述两类错误：

第一类错误：将合格产品批判为不合格产品批而拒收。由于抽样的原因，把合格的产品批误判为不合格产品批而加以拒收，致使生产方受到损失，所以将犯这种错误的概率称为生产方风险（Producer's Risk），一般用 α 表示；意即由于用抽样方法对产品进行检验，生产方要冒把合格批误判为不合格批处理的风险为 α。

第二类错误：将不合格产品批判为合格产品批而接收。由于抽样的原因，把不合格的产品批误判为合格产品批而加以接收，所以犯第二类错误的概率又称为使用方风险(Consumer's Risk),一般用 β 表示;意即由于用抽样方法对产品进行检验,使用方要冒把不合格批误判为合格批处理的风险为 β。

理想的抽样检验方案是要求生产方风险 α 和使用方风险 β 全为零,但是这种方案是不存在的。因为要使 $\alpha=0$,即绝不可把合格批判为不合格批,这只要把任一批产品都判为合格即可,但这样使用方风险 β 就会增大;反之,若要使 $\beta=0$,就会导致 α 增大,所以 α、β 是对立的,不能同时都很小。

由于生产方风险 α 和使用方风险 β 的存在,理想抽样性曲线是不存在的。由于 α、β 是对立的,不可能同时都很小。当 α 小时,使用方风险 β 太大,使使用方难以接受;反之,亦可以是生产方风险率 α 太大,使生产方难以接受。在实际工作中常常是生产方和使用方共同协商,确定出一个大家愿意承担的风险 α、β 作为制定抽样方案的基础和依据。

3. 实际的抽样特性曲线

为了解决上述生产方和使用方之间的矛盾,由生产和使用双方相互妥协,分别定出两个平均寿命:θ_0 和 θ_1,θ_1 为不可接受的平均寿命,θ_0 为可接受的平均寿命。商定:当产品批的平均寿命 $\theta \geqslant \theta_0$ 时,以大概率接收这批产品。如规定生产方风险率为 α,则 $\theta \geqslant \theta_0$,$L(\theta_0) \geqslant 1-\alpha$;当产品批的平均寿命 $\theta < \theta_1$ 时,以小概率接收(高概率拒收)这批产品。如规定使用方风险率为 β,则 $\theta < \theta_1$,$L(\theta_1) \leqslant \beta$。其抽样特性(OC)曲线如图 6-2 所示。

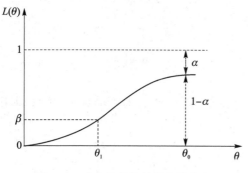

图 6-2　实际使用的抽样特性曲线

θ_1MTBF 检验下限,也称为极限质量(Limiting Quality,LQ);

θ_0MTBF 检验上限,也称为可接收质量(Acceptable Quality,AQ)。

4. 抽样方案

抽样特性曲线取决于函数 $L(\theta)$ 及参数 α、β、θ_0、θ_1,若已知 α、β、θ_0、θ_1 以及函数 $L(\theta)$,则可得到特定的抽样特性曲线。由于函数 $L(\theta)$ 的计算取决于抽样方案,所以根据下列方程组

$$\left.\begin{array}{l} L(\theta_0)=1-\alpha \\ L(\theta_1)=\beta \end{array}\right\} \tag{6-1}$$

即可求得在给定 α、β、θ_0 和 θ_1 下的抽样方案。

6.3　指数分布统计试验方案

6.3.1　定时截尾抽样方案

1. 抽验规则

从一批产品中,随机抽取 n 个样品进行试验,当试验到事先规定的截止时间 t 时,停止试验。若在 $(0,t]$ 内总故障数为 r,则抽验规则为:当 $r \leqslant c$ 时,产品合格,接收产品批;当 $r > c$ 时,产品不合格,拒收产品批。其中 c 为合格判据(故障个数,此处 c 的含义与定数截尾抽验方

案不同)。定时截尾试验方案的试验时间 T 可根据给定的风险值、MTBF 检验下限(θ_1)及鉴别比等综合确定,具体方法见本章后面的内容,方框图如图 6-3 所示。

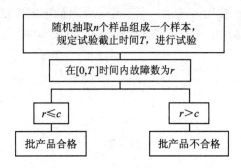

图 6-3　指数寿命型定时抽样方案方框图

2. 试验方案

设产品的可靠度为 $R(t)$,不可靠度 $F(t)=1-R(t)$,由于产品的寿命是指数分布,故 $R(t)=e^{-\lambda t}$,$F(t)=1-e^{-\lambda t}$。到时间 $t=T$ 时,n 个产品中出现 r 个故障的概率为 $\binom{n}{r}F(t)^r R(t)^{n-r}$;到时间 t 时,产品故障数 $r \leqslant A_c = c$,从而被接收的概率为

$$L'(\lambda) = \sum_{r=0}^{c} \binom{n}{r} F(t)^r R(t)^{n-r} \qquad (6-2)$$

由于一般的 λ 值都很低,故

$$R(t) = e^{-\lambda t} = 1 - \lambda t + \frac{1}{2!}\lambda^2 t^2 - \cdots \approx 1 - \lambda t \qquad (6-3)$$

$$F(t) = 1 - e^{-\lambda t} \approx \lambda t \qquad (6-4)$$

即接收概率

$$L'(\lambda) = \sum_{r=0}^{c} \binom{n}{r} (\lambda t)^r (1 - \lambda t)^{n-r} \qquad (6-5)$$

在 $n\lambda t \leqslant 5$、$F(t) \leqslant 10\%$ 的条件下,二项概率可用泊松概率近似,即

$$L'(\lambda) \approx \sum_{r=0}^{c} e^{-n\lambda t} \frac{(n\lambda t)^r}{r!} \qquad (6-6)$$

对指数寿命的产品,$\lambda = 1/\theta$,故接收概率也是 θ 的函数:

$$L(\theta) = P(r \leqslant c, \theta) = \sum_{r=0}^{c} \frac{\left(\frac{nt}{\theta}\right)^r}{r!} e^{-\left(\frac{nt}{\theta}\right)} \qquad (6-7)$$

也可以写成分布密度函数的积分形式,即

$$L(\theta) = \int_{\frac{2nt}{\theta}}^{\infty} f(r, 2c+2)\mathrm{d}x \qquad (6-8)$$

式中,$f(r, 2c+2)$ 是自由度为 $2c+2$ 的 χ^2 分布密度函数。抽样特性曲线如图 6-2 所示。

由于定时截尾的总试验时间为 T,则

$$\left. \begin{array}{l} T = nt \quad (\text{有替换}) \\ T = \sum_{i=1}^{r} t_i + (n-r)t \quad (\text{无替换}) \end{array} \right\} \qquad (6-9)$$

可靠性试验出现故障一般可修复,因此一般按有替换计算,那么接收概率 $L(\theta)$ 又可以写成

$$L(\theta) = \sum_{r=0}^{c} \frac{\left(\frac{T}{\theta}\right)^r}{r!} e^{\frac{-T}{\theta}} = \int_{\frac{2T}{\theta}}^{\infty} f(r, 2c+2)\mathrm{d}x \qquad (6-10)$$

使用方要求产品平均寿命 θ 的极限质量为 θ_1,相应的使用方风险为 β;生产方可接收质量为 θ_0,相应的生产方风险为 α。于是应有

$$\left.\begin{array}{l}L(\theta_0)=\sum_{r=0}^{c}\frac{\left(\dfrac{T}{\theta_0}\right)^r}{r!}e^{-\frac{T}{\theta_0}}=\int_{\frac{2T}{\theta_0}}^{\infty}f(r,2c+2)dx=1-\alpha\\[4mm]L(\theta_1)=\sum_{r=0}^{c}\frac{\left(\dfrac{T}{\theta_1}\right)^r}{r!}e^{-\frac{T}{\theta_1}}=\int_{\frac{2T}{\theta_1}}^{\infty}f(r,2c+2)dx=\beta\end{array}\right\}\qquad(6-11)$$

可导出

$$\left.\begin{array}{l}\dfrac{2T}{\theta_0}=\chi^2_{1-\alpha}(2c+2)\\[3mm]\dfrac{2T}{\theta_1}=\chi^2_{\beta}(2c+2)\end{array}\right\}\qquad(6-12)$$

即

$$\left.\begin{array}{l}\dfrac{T}{\theta_1}=\dfrac{\chi^2_{\beta}(2c+2)}{2}\\[3mm]\dfrac{\theta_1}{\theta_0}=\dfrac{\chi^2_{1-\alpha}(2c+2)}{\chi^2_{\beta}(2c+2)}\end{array}\right\}\qquad(6-13)$$

解此联立方程就可得 T 及 c。但 T、c 只能通过尝试法得到。

工程应用中,将此方程组制成简便易查的表格形式,参见 GJB 899A。实际工程计算中可通过查表快速计算。

例 6.1　已知 $\alpha=\beta=10\%$,鉴别比 $d=3$,试确定定时截尾抽样方案。

解: ① 求合格判据 c。可以采用尝试法来求 c。

$$d=\frac{\theta_0}{\theta_1}=3,\quad 即\ \frac{\theta_1}{\theta_0}=\frac{1}{3}\approx0.333$$

查附表 χ^2 表,设 $c=4$,则

$$\frac{\theta_1}{\theta_0}=\frac{\chi^2_{1-\alpha}(2c+2)}{\chi^2_{\beta}(2c+2)}=\frac{\chi^2_{0.9}(10)}{\chi^2_{0.1}(10)}=\frac{4.865}{15.987}=0.304<0.333$$

设 $c=5$,则

$$\frac{\theta_1}{\theta_0}=\frac{\chi^2_{1-\alpha}(2c+2)}{\chi^2_{\beta}(2c+2)}=\frac{\chi^2_{0.9}(12)}{\chi^2_{0.1}(12)}=\frac{6.3}{18.549}=0.3398\approx0.333$$

设 $c=6$,则

$$\frac{\theta_1}{\theta_0}=\frac{\chi^2_{1-\alpha}(2c+2)}{\chi^2_{\beta}(2c+2)}=\frac{\chi^2_{0.9}(14)}{\chi^2_{0.1}(14)}=\frac{7.79}{21.064}=0.3698>0.333$$

由于 $c=5$ 时,$\theta_1/\theta_0=0.3398$,该值最近接 0.333,因此取 $c=5$。

② 求总试验时间 T。

$$\frac{T}{\theta_1}=\frac{\chi^2_{\beta}(2c+2)}{2}=\frac{\chi^2_{0.1}(12)}{2}=\frac{18.549}{2}\approx9.3$$

因此,$T=9.3\theta_1$。

③ 验算风险 α、β。因为 $T/\theta_1=9.3$,则 $T/\theta_0=3.1$,则

$$L(\theta_0) = \sum_{r=0}^{c} \frac{\left(\dfrac{T}{\theta_0}\right)^r}{r!} e^{-\frac{T}{\theta_0}} = \sum_{r=0}^{5} \frac{(3.1)^r}{r!} e^{-3.1} = 0.906 = 1-\alpha$$

$$L(\theta_1) = \sum_{r=0}^{c} \frac{\left(\dfrac{T}{\theta_1}\right)^r}{r!} e^{-\frac{T}{\theta_1}} = \sum_{r=0}^{5} \frac{(9.3)^r}{r!} e^{-9.3} = 0.099 = \beta$$

得 $\alpha = 1-0.906 = 9.4\%, \beta = 9.9\%$。

结论：试验方案为 $c=5$，$T=9.3\theta_1$，此时判决风险率实际值为 $\alpha = 9.4\%$，$\beta = 9.9\%$。

GJB 899A—2009 提出了标准型的定时试验方案及短时高风险定时试验方案简表，如表 6-1 和表 6-2 所列。

表 6-1　标准型定时试验方案简表

方案号	决策风险/%				鉴别比 $d=\theta_0/\theta_1$	试验时间 (θ_1 的倍数)	判决故障数	
	名义值		实际值				拒收($\geqslant$)	接收($\leqslant$)
	α	β	α'	β'				
9	10	10	12.0	9.9	1.5	45.0	37	36
10	10	20	10.9	21.4	1.5	29.9	26	25
11	20	20	19.7	19.6	1.5	21.5	18	17
12	10	10	9.6	10.6	2.0	18.8	14	13
13	10	20	9.8	20.9	2.0	12.4	10	9
14	20	20	19.9	21.0	2.0	7.8	6	5
15	10	10	9.4	9.9	3.0	9.3	6	5
16	10	20	10.9	21.3	3.0	5.4	4	3
17	20	20	17.5	19.7	3.0	4.3	3	2

表 6-2　短时高风险定时试验方案简表

方案号	决策风险/%				鉴别比 $d=\theta_0/\theta_1$	试验时间 (θ_1 的倍数)	判决故障数	
	名义值		实际值				拒收($\geqslant$)	接收($\leqslant$)
	α	β	α'	β'				
19	30	30	29.8	30.1	1.5	8.1	7	6
20	30	30	28.3	28.5	2.0	3.7	3	2
21	30	30	30.7	33.3	3.0	1.1	1	0

表中的各种方案即是按例 6.1 中的方法求出的。标准型试验方案采用正常的 α、β 为 $10\% \sim 20\%$。短时高风险试验方案采用的 α、b 为 30%，MTBF 的可接收质量水平 θ_0 与最低可接收值 θ_1 之比即鉴别比 $d=q_0/q_1$ 取 1.5、2.0、3.0。判决故障数中的接收数即为合格判定数 c，拒收数为 $c+1$。由于在方案中的接收数 $A_c=c$ 和拒收数 $R_e=c+1$ 都只能是整数，因此 $L(\theta_0)$ 和 $L(\theta_1)$ 只能尽量分别接近原定的 $1-\alpha$ 与 β。原定的 α、β 值叫名义值，其实际值为 α'、β'。这些方案的试验时间以 θ_1 作为单位。

例 6.2　设 $\theta_1 = 500$ h，$\alpha = \beta = 20\%$，鉴别比 $d=2$。试设计一个指数分布定时截尾抽样方案。

解：$q_0 = dq_1 = 2.0 \times 500$ h $= 1\,000$ h，今 $\alpha = \beta = 20\%$，查方案表，方案号为 14。查得相应的试验时间为 $7.8\theta_1$，故为 7.8×500 h $= 3\,900$ h，$A_c = 5$，$R_c = 6$。因此方案为：

预定总试验时间 $T = 3\,900$ 台时，如当试验停止时出现的故障数 $r < 5$，则认为该产品合格，接收；在试验累计时间达到 T，故障数 r 达到 R_c 时，停止试验，认为该产品不合格，拒收。该标准中还提供了一套更详细的定时截尾试验抽样方案，如表 6-3～表 6-5 所列。如果认为选用这类试验方案比选用表 6-1 和表 6-2 中的试验方案更为合适，则可以根据表 6-3～表 6-5 中提供的方案来选择。选取这套定时试验方案的程序是先选定所需的使用方风险 β，由选定的 β 再根据允许的总试验时间选择合适的试验方案，然后查出该方案的 α 和 d 等其他参数。例如，供需双方商定采用使用方风险 $\beta = 10\%$ 的验证试验方案，其总试验时间 T 不超过 MTBF 检验下限 θ_1 的 9.3 倍。根据 $\beta = 10\%$ 的要求，应从表 6-3 选取试验方案。再根据总试验时间 $T \leqslant 9.3\theta_1$，且最接近 $9.3\theta_1$ 的是 $9.27\theta_1$，其所对应的试验方案为 10-6 号方案。该方案所对应的接收的判决故障数为 5，拒收的判决故障数为 6，即如果试验进行到 $9.27\theta_1$ 台时所发生的责任故障次数 $\leqslant 5$，则接收产品；如果所发生的责任故障次数 > 5，则拒收产品。此外，还可查出该方案最低接收情况下 MTBF 的观测值（点估计值）$\hat{\theta} = 1.55\theta_1$，以及生产方风险 α 为 10%、20% 和 30% 时该判决条件下的相应鉴别比 d 为 2.95、2.38 和 2.05。

表 6-3　使用方风险 $\beta = 10\%$ 的定时试验方案

方案号	判决故障数		总试验时间 （θ_1 的倍数）	MTBF 的观测值 $\hat{\theta}$ （θ_1 的倍数）	鉴别比 d		
	接收	拒收			$\alpha = 30\%$	$\alpha = 20\%$	$\alpha = 10\%$
10-1	0	1	2.30	2.30+	6.46	10.32	21.85
10-2	1	2	3.89	1.94+	3.54	4.72	7.32
10-3	2	3	5.32	1.77+	2.78	3.47	4.83
10-4	3	4	6.68	1.67+	2.42	2.91	3.83
10-5	4	5	7.99	1.59+	2.20	2.59	3.29
10-6	5	6	9.27	1.55+	2.05	2.38	2.95
10-7	6	7	10.53	1.50+	1.95	2.22	2.70
10-8	7	8	11.77	1.47+	1.86	2.11	2.53
10-9	8	9	12.99	1.43+	1.80	2.02	2.39
10-10	9	10	14.21	1.42+	1.75	1.95	2.28
10-11	10	11	15.41	1.40+	1.70	1.89	2.19
10-12	11	12	16.60	1.38+	1.66	1.84	2.12
10-13	12	13	17.78	1.37+	1.63	1.79	2.06
10-14	13	14	18.96	1.35+	1.60	1.75	2.00
10-15	14	15	20.13	1.34+	1.58	1.72	1.95
10-16	15	16	21.29	1.33+	1.56	1.69	1.91
10-17	16	17	22.45	1.32+	1.54	1.67	1.87
10-18	17	18	23.61	1.31+	1.52	1.64	1.84
10-19	18	19	24.75	1.30+	1.50	1.62	1.81
10-20	19	20	25.90	1.29+	1.48	1.60	1.78

表 6-4 使用方风险 $\beta=20\%$ 的定时试验方案

方案号	判决故障数		总试验时间 (θ_1 的倍数)	MTBF 的观测值 $\hat{\theta}$ (θ_1 的倍数)	鉴别比 d		
	接收	拒收			$\alpha=30\%$	$\alpha=20\%$	$\alpha=10\%$
20-1	0	1	1.61	1.61+	4.51	7.22	15.26
20-2	1	2	2.99	1.50+	2.73	3.63	5.63
20-3	2	3	4.28	1.43+	2.24	2.79	3.88
20-4	3	4	5.51	1.38+	1.99	2.40	3.16
20-5	4	5	6.72	1.34+	1.85	2.17	2.76
20-6	5	6	7.91	1.32+	1.75	2.03	2.51
20-7	6	7	9.08	1.30+	1.68	1.92	2.33
20-8	7	8	10.23	1.28+	1.62	1.83	2.20
20-9	8	9	11.38	1.26+	1.57	1.77	2.09
20-10	9	10	12.52	1.25+	1.54	1.72	2.01
20-11	10	11	13.65	1.24+	1.51	1.67	1.94
20-12	11	12	14.78	1.23+	1.48	1.64	1.89
20-13	12	13	15.90	1.22+	1.46	1.60	1.84
20-14	13	14	17.01	1.21+	1.44	1.58	1.80
20-15	14	15	18.12	1.20+	1.42	1.55	1.76
20-16	15	16	19.23	1.20+	1.40	1.53	1.73
20-17	16	17	20.34	1.19+	1.39	1.51	1.70
20-18	17	18	21.44	1.19+	1.38	1.49	1.67
20-19	18	19	22.54	1.18+	1.37	1.48	1.65
20-20	19	20	23.63	1.18+	1.35	1.46	1.63

表 6-5 使用方风险 $\beta=30\%$ 的定时试验方案

方案号	判决故障数		总试验时间 (θ_1 的倍数)	MTBF 的观测值 $\hat{\theta}$ (θ_1 的倍数)	鉴别比 d		
	接收	拒收			$\alpha=30\%$	$\alpha=20\%$	$\alpha=10\%$
30-1	0	1	1.20	1.20+	3.37	5.39	11.43
30-2	1	2	2.44	1.22+	2.22	2.96	4.59
30-3	2	3	3.62	1.20+	1.89	2.35	3.28
30-4	3	4	4.76	1.19+	1.72	2.07	2.73
30-5	4	5	5.89	1.18+	1.62	1.91	2.43
30-6	5	6	7.00	1.17+	1.55	1.79	2.22
30-7	6	7	8.11	1.16+	1.50	1.71	2.08
30-8	7	8	9.21	1.15+	1.46	1.65	1.98
30-9	8	9	10.30	1.14+	1.43	1.60	1.90
30-10	9	10	11.39	1.14+	1.40	1.56	1.83

方案号	判决故障数		总试验时间	MTBF 的观测值 $\hat{\theta}$	鉴别比 d		
	接 收	拒 收	(θ_1 的倍数)	(θ_1 的倍数)	$\alpha=30\%$	$\alpha=20\%$	$\alpha=10\%$
30 - 11	10	11	12.47	1.13+	1.38	1.53	1.78
30 - 12	11	12	13.55	1.13+	1.36	1.50	1.73
30 - 13	12	13	14.62	1.12+	1.34	1.48	1.69
30 - 14	13	14	15.69	1.12+	1.33	1.45	1.66
30 - 15	14	15	16.76	1.12+	1.31	1.43	1.63
30 - 16	15	16	17.83	1.11+	1.30	1.42	1.60
30 - 17	16	17	18.90	1.11+	1.29	1.40	1.58
30 - 18	17	18	19.96	1.11+	1.28	1.39	1.56
30 - 19	18	19	21.02	1.11+	1.27	1.38	1.54
30 - 20	19	20	22.08	1.10+	1.27	1.36	1.52

从上述表分析可知：当 α、β 及 θ_1 给定时，总的试验时间随着鉴别比 d 的减小是增加的，此时要想缩短试验时间 T，应增大鉴别比 d。当 θ_1、d 给定时，则总试验时间 T 随风险率的减小而增加，所以加大风险率可减少总试验时间 T。

由于定时截尾试验抽样方案能对产品批的平均寿命 MTBF 的真值进行估计，所以产品可靠性鉴定试验应选用定时截尾寿命方案。此外，由于定时截尾抽样方案在选定统计方案后，能预先知道总试验时间 T(θ_1 的倍数)，便于事先计划，所以给生产管理上带来一定的方便，在进行批产品的可靠性验收试验时也被广泛采用。

3. 产品 MTBF 估计

(1) MTBF 的点估计

当产品寿命(或故障时间)服从指数分布时，平均寿命 θ 或平均故障间隔时间 MTBF 的点估计值分别为

$$\hat{\theta} = T/r \qquad (6-14)$$

式中，T 是累计试验时间，r 是到试验结束时出现的总故障数。

(2) 接收时 MTBF 的估计

1) MTBF 的双侧区间估计

为了获得 MTBF 的验证值的区间估计，必须规定置信区间(θ_L，θ_U)的置信度 $\gamma = 1 - 2\beta$，即当使用方风险 $\beta = 10\%$ 时，置信度 $\gamma = 80\%$。

当试验达到规定的总试验时间 T 而停止并作出接收判决时，可按下式估计 MTBF 验证值的置信下限 θ_L 和置信上限 θ_U：

$$\theta_L = \frac{2r}{\chi^2_{\frac{1-\gamma}{2}}(2r+2)} \hat{\theta} = \frac{2T}{\chi^2_{\frac{1-\gamma}{2}}(2r+2)} \qquad (6-15)$$

$$\theta_U = \frac{2r}{\chi^2_{\frac{1+\gamma}{2}}(2r)} \hat{\theta} = \frac{2T}{\chi^2_{\frac{1+\gamma}{2}}(2r)} \qquad (6-16)$$

由于 $\gamma = 1 - 2\beta$，式(6-15)和式(6-16)还可以写成

$$\theta_{L} = \frac{2r}{\chi^2_{\beta}(2r+2)}\hat{\theta} = \frac{2T}{\chi^2_{\beta}(2r+2)} \tag{6-17}$$

$$\theta_{U} = \frac{2r}{\chi^2_{1-\beta}(2r)}\hat{\theta} = \frac{2T}{\chi^2_{1-\beta}(2r)} \tag{6-18}$$

式中　T——产品的总试验时间；

r——责任故障数；

χ^2——χ^2 分布的上侧分位点(可查附表 χ^2 分布的上侧分位数表或 GJB 899A—2009 中的表 A.1)；

γ——置信度，$\gamma = 1 - 2\beta$；

$\hat{\theta}$——MTBF 的观测值(点估计值)。

若设 MTBF 的置信下限因子(系数)和置信上限因子(系数)分别表示为

$$\theta_{L}(\gamma', r) = \frac{2r}{\chi^2_{\frac{1-\gamma}{2}}(2r+2)} \tag{6-19}$$

$$\theta_{U}(\gamma', r) = \frac{2r}{\chi^2_{\frac{1+\gamma}{2}}(2r)} \tag{6-20}$$

则式(6-17)和式(6-18)可写成

$$\theta_{L} = \theta_{L}(\gamma', r)\hat{\theta} \tag{6-21}$$

$$\theta_{U} = \theta_{U}(\gamma', r)\hat{\theta} \tag{6-22}$$

式中，$\gamma' = (1+\gamma)/2$。可见，MTBF 的置信区间因子取决于责任故障数 r 和置信度 γ，查表 6-6(即 GJB 899A—2009 中的表 A.12 定时试验接收时 MTBF 验证区间的置信限系数)，可得与置信度 γ 相对应的置信下限系数和置信上限系数。

表 6-6　定时试验接收时 MTBF 验证区间的置信限系数 $\theta(\gamma', r)$

故障数 r	$\gamma = 40\%$		$\gamma = 60\%$		$\gamma = 80\%$	
	$\theta_{L}(0.7, r)$	$\theta_{U}(0.7, r)$	$\theta_{L}(0.8, r)$	$\theta_{U}(0.8, r)$	$\theta_{L}(0.9, r)$	$\theta_{U}(0.9, r)$
1	0.410	2.804	0.334	4.481	0.257	9.491
2	0.553	1.823	0.467	2.426	0.376	3.761
3	0.630	1.568	0.544	1.954	0.449	2.722
4	0.679	1.447	0.595	1.742	0.500	2.293
5	0.714	1.376	0.632	1.618	0.539	2.055
6	0.740	1.328	0.661	1.537	0.570	1.904
7	0.760	1.294	0.684	1.479	0.595	1.797
8	0.777	1.267	0.703	1.435	0.616	1.718
9	0.790	1.247	0.719	1.400	0.634	1.657
10	0.802	1.230	0.733	1.372	0.649	1.607
11	0.812	1.215	0.744	1.349	0.663	1.567
12	0.821	1.203	0.755	1.329	0.675	1.533
13	0.828	1.193	0.764	1.312	0.686	1.504

故障数 r	$\gamma=40\%$		$\gamma=60\%$		$\gamma=80\%$	
	$\theta_L(0.7,r)$	$\theta_U(0.7,r)$	$\theta_L(0.8,r)$	$\theta_U(0.8,r)$	$\theta_L(0.9,r)$	$\theta_U(0.9,r)$
14	0.835	1.184	0.772	1.297	0.696	1.478
15	0.841	1.176	0.780	1.284	0.705	1.456
16	0.847	1.169	0.787	1.272	0.713	1.437
17	0.852	1.163	0.793	1.262	0.720	1.419
18	0.856	1.157	0.799	1.253	0.727	1.404
19	0.861	1.152	0.804	1.244	0.734	1.390
20	0.864	1.147	0.809	1.237	0.740	1.377
21	0.868	1.143	0.813	1.230	0.745	1.365
22	0.871	1.139	0.818	1.223	0.750	1.353
23	0.874	1.135	0.822	1.217	0.755	1.344
24	0.877	1.132	0.825	1.211	0.760	1.335
25	0.880	1.128	0.829	1.206	0.764	1.327
26	0.882	1.125	0.832	1.201	0.768	1.319
27	0.885	1.123	0.835	1.197	0.722	1.311
28	0.887	1.120	0.838	1.193	0.776	1.304
29	0.889	1.117	0.841	1.189	0.780	1.298
30	0.891	1.115	0.844	1.185	0.783	1.291
31	0.893	1.113	0.846	1.181	0.786	1.286
32	0.985	1.111	0.849	1.178	0.789	1.280
33	0.897	1.109	.851	1.175	0.792	1.275
34	0.898	1.107	0.853	1.172	0.795	1.270
35	0.900	1.105	0.855	1.169	0.798	1.265
36	0.902	1.103	0.857	1.166	0.800	1.261
37	0.903	1.102	0.859	1.163	0.803	1.256

例 6.3　某产品设计定型最低可接收值 MTBF(θ_1)＝70 h,选标准试验方案号 15,$a=b=$10%,在总试时间 $T=70\ \text{h}\times9.3=651\ \text{h}$ 内共出现 4 个责任故障,被判为接收。规定置信度 $\gamma=1-2\beta=80\%$,试对产品 MTBF 进行估计。

解:① MTBF 的观测值(点估计值):

$$\hat{\theta}=\frac{T}{r}=\frac{651}{4}\ \text{h}=162.75\ \text{h} \tag{6-23}$$

② MTBF 的区间估计。

方法一:查表 6-6,求置信下限系数 $\theta_L(\gamma,r)$ 和置信上限系数 $\theta_U(\gamma,r)$:

$$\theta_L(\gamma',r)=\theta_L(0.9,4)=0.5,\quad \theta_U(\gamma',r)=\theta_U(0.9,4)=2.293$$

计算置信下限 θ_L 和置信上限 θ_U:

$$\left.\begin{array}{l} \theta_{\mathrm{L}}=\theta_{\mathrm{L}}(\gamma',r)\cdot\hat{\theta}=0.5\times162.75\text{ h}=81.4\text{ h} \\ \theta_{\mathrm{U}}=\theta_{\mathrm{U}}(\gamma',r)\cdot\hat{\theta}=2.293\times162.75\text{ h}=373\text{ h} \end{array}\right\} \quad (6-24)$$

方法二：查 χ^2 表得，$\theta_{\mathrm{L}}=\dfrac{2T}{\chi^2_{\frac{1-\gamma}{2}}(2r+2)}=\dfrac{2\times651}{\chi^2_{0.1}(2\times4+2)}=\dfrac{1\,302}{15.987}\text{ h}=81.4\text{ h}$，

$$\theta_{\mathrm{U}}=\frac{2T}{\chi^2_{\frac{1+\gamma}{2}}(2r)}=\frac{2\times651}{\chi^2_{0.9}(2\times4)}=\frac{1\,302}{3.490}\text{ h}=373\text{ h}$$

MTBF 的验证区间为(81.4 h,373 h)，置信度 $\gamma=80\%$ 说明 MTBF 的真值落在该区间的概率至少为 80%，或者说 MTBF 的真值≥81.4 h 的概率为 90%，MTBF 的真值≤373 h 的概率为 90%。

2）MTBF 的单侧置信下限估计

单侧置信下限的置信度 $\gamma'=(1+\gamma)/2=1-\beta$。

单侧置信下限：

$$\theta_{\mathrm{L}}=\frac{2T}{\chi^2_{1-\gamma}(2r+2)}=\frac{2r}{\chi^2_{1-\gamma'}(2r+2)}\cdot\hat{\theta} \quad (6-25)$$

或

$$\theta_{\mathrm{L}}=\frac{2T}{\chi^2_{\beta}(2r+2)}=\frac{2r}{\chi^2_{\beta}(2r+2)}\cdot\hat{\theta} \quad (6-26)$$

或

$$\theta_{\mathrm{L}}=\theta_{\mathrm{L}}(\gamma',r)\hat{\theta} \quad (6-27)$$

例 6.4　接上例，置信度 $\gamma=80\%(\beta=10\%)$，试验到 651 台时达到接收判决，共出现 4 个责任故障。试对 MTBF 的单侧置信下限进行估计。

解：因为单侧置信度 $\gamma'=1-\beta$，所以

$$\theta_{\mathrm{L}}=\frac{2T}{\chi^2_{\beta}(2r+2)}=\frac{2\times651}{\chi^2_{0.1}(2\times4+2)}=\frac{1\,302}{15.987}\text{ h}=81.4\text{ h}$$

或

$$\theta_{\mathrm{L}}=\theta_{\mathrm{L}}(\gamma',r)\hat{\theta}=\theta_{\mathrm{L}}(0.9,4)\hat{\theta}=0.5\times162.75\text{ h}=81.4\text{ h}$$

3）无故障时 MTBF 的点估计

在确定的试验方案下，当总试验时间结束时未发生故障，即 $r=0$，这时一般只能估计 MTBF 的置信下限。此时，有一种更加简便的 MTBF 置信下限的估计方法：

$$\theta_{\mathrm{L}}=\frac{T}{-\ln\beta} \quad (6-28)$$

例 6.5　某产品验证的最低可接收值 $\theta_1=150\text{ h}$，确定选择定时截尾标准型方案 17，则 $\alpha=\beta=20\%$，$d=3$，总试验时间 $T=4.3\theta_1=645\text{ h}$ 时，投入 3 台($n=3$)产品进行试验，当试验进行到 645 h 时，无故障结束($r=0$)。试对 MTBF 进行估计。

解：因为无故障($r=0$)，故只能进行单侧置信下限估计。

方法一：$\theta_{\mathrm{L}}=\dfrac{2T}{\chi^2_{\beta}(2r+2)}=\dfrac{2\times645}{\chi^2_{0.2}(2)}=\dfrac{1\,290}{3.219}\text{ h}=400.8\text{ h}$；

方法二：$\theta_{\mathrm{L}}=\dfrac{T}{-\ln\beta}=\dfrac{645}{-\ln0.2}\text{ h}=400.8\text{ h}$。

（3）拒收时 MTBF 的双侧区间估计

在试验进行过程中或试验截止时,若责任故障数达到拒收的判决故障数时即可作出拒收判决,并按下式计算 MTBF 验证值的置信下限 θ_L 和置信上限 θ_U:

$$\theta_L = \frac{2r}{\chi^2_{\frac{1-\gamma}{2}}(2r)}\hat{\theta} = \frac{2T}{\chi^2_{\frac{1-\gamma}{2}}(2r)} \tag{6-29}$$

$$\theta_U = \frac{2r}{\chi^2_{\frac{1+\gamma}{2}}(2r)}\hat{\theta} = \frac{2T}{\chi^2_{\frac{1+\gamma}{2}}(2r)} \tag{6-30}$$

式中,T 为最后一个责任故障发生时产品的总试验时间。

若设 MTBF 的置信下限因子(系数)和置信上限因子(系数)分别表示为

$$\theta_L(\gamma',r) = \frac{2r}{\chi^2_{\frac{1-\gamma}{2}}(2r)} \tag{6-31}$$

$$\theta_U(\gamma',r) = \frac{2r}{\chi^2_{\frac{1+\gamma}{2}}(2r)} \tag{6-32}$$

则式(6-31)和式(6-32)可写成

$$\theta_L = \theta_L(\gamma',r)\hat{\theta} \tag{6-33}$$

$$\theta_U = \theta_U(\gamma',r)\hat{\theta} \tag{6-34}$$

式中,$\gamma'=(1+\gamma)/2$。可见,MTBF 的置信区间因子取决于责任故障数 r 和置信度 γ,查表 6-7（即 GJB 899A—2009 中的表 A.13 定时试验拒收时 MTBF 验证区间的置信限系数）,可得置信上、下限系数。

表 6-7　定时试验拒收时 MTBF 验证区间的置信限系数 $\theta(\gamma',r)$

故障数 r	$\gamma=40\%$		$\gamma=60\%$		$\gamma=80\%$	
	$\theta_L(0.7,r)$	$\theta_U(0.7,r)$	$\theta_L(0.8,r)$	$\theta_U(0.8,r)$	$\theta_L(0.9,r)$	$\theta_U(0.9,r)$
1	0.831	2.804	0.621	4.481	0.434	9.491
2	0.820	1.823	0.668	2.426	0.514	3.761
3	0.830	1.568	0.701	1.954	0.564	2.722
4	0.840	1.447	0.725	1.742	0.599	2.293
5	0.849	1.376	0.744	1.618	0.626	2.055
6	0.856	1.328	0.759	1.537	0.647	1.904
7	0.863	1.294	0.771	1.479	0.665	1.797
8	0.869	1.267	0.782	1.435	0.680	1.718
9	0.874	1.247	0.791	1.400	0.693	1.657
10	0.878	1.230	0..799	1.372	0.704	1.607
11	0.882	1.215	0.806	1.349	0.714	1.567
12	0.886	1.203	0.812	1.329	0.723	1.533
13	0.889	1.193	0.818	1.312	0.731	1.504
14	0.892	1.184	0.823	1.297	0.738	1.478
15	0.895	1.176	0.828	1.284	0.745	1.456

故障数 r	$\gamma=40\%$		$\gamma=60\%$		$\gamma=80\%$	
	$\theta_L(0.7,r)$	$\theta_U(0.7,r)$	$\theta_L(0.8,r)$	$\theta_U(0.8,r)$	$\theta_L(0.9,r)$	$\theta_U(0.9,r)$
16	0.897	1.169	0.832	1.272	0.751	1.437
17	0.900	1.163	0.836	1.262	0.757	0.419
18	0.902	1.157	0.840	1.253	0.763	1.404
19	0.904	1.152	0.843	1.244	0.767	1.390
20	0.906	1.147	0.846	1.237	0.772	1.377
21	0.907	1.143	0.849	1.230	0.776	1.365
22	0.909	1.139	0.852	1.223	0.781	1.353
23	0.911	1.135	0.855	1.217	0.784	1.344
24	0.912	1.132	0.857	1.211	0.788	1.335
25	0.914	1.128	0.860	1.206	0.792	1.327
26	0.915	1.125	0.862	1.201	0.795	1.319
27	0.916	1.123	0.864	1.197	0.798	1.311
28	0.918	1.120	0.866	1.193	0.801	1.304
29	0.919	1.117	0.868	1.189	0.804	1.298
30	0.920	1.115	0.870	1.185	0.806	1.291
31	0.921	1.113	0.872	1.181	0.809	1.286
32	0.922	1.111	0.873	1.178	0.812	1.280
33	0.923	1.109	0.875	1.175	0.814	1.275
34	0.924	1.107	0.877	1.172	0.816	1.270
35	0.925	1.105	0.878	1.169	0.818	1.265
36	0.926	1.103	0.880	1.166	0.821	1.261
37	0.927	1.102	0.881	1.163	0.823	1.256

例 6.6 某产品的设计定型最低可接收值值 MTBF(θ_1)＝70 h,选标准试验方案号 15,$a＝b＝10\%$,在总试间 $T＝400$ h 内,出现第 6 个责任故障,被判为拒收。规定置信度 $\gamma＝1-2\beta＝80\%$,试对产品 MTBF 进行估计。

解: ① MTBF 的观测值(点估计值):

$$\hat{\theta}=\frac{T}{r}=\frac{400}{6} \text{ h}=66.7 \text{ h} \tag{6-35}$$

② MTBF 的区间估计。

方法一:查表 6 - 7,求置信下限系数 $\theta_L(\gamma,r)$ 和置信上限系数 $\theta_U(\gamma,r)$:

$$\theta_L(\gamma',r)=\theta_L(0.9,6)=0.647, \quad \theta_U(\gamma',r)=\theta_U(0.9,6)=1.904$$

计算置信下限 θ_L 和置信上限 θ_U:

$$\left.\begin{array}{l} \theta_L=\theta_L(\gamma',r)\cdot\hat{\theta}=0.647\times66.7 \text{ h}=43.1 \text{ h} \\ \theta_U=\theta_U(\gamma',r)\cdot\hat{\theta}=1.904\times66.7 \text{ h}=127 \text{ h} \end{array}\right\} \tag{6-36}$$

方法二：查 χ^2 表得

$$\theta_{\mathrm{L}} = \frac{2T}{\chi^2_{\frac{1-\gamma}{2}}(2r)} = \frac{2 \times 400}{\chi^2_{0.1}(2 \times 6)} = \frac{800}{18.549}\ \mathrm{h} = 43.1\ \mathrm{h}$$

$$\theta_{\mathrm{U}} = \frac{2T}{\chi^2_{\frac{1+\gamma}{2}}(2r)} = \frac{2 \times 620}{\chi^2_{0.9}(2 \times 6)} = \frac{800}{6.304}\ \mathrm{h} = 127\ \mathrm{h}$$

MTBF 的验证区间为(43.1 h,127 h),置信度 $\gamma = 80\%$。

这说明 MTBF 的真值落在该区间的概率至少为 80%,或者说 MTBF 的真值≥43.1 h 的概率为 90%,MTBF 的真值≤127 h 的概率为 90%。

6.3.2 定数截尾抽样方案

1. 抽验规则

从一批产品中随机抽取 n 个样品进行试验,当试验到事先规定的截尾故障数 r 时停止试验,r 个故障的故障时间分别为 $t_1 \leqslant t_2 \leqslant \cdots \leqslant t_r(r \leqslant n)$,根据这些数据,可求出平均寿命 θ 的极大似然估计为

$$\hat{\theta} = \begin{cases} \dfrac{n \cdot t_r}{r}, & \text{有替换} \\[3mm] \dfrac{1}{r}\left[\sum_{i=1}^{r} t_i + (n-r) \cdot t_r\right], & \text{无替换} \end{cases} \tag{6-37}$$

则定数截尾试验的抽验规则如下:

当 $\hat{\theta} \geqslant c$ 时,产品批合格,接收这批产品;

当 $\hat{\theta} < c$ 时,产品批不合格,拒收这批产品。

其中 c 为合格判定试验时间(注意与定时截尾含意不同),其过程如图 6-4 所示。

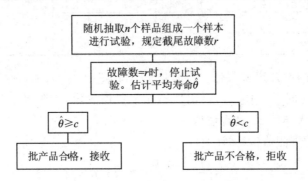

图 6-4 定数截尾抽验过程图

此方案的关键在于如何规定截尾故障数 r、合格判定数 c 和确定抽样的样本容量 n。

2. 试验方案

制定定数截尾试验的抽样方案需要规定生产方风险 α、使用方风险 β、可接收的平均寿命 θ_0 和不可接收的平均寿命 θ_1,而通常是根据生产方的可能和使用方的要求协商确定的。这样定数截尾平均寿命抽样方案是在给定 α、β、θ_0、θ_1 下,由下列方程组确定 n、c、r:

$$L(\theta_0) = P(\theta \geqslant c; \theta_0) = 1 - \alpha \tag{6-38}$$

$$L(\theta_1) = P(\hat{\theta} \geqslant c; \theta_1) = \beta \qquad (6-39)$$

在解方程时,为使用上的方便,把极限平均寿命 θ_1 看作一个单位,并令 $\theta_0 = d\theta_1$,则 $d = \theta_0/\theta_1$,称为鉴别比。则上述公式等价于:

$$L(\theta_0) = P\left(\frac{2r\hat{\theta}}{\theta_0} \geqslant \frac{2rc}{\theta_0}\right) = 1 - \alpha \qquad (6-40)$$

$$L(\theta_1) = P\left(\frac{2r\hat{\theta}}{\theta_1} \geqslant \frac{2rc}{\theta_1}\right) = \beta \qquad (6-41)$$

式中, $\dfrac{2r\hat{\theta}}{\theta_0}$ 或 $\dfrac{2r\hat{\theta}}{\theta_1}$ 服从自由度为 $2r$ 的 χ^2 分布,可写成

$$\chi^2_{1-\alpha}(2r) = \frac{2rc}{\theta_0} \qquad (6-42)$$

$$\chi^2_{\beta}(2r) = \frac{2rc}{\theta_1} \qquad (6-43)$$

或

$$\frac{c}{\theta_0} = \frac{\chi^2_{1-\alpha}(2r)}{2r} \qquad (6-44)$$

$$\frac{c}{\theta_1} = \frac{\chi^2_{\beta}(2r)}{2r} \qquad (6-45)$$

可得出

$$d = \frac{\theta_0}{\theta_1} = \frac{\chi^2_{\beta}(2r)}{\chi^2_{1-\alpha}(2r)} \qquad (6-46)$$

于是,对预定的 α、β 及 d 值,根据式(6-46)可得出定数截尾试验的抽样方案。表 6-8 列出了常用的 α、β 及 d 的值对应的定数截尾抽样方案。

表 6-8　定数截尾抽样方案表

鉴别比 $d = \theta_0/\theta_1$	$\alpha=0.05, \beta=0.05$		$\alpha=0.05, \beta=0.10$		$\alpha=0.10, \beta=0.05$		$\alpha=0.10, \beta=0.10$	
	r	c/θ_1	r	c/θ_1	r	c/θ_1	r	c/θ_1
1.5	67	1.212	55	1.184	52	1.241	41	1.209
2	23	1.366	19	1.310	18	1.424	15	1.374
3	10	1.629	8	1.494	8	1.746	6	1.575
5	5	1.970	4	1.710	4	2.180	3	1.835
10	3	2.720	2	2.720	2	2.660	2	2.660

例 6.7　某产品生产方风险和使用方风险相同,均取 $\alpha = \beta = 0.1$,并确定 $\theta_1 = 200$ h, $\theta_0 = 1\,000$ h,试确定一个定数截尾抽样方案。

解:根据 $d = \theta_0/\theta_1 = 5$, $\alpha = \beta = 0.1$,查表可得 $r = 3$, $c/\theta_1 = 1.835$,则 $c = 1.835 \times 200$ h $= 367$ h。

得到方案:截尾故障数 $r = 3$,合格判定数 $c = 367$ h。即任取 n 个产品(无替换, $n > 4$),试验到 $r = 3$ 时,停止试验,按式(6-37)计算 $\hat{\theta}$。判断:当 $\hat{\theta} \geqslant 367$ 时,接收;当 $\hat{\theta} < 367$ 时,拒收。

3. 产品 MTBF 估计

设 r 是定数截尾试验预先规定的故障数,当试验进行到出现第 r 个故障时截止试验,此时总的累计试验时间为 T。如果试验中故障数 r 很少,所得估计误差较大,则应选 r 较大一些。MTBF 的点估计值为 $\hat{\theta} = \dfrac{T}{r}$。

给定置信度 γ,则 $\hat{\theta}$ 的单侧置信下限为

$$\theta_{L} = \frac{2r}{\chi^2_{1-\gamma}(2r)}\hat{\theta} = \frac{2T}{\chi^2_{1-\gamma}(2r)} \tag{6-47}$$

$\hat{\theta}$ 的双侧置信区间 (θ_L, θ_U) 为

$$\theta_{L} = \frac{2r}{\chi^2_{\frac{1-\gamma}{2}}(2r)}\hat{\theta} = \frac{2T}{\chi^2_{\frac{1-\gamma}{2}}(2r)} \tag{6-48}$$

$$\theta_{U} = \frac{2r}{\chi^2_{\frac{1+\gamma}{2}}(2r)}\hat{\theta} = \frac{2T}{\chi^2_{\frac{1+\gamma}{2}}(2r)} \tag{6-49}$$

6.3.3 序贯截尾抽样方案

某些产品的寿命做抽样检验时,希望抽验量 n 尽量少。特别是那些产量少、价格昂贵的产品或系统,有的只能提供几个,甚至一个样品。此外,还要求试验时间不要太长,能较快地作出结论。前面所述定时和定数两种截尾试验抽样方案,可以满足样品少的要求,但由于它们是一次作出接收或拒收决定,没有充分利用每一个故障发生时提供的信息,因此,一般来说试验时间比较长,而序贯试验抽样方案则可避免这个缺点。

1. 抽验规则

序贯试验抽样方案是 1947 年由 Wald 提出的。其抽验规则如下:

从一批产品中随机抽取 n 个样品进行试验,对发生的每个故障 $r(r=1,2,\cdots,n)$ 都规定两个判别时间,即合格的下限时间 T_A 和不合格的上限时间 T_R,每次故障发生时,计算第 r 个失效时 n 个样品的总试验时间 T:

$$T = \begin{cases} n \cdot t_r, & \text{有替换} \\ \sum_{i=1}^{r} t_i + (n-r) \cdot t_r, & \text{无替换} \end{cases} \tag{6-50}$$

则判断规则如下:

如果 $T \geqslant T_A$,认为产品符合要求,接收这批产品,停止试验;

如果 $T \leqslant T_R$,认为产品不符合要求,拒收这批产品,停止试验;

如果 $T_R < T < T_A$,不能作出接收或拒收的决定,需继续试验,到下一个判决值时再作比较,直至可以判决,停止试验。

序贯试验抽样方案是发生一次故障,就作出一次判断,决定是接收、拒收,还是继续做试验,它充分利用试验所提供的每一次故障信息,可以减少抽验量或试验时间,但在管理上麻烦一些。

2. 试验方案

（1）有替换

设有 n 个产品做有替换试验，若产品故障时间服从指数分布，在总试验时间 $T = nt$ 内有 r 个故障发生，则出现这一试验结果 θ 的概率为

$$P(\theta) = \frac{\left(\dfrac{T}{\theta}\right)^r \cdot \mathrm{e}^{-\frac{T}{\theta}}}{r!} \tag{6-51}$$

如果 $\theta = \theta_0$，则出现试验结果的概率为 $P(\theta_0) = \dfrac{\left(\dfrac{T}{\theta_0}\right)^r \cdot \mathrm{e}^{-\frac{T}{\theta}}}{r!} = 1 - \alpha$；

如果 $\theta = \theta_1$，则出现试验结果的概率为 $P(\theta_1) = \dfrac{\left(\dfrac{T}{\theta_1}\right)^r \cdot \mathrm{e}^{-\frac{T}{\theta_1}}}{r!} = \beta$。

这两个概率之比为

$$\frac{P(\theta_1)}{P(\theta_0)} = \left(\frac{\theta_0}{\theta_1}\right)^r \cdot \mathrm{e}^{-\left(\frac{1}{\theta_1} - \frac{1}{\theta_0}\right)T} \tag{6-52}$$

（2）无替换

设有 n 个产品做无替换试验，直至第 r 个故障发生，其故障发生时间的次序（统计量的观测值）为 $t_1 < t_2 < t_3 < \cdots < t_r$。

由于指数分布参数为 θ，分布密度函数为 $f(t) = \dfrac{1}{\theta} \mathrm{e}^{-\frac{t}{\theta}}$，则试验结果的极大似然函数可写为

$$P(\theta) = \frac{n!}{(n-r)!} \left(\frac{1}{\theta}\right)^r \mathrm{e}^{-\frac{T}{\theta}} \tag{6-53}$$

如果 $\theta = \theta_0$，则出现试验结果的概率为 $P(\theta_0) = \dfrac{n!}{(n-r)!} \left(\dfrac{1}{\theta_0}\right)^r \mathrm{e}^{-\frac{T}{\theta_0}} = 1 - \alpha$；

如果 $\theta = \theta_1$，则出现试验结果的概率为 $P(\theta_1) = \dfrac{n!}{(n-r)!} \left(\dfrac{1}{\theta_1}\right)^r \mathrm{e}^{-\frac{T}{\theta_1}} = \beta$。

这两个概率之比为

$$\frac{P(\theta_1)}{P(\theta_0)} = \left(\frac{\theta_0}{\theta_1}\right)^r \cdot \mathrm{e}^{-\left(\frac{1}{\theta_1} - \frac{1}{\theta_0}\right)T}$$

可以看出无替换情况下得到的概率比与有替换情况下的概率比相同。

这就是通常所说的概率比序贯抽样试验方案（PRST）。根据序贯抽样试验的思想，如果 $P(\theta_0)$ 明显大于 $P(\theta_1)$，则从接收角度来看，$\theta = \theta_0$ 的可能性大；如果 $P(\theta_0)$ 明显小于 $P(\theta_1)$，则从拒收角度来看，$\theta = \theta_1$ 的可能性大。

Wald 提出了一个近似公式：$A \approx \dfrac{1-\beta}{\alpha} > 1, B \approx \dfrac{\beta}{1-\alpha} < 1$。

如果 $\dfrac{P(\theta_1)}{P(\theta_0)} \leqslant B$，则认为 $\theta = \theta_0$，接收并停止试验；

如果 $\dfrac{P(\theta_1)}{P(\theta_0)} \geqslant A$，则认为 $\theta = \theta_1$，拒收并停止试验；

如果 $A \geqslant \dfrac{P(\theta_1)}{P(\theta_0)} \geqslant B$，则继续试验。

于是继续试验的条件为

$$B < \frac{P(\theta_1)}{P(\theta_0)} = \left(\frac{\theta_0}{\theta_1}\right)^r \cdot e^{-\left(\frac{1}{\theta_1} - \frac{1}{\theta_0}\right)T} < A \qquad (6-54)$$

两边取自然对数，得

$$\left. \begin{array}{c} \ln B < r\ln \dfrac{\theta_0}{\theta_1} - \left(\dfrac{1}{\theta_1} - \dfrac{1}{\theta_0}\right)T < \ln A \\[4mm] \dfrac{-\ln A + r\ln \dfrac{\theta_0}{\theta_1}}{\dfrac{1}{\theta_1} - \dfrac{1}{\theta_0}} < T < \dfrac{-\ln B + r\ln \dfrac{\theta_0}{\theta_1}}{\dfrac{1}{\theta_1} - \dfrac{1}{\theta_0}} \end{array} \right\} \qquad (6-55)$$

将 $A = \dfrac{1-\beta}{\alpha}$、$B = \dfrac{\beta}{1-\alpha}$ 代入上式并令：

$$h_1 = \frac{\ln \dfrac{1-\beta}{\alpha}}{\dfrac{1}{\theta_1} - \dfrac{1}{\theta_0}}, \quad h_0 = \frac{-\ln \dfrac{\beta}{1-\alpha}}{\dfrac{1}{\theta_1} - \dfrac{1}{\theta_0}}, \quad s = \frac{\ln \dfrac{\theta_0}{\theta_1}}{\dfrac{1}{\theta_1} - \dfrac{1}{\theta_0}} \qquad (6-56)$$

得到继续试验的条件为

$$-h_1 + sr < T < h_0 + sr \qquad (6-57)$$

由此得到序贯试验接收线和拒收线的表达式：

$$\left. \begin{array}{c} T(A) = h_0 + sr \\ T(R) = -h_1 + sr \end{array} \right\} \qquad (6-58)$$

式中，$T(A)$、$T(R)$ 分别为接收线和拒收线。

可以看到，只要给出 α、β、θ_0、θ_1，就可以在 $T-r$ 坐标上绘出接收线、拒收线和继续试验区，如图 6-5 所示。

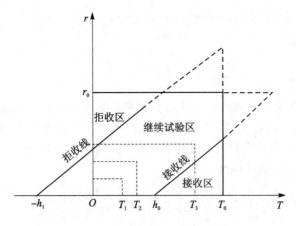

图 6-5　序贯抽样方案判决图

判决方法：抽取 n 个样品进行试验,当其中任何一个发生故障时,都记下发生故障的时间,则故障时间分别记为 $T_1,T_2,\cdots,T_r$,将点 (T_r,r) 标在图上,根据其落入的区域来作出判决。

序贯试验有个缺点,(T_r,r) 点可能一直滞留在继续试验区内,迟迟作不出判决,为此采用下述强迫停止试验的办法：

取适当的截尾数 r_0。让直线 $r=r_0$ 与直线 $T=sr$ 交于 (sr_0,r_0)。作直线 $T=sr_0$ 平行于纵轴。

$T=sr_0$ 叫截尾合格判定线。如 (T_r,r) 穿越 $T=sr_0$,就算进入接收区,接收。

$r=r_0$ 叫截尾不合格判定线。如 (T_r,r) 穿越 $r=r_0$,就算进入拒收区,拒收。

序贯截尾抽样方案判决图如图 6-6 所示。

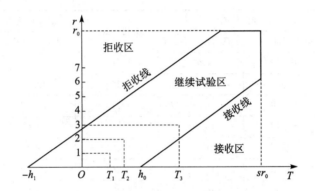

图 6-6　序贯截尾抽样方案判决图

GJB 899A—2009 提供了标准型序贯试验方案 1~6,以及短时高风险试验方案 7~8。各方案的决策风险和鉴别比如表 6-9 和表 6-10 所列。由于 A_c 和 R_e 的取整数及截尾,α、β 的实际值与名义值有一些不同。

表 6-9　标准型序贯试验方案简表

方案号	决策风险/%				鉴别比 $d=\theta_0/\theta_1$	判决标准
	名义值[①]		实际值			
	α	β	α'	β'		
1	10	10	11.1	12.0	1.5	见表 6-11
2	20	20	22.7	23.2	1.5	见表 6-12
3	10	10	12.8	12.8	2.0	见表 6-13
4	20	20	22.3	22.5	2.0	见表 6-14
5	10	10	11.1	10.9	3.0	见表 6-15
6	20	20	18.2	19.2	3.0	见表 6-16

① 名义值又叫标称值,用来称呼各方案的决策风险。

表 6-10　短时高风险序贯试验方案简表

方案号	决策风险/%				鉴别比 $d=\theta_0/\theta_1$	判别标准
	名义值		实际值			
	α	β	α'	β'		
7	30	30	31.9	32.2	1.5	见表 6-17
8	30	30	29.3	29.9	2.0	见表 6-18

为了避免作图的麻烦(有时作图不够精确),列出了诸方案对应于不同故障数的接收累计试验时间及拒收累计试验时间,如表 6-11~表 6-18 所列。

表 6-11　方案 1 的接收、拒收累计试验时间表[①]

责任失效数	累计总试验时间(单位:θ_1)[②]		责任失效数	累计总试验时间(单位:θ_1)[②]	
	拒收($\leqslant$)T_{Re}	接收($\geqslant$)T_{Ac}		拒收($\leqslant$)T_{Re}	接收($\geqslant$)T_{Ac}
0	不适用	6.95	21	18.50	32.49
1	不适用	8.17	22	19.80	33.70
2	不适用	9.38	23	21.02	34.92
3	不适用	10.60	24	22.23	36.13
4	不适用	11.80	25	23.45	37.35
5	不适用	13.03	26	24.66	38.57
6	0.34	14.25	27	25.88	39.78
7	1.56	15.46	28	27.07	41.00
8	2.78	16.69	29	28.31	42.22
9	3.99	17.90	30	29.53	43.43
10	5.20	19.11	31	30.74	44.65
11	6.42	20.33	32	31.96	45.86
12	7.64	21.54	33	33.18	47.08
13	8.86	22.76	34	34.39	48.30
14	10.07	23.98	35	35.61	49.50
15	11.29	25.19	36	36.82	49.50
16	12.50	26.41	37	38.04	49.50
17	13.72	27.62	38	39.26	49.50
18	14.94	28.64	39	40.47	49.50
19	16.15	30.06	40	41.69	49.50
20	17.37	31.27	41	49.50	不适用

① 总试验时间是全部受试产品工作时间的总和。

② 实际截止时间是表上的截止时间乘以试验的 MTBF 下限(θ_1)。

表 6 – 12　方案 2 的接收、拒收表

故障数	累计总试验时间(单位：θ_1)		故障数	累计总试验时间(单位：θ_1)	
	拒收($\leqslant$)T_{Re}	接收($\geqslant$)T_{Ac}		拒收($\leqslant$)T_{Re}	接收($\geqslant$)T_{Ac}
0	不适用	4.19	10	8.76	16.35
1	不适用	5.40	11	9.98	17.57
2	不适用	6.62	12	11.19	18.73
3	0.24	7.83	13	12.41	19.99
4	1.46	9.05	14	13.62	21.21
5	2.67	10.26	15	14.84	21.90
6	3.90	11.49	16	16.05	21.90
7	5.12	12.71	17	17.28	21.90
8	6.33	13.92	18	18.50	21.90
9	7.55	15.14	19	21.90	不适用

表 6 – 13　方案 3 的接收、拒收表

故障数	累计总试验时间(单位：θ_1)		故障数	累计总试验时间(单位：θ_1)	
	拒收($\leqslant$)T_{Re}	接收($\geqslant$)T_{Ac}		拒收($\leqslant$)T_{Re}	接收($\geqslant$)T_{Ac}
0	不适用	4.40	9	9.02	16.88
1	不适用	5.79	10	10.40	18.26
2	不适用	7.18	11	11.79	19.65
3	0.70	8.56	12	13.18	20.60
4	2.08	9.94	13	14.56	20.60
5	3.48	11.34	14	15.94	20.60
6	4.86	12.72	15	17.34	20.60
7	6.24	14.10	16	20.60	不适用
8	7.63	15.49			

表 6 – 14　方案 4 的接收、拒收表

故障数	累计总试验时间(单位：θ_1)		故障数	累计总试验时间(单位：θ_1)	
	拒收($\leqslant$)T_{Re}	接收($\geqslant$)T_{Ac}		拒收($\leqslant$)T_{Re}	接收($\geqslant$)T_{Ac}
0	不适用	2.80	5	4.86	9.74
1	不适用	4.18	6	6.24	9.74
2	0.70	5.58	7	7.62	9.74
3	2.08	6.96	8	9.74	不适用
4	3.46	8.34			

表 6 - 15 方案 5 的接收、拒收表

故障数	累计总试验时间(单位：θ_1)		故障数	累计总试验时间(单位：θ_1)	
	拒收($\leqslant$)T_{Re}	接收($\geqslant$)T_{Ac}		拒收($\leqslant$)T_{Re}	接收($\geqslant$)T_{Ac}
0	不适用	3.75	4	3.87	10.35
1	不适用	5.40	5	5.52	10.35
2	0.57	7.05	6	7.17	10.35
3	2.22	8.70	7	10.35	不适用

表 6 - 16 方案 6 的接收、拒收表

故障数	累计总试验时间(单位：θ_1)		故障数	累计总试验时间(单位：θ_1)	
	拒收($\leqslant$)T_{Re}	接收($\geqslant$)T_{Ac}		拒收($\leqslant$)T_{Re}	接收($\geqslant$)T_{Ac}
0	不适用	2.67	2	0.36	4.50
1	不适用	4.32	3	4.50	不适用

表 6 - 17 方案 7 的接收、拒收表

故障数	累计总试验时间(单位：θ_1)		故障数	累计总试验时间(单位：θ_1)	
	拒收($\leqslant$)T_{Re}	接收($\geqslant$)T_{Ac}		拒收($\leqslant$)T_{Re}	接收($\geqslant$)T_{Ac}
0	不适用	3.15	4	2.43	6.80
1	不适用	4.37	5	3.65	6.80
2	不适用	5.58	6	6.80	不适用
3	1.22	6.80			

表 6 - 18 方案 8 的接收、拒收表

故障数	累计总试验时间(单位：θ_1)		故障数	累计总试验时间(单位：θ_1)	
	拒收($\leqslant$)T_{Re}	接收($\geqslant$)T_{Ac}		拒收($\leqslant$)T_{Re}	接收($\geqslant$)T_{Ac}
0	不适用	1.72	2	不适用	4.50
1	不适用	3.10	3	4.50	不适用

程序如下：

① 使用方及生产方协商确定 θ_0、θ_1、α、β。$d = \theta_0/\theta_1$ 取 1.5、2.0、3.0 之一，α、β 取 10%、20%（短时高风险试验方案取 30%）。

② 查出相应方案号及相应的序贯试验判决表。判决表中的时间以 θ_1 为单位，使用时应将判决表中的时间乘以 θ_1 得到实际的判决时间 T_{Ac} 及 T_{Re}（T_{Ac} 为接收判决时间，T_{Re} 为拒收判决时间）。

③ 进行序贯可靠性试验。如果为可靠性验收试验，则每批产品至少应有 2 台接受试验。样本量建议为批产品的 10%，但最多不超过 20 台。进行试验时，将受试产品的实际总试验时间 T（台时）及故障数 r 逐次和相应的判决值 T_A、T_R 比较：

如果 $T \geqslant T_A$ 判决接收，则停止试验；

如果 $T \leqslant T_R$ 判决拒收，则停止试验；

如果 $T_R < T < T_A$，则继续试验，到下一个判决值时再作比较，直至可以判决，停止试验时为止。

注意，也可以把序贯试验判决表画成序贯时间判决图，图中标出合格判定线及不合格判定线、接收区及拒收区、继续试验区。将试验所得的点(T,r)画在图上，当点(T,r)达到或超出拒收线或接收线时，即作出拒收或接收判决，停止试验。方案 1 的序贯试验判决图如图 6-7 所示。其他方案的序贯试验判决图可查 GJB 899A—2009。

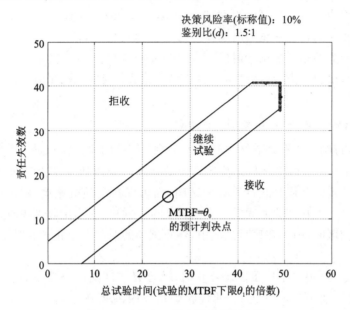

图 6-7　方案 1 的序贯试验判决图

例 6.8　使用方及生产方对飞机上用的黑盒子的可靠性验证试验协定为：$\theta_1 = 50$ h，$\theta_0 = 100$ h($d = \theta_0 / \theta_1 = 2.0$ 符合 GJB 899A—2009 鉴别比值要求)。$\alpha = \beta = 20\%$。试拟定它的序贯试验方案。

解:　已定 $\theta_1 = 50$ h，$\theta_0 = 100$ h；$\alpha = \beta = 20\%$。查得应用表方案 4。实际 $\alpha = 22.3\%$，$\beta = 22.5\%$，与名义值 $\alpha = 20\%$、$\beta = 20\%$ 略有不同，相应的序贯判决表以及用 $\theta_1 = 50$ h 转化为实际的判决时间如表 6-19 所列。

表 6-19　例 6.8 的方案 4 的接收、拒收表

故障数	累计总试验时间(单位：θ_1)		故障数	累计总试验时间(单位：θ_1)	
	拒收($\leqslant$)T_{Re}	接收($\geqslant$)T_{Ac}		拒收($\leqslant$)T_{Re}	接收($\geqslant$)T_{Ac}
0	不适用	140	5	243	487
1	不适用	209	6	314	487
2	35	279	7	381	487
3	104	348	8	487	不适用
4	173	417			

进行序贯试验，样品台数至少 2 台，具体数由双方协定，定为最少 3 台。

例 6.9　在上例的黑盒子试验中，累计总试验 486 台时，共出现 5 个故障，出故障时的总

累计试验时间(单位：h)为

50,90,120,250,390

问：如何判决？

解：根据上例的接收 T_{Ac} 及拒收 T_{Re} 表,有

第一个故障相应的累计总试验时间 $T_1=50,T_1<209$；

第二个故障相应的累计总试验时间 $T_2=90,35<T_2<279$；

第三个故障相应的累计总试验时间 $T_3=120,104<T_3<348$；

第四个故障相应的累计总试验时间 $T_4=250,173<T_4<417$；

第五个故障相应的累计总试验时间 $T_5=390,243<T_5<487$。

以上都在继续试验区内,继续试验下去到累计总试验时间 487 h 仍只有 5 个故障,故予以接收。

3. 产品 MTBF(或平均寿命 θ)的估计

某些情况下,订购方要在试验结束时给出 θ 的置信区间 (θ_L,θ_U),置信水平为 $\gamma=1-2\beta$。

必须指出：此时不能根据序贯试验计算接受判决时的累计总试验时间 T,以及不能根据出现的故障数 r 按定时截尾公式计算置信区间,因为现在是随机截尾,不是预先固定 T 时间截尾,在序贯试验中,停止试验时间是一个随机变量。同样,作出拒收判决时,也不能按照定数截尾公式计算置信区间,因为在序贯试验中,停止试验的时间及停止试验时出现的故障数都是随机变量。

GJB 899A—2009 提供了序贯试验停止时,估计置信区间的公式及表。GJB 899A—2009 中的表 A.8 为置信度 $\gamma'=(1+\gamma)/2$ 的接收置信下限系数 $\theta_L(\gamma',T_i)$ 表,表 A.9 为置信度 $\gamma'=(1+\gamma)/2$ 的接收置信上限系数 $\theta_U(\gamma',T_i)$ 表；表 A.10 为置信度 $\gamma'=(1+\gamma)/2$ 的拒收置信下限系数 $\theta_L(\gamma',T_i)$ 表,表 A.11 为置信度 $\gamma'=(1+\gamma)/2$ 的拒收置信上限系数 $\theta_U(\gamma',T_i)$ 表。

下面以方案 4 为例说明产品 MTBF(或平均寿命 θ)在接收和拒收两种情况下的区间估计。

设规定 MTBF 的置信区间相应的置信水平为 γ,则单侧置信区间的相应置信水平 $\gamma'=(1+\gamma)/2$。建议 $\gamma=1-2\beta$,则 $\gamma'=1-\beta$。

(1) 当序贯试验停止作出接收判决时,MTBF 的置信区间 (θ_L,θ_U)

当序贯试验停止作出接收判决时,MTBF 的置信区间 (θ_L,θ_U) 计算如下：

$$\theta_L=\theta_L(\gamma',T_i)\theta_1, \quad \theta_U=\theta_U(\gamma',T_i)\theta_1 \tag{6-59}$$

式中　i——试验停止时出现的故障总数；

T_i——达到接收判决时的责任故障数 i 时的试验时间；

γ'——单边置信限的置信度；

$\theta_L(\gamma',T_i)$——置信度为 γ'、责任故障数为 i 时的置信下限系数,从 GJB 899A—2009 中的表 A.8 中查出；

$\theta_U(\gamma',T_i)$——置信度为 γ',责任故障数为 i 时的置信上限系数,从 GJB 899A—2009 中的表 A.9 中查出。

表 6-20 和表 6-21 分别是对应方案 4 的置信度 $\gamma'=(1+\gamma)/2$ 的接收置信下限系数 $\theta_L(\gamma',T_i)$ 表和上限系数 $\theta_U(\gamma',T_i)$ 表,同样,其他方案的接收置信下限系数表和上限系数表

可查 GJB 899A—2009 中的表 A.8 和表 A.9。

表 6-20　接收时方案 4 下限系数 $\theta_L(\gamma', T_i)$ 表（方案 4: $\alpha=\beta=0.2$, $d=2.0$）

故障数	累计总试验时间 （单位: θ_1）	$\theta_L(\gamma', T_i)$ 接收				
		$\gamma'=0.50$	$\gamma'=0.70$	$\gamma'=0.80$	$\gamma'=0.90$	$\gamma'=0.95$
0	2.80	4.039 5	2.325 6	1.739 7	1.216 0	0.937 4
1	4.16	2.327 7	1.593 3	1.292 7	0.988 0	0.804 2
2	5.58	1.890 7	1.382 2	1.158 1	0.918 1	0.765 2
3	6.96	1.699 5	1.286 5	1.096 8	0.886 9	0.748 5
4	8.34	1.597 7	1.235 1	1.064 3	0.871 0	0.740 7
5	9.74	1.538 5	1.205 4	1.045 9	0.862 6	0.736 8
6	9.74	1.448 6	1.150 2	1.006 6	0.840 3	0.724 5
7	9.74	1.373 3	1.098 6	0.966 2	0.813 3	0.706 9

表 6-21　接收时方案 4 上限系数 $\theta_U(\gamma', T_i)$ 表（方案 4: $\alpha=\beta=0.2$, $d=2.0$）

故障数	累计总试验时间 （单位: θ_1）	$\theta_U(\gamma', T_i)$ 接收				
		$\gamma'=0.50$	$\gamma'=0.70$	$\gamma'=0.80$	$\gamma'=0.90$	$\gamma'=0.95$
0	2.80	∞	∞	∞	∞	∞
1	4.16	4.039 5	7.850 3	12.548 0	26.575 4	54.589 1
2	5.58	2.327 7	3.573 1	4.764 0	7.397 5	11.081 7
3	6.96	1.890 7	2.668 1	3.345 3	4.698 5	6.383 8
4	8.34	1.699 5	2.297 8	2.796 3	3.749 6	4.885 8
5	9.74	1.597 7	2.107 3	2.522 5	3.303 3	4.225 3
6	9.74	1.538 5	1.998 3	2.369 3	3.065 2	3.893 6
7	9.74	1.448 6	1.861 3	2.197 1	2.838 7	3.626 2

　　例 6.10　在上例的黑盒子试验中,给定的 $\beta=20\%$, $\gamma=1-2\beta=60\%$,试求 MTBF 的置信区间 (θ_L, θ_U)。

　　解: $\gamma=60\%$, $\gamma'=1-\beta=80\%$。

　　上例黑盒子试验用的方案 4,到试验停止时出现的故障数 $i=5$。查 $\theta_L(\gamma', T_i)$ 表,相应于故障数 $i=5$ 所在的行与 $\gamma'=80\%$ 所在的列交会格中的数是 1.045 9,即 $\theta_L(80\%, T_s)=1.045\ 9$,故

$$\theta_L = \theta_L(\gamma', T_i)\theta_1 = \theta_L(80\%, T_5)\theta_1 = 1.045\ 9 \times 50\ \text{h} = 52.3\ \text{h}$$

查 $\theta_U=\theta_U(\gamma', T_i)$ 表,得 $\theta_U(80\%, T_s)=2.522\ 5$,故

$$\theta_U = \theta_U(\gamma', T_i)\theta_1 = \theta_U(80\%\ T_5)\theta_1 = 2.522\ 5 \times 50\ \text{h} = 126.5\ \text{h}$$

　　故 MTBF 的置信区间为 (52.3 h, 126.5 h),相应的置信水平为 60%。

　　(2) 当序贯试验停止作出拒收判决时,MTBF 的置信区间 (θ_L, θ_U)

　　序贯试验作出拒收判决的情况要比接收判决复杂一些。

　　以方案 4 为例,到 $T=2.80\theta_1$ 时,如故障数为 0 即接收;到 $T=4.16\theta_1$ 时,如故障数为 1,即接收;到 $T=5.58\theta_1$ 时,如故障数为 2 则接收……。因此,对序贯试验判为接收而言,作出

接受判决的时间为 $2.80\theta_1$、$4.16\theta_1$、$5.58\theta_1$、$\cdots$。以 θ_1 为单位,则标准化的判决时间为 2.80、4.16、5.58、$\cdots$。

但方案 4 中,如果在 $T=0.70\theta_1$ 以前,出现故障数 1,不拒收;如果到 $T=0.70\theta_1$ 时,故障数为 2,即拒收;到 $T=2.80\theta_1$ 时,如故障数为 3,即拒收;到 $T=3.46\theta_1$ 时,如故障数为 4,即拒收。其序贯判决图如图 6-8 所示。由图可见,如果到 $T=2.80\theta_1$ 时,故障数不到 3,则继续试验;如果到 $T=3.46\theta_1$ 时,故障数为 4,则拒收。事实上,如果在相应于 Re=3 的拒收累计总时间 $T_{Re}(3)=2.08\theta_1$ 到相应于 Re=4 的拒收累计总时间 $T_{Re}(4)=3.46\theta_1$ 之间的某一累计总试验时间 T,只要出现 4 个故障,则 $(T,4)$ 就进入拒收区,因此在累计总试验时间 T 时就可以停止试验,作出拒收判决。

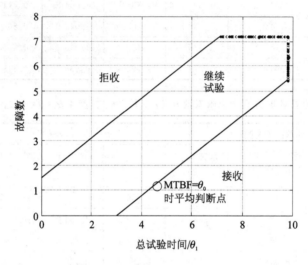

图 6-8　方案 4 的序贯判决图(GJB 899A—2009 图 A.5)

因此,方案 4 表中的标准化判决时间对拒收判决而言是路牌性的。实际的停止试验时累计总试验时间往往发生在两相继路牌(即标准化判决时间)之间。

当序贯试验停止作出拒收判决时,MTBF 的置信区间 (θ_L,θ_U) 如下计算:

$$\theta_L=\theta'_L(\gamma',T_i)\theta_1,\quad \theta_U=\theta'_U(\gamma',T_i)\theta_1 \tag{6-60}$$

系数 $\theta_L(\gamma',T_i)$ 及 $\theta_U(\gamma',T_i)$ 见 GJB 899A—2009 中的表 A.10 及表 A.11,每个方案都有对应的表。表中 T_i 是标准化判决时间。实际的 T 往往出现在两个标准化判决时间之间,相应的 $\theta_L(\gamma',T_i)$ 及 $\theta_U(\gamma',T_i)$ 通过插入得到(为了较精确地插入,把接收判据的标准化时间也作为路牌列入)。设 T 位于系数表中两个相继标准化判决时间 t_i、t_{i+1} 之间,则

$$\theta'_L(\gamma',T)=\theta'_L(\gamma',t_i)+\left[\theta'_L(\gamma',t_{i+1})-\theta'_L(\gamma',t_i)\right]\frac{T-t_i}{t_{i+1}-t_i} \tag{6-61}$$

$$\theta'_U(\gamma',T)=\theta'_U(\gamma',t_i)+\left[\theta'_U(\gamma',t_{i+1})-\theta'_U(\gamma',t_i)\right]\frac{T-t_i}{t_{i+1}-t_i} \tag{6-62}$$

表 6-22 和表 6-23 分别是对应方案 4 的置信度 $\gamma'=(1+\gamma)/2$ 的拒收置信下限系数 $\theta_L(\gamma',T_i)$ 表和上限系数 $\theta_U(\gamma',T_i)$ 表;同样,其他方案的拒收置信下限系数表和上限系数表可查 GJB 899A—2009 中的表 A.10 和表 A.11。

表 6 - 22 拒收时方案 4 下限系数 $\theta_L(\gamma', T_i)$ 表（方案 4：$\alpha = \beta = 0.2$，$d = 2.0$）

故障数	累计总试验时间（单位：θ_1）	$\theta_L(\gamma', T_i)$ 拒收				
		$\gamma' = 0.50$	$\gamma' = 0.70$	$\gamma' = 0.80$	$\gamma' = 0.90$	$\gamma' = 0.95$
2	0.70	0.417 1	0.287 0	0.233 8	0.180 0	0.147 6
3	2.08	0.812 7	0.594 4	0.499 7	0.399 6	0.336 7
4	2.80	0.891 4	0.684 3	0.564 6	0.457 8	0.389 8
4	3.46	1.028 4	0.776 7	0.664 4	0.542 8	0.464 6
5	4.16	1.073 4	0.819 3	0.705 2	0.580 9	0.500 4
5	4.86	1.163 4	0.897 7	0.776 8	0.643 8	0.556 7
6	5.58	1.191 0	0.925 1	0.803 6	0.669 3	0.580 9
6	6.24	1.247 8	0.976 7	0.851 5	0.712 0	0.619 2
7	6.96	1.265 4	0.994 8	0.869 4	0.729 1	0.635 3
7	7.62	1.303 1	1.030 1	0.902 6	0.758 6	0.661 2
8	8.34	1.314 7	1.042 3	0.914 6	0.770 0	0.671 7
8	9.74	1.376 3	1.098 6	0.966 2	0.813 3	0.706 9

表 6 - 23 拒收时方案 4 上限系数 $\theta_U(\gamma', T_i)$ 表（方案 4：$\alpha = \beta = 0.2$，$d = 2.0$）

故障数	累计总试验时间（单位：θ_1）	$\theta_U(\gamma', T_i)$ 拒收				
		$\gamma' = 0.50$	$\gamma' = 0.70$	$\gamma' = 0.80$	$\gamma' = 0.90$	$\gamma' = 0.95$
2	0.70	0.417 1	0.637 9	0.849 1	1.316 3	1.969 8
3	2.08	0.812 7	1.154 9	1.460 6	2.091 6	2.913 3
4	2.80	0.891 4	1.241 8	1.551 7	2.186 3	3.007 8
4	3.46	1.028 4	1.408 4	1.737 9	2.399 8	3.240 2
5	4.16	1.073 4	1.454 1	1.783 0	2.441 8	3.277 4
5	4.86	1.163 4	1.555 1	1.889 1	2.550 6	3.381 9
6	5.58	1.191 0	1.581 6	1.913 9	2.571 6	3.398 6
6	6.24	1.247 8	1.641 3	1.973 3	2.626 7	3.445 5
7	6.96	1.265 4	1.657 3	1.987 6	2.637 7	3.453 3
7	7.62	1.303 1	1.694 9	2.023 2	2.667 7	3.475 9
8	8.34	1.314 7	1.704 9	2.031 8	2.673 7	3.479 7
8	9.74	1.376 3	1.766 4	2.089 5	2.720 3	3.512 4

例 6.11 在上例黑盒子试验中，如进行到累计总试验时间为 50 h、90 h、120 h、150 h 时出现故障，按序贯试验方案如何判决？给定 $\gamma = 1 - 2\beta = 60\%$，求 MTBF 的置信区间 (θ_L, θ_U)。

解： $\theta_1 = 50$ h，故标准化（以 θ_1 为单位）的出故障的累计总试验时间为

$$T_1 = 1.00 \text{ h}, \quad T_2 = 1.80 \text{ h}, \quad T_3 = 2.40 \text{ h}, \quad T_4 = 3.00 \text{ h}$$

按序贯试验方案 4，到 $T_{Re}(4) = 3.46\theta_1$ 时如出现 4 个故障就拒收。今只到 $T = 3.00\theta_1$ 就出现了 4 个故障，故当出现 4 个故障时就作出拒收判决。

$T=3.00$ h 在 $\theta'_L(\gamma',T_i)$ 及 $\theta'_U(\gamma',T_i)$ 的 $t_i=2.80$ 与 $t_{i+1}=3.46$ 之间,查表 6 - 22 和表 6 - 23,由于

$$\gamma=60\%,\quad \gamma'=1-\beta=80\%$$

$$\theta'_L(80\%,2.80)=0.564\,6,\quad \theta'_L(80\%,3.46)=0.664\,4$$

故　　　$\theta'_L(80\%,3.00)=0.564\,6+(0.664\,4-0.564\,6)\dfrac{3-2.8}{3.46-2.8}=0.595$

从而　　　　　　　$\theta_L=\theta'_L(80\%,3.00)\theta_1=0.595\times 50$ h $=29.7$ h

$$\theta'_U(80\%,2.80)=1.5571,\quad \theta'_U(80\%,3.46)=1.737\,9$$

故　　　$\theta'_U(80\%,3.00)=1.557\,1+(1.737\,9-1.557\,1)\dfrac{3-2.8}{3.46-2.8}=1.608$

从而　　　　　　　$\theta_U=\theta'_U(80\%,3.00)\theta_1=1.608\times 50$ h $=80.4$ h

故 MTBF 的置信区间为 $(29.7\ \text{h},80.4\ \text{h})$,相应的置信水平为 60%。

6.3.4　全数试验方案

GJB 899A—2009 还提出了全数产品的试验方案 XⅧ,如表 6 - 24 所列。

表 6 - 24　全数试验方案 XⅧ表

故障数	累计总试验时间(单位: θ_1)		故障数	累计总试验时间(单位: θ_1)	
	拒收(≤)	接收(≥)		拒收(≤)	接收(≥)
0	不适用	4.40	9	9.02	16.88
1	不适用	5.79	10	10.40	18.26
2	不适用	7.18	11	11.79	19.65
3	0.70	8.56	12	13.18	21.04
4	2.08	9.94	13	14.56	22.42
5	3.48	11.34	14	线性	线性
6	4.86	12.72	15	线性	线性
7	6.24	14.10	16	外推	外推
8	7.63	15.49	17	外推	外推

设 T 为以 θ_1 为单位的累计总试验时间。

XⅧ 的拒收线方程: $r=0.72T+2.50$。

XⅧ 的接收线方程: $r=0.72T-3.17$。

这是在订购方要求对批产品的每一台都进行可靠性验收试验的情况下采用的试验方案。这种方案仅适用于安全要求非常高的特殊产品,并不具备普适性。这里不做详细介绍,需要时可参见 GJB 899A—2009 之 A6 全数试验统计方案。

6.4　二项分布统计试验方案

对以可靠度为指标,并以累计的成功次数的多少来确定是否符合可靠性要求的产品,选用成败型(成功率)试验方案,此方案不考虑寿命分布。所谓成功率,就是指产品在规定条件下,

成功地完成规定功能的概率或试验成功的概率(与时间无关)。成功率的观测值是指样品在试验结束时,试验中未失效的产品数(或成功的试验次数)与产品总数(或需要的试验总次数)的比值。成功率试验方案是建立在每次试验在统计意义上是独立的这一假设的基础上的。这些方案适用于可重复使用的和不可重复使用的产品。对于可重复使用的产品,在两次试验之间应按正常的维护要求进行合理的维护,以保证每次试验开始时其状况及性能基本一致,保持统计意义上的独立性。受试产品允许连续工作,以某一规定的时间间隔或实际执行一次典型的时间周期作为试验次数加以累计,来评价产品的可靠性。对不可重复使用的产品,每次试验后就不能再用于下一次试验。

产品批的成功率用符号 R 来表示。R_0 为可接收的成功率,当 $R = R_0$ 时,产品批合格,以高概率接收,这时的拒收概率即为生产方风险 α;R_1 为不可接收的成功率,当 $R = R_1$ 时,产品批不合格,以高概率拒收,此时的接收概率即为使用方风险 β。D_R 为鉴别比:

$$D_R = \frac{1-R_1}{1-R_0} \tag{6-63}$$

6.4.1 定数截尾抽样方案

1. 抽验规则

任取 n 个样品进行试验,当试验到规定的试验数 n_t 时停止试验,如果观察到的失效(故障)数为 r,则

$r \leqslant c$,产品合格,接收这批产品;

$r \geqslant c$,产品不合格,拒收这批产品。

其中 c 为合格定数,其规则如图 6-9 所示。

2. 试验方案

设 P 为失败率,R 为成功率,可接收质量 $AQ = P_0$,极限质量 $LQ = P_1$。令,$q_0 = 1-P_0$,$q_1 = 1-P_1$。

给定 P_0、P_1、α、β 后,如何选定可靠性一次抽样检验方案?即如何选定 n_t 及 c 值呢?

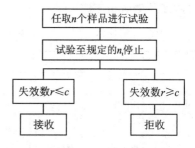

图 6-9 成败型定数抽样方案方框图

标准型抽样方案是在生产方、使用方共同商定的 P_0、P_1、α、β 的情况下,按下列方程:

$$L(P_0; n, c) = \sum_{r=0}^{c} \binom{n_t}{r} P_0^r R_0^{n_t - r} = 1 - \alpha \tag{6-64}$$

$$L(P_1; n_t, c) = \sum_{r=0}^{c} \binom{n_t}{r} P_1^r R_1^{n_t - r} = \beta \tag{6-65}$$

解出 n_t 和 c。

但在实际计算时,对于给定的 P_0、P_1、α、β,由上述方程解 n_t 和 c 要用专门的图表来解决,或用计算的方法来逐步逼近理想结果。但是 n_t、c 必须是正整数,所以上述方程式只能近似地被满足。上述方程式无普遍公式可求解,只能用尝试法。成败型定数抽样方案可由尝试法来确定,但是工作量太大。IEC 605-5(即 GB 5080.5)标准提供了成败型定数试验方案,如表 6-25 所列。

令"成功率鉴别比"(即不可靠度的鉴别比)$D=P_1/P_0$。

IEC 605 规定 4 种供选择的鉴别比值:

$$1.50, \quad 1.75, \quad 2.00, \quad 3.00$$

IEC 605 规定 4 种供选择的 α、β 值:

$$\alpha=\beta=5.0\%, \quad \alpha=\beta=10.0\%, \quad \alpha=\beta=20.0\%, \quad \alpha=\beta=30.0\%$$

IEC 605 选成败型定数试验方案的程序如下:

① 生产方根据自己产品的可靠性水平与使用方希望的极限质量进行磋商,一开始,双方提出的 P_0、P_1 不一定具有规定的鉴别比 D 值,q_0 也不一定是表 6 - 25 所列 15 种值中的一种。在协商后,参考 n_t 值,定下 q_0、D、α、β 值。

② 根据 q_0、D、α、β 值查表,得相应的 $n=n_t$ 及 Ac$=c$ 值。Re$=$Ac$+1$。

例 6.12 设 $q_0=99.00\%$,$D=3.00$(此时 $P_0=1.00\%$,因 $D=3.00$,故 $P_1=3.00\%$,即 $q_1=97.00\%$),设 $\alpha=\beta=10\%$,试设计一个可靠性一次抽样检验方案。

解:从成败型定数试验方案表可查得

$$n=n_t=308, \quad \text{Ac}=c=5, \quad \text{Re}=\text{Ac}+1=c+1=6$$

因此可靠性一次抽样检验方案如下:

随机抽取样本量为 $n=308$ 的一个样本,如试验结果的失败数 $r\leqslant5$,则认为批产品可靠性合格,接收;如 $r\geqslant6$,则认为批产品可靠性不合格,拒收。

MTBF 的单侧置信下限估计可参见 GB 4087.3—85《数据的统计处理和解释——二项分布可靠度单侧置信下限》。

表 6 - 25　成败型定数试验方案表

q_0	D	$\alpha=\beta=5\%$		$\alpha=\beta=10\%$		$\alpha=\beta=20\%$		$\alpha=\beta=30\%$	
		n_t	Ac	n_t	Ac	n_t	Ac	n_t	Ac
0.999 5	1.50	108 002	66	65 849	40	28 584	17	10 814	6
	1.75	51 726	34	32 207	21	14 306	9	5 442	3
	2.00	31 410	22	20 125	14	9 074	6	3 615	2
	3.00	10 467	9	6 181	5	2 852	2	1 626	1
0.999 0	1.50	53 998	66	32 922	40	14 291	17	5 407	6
	1.75	25 861	34	16 102	21	7 152	9	2 721	3
	2.00	15 703	22	10 061	14	4 537	6	1 807	2
	3.00	5 232	9	3 090	5	1 426	2	813	1
0.995 0	1.50	10 647	65	6 851	40	2 857	17	1 081	6
	1.75	5 168	34	3 218	21	1 429	9	544	3
	2.00	3 137	22	1 893	13	906	6	361	2
	3.00	1 044	9	617	5	285	2	162	1
0.990 0	1.50	5 320	65	3 215	39	1 428	17	540	6
	1.75	2 581	34	1 607	21	714	9	272	3
	2.00	1 567	22	945	13	453	6	081	2
	3.00	521	9	308	5	142	2	18	1

q_0	D	$\alpha=\beta=5\%$		$\alpha=\beta=10\%$		$\alpha=\beta=20\%$		$\alpha=\beta=30\%$	
		n_t	Ac	n_t	Ac	n_t	Ac	n_t	Ac
0.980 0	1.50	2 620	64	1605	39	713	17	270	6
	1.75	1 288	34	770	20	356	9	136	3
	2.00	781	22	471	13	226	6	90	2
	3.00	259	9	153	5	71	2	40	1
0.970 0	1.50	1 720	63	1 044	38	450	16	180	6
	1.75	835	33	512	20	237	9	90	3
	2.00	519	22	313	13	150	6	60	2
	3.00	158	8	101	5	47	2	27	1
0.960 0	1.50	1 288	63	782	38	337	16	135	6
	1.75	625	33	383	20	161	8	68	3
	2.00	374	21	234	13	98	5	45	2
	3.00	117	8	76	5	35	2	20	1
0.950 0	1.50	1 014	62	610	37	269	16	108	6
	1.75	486	32	306	20	129	8	54	3
	2.00	298	21	187	13	78	5	36	2
	3.00	93	8	60	5	28	2	16	1
0.940 0	1.50	832	61	508	37	224	16	90	6
	1.75	404	32	244	19	107	8	45	3
	2.00	248	21	155	13	65	5	30	2
	3.00	77	8	50	5	23	2	13	1
0.930 0	1.50	702	60	424	36	192	16	77	6
	1.75	336	31	208	19	92	8	38	3
	2.00	203	20	125	12	55	5	25	2
	3.00	66	8	42	5	20	2	11	1
0.920 0	1.50	613	60	371	36	168	16	67	6
	1.75	294	31	182	19	80	8	34	3
	2.00	177	20	109	12	48	5	22	2
	3.00	57	8	37	5	17	2	10	1
0.910 0	1.50	536	59	329	36	149	16	60	6
	1.75	253	30	154	18	71	8	30	3
	2.00	157	20	96	12	43	5	20	2
	3.00	51	8	33	5	15	2	9	1

q_0	D	$\alpha=\beta=5\%$		$\alpha=\beta=10\%$		$\alpha=\beta=20\%$		$\alpha=\beta=30\%$	
		n_t	Ac	n_t	Ac	n_t	Ac	n_t	Ac
0.900 0	1.50	474	58	288	35	134	16	53	6
	1.75	227	30	138	18	64	8	27	3
	2.00	135	19	86	12	39	5	18	2
	3.00	41	7	25	4	14	2	8	1
0.850 0	1.50	294	54	181	33	79	14	35	6
	1.75	141	28	87	17	42	8	18	3
	2.00	85	18	53	11	21	4	12	2
	3.00	26	7	16	4	9	2	5	1
0.800 0	1.50	204	50	127	31	55	13	26	6
	1.75	98	26	61	16	28	8	13	3
	2.00	60	17	36	10	19	5	9	2
	3.00	17	6	9	3	4	1	4	1

6.4.2　序贯截尾抽样方案

每次从批中抽取一个或一组产品,检验后按某一确定规则作出接收该批或拒收该批或检验另一组产品的决定叫序贯抽样试验。设批产品的不可靠性为 p,随机抽取其中一个产品,它的不可靠性特性值为 X。如果失败,$X=1$;如果成功,$X=0$。随机抽取一个样本量为 n 的样本,特性值为 $(x_1,x_2,\cdots,x_n)$。其中有 m 个 1,$n-m$ 个 0。试验结果记为 $(n-m,m)$。

计数序贯抽样方案不规定抽取多少样本,每次只抽取一个样品,边试边看,可见这种抽样方案充分利用了试验过程的信息,可使平均抽样量进一步减小。

序贯抽样是以概率比检验为基础的。当抽验第 n 次时,共有 r_n 次失败,出现这样结果的概率由二项分布给出:

$$P(R,r_n)=\binom{n}{r_n}R^{n-r_n}(1-R)^{r_n} \tag{6-66}$$

当 $R=R_0$ 时,

$$P(R_0,r_n)=\binom{n}{r_n}R_0^{n-r_n}(1-R_0)^{r_n}=p_0 \tag{6-67}$$

当 $R=R_1$ 时,

$$P(R_1,r_n)=\binom{n}{r_n}R_1^{n-r_n}(1-R_1)^{r_n}=p_1 \tag{6-68}$$

计算概率比:

$$\frac{p_1}{p_0}=\frac{R_1^{n-r_n}(1-R_1)^{r_n}}{R_0^{n-r_n}(1-R_0)^{r_n}} \tag{6-69}$$

可以理解,若 p_1/p_0 很大,则 $R=R_1$ 的可能性很大,可判产品不合格;若 p_1/p_0 很小,则 $R=R_0$ 的可能性很大,可判产品合格;若 p_1/p_0 不大不小,则难以判断,需要继续试验。判断

p_1/p_0 大小需选取一个较小的数 B 和一个较大的数 A 作为判定数,来考察 B、p_1/p_0、A 这三者之间的关系:

若 $p_1/p_0 \leqslant B$,则认为 $R = R_0$,产品合格,接收;

若 $p_1/p_0 \geqslant A$,则认为 $R = R_1$,产品不合格,拒收;

若 $B < p_1/p_0 < A$,则不足以判断,继续试验。

可见继续试验的条件是:

$$B < \frac{R_1^{n-r_n}(1-R_1)^{r_n}}{R_0^{n-r_n}(1-R_0)^{r_n}} < A \tag{6-70}$$

Wald 提出了一个近似公式: $A \approx \dfrac{1-\beta}{\alpha} > 1$, $B \approx \dfrac{\beta}{1-\alpha} < 1$。

不等式两边取对数: $\ln B < (n-r_n)\ln\dfrac{R_1}{R_0} + r_n\ln\dfrac{1-R_1}{1-R_0} < \ln A$,即

$$\frac{\ln B - n\ln\dfrac{R_1}{R_0}}{\ln\dfrac{1-R_1}{1-R_0} - \ln\dfrac{R_1}{R_0}} < r_n < \frac{\ln A - n\ln\dfrac{R_1}{R_0}}{\ln\dfrac{1-R_1}{1-R_0} - \ln\dfrac{R_1}{R_0}} \tag{6-71}$$

令 $s = \dfrac{-\ln\dfrac{R_1}{R_0}}{\ln\dfrac{1-R_1}{1-R_0} - \ln\dfrac{R_1}{R_0}}$, $h_0 = \dfrac{-\ln B}{\ln\dfrac{1-R_1}{1-R_0} - \ln\dfrac{R_1}{R_0}}$, $h_1 = \dfrac{-\ln A}{\ln\dfrac{1-R_1}{1-R_0} - \ln\dfrac{R_1}{R_0}}$

则简化得到

$$h_0 + sn < r_n < h_1 + sn \tag{6-72}$$

于是判断规则如下:

$r_n \leqslant h_0 + sn$ 认为 $R = R_0$,产品合格,接收;

$r_n \geqslant h_1 + sn$ 认为 $R = R_1$,产品不合格,拒收;

$h_0 + sn < r_n < h_1 + sn$,不足以判断,继续试验。

这个判断法则可用几何图形来表示,如图 6-10 所示。以试验数 n 为横轴,以失败数 r_n 为纵轴,作直线 Ac 与 Re。

$\begin{cases} \text{Ac:} rn = h_0 + sn \text{——合格判定线;} \\ \text{Re:} rn = h_1 + sn \text{——不合格判定线。} \end{cases}$

该二直线将 $n - r_n$ 平面划分成 3 个区域:接收区、拒收区、继续试验区。

由此可知,判断规则如下:

(n, r_n) 落入 Ac 线以下区域,接收产品;

(n, r_n) 落入 Re 线以上区域,拒收产品;

(n, r_n) 落入 Ac 线与 Re 线之间,继续试验。

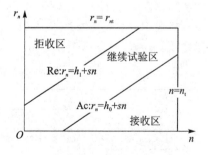

图 6-10　序贯抽样方案

但是也存在这样的可能性,(n, r_n) 点有较长时间在继续试验区内游动,这就一直要试验下去,作不出接收还是拒收的决策。为此规定了两个数 n_t 和 r_{nt}。

当 $n=n_t$ 时,如 $r_n < r_{nt}$,认为批产品合格,接收;当 $r_n > r_{nt}$ 时,认为批产品不合格,拒收。即在图 6-10 中加入两条直线,其方程为

$$\left. \begin{array}{l} n=n_t \\ r_n=r_{nt} \end{array} \right\} \tag{6-73}$$

这叫截尾线。这样在序贯试验图上加了两条截尾线。"截尾检验"是一种减小检验工作量的抽样检验方法。继续试验区就是 Ac、Re、$n=n_t$、$r_n=r_{nt}$、x 轴、y 轴围成的区域。

IEC 605-5(GB 5080.5)标准提供了可供选用的成败型序贯截尾试验抽样方案,如表 6-26 所列。

IEC 605 提供了 4 种供选择的鉴别比 D 值:

$$1.50, \quad 1.75, \quad 2.00, \quad 3.00$$

提供了 4 种供选择的 α、β 值:

$$\alpha=\beta=5.0\%, \quad \alpha=\beta=10.0\%, \quad \alpha=\beta=20.0\%, \quad \alpha=\beta=30.0\%$$

提供的 q_0 值有 15 种。

用 IEC 605 选成败型序贯截尾抽样方案的程序如下:

① 生产方及使用方协商确定 q_0、D、α、β 值。

② 根据 q_0、D、$\alpha=\beta$ 值,查表得 s,$h_0=h_1=h$,n_t,r_t。

③ 在 $n-r$ 平面上作出成败型序贯截尾抽样方案图,即作出合格判定线、不合格判定线、截尾线,标出继续试验区、接收区、拒收区。

④ 根据试验结果,逐点画出 (n,r),$n=1,2,\cdots$,连成一条折线,根据此折线的情况作出决策。

例 6.13 设 $q_0=99\%$,$D=3.00$,$\alpha=\beta=10\%$,试设计一个可靠性截尾序贯抽样检验方案。

解:从表 6-26 成败型序贯截尾试验方案表可查得

$$s=0.001\,824, \quad h=1.963\,5, \quad n_t=482, \quad r_t=8$$

故

合格判定线 Ac:$r=-1.963\,5+0.018\,24n$;

不合格线 Re:$r=1.963\,5+0.018\,24n$;

截尾线:$n=n_t=482$,$r=r_t=8$。

表 6-26　成败型序贯截尾试验方案表

q_0	D	s	$\alpha=\beta=5\%$			$\alpha=\beta=10\%$			$\alpha=\beta=20\%$			$\alpha=\beta=30\%$		
			h	n_t	r_t	h	n_t	r_t	h	n_t	r_t	h	n_t	r_t
0.999 5	1.50	0.000 62	7.257 4	207 850	122	5.415 7	125 370	73	3.416 9	50 249	29	2.088 4	17 641	10
	1.75	0.000 67	5.258 0	97 383	60	3.923 7	58 035	36	2.475 6	22 665	14	1.513 1	3 201	5
	2.00	0.000 72	4.244 9	57 176	38	3.167 6	33 121	22	1.998 6	13 361	9	1.221 5	4 396	3
	3.00	0.000 91	2.677 7	17 223	14	1.998 2	9 873	8	1.260 7	3 434	3	0.770 5	1 945	2

q_0	D	s	$\alpha=\beta=5\%$			$\alpha=\beta=10\%$			$\alpha=\beta=20\%$			$\alpha=\beta=30\%$		
			h	n_t	r_t	h	n_t	r_t	h	n_t	r_t	h	n_t	r_t
0.999 0	1.50	0.001 25	7.252 9	102 220	121	5.412 3	61 291	72	3.414 8	25 125	29	2.087 1	8 819	10
	1.75	0.001 34	5.254 5	47 677	60	3.921 0	20 040	36	2.473 9	11 334	14	1.512 0	4 093	5
	2.00	0.001 44	4.241 8	23 536	38	3.165 4	16 563	22	1.997 1	6 930	9	1.220 6	2197	3
	3.00	0.001 82	2.675 3	8 609	14	1.996 4	4 932	8	1.259 6	1 718	3	0.769 8	973	2
0.995	1.50	0.006 17	7.217 1	20 038	119	5.385 6	12 037	71	3.397 9	5 025	29	2.076 8	1 766	10
	1.75	0.006 70	5.226 3	9 269	59	3.900 0	5 561	35	2.460 6	2 269	14	1.503 9	917	5
	2.00	0.007 22	4.217 3	5 458	37	3.147 1	3 296	22	1.985 6	1 384	9	1.213 6	439	3
	3.00	0.009 11	2.655 7	140	13	1.981 8	971	8	1.250 4	342	3	0.764 2	194	2
0.990	1.50	0.012 33	7.172 3	9 803	117	5.352 2	5 012	70	3.370 9	2 508	29	2.063 9	883	10
	1.75	0.013 41	5.191 0	4 530	58	3.873 7	2 765	35	2.444 0	1 129	14	1.493 8	406	5
	2.00	0.014 44	4.186 6	2 634	36	3.124 2	1 638	22	1.971 1	691	9	1.204 7	220	3
	3.00	0.018 24	2.631 3	767	13	1.963 5	482	8	1.238 8	173	3	0.757 2	97	2
0.980	1.50	0.024 67	7.082 7	4 713	133	5.285 3	2 856	68	3.334 7	1 196	28	2.038 1	439	10
	1.75	0.026 82	5.120 4	2 169	56	3.821 0	1 329	34	2.410 8	560	14	1.473 5	204	5
	2.00	0.028 89	4.125 2	1 263	35	3.078 4	767	21	1.942 2	340	9	1.187 1	108	3
	3.00	0.036 55	2.582 2	374	13	1.926 9	284	8	1.215 7	83	3	0.743 1	48	2
0.970	1.50	0.037 01	6.993 1	3 015	109	5.218 4	1 833	66	3.292 5	760	27	2.012 3	291	10
	1.75	0.040 85	5.049 8	1 389	54	3.768 3	827	32	2.377 5	371	14	1.453 1	134	5
	2.00	0.043 36	4.063 7	817	34	3.032 5	481	20	1.913 3	193	8	1.169 4	73	3
	3.00	0.054 93	2.532 9	228	12	1.890 1	152	8	1.192 5	57	3	0.728 9	32	2
0.960	1.50	0.049 36	6.903 4	2 220	107	5.151 5	1 356	65	3.250 3	571	27	1.986 5	216	10
	1.75	0.053 69	4.979 1	1 017	53	3.715 5	619	32	2.344 2	255	13	1.432 8	101	5
	2.00	0.057 85	4.002 2	589	33	2.986 5	361	20	1.884 3	146	8	1.151 7	55	3
	3.00	0.073 30	2.483 5	170	12	1.853 2	99	7	1.169 3	43	3	0.714 6	24	2
0.950	1.50	0.061 71	6.813 7	1 721	105	5.084 6	1 047	63	3.208 0	436	26	1.960 7	176	10
	1.75	0.067 14	4.908 3	781	51	3.662 7	476	31	2.310 9	201	13	1.412 4	79	5
	2.00	0.072 36	3.940 6	455	32	2.940 6	286	20	1.855 3	116	8	1.133 9	43	3
	3.00	0.091 03	2.433 7	133	12	1.816 1	79	7	1.145 9	32	3	0.700 3	19	2
0.940	1.50	0.074 07	6.724 0	1 419	103	5.017 6	857	62	3.165 8	363	26	1.934 9	126	9
	1.75	0.090 60	4.837 5	636	50	3.609 9	383	30	2.277 6	167	13	1.392 0	65	5
	2.00	0.086 99	3.878 8	366	31	2.894 5	238	20	1.826 2	94	8	1.116 3	36	3
	3.00	0.110 57	2.383 8	103	11	1.778 9	62	7	1.122 3	26	3	0.686 0	16	2
0.930	1.50	0.086 43	6.634 2	1 177	100	4.950 6	722	61	3.123 5	299	25	1.909 1	108	9
	1.75	0.094 07	4.766 6	533	49	3.557 0	327	30	2.244 2	143	13	1.371 6	56	5
	2.00	0.101 44	3.817 0	303	30	2.848 4	192	19	1.797 1	82	8	1.098 4	31	3
	3.00	0.129 30	2.333 6	86	11	1.741 4	54	7	1.098 7	23	3	0.671 5	13	2

续表 6 - 26

q_0	D	s	$\alpha=\beta=5\%$			$\alpha=\beta=10\%$			$\alpha=\beta=20\%$			$\alpha=\beta=30\%$		
			h	n_t	r_t	h	n_t	r_t	h	n_t	r_t	h	n_t	r_t
0.920	1.50	0.098 80	6.544 4	1 008	98	4.883 6	609	59	3.081 2	249	24	1.883 2	93	9
	1.75	0.107 55	4.695 6	455	48	3.504 0	276	30	2.210 8	115	12	1.351 2	48	5
	2.00	0.116 02	3.755 1	264	30	2.802 2	158	18	1.768 0	70	8	1.080 6	26	3
	3.00	0.148 14	2.283 1	74	11	1.703 7	46	7	1.074 9	19	3	0.657 0	11	2
0.910	1.50	0.111 17	6.454 6	881	86	4.816 6	589	57	3.038 9	220	24	1.857 4	85	9
	1.75	0.121 05	4.624 6	395	47	3.451 0	236	29	2.177 4	102	12	1.330 8	43	5
	2.00	0.130 62	3.693 1	234	30	2.755 9	132	17	1.738 8	63	8	1.062 7	22	3
	3.00	0.167 09	2.232 3	64	11	1.665 8	39	6	1.051 0	17	3	0.642 4	10	2
0.900	1.50	0.123 55	6.364 7	772	85	4.749 5	461	56	2.996 6	190	23	1.831 5	75	9
	1.75	0.134 56	4.553 5	343	46	3.398 0	212	28	2.143 9	92	12	1.310 3	38	5
	2.00	0.145 24	3.630 9	204	28	2.709 5	119	17	1.709 5	49	7	1.044 8	20	3
	3.00	0.186 17	2.181 2	54	10	1.627 7	32	6	1.026 9	15	3	0.627 7	9	2
0.850	1.50	0.185 55	5.914 4	457	84	4.413 5	278	51	2.784 6	114	21	1.702 0	53	8
	1.75	0.202 36	4.196 8	204	41	3.131 8	119	22	1.975 9	55	22	1.207 7	21	4
	2.00	0.218 82	3.318 4	115	25	2.476 3	69	15	1.562 4	31	7	0.954 9	13	3
	3.00	0.283 79	1.919 5	31	9	1.432 4	19	6	0.903 8	9	3	0.552 4	6	2
0.800	1.50	0.247 74	5.462 8	304	75	4.076 5	187	46	2.572 0	77	19	1.572 0	28	7
	1.75	0.270 63	3.837 6	137	37	2.863 7	81	22	1.806 8	36	10	1.104 3	13	4
	2.00	0.293 30	3.002 0	78	23	2.240 2	44	13	1.413 4	20	6	0.863 9	10	2
	3.00	0.386 85	1.643 3	17	7	1.226 3	12	5	0.773 7	5	2	0.472 9	4	2

6.5　可靠性验证试验的一般流程

本书第 3 章中关于可靠性试验的实施流程均适用于可靠性验证试验,为了便于实施和管理,可靠性鉴定与验收试验的实施过程同样分为试验前准备阶段、试验运行阶段和试验后总结阶段等 3 个阶段。

6.5.1　可靠性鉴定与验收试验前准备阶段

对于可靠性验证试验,特别是可靠性鉴定试验,其最重要、也是与其他可靠性试验不同的工作内容主要是确定受试产品及其技术状态和确定统计试验方案;另外,大纲中对于故障判据、故障统计及故障处理的要求也尤为重要,因为故障统计结果是可靠性验证试验结果评估的唯一依据。其余工作与其他可靠性试验类同。

1. 确定受试产品

原则上型号研制总要求中有可靠性指标要求的设备在设计定型前均应进行可靠性鉴定试验,在批生产验收时应完成可靠性验收试验。

一般情况下,能按系统组合进行可靠性鉴定与验收试验的设备应按系统组合进行试验。

当仅对系统的一部分进行可靠性鉴定与验收试验时,应重新计算出受试部分的可靠性指标。

2. 受试产品技术状态

设计定型可靠性鉴定试验的受试产品应为设计定型状态,可靠性验收试验的受试产品应为批生产状态。受试产品应完成环境应力筛选。其同批设备应完成规定的环境鉴定试验(根据产品的特点及使用环境的不同,各型号有不完全相同的规定,但通常高温贮存、低温贮存、高温工作、低温工作和振动功能试验是最低的要求)。

3. 确定统计方案

在 6.4 节中,我们已经介绍了统计试验方案选取的原则,型号中,除一般按照受试产品的具体特点选择 GJB 899A 中的可靠性验证试验的统计方案外,有时还有一些特殊的规定:原则上,定型级别为二级的重要产品,为避免在定型阶段使用方承担过高的风险,设计定型可靠性鉴定试验不推荐使用短时高风险方案;新研制的复杂产品,可靠性鉴定试验在时间允许的情况下,尽可能选择风险比较低的方案;对于改进改型设备,建议采用短时高风险的统计方案。

4. 故障判据、故障分类及故障统计原则

在本书第 1 章中,我们已经介绍过故障定义及故障分类方面的相关内容,对于可靠性验证试验,由于试验必须给出是否通过的判决,而故障统计对结果的评估起到至关重要的作用,因此必须明确什么情况下产品判为故障、故障的种类和分类原则以及故障的统计原则。故障判据取决于研制总要求或协议书中的设备性能指标及功能。

根据 GJB 899A,在试验过程中,出现下列任何一种状态时,应判定受试产品出现故障:

① 在规定的条件下,受试产品不能工作;

② 在规定的条件下,受试产品参数检测结果超出规范允许的范围;

③ 在试验过程中,设备(包括安装架)的机械、结构部件或元器件发生松动、破裂、断裂或损坏等。

对于试验过程中出现的故障,同样可分为责任故障和非责任故障。只有责任故障才是用于可靠性鉴定与验收试验统计的故障。

试验过程中,只有下列情况可判为非责任故障:

① 误操作引起的受试产品故障;

② 试验装置及测试仪表故障引起的受试产品故障;

③ 超出设备工作极限的环境条件和工作条件引起的受试产品故障;

④ 修复过程中引入的故障;

⑤ 将有寿器件超期使用,使得该器件产生故障及其引发的从属故障。

除可判定为非责任的故障外,其他所有故障均判为责任故障。

只有责任故障才能作为判定受试产品合格与否的根据。责任故障应按下面的原则进行统计:

① 可证实是由于同一个原因引起的间歇故障,只计为一次故障。

② 多种故障模式由同一原因引起时,整个事件计为一次故障。

③ 有多个元器件在试验过程中同时出现故障时,当不能证明是一个元器件故障引起了另一些故障时,每个元器件的故障计为一次独立的故障;若可证明是一个元器件的故障引起的另一些故障时,则所有元器件的故障合计为一次故障。

④ 经报告过的由同一原因引起的故障,由于未能真正排除而再次出现时,应和原来报告过的故障合计为一次故障。

⑤ 多次发生在相同部位、相同性质、相同原因的故障,若经分析确认采取纠正措施经验证有效后将不再发生,则合计为一次故障。

⑥ 在故障检修期间,若发现受试产品中还存在其他故障而不能确定为是由原有故障引起的,则应将其视为单独的责任故障进行统计。

6.5.2　可靠性鉴定与验收试验运行阶段

第 3 章介绍的试验过程中的工作对可靠性鉴定与验收试验都是适用的;此外,对于可靠性鉴定与验收试验,试验运行阶段最重要的工作是故障的处理和试验结束的判据。

1. 试验中故障的处理

试验期间,设备的异常现象在根据可靠性鉴定与验收试验大纲中的规定判为故障时,应按FRACAS 的要求,填写 FRACAS 表,该套表格分为"可靠性鉴定与验收试验故障报告表"、"可靠性鉴定与验收试验故障分析报告表"和"可靠性鉴定与验收试验故障纠正措施报告表"(GJB 899A 中有样表,不同的型号也可以根据自身型号的特点自行制定)。

故障确认后,应按下面的程序进行故障处理:

① 暂停试验,将试验箱温度恢复到标准大气条件后,取出故障产品。

② 对故障产品进行故障分析,并按 FRACAS 的要求,填写"可靠性鉴定与验收试验故障报告表"。

③ 当故障原因确定后,对故障产品进行修复时,可以更换由于其他元器件故障引起应力超出允许额定值的元器件,但不能更换性能虽已恶化但未超出允许容限的元器件;当更换元器件确有困难时,可更换模块。

④ 在故障部件检测和修理期间,经使用方同意,可临时更换出故障的部件,否则不应更换故障部件。

⑤ 经修理恢复到可工作状态的产品,在证实其修理有效后,重新投入试验,但其累计试验时间应从发生故障的温度段的零时开始记录。

⑥ 按 FRACAS 的要求,将纠正措施填写在"可靠性鉴定与验收试验故障纠正措施报告表"中。

⑦ 根据试验大纲中的有关规定对故障进行定位。

2. 试验的结束

当试验过程中出现的责任故障数超出统计方案规定的接收故障数时,即可作出拒收判决,此次可靠性鉴定与验收试验结束。

当累计试验时间达到统计方案中规定的试验时间,且受试产品发生的责任故障数小于统计方案规定的拒收故障数时,即可做出接收判决。

对于多台产品受试的可靠性验证试验,只要有一台产品的累计试验时间未达到平均试验时间的一半,则不能作出合格判决。

6.5.3　可靠性鉴定与验收试验后总结阶段

在完成可靠性鉴定与验收试验后,除了对故障采取纠正措施、编写相应的试验报告、完成试验工作总结报告外,近年来,许多重大型号均将故障归零工作列为试验后的一项重要工作内容。

可靠性鉴定与验收试验后,必须对试验过程中出现的责任故障进行归零,此项工作由承制方负责完成,并应完成"故障归零"报告。其主要内容包括:

① 故障发生时机和环境条件;

② 故障现象;

③ 故障原因,必要时,进行故障树分析(FTA);

④ 故障复现情况(为保证故障定位的准确性,故障应能复现);

⑤ 采取的纠正措施(包括设计、工艺和管理上的纠正措施);

⑥ 纠正措施的有效验证及举一反三工作情况;

⑦ 管理归零情况;

⑧ 归零过程中形成的报告、纪要等材料汇总;

⑨ 其他相关内容。

必要时,应组织故障归零评审。

本章习题

1. 可靠性验证试验有哪些种类?
2. 对航空航天产品进行可靠性验证试验的目的有哪些?
3. 可靠性验证试验有哪些项目?
4. 简述可靠性验证试验统计方案。

第7章 环境应力筛选

7.1 概 述

7.1.1 基本概念

可靠性是设计到产品中的,但通过设计使产品的可靠性达到了目标值并不意味着投产后产品的可靠性就能达到这一目标。产品在生产过程中,由于原材料的不一致性、生产工艺的波动性、设备状况的变化、操作者技术水平和生产责任心的差异以及质量检验和管理等方面的因素,造成产品或多或少存在缺陷和隐患;明显的缺陷可以通过常规的检验和测试手段加以排除,而潜在的缺陷如不加以剔除,产品在使用过程中往往会出现早期故障,使产品的可靠性低于常规的产品,不能达到设计的要求。

筛选就是设法剔除由于原材料、不良元器件、工艺缺陷和其他原因所造成的早期故障,从而达到提高产品质量和可靠性的目的。

对于产品存在的潜在缺陷,常规的质量控制或检测方法很难将它们剔除出来,只有采取特殊的检测方法或施加相应的外部应力,使这些潜在缺陷激活并发展成故障,才能将它们剔除。筛选的方法很多,如检查筛选,密封性筛选,贮存、老练筛选,应力筛选及特殊筛选等。检查方法分为目视检查和用仪器设备检查,常用仪器有显微镜、红外线和 X 射线仪等;密封性筛选有液浸检漏、氦质谱、放射性等;贮存、老炼筛选有高温贮存、低温贮存(不常用)、功率老炼等方法;特殊筛选有抗辐射、高真空等。

环境应力筛选(ESS)是一种应力筛选,它通过对产品施加合理的环境应力(如振动、温度等)和电应力,将其潜在的缺陷激活成故障,并通过检验发现,通过采取有效措施加以排除。它是迅速暴露产品的隐患和激发缺陷最有效的一种筛选方法,是一种工艺手段。

环境应力筛选的效果主要取决于所施加的环境应力水平、电应力水平和检测仪器的能力。应力的大小决定了能否将潜在的缺陷激发出来变成故障,而激发出的故障能否被找出来、准确定位并最终排除,则取决于仪器的水平、技术能力和管理等,因此,ESS 是一个问题的析出、识别、分析和纠正的过程。

环境应力筛选因其在剔除早期缺陷方面的特殊作用而受到普遍重视,并广泛应用于产品的研制和生产中。在美国军用标准 MIL – STD – 785 和我国国家标准 GJB 450A 中被列为可靠性工作项目之一。

7.1.2 环境应力筛选的发展

初级阶段,采取的方法一般是施加简单的振动冲击或者温度。比如跌落试验(冲击)或用木槌或改锥柄敲击产品,这种方法对电子设备的接插件、元器件接头的松动还是有一定的筛选效果的,目前还在使用(特别是对民品,比如电视机、自动售货机、计算机等),但这种方法也存在明显缺点,即应力不能定量,而且重复性差;温度筛选一般称为老炼试验,即长时间地暴露在高温环境中,比如常用的有 120 ℃、180 h;对于民用产品,如电视机,一般做 40 ℃、168 h(7 天)的筛选。

发展到 20 世纪五六十年代,多采用温度循环与正弦定频振动组合的试验方法进行筛选,比如美国 1957 年提出的 AGREE 法(温度循环-54～+55 ℃,正弦定频振动 2g)。这种方法比单纯施加振动冲击或高温、低温要好得多。

70 年代,环境应力筛选(当时也称高效环境应力筛选)发展起来,即出现温度循环与随机振动综合(组合)试验。1979 年 5 月,美国海军发布 NAVMAT P-9492(Navy Manufacturing Screening Program),首次提出了"6.06 Grms 的随机振动+温度循环"的试验技术。该方法首先应用于 Apollo 登月计划,后来运用到"海神"导弹。

1980 年 9 月发布的 MIL-STD-785B《设备和系统研制与生产阶段的可靠性大纲》中,首次提出 ESS 这个术语,将 ESS 作为工作项目正式纳入标准范畴。

以美国为首的发达国家尝到 ESS 的甜头之后,纷纷以文件或标准的形式要求装备研制生产中必须开展此项工作。其中最具影响力的文献当属 MIL-STD-2164《电子设备环境应力筛选方法》和 DoD-HDBK-344《电子设备环境应力筛选》。1985 年 4 月发布的 MIL-STD-2164 是对 ESS 工作予以规定的第一个统一的标准,明确了常规筛选的方法,但该标准对试验设备、夹具、控制容差、试验剖面、温度循环时间等都作了硬性规定,存在着明显的不足。1986 年 10 月,美国国防部发布的 DoD-HDBK-344 为定量筛选提供了指导,要求筛选到浴盆曲线的转折点处,即剔除所有早期故障。

1986 年 10 月发布的 MIL-STD-781D《工程研制、鉴定和生产的可靠性试验》和 1987 年发布的 MIL-HDBK-781《工程研制、鉴定和生产的可靠性试验方法、方案和环境》,对 ESS 监控方法作了具体指导。1987 年 5 月发布的 AMC-R702-25《AMC 环境应力筛选大纲》,明确规定"在大多数情况下,有必要使应力超过产品的设计规范,以达到能析出产品中固有的早期缺陷或潜在缺陷的水平"。1988 年 6 月,美国 SACRAMENTO 航空后勤中心发布《环境应力筛选手册》,为电子和机电设备采购和修理规定了 R&M2000 ESS 要求,首次明确规定 ESS 技术也适用于机电产品和大修硬件。1996 年 6 月美国发布的 MIL-HDBK-2164A 手册中,指出不存在适用于所有产品的通用筛选大纲,筛选方案的确定是一个反复的过程[7]。

我国以 MIL-STD-2164 标准为蓝本制定了 GJB 1032-1990《电子产品环境应力筛选方法》[6],由于 MIL-STD-2164 本身的局限性,以及当初对环境应力筛选方法的认识不够,GJB 1032—1990 存在着很多不足,这些我们将在后面的章节中介绍。20 世纪 90 年代引进了定量筛选方法,以 DoD-HDBK-344 手册为蓝本制定了 GJB/Z 34—1993《电子产品定量环境应力筛选指南》[9]等一系列标准,较之 GJB 1032—1990,GJB/Z 34 更科学、严谨,但由于筛选条件的制定要依据元器件的缺陷率和所施加应力的筛选度等,而元器件缺陷率是一估计值,且随着大规模集成电路和新研模块在产品上的大量应用,缺陷率估计值的可信性越来越小,因此定量筛选的结果很不理想,加上 GJB/Z 34 只适用于纯电子产品,所以武器装备研制和生产中很少进行定量筛选。

由于常规筛选方法技术简单,实施相对便捷,因此多年来在航空航天及其他领域均开展较多,因 GJB 1032—1990 的局限性和不足,多年来各个行业也发展起来自身的一些筛选方法;作为理论研究和方法研讨,许多业内人士也开展了大量的研究工作并积极推进该标准的修订工作,其替代版本 GJB 1032A—2020[4] 于 2021 年 1 月 6 日颁布,2021 年 3 月 1 日正式实施。

另外,多年的环境应力筛选实践证明,没有一种普适的筛选方法和筛选条件,因而结合自身产品特点,积极收集筛选过程中的信息和数据,制定适合行业、企业特点的筛选方法和条件是最合理的。国外很多公司的筛选条件是作为公司的秘密来保守的,这就是为什么 MIL‑STD‑2164 在修订时变成了 MIL‑HDBK‑2164A 的原因。在我国,各个行业也在探索适合行业特色的环境应力筛选方法,例如 QJ 3138—2001《航天产品环境应力筛选指南》[30]。

7.1.3　环境应力筛选的基本特性

环境应力筛选的基本特性如下:

① 其目的是剔除早期故障。

② 不必精确模拟真实的环境条件。

环境应力筛选是通过施加加速环境应力,在最短时间内析出最多的可筛缺陷。其目的是找出产品中的薄弱部分,但不能损坏好的部分或引入新的缺陷,且此应力不能超出设计极限。

③ 一般元器件、部件(组件)、产品(设备)三级(三级 100%)均需进行环境应力筛选。

④ 应对百分之百的产品进行筛选。

⑤ 对于不存在缺陷而且性能良好的产品应是做非破坏性的试验,对于有潜在缺陷的产品应能诱发其故障。

每一种结构类型的产品,应当有其特有的筛选,这就要求必须选择适当的应力和合理的时间。严格来说,不存在一个通用的、对所有产品都具有最佳效果的筛选方法,这是因为不同结构的产品,对环境(如振动、温度)作用的响应是不同的。某一给定的应力筛选可能会对多种受筛选产品都产生效果,这在研制线路组件或电路板这一组装等级上可能性更大。然而,某一给定筛选应力析出缺陷而又不产生过应力的有效性取决于产品本身及其内部元器件对施加应力的响应。

⑥ 不应改变产品的故障机理。

⑦ 不能替代可靠性验证试验,但通过筛选的产品有利于验证的顺利通过。

7.1.4　环境应力筛选方案设计时应考虑的主要内容和要求

制定环境应力筛选方案必须对需要筛选的产品进行足够的研究,利用经验信息对产品中可能的缺陷确定全面的性能测试内容,选用能有效析出故障的应力筛选类型,制定一个能改善产品可靠性和质量又不会对受筛产品性能和寿命产生有害影响的环境应力筛选大纲。制定环境应力筛选大纲应满足以下要求:

① 应能激发由于潜在缺陷而引起的早期故障。

② 施加的环境应力不必是产品规定的试验剖面,但需模拟规定条件的各种工作模式,即环境应力筛选的条件可以不必模拟实际使用的环境条件,但受筛件的各种工作功能必须能够实现,即需要模拟其全部工作状态。

③ 应能迅速暴露各种隐患和缺陷。

④ 不应使合格的产品发生故障。

这一点在应用 GJB 1032A 进行筛选时不能给予保障,这也是在进行 HASS 时先以 HALT 作为预试验来确定筛选应力的原因所在。

⑤ 不应留下残余应力或影响产品使用寿命。

⑥ 重要产品的筛选应贯穿于制造过程的各阶段,着重强调元器件筛选。

⑦ 环境应力应以效费比最高为确定条件,对不太重要的产品,可以适当放宽要求。

7.1.5　环境应力筛选与其他可靠性试验的关系

(1) 环境应力筛选与可靠性增长

环境应力筛选与其他可靠性试验密不可分,在所有可靠性试验中,可靠性增长试验与它最相似,都是要找出并纠正故障,提高产品的可靠性。它们之间的异同在第 6 章中已介绍。这里需要指出的是:环境应力筛选是用来剔除早期缺陷导致的故障,一般不针对设计造成的固有缺陷,是工艺过程而不是一般意义上的试验。通过它,尽量使产品的可靠性达到或接近设计的固有值,对应浴盆曲线的 Ⅰ 区,可以提高产品的使用可靠性,它不能提高产品的固有可靠性。而可靠性增长则通过反复的试验—分析—纠正的过程,消除产品的设计缺陷,降低故障率,提高产品的固有可靠性,即使浴盆曲线整个向下平移。

(2) 环境应力筛选与可靠性验证试验

环境应力筛选是可靠性验证试验(鉴定和验收)的前提,任何提交验证试验的产品都必须经过三级 100% 环境应力筛选,因为验证试验是为了验证可靠性指标,对于寿命服从指数分布的电子产品,对应于浴盆曲线的 Ⅱ 区,即恒定失效率的区域,只有通过环境应力筛选,消除了早期失效的产品,在验证试验过程中其试验结果才代表真实的可靠性水平,统计结果才真实可信,也更利于产品顺利通过验证试验。

7.2　环境应力

7.2.1　典型环境应力筛选效果比较

筛选可以使用各种环境应力,但应力的选择原则是能激发故障,而不是模拟使用环境。根据以往的工程实践经验,不是所有的应力在激发产品内部缺陷方面都特别有效,因此通常仅选用其中的几种典型应力进行筛选。常用的典型环境应力有:恒定高温(恒定低温很少使用)、温度循环、温度冲击、扫频正弦振动、随机振动、温度循环+随机振动等,并同时施加相应的电应力。这些应力的强度和费用比较如表 7-1 所列。从表中可以看出,应力强度高的是随机振动、快速温变的温度循环以及二者的组合或综合,不过它们的费用也比较高。

表 7-1　典型筛选应力强度和费用比较

类　别	应力类型		应力强度	费　用
温度	恒定高温		低	低
	温度循环	慢速温变	较高	较高
		快速温变	高	高
	温度冲击		较高	一般
振动	扫频正弦		较低	一般
	随机振动		高	高
组(综)合	温度循环与随机振动		高	很高

图 7-1 是对 12 种应力的筛选效果进行调查统计得出的结论,有一定的代表性,从图中可以看出,温度循环和随机振动是最有效的筛选应力。图 7-2 是 QUANTA 公司统计得出的各种应力筛选效果图,图中圆内的部分代表产品的全部早期缺陷。从图 7-2 也可以看出,温度循环和随机振动应可以剔除绝大部分的早期故障。因此,一般情况下,若使用方没有特殊要求,环境应力筛选最常采用的是温度循环和随机振动两种应力。

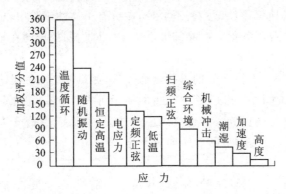

图 7-1　各种筛选方法的效果比较

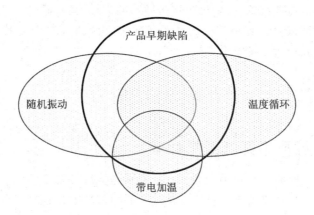

图 7-2　综合应力筛选效果

环境应力筛选作为一种重要的工艺手段,其暴露的缺陷也有明显的工艺特性,如大部分缺陷是由于工艺方法或装配操作不当造成的;还有些是元器件本身质量低劣或选用不当造成的。表 7-2 列出了温度循环和随机振动激发的常见故障。

表 7-2　温度循环和随机振动激发的常见故障

缺陷类型	环境应力		缺陷类型	环境应力	
	温度循环	随机振动		温度循环	随机振动
参数漂移	*		相邻元器件短路		*
电路板短、开路	*	*	相邻电路板接触		*
布线连接不当		*	虚焊		*
元器件装配不当	*	*	元器件松脱		*
错用元件	*		冷焊接点缺陷	*	*

续表 7-2

缺陷类型	环境应力		缺陷类型	环境应力	
	温度循环	随机振动		温度循环	随机振动
密封失效	*		硬件松脱		*
元件污染	*		有缺陷低劣元器件	*	*
多余物	*	*	紧固件松动		*
导线擦破		*	连接器不配对		*
导线夹断		*	元器件断腿		*
导线松		*	接触不良	*	*

　＊　该应力下能够激发出这种故障模式。

7.2.2　典型环境应力筛选特性分析

前面我们对各种筛选应力的筛选效果进行了比较,上述的统计结果是针对大多数电子设备或器件得到的,并不一定适用于所有产品,每一种应力用到受筛件上,受筛件都会有相应的应变产生,有些产品(或元器件)对某些应力特别敏感,因此对于特定的产品,确定筛选应力时应在分析各种应力的特性及产品特性后再进行。下面分别论述每种筛选应力的特性。

1. 恒定高温

恒定高温筛选也称为高温老炼。

① 基本参数:上限温度 T_U 和恒温时间 T;另外,还应考虑室内环境温度 T_e,因为真正起作用的是温度变化幅度。

② 特性分析:高温老炼是一种静态工艺,其筛选机理是通过提供额外的热应力,迫使缺陷发生。

如果受筛产品是发热产品,则在高温下其内部温度分布将极不均匀,这取决于元器件发热功率、表面积、表面辐射系数以及附近空气流速等,因此应测量受筛产品重要元器件的温度,防止其在达到筛选温度的前提下过热。

2. 温度循环

① 基本参数:上限温度 T_U、下限温度 T_L、温变率 V、上限温度保温时间 t_u、下限温度保温时间 t_l 和循环次数 N。

② 特性分析:对筛选效果影响最大的是温变率、温变范围和循环次数。上下限温度保持时间应能保证产品温度达到稳定,过长的保持时间对筛选效果影响不大。

温度变化会使产品产生热胀冷缩效应,而加大温变率会加大热胀冷缩程度,增强热应力循环则是为了累积这种激发效应。

温度循环中试验箱内气流速度是一个关键因素,它直接影响产品的温变率。产品温变率远低于试验箱内空气温变率,因此提高试验箱空气流速可以使产品温变率加大。

(1) 温度和温度变化范围

一般来说,温度达到 50 ℃以上才能发现缺陷。温度越高,变化范围越大,筛选效率也越好,因此只要产品或产品中的元器件工作温度范围允许,就可以增大变化幅度以提高效率。

（2）温变率

温度循环之所以效率高,主要原因之一是因为采用了高的温变率。温变率越大,筛选效果越好。为了保证温度快速变化,应选用加热和制冷能力大的试验箱。试验时若可能,应打开设备外壳,使元器件暴露于空气流中。筛选标准规定温变率为 5 ℃/min,也可以根据需要提高温变率,甚至可以高达 30 ℃/min。

（3）循环次数

① 所需筛选时间受温度循环次数控制。循环次数也是应力应变方向的变化次数。

② 使有缺陷的产品出故障比使完好产品出故障所需循环次数少许多。适当地确定热应力大小及循环次数,就能析出故障而不消耗使用寿命。

③ 对于生产中的工艺筛选来说,循环次数对筛选效果起很重要的作用。筛选效率随循环数的增加而迅速提高,产品越复杂,所需的循环次数越多。

图 7-3 是温度变化范围为 80 ℃时电路板的几种温变率下的温度循环筛选效果比较,其中筛选度为产品中存在对某一特定筛选敏感的潜在缺陷时,该筛选将该缺陷以故障形式析出的概率。从图中可以看出,温变率越高,筛选效果越好,但温变率超过 30 ℃/min 时,筛选效果提高的幅度不是十分明显,因此,一般常规筛选温变率均不超过 30 ℃/min。但是高的温变率能够筛出的缺陷种类更多,因此高加速应力筛选会选择更高的温变率,如 60 ℃/min。

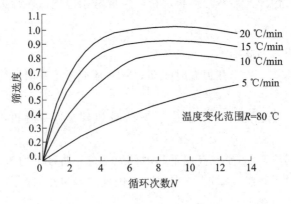

图 7-3 筛选效果对比曲线

3. 温度冲击

① 基本参数:上限温度 T_U、下限温度 T_L、温度转换时间、上限温度停留时间 t_u、下限温度停留时间 t_l 和循环次数 N。

② 特性分析:温度冲击这一方法能够提供较高的温变率,产生的热应力较大,是筛选元器件特别是集成电路的有效方法。温度冲击可能会造成附加损坏,而且不能实现全面检测,不易发现故障。但在缺乏具有足够速率的高低温箱的情况下,温度冲击方法是一种可行的替代方法。

4. 正弦扫频振动

① 基本参数:最低频率、最高频率、加速度峰值或位移、扫频速度、扫描时间和振动轴向。

② 特性分析：正弦扫频振动中，能依次用一定的时间对产品内要重点加以筛选的元器件的共振频率进行激励，产生共振，但由于不是同时激励，作用时间较短，其筛选效果较随机振动低，而且不易避开敏感元器件的共振频率。

5. 随机振动

① 基本参数：频率范围、加速度功率谱密度、振动时间和振动轴向。

图 7 - 4 为 GJB 1032A—2020 规定的随机振动功率谱密度。

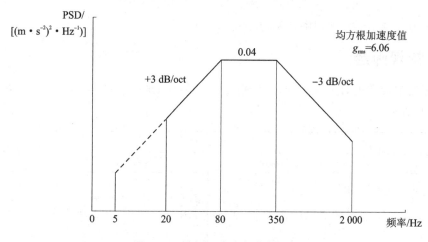

图 7 - 4　随机振动功率谱密度图

② 特性分析：随机振动是在很宽的频率范围内对产品施加振动，产品在不同的频率上同时受到应力，使产品的许多共振点同时受到激励。这就意味着具有不同共振频率的元器件同时在共振，从而使安装不当的元器件受扭曲、疲劳、碰撞等而损坏的概率增大。由于随机振动这一同时激励特性，其筛选效果大大增强，筛选所需持续时间大大缩短，其持续时间可以减少到扫频正弦时间的 $1/3 \sim 1/5$。

③ 均方根加速度量值低于 $4g_{rms}$ 时的筛选不太有效，而 $6g_{rms}$ 量值下的筛选效果要高得多；筛选效率还随振动时间的增加而迅速提高。图 7 - 5 为加速度均方根值对随机振动筛选效率的影响。该图表明，振动量值越大，筛选效果越好，振动 30 min 将发现 80% 左右的故障。但经验表明，振动 5～15 min 就能达到理想的效果，因此 GJB 1032A 中规定试验在最敏感轴

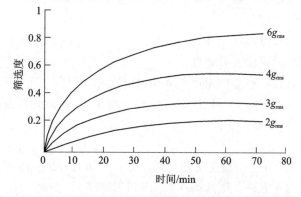

图 7 - 5　加速度均方根对随机振动筛选效率的影响

向振动 5～15 min。

④ 图 7 - 4 中曲线虚线延伸部分,是考虑质量较大或刚度较差的产品在 5～20 Hz 可能会有共振发生,因此根据产品特点可以将振动频谱下限延伸至 5 Hz,以激发产品在该频段的响应。

7.3　环境应力筛选方法

环境应力筛选主要分常规筛选和定量筛选。

7.3.1　常规筛选

常规筛选中最常用的是温度循环和随机振动顺序施加的方法。GJB 1032A 常规筛选方法如图 7 - 6 所示。

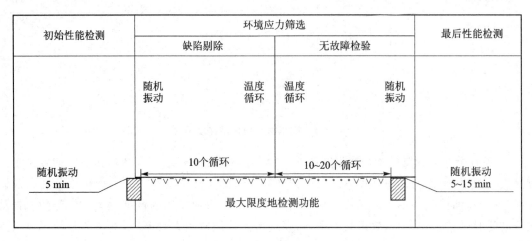

图 7 - 6　随机振动和温度循环顺序施加的常规筛选

① 初始性能检测。

② 环境应力筛选:包括缺陷剔除和无故障检验两部分。

- 缺陷剔除——随机振动和温度循环。
- 故障处理——振动中故障待振动后排除;温度循环中出现故障立即停止排除;整个过程中运行 FRACAS。
- 中断处理——出故障温度循环的时间扣除。
- 无故障检查——验证筛选有效性。
- 通过判据——无故障检查的温度循环中,在最长的 20 个循环内只要有连续 10 个循环不出现故障,产品即通过了温度循环筛选;在最长 15 min 随机振动时间内连续 5 min 不出现故障产品,即通过了随机振动筛选,同时产品通过筛选。

③ 最后性能检测。

另外一种比较常用的方法是温度与随机振动综合施加的方法。图 7 - 7 为 NAVMAT P - 9492 推荐的一种常规筛选方法。筛选循环数的确定如表 7 - 3 所列。

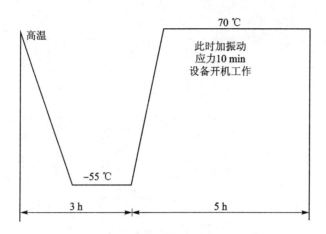

图 7 - 7　随机振动和温度循环综合施加的常规筛选(一个循环)

表 7 - 3　筛选循环数确定

复杂程度	筛选循环数
一般(100 个元器件)	1
中等复杂(500 个元器件)	3
复杂(2 000 个元器件)	6
特别复杂(5 000 个元器件)	10

7.3.2　定量筛选

定量筛选是指要求筛选的效果和成本与产品的可靠性目标和现场的故障修理费用之间建立定量关系的筛选。产品经定量筛选后应达到浴盆曲线的故障率恒定阶段。定量筛选的主要变量是引入缺陷密度、筛选检出度、析出量或残留缺陷密度。引入缺陷密度取决于制造过程中从元器件和制造工艺两个方面引入产品中的潜在缺陷数量;筛选检出度取决于筛选用的应力把引入的潜在缺陷加速发展成故障的能力和所用的检测仪表把这些故障检出的能力;残留缺陷密度或析出量则取决于引入缺陷密度和筛选检出度。这些变量及其关系如图 7 - 8 所示。从图中可看出,定量筛选过程中,通过制造过程中控制所用的元器件质量和加工质量来控制引入产品的缺陷数(DIN);通过选用适当的应力和检测仪表来控制缺陷析出量(F),从而使出厂产品中残留的缺陷导致出现故障的概率达到与产品要求的可靠性相一致的水平。

定量筛选的目标与有可靠性目标值的产品中的残留缺陷密度(D_R)有关。产品中残留缺陷密度则与引入缺陷密度(D_{IN})、筛选检出度(TS)、检测效率(DE)有关,可用如下公式表示:

$$D_R = D_{IN} - F = D_{IN}(1 - TS) \tag{7-1}$$

$$TS = SS \times DE \tag{7-2}$$

式中　D_R——残留缺陷密度,个/每个产品;

　　　D_{IN}——引入缺陷密度,个/每个产品;

　　　F——析出量,个/每个产品;

　　　TS——筛选检出度;

　　　SS——筛选度;

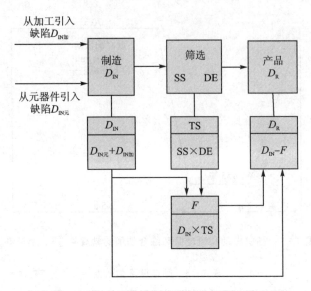

图 7 - 8　制造过程对应的定量筛选变量及其相互关系

DE——检测效率。

　　进行定量筛选前,首先应按可靠性要求确定残留缺陷密度目标值(DRG),而后通过选择适当的筛选应力及其大小、检测方法、筛选所在等级,甚至必要时调整由元器件和加工引入的总缺陷数(DIN)来设计出一个筛选大纲,使其满足目标值(DRG)。实施此大纲时,应进行检测和评估,确定 DIN、SS、DR 的观察值,并与设计估计值比较,以采取相应的措施,保证实现残留缺陷定量目标,同时又使筛选成本不超过现场故障修理阈值,以使筛选最经济有效。

　　定量筛选三大目标:

　　① 筛选后产品残留的缺陷密度(引入缺陷密度与缺陷析出密度的差值)与产品的可靠性要求值达到同一水平,即真正达到恒定故障率,见图 7 - 9。

　　② 保证筛选后交付的产品的无可筛缺陷概率达到规定的水平(满足成品率要求)。

　　③ 筛选中排除每个故障的费用低于现场排除每个故障的平均费用。

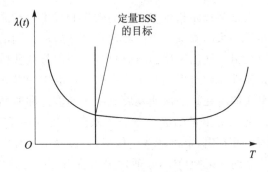

图 7 - 9　定量筛选目标示意图

　　定量筛选一般参照标准 GJB/Z 34—1993《电子产品定量环境应力筛选指南》[9]进行。该标准为指导性标准,1993 年颁布执行,后续没有替代版本。事实上,很多企业也并不按照这个标准进行定量筛选,而是会制定适合自身产品的定量筛选企业标准或规范。

7.3.3　常规筛选和定量筛选的对比与应用

　　常规筛选和定量筛选的比较如表 7 - 4 所列。

表 7 - 4　常规筛选和定量筛选的比较

类　别	常规筛选	定量筛选
筛选效果	不定量	定量
方案设计	经验	从元器件及制造方面引入缺陷数等参数
目标	无定量目标	① 筛选后产品残留的缺陷密度与产品的可靠性要求值达到同一水平,即真正达到恒定故障率; ② 保证筛选后交付的产品的无可筛缺陷概率达到规定的水平(满足成品率要求); ③ 筛选中排除每个故障的费用低于现场排除每个故障的平均费用

对产品进行常规筛选还是定量筛选取决于是否有条件进行定量筛选(是否具有筛选目标和进行定量评估的基本条件)和是否有必要进行定量筛选。

在下述情况下,考虑对产品进行常规筛选:

① 产品无可靠性目标要求,无筛选成本阈值要求;

② 产品有可靠性目标值和成本阈值要求,但不打算使用定量方法进行筛选;

③ 产品有可靠性目标值和成本阈值要求,但缺乏进行定量筛选所需要的全部数据,不能计算引入缺陷密度设计估计值和残留缺陷密度设计估计值;

④ 产品有可靠性目标值和成本阈值要求,同时具备定量筛选所需要的全部数据,但产品的批量很小,开展定量筛选效费比太小;

⑤ 产品研制阶段,包括打算进行定量筛选产品在研制阶段早期的筛选。

在以下三种情况下,考虑对产品进行定量筛选:

① 产品有可靠性目标值和成本阈值要求,同时具备定量筛选所需要的全部数据,具备进行定量筛选的条件;

② 产品批量较大,进行定量筛选效费比好;

③ 产品相关文件中要求进行定量筛选。

定量筛选在产品批生产中使用,在产品研制阶段需要开展定量筛选的准备工作,制定生产阶段使用的定量筛选实施程序。定量筛选大纲的设计程序参考 7.3.2 小节。

7.4　环境应力筛选的实施

7.4.1　一般要求

(1) 环境应力筛选对象

研制阶段和生产阶段的产品应进行环境应力筛选(在批生产中、后期可根据产品批量及质量稳定情况进行抽样筛选);备品备件也应进行环境应力筛选;产品维修后可对产品或维修部位进行筛选,大修后的产品应进行筛选;市场采购的货架产品及进口的军用产品可进行筛选。

(2) 筛选产品的要求

① 所有受筛产品具有性能检查和测试合格的控制证明(军品应通过质检及军代表验收,交付产品应具备交付状态);

② 所有受筛产品应去除包装物及减振装置后再进行筛选;

③ 有冷却系统的产品,在不超过设计极限的前提下,应关闭冷却系统。

(3) 筛选大气条件

1) 标准大气条件

温度:15～35 ℃;

相对湿度:不加控制的室内环境;

大气压力:筛选场所的当地气压。

2) 仲裁大气条件

温度:(23±2) ℃;

相对湿度:50%±5%;

大气压力:86～106 kPa。

注:一般情况下,受筛产品应在实验室环境条件下进行筛选前后的性能检测和功能检查,但当大气条件对测试参数有显著影响时会选择上述大气条件作为仲裁大气条件,受筛产品应在严格控制的环境条件下进行筛选前后的性能检测和功能检查。

(4) 筛选条件允差

温度允差:除必要的支承点外,受筛产品应完全被温度循环筛选箱内的空气包围。箱内温度梯度(靠近受筛产品处测得)应小于 1 ℃/m;箱内温度不得超过筛选温度±2 ℃的范围,但总的最大值为 2.2 ℃(受筛产品不工作)。

随机振动允差:振动试验控制点谱形允差如表 7-5 所列,对功率谱计算其允差的分贝数(dB)如下:

$$dB = 10lg \frac{W}{W_0} \tag{7-3}$$

式中　　W——实测的功率谱密度,$(m \cdot s^{-2})^2/Hz$;

　　　　W_0——规定的功率谱密度,$(m \cdot s^{-2})^2/Hz$。

均方根加速度允差不大于 1.5 dB,其允差分贝数(dB)计算如下:

$$dB = 20lg \frac{g_{rms}}{g_{rms0}} \tag{7-4}$$

式中　　g_{rms}——实测的均方根加速度;

　　　　g_{rms0}——规定的均方根加速度。

表 7-5　振动试验谱形允差

频率范围/Hz	分析带宽/Hz	允差/dB
20～200	25	±3
200～500	50	±3
500～1 000	50	±3
1 000～2 000	100	±6

注:频率范围在 500～1 000 Hz 内允差可以放宽到 −6 dB,但累计带宽不得超过 100 Hz;频率范围在 1 000～2 000 Hz 内允差可以放宽到 −9 dB,但累计带宽不得超过 300 Hz。

筛选时间允差:筛选时间的允差为±1%。

（5）筛选设备要求

受筛产品在箱内安装应保证除必要的支点外，全部暴露在传热介质即空气中。

筛选箱应满足如下要求：

① 应具有足够的高低温工作范围，平均温度变化速率不低于 10 ℃/min。

② 筛选箱热源的位置布置不应使辐射热直接到达试验产品。

③ 用于控制箱温的热电偶或其他形式的温度传感器应置于试验箱内部的循环气流中并要加以遮护以防辐射的影响。

④ 高低温循环气流应适当导引以使试验产品周围的温度场均匀；当多个产品同时进行筛选时，应使产品之间、产品与箱壁之间有适当间隔，以便气流自由循环，使温度场均匀。

⑤ 箱内空气的温度和湿度应加以控制，使在筛选期间产品上不出现遗漏。

随机振动筛选设备：能满足上述振动条件的振动激励装置。

振动夹具要求：在 20～2 000 Hz 范围内沿振轴方向的传递函数其不平坦允许误差一般不得超过±3 dB。有困难时 500～2 000 Hz 范围内允许误差可以放宽到±6 dB，但累计带宽应在 300 Hz 以内。

GJB 1032A 特别指出：夹具校核可以用模拟产品代替时间产品，但模拟产品的刚度和质量应和真实产品相似。若使用真实产品，应将振动输入限制在低量级范围。

7.4.2　常规筛选大纲的设计

在研制阶段和生产阶段对产品进行常规筛选，均需要制定可行的筛选大纲。常规筛选的实施过程包括试验前准备工作、初始性能检测、环境应力及筛选应力施加、最终性能检测四个阶段，如表 7-6 所列。

表 7-6　环境应力筛选程序

1. 筛选前准备工作	2. 初始性能检测	3. 环境应力及筛选应力施加				4. 最终性能检测
		3-1　寻找和排除故障		3-2　无故障检验		
		3-1A 随机振动	3-1B 温度循环	3-2A　温度循环	3-2B　随机振动	
检查受筛产品技术状态、试验设备和检测仪器、夹具等	按有关标准和技术文件对受筛产品进行外观、机械及电气性能检测等记录	5 min	10 个循环	10～20 个循环(10 个循环连续无故障)	5～15 min(5 min连续无故障)	通过无故障筛选出的产品在规定标准大气条件下运行，按产品技术条件进行性能检测并记录结果
		〜〜〜	⌒⌒⌒	⌒⌒⌒	〜〜〜	
				最长不超过 20 个循环	最长不超过 15 min	
		尽最大可能监测性能				性能检测

1. 筛选前准备工作

筛选前应按上述一般要求检查受筛产品的技术状态、所用试验设备，以及检测仪器、夹具等是否符合要求。

2. 初始性能检测

按有关标准或技术文件对受筛产品进行外观、机械及电气性能全面检测并记录。凡检测不合格者不能继续进行筛选。

3. 环境应力及筛选应力施加

(1) 3-1 寻找和排除故障

1) 随机振动

① 安装：将受筛产品安装在振动台上，不管实际使用中是否带减振器，安装时均不加减振器；固定好振动输入控制传感器和振动响应传感器；连接好产品性能检测线路和传感器线路；检查是否有因安装损坏情况或连线不当之处，并测量性能。

② 振动：施加振动，观察响应加速度计测得的响应特性，当响应谱符合要求时，继续施加振动，此时产品通电工作，并监测其性能。

③ 故障处理：振动期间出现故障，如可能，应任其发展，到 5 min 结束时，再进行修复。当不加振动无法定位故障时，可用低量值随机振动寻找故障部位，振动故障修复后转入温度循环。

2) 温度循环

① 安装：将受筛产品安装于温度箱中，并布置好各种温度传感器。连接好产品性能测试线路和传感器线路。检查是否有因安装损坏的情况和接线不当之处，并测量性能。

② 试运行：若以前未进行受筛产品与试验箱之间的相容性运行，则应先按一般要求进行试运行(此工作一般应先进行)。

③ 进行温度循环：按大纲中规定的温度循环曲线进行温度循环，产品通电工作并监测其性能。

④ 故障处理：如果温度循环期间受筛产品出现故障，而且出现此故障后必须切断电源或会影响监测受筛产品性能时，应立即中断循环，按 GJB 1032A 中的规定进行故障调查并加以修复，修复部分进行局部检验合格后从该循环的开始点继续进行循环，出现故障的循环无效；如果虽出现故障但仍可在升温、保温阶段通电，则可将故障调查和修复过程推迟到该循环结束时进行，此时该循环有效。

(2) 3-2 无故障检验

1) 温度循环

如果在同一试验箱中继续进行温度循环，且温度循环参数不变，则可紧接着上一阶段继续进行，但应从此刻记录无故障循环数。若从第 11 循环开始连续 10 个循环(或规定的循环数)不再出现故障，则认为完成无故障检验，可转到下一步。若在第 11~20 个循环间还出故障，则尚允许修复，只要以后有 10 个循环能连续无故障，仍可认为完成无故障检验，转入下一步。若在第 21 个循环还出故障，则认为受筛产品未通过筛选。上述具体循环数可根据筛选大纲的规定进行调整。

2) 随机振动

只有通过了温度循环筛选的产品才能转入这一步。

① 安装：其要求同随机振动。

② 振动：按规定的输入量值对受筛产品施加随机振动，并使产品通电工作，监测其性能。

③ 故障处理：若连续振动 5 min 不出现故障，则可认为产品通过了随机振动筛选，可转入下一步；若在振动后的累计 10 min 之内还出现故障，尚可修复，修复后有连续 5 min 不出故障，则可认为产品通过振动筛选；若振动 10 min 后还出现故障，则认为受筛产品未通过筛选。

4. 最终性能检测

将通过无故障筛选的受筛产品在规定的标准环境条件下运行并按受筛产品规范中的规定检测其性能，记录结果，以验证受筛产品能否满意地工作。将最终性能检测值与初始性能检测值进行比较，根据产品技术条件规定的验收值对筛选作出评价。最终性能检测期间若出现故障，只要施加环境应力期间性能检测项目足够，则可认为无故障检验是有效的，不必重新进行无故障检验。如果认为施加环境应力期间性能检测项目不足，不能发现全部故障，则应重新进行无故障检验。

7.4.3　定量筛选大纲的设计

1. 设计工作项目，实施程序和大纲确定过程

（1）设计工作项目

筛选大纲的主要工作项目如下：

① 确定 ESS 的定量目标；

② 评价和确认产品使用的各元器件的缺陷率；

③ 进行选择和安排，即确定要进行筛选的各组装级（组件、系统）及各相应的初始筛选方法；

④ 定量计算按工作项目选择和安排的产品引入的缺陷密度和最终残留缺陷密度，并与定量目标比较；

⑤ 定量计算按工作项目选择和安排的筛选成本，并与规定的成本阈值目标进行比较；

⑥ 确定无故障验收筛选时间；

⑦ 调整，包括在计算得到的残留缺陷密度高于定量目标时对选用元器件和原选择与安排的调整、计算得到的筛选成本高于成本阈值时对原选择和安排的调整，以及筛选实施后发现效果不理想而进行的调整；

⑧ 编写环境应力筛选大纲。

（2）大纲确定过程

筛选主要用于生产阶段，但筛选大纲一般应在研制阶段就制定出来，并在研制样机上通过探索性筛选积累经验并进行调整。研制阶段制定完的筛选大纲应作为可靠性大纲的一部分提交。应当注意的是，如果产品的可靠性要求有变化，或者由于转入生产线使筛选进行的组装等级和所用的筛选应力强度不得不变化，则应重新设计筛选大纲。

生产阶段重新设计筛选大纲时，首先应收集研制阶段实施筛选中的详细信息，这些信息包括：

① 经受筛选和（或）检测各产品的标识；

② 经受筛选和（或）检测的同类产品和数量；

③ 通过和（或）不通过筛选、检测的每类产品的数量；

④ 所发现各类故障的说明；

⑤ 所发现缺陷的种类和数量；

⑥ 有缺陷零件或接头处的标识；

⑦ 有引入缺陷的组件或工艺的标识；

⑧ 出现故障时的筛选条件；

⑨ 从筛选开始记录的故障-时间关系；

⑩ 故障源分析结果；

⑪ 采取的改正措施情况。

生产用筛选大纲应在使用中根据析出的故障信息不断进行评价并做进一步调整，直至能确保成本有效地达到定量筛选的目标为止。

2. 设计基本工作项目实施细节

(1) 确定定量筛选目标

定量筛选的目标与产品的可靠性规定值有关，确定了它的值后，便可根据公式计算出定量筛选的目标值。筛选后产品中残留的缺陷密度必须小于此定量筛选目标值。

(2) 确认所用各元器件的缺陷率

可以通过查表、直接筛选验证、经验数据推算等方法来确认其缺陷率。

(3) 筛选的选择和安排

筛选选择和安排的目的是将适当强度的应力安排在适当的组装等级上，以便制定出一个能达到定量目标、效费比高的筛选大纲。它包括：

① 确定筛选组装等级；

② 确定筛选应力和筛选度；

③ 检测仪表的选用和检测效率的确定。

(4) 计算引入缺陷密度估计值

应当将受筛系统至少分解成单元或部件(以下简称单元)和组件两级，而后从最低组装等级向上逐级用累加法计算引入缺陷密度，应注意下一级产品装入到上一级产品时，不仅要考虑下一级产品中的引入缺陷数，还要考虑上一级产品组装时由于接口或直接使用元器件和布线可能引入的缺陷数。如果是用了筛选过的下一级的产品，则应将此下一级产品筛选后残留的缺陷数作为其向上一级产品中引入的缺陷数。

(5) 计算残留缺陷密度的估计值

确定了筛选进行的各组装等级和相应的筛选应力的筛选度和检测效率后，就可计算一个准备逐级筛选的系统经筛选后残留的缺陷密度。残留缺陷密度取决于引入缺陷密度和筛选度。

(6) 筛选选择和安排的调整

将上述计算得到的产品残留缺陷密度与筛选定量目标值进行比较。如果残留缺陷密度值小于或等于定量目标值，则可进行下一项工作；如果大于定量目标值，则应重新安排和选择筛选，包括增加筛选进行的组装等级，加大应力强度，提高检测效率，或采用更高质量的元器件以减少缺陷数等，直至计算得到的残留缺陷值小于或等于定量目标值为止。

(7) 确定无故障验收筛选时间

环境应力筛选中，必须有一定时间的无故障筛选，以保证能在规定的置信度下满足定量筛选的目标。

（8）确定筛选费用估计值

在筛选进行的组装等级、所使用的应力类型及时间、无故障验收筛选应力类型及时间确定以后,便可进一步计算筛选费用。

进行费用计算的目的是既保证筛选满足定量目标,又使筛选出每个缺陷的平均费用低于外场每剔除一个故障的平均费用,使筛选有实际效益。

（9）筛选选择和安排的再调整

根据计算得到的剔除每个故障费用和规定的成本阈值,确定已选定的筛选是否成本有效,必要时再次调整筛选。

（10）编写环境应力筛选大纲

应在上述各工作项目完成并估计能达到定量筛选目标和成本要求后,根据已选定的应力筛选所在组装等级安排、应力筛选所用应力类型和量值、筛选时间、检测仪表、试验设备、无故障验收筛选应力及其时间等内容,制定一个筛选大纲,以便实施。

（11）筛选的监测、评估和控制

定量筛选大纲是以经验数据和公式为基础进行设计的,只能基本上保证筛选达到定量目标。实际应用已制定好的筛选大纲时,必须根据筛选出的故障信息,通过质量控制图法、概率缺陷指数模型法、观测值与设计值比较法、析出量范围评估法等方法对筛选进行分析和评估,并视评估结果采取措施,如减少引入缺陷密度,增强筛选度,降低筛选所在组装等级等,以确保实际达到目标。

7.4.4 常规筛选的局限性

GJB 1032—1990 是以 MIL-STD-2164(EC)《电子设备环境应力筛选方法》为蓝本制定的等效标准,GJB 1032—1990 标准制定之后,环境应力筛选在我国军用装备研制生产中得到了广泛的应用并取得了显著的效果。随着 ESS 技术的深入开展,人们发现 GJB 1032—1990 中的一些规定过于死板,严格按该标准进行筛选时往往达不到应有的目的,主要体现在以下几个方面。

1. 适用对象仅仅局限于电子设备

ESS 主要是针对电子产品寿命曲线的早期失效阶段开展工作的,因此 GJB 1032 明确规定:本标准适用于地面固定设备、地面移动设备、舰船用设备、飞机用设备,以及外挂、导弹用设备上的电子产品。但是在不过多消耗其有效寿命的前提下,ESS 这种方法对于具有耗损特性的机械类产品以及其他类型的产品应当也是适用的,只是筛选条件应根据具体产品类型及使用条件来制定,而不能严格采纳 GJB 1032 的条件。

美国 SACRAMENTO 航空后勤中心发布的《环境应力筛选手册》已经明确指出,ESS 应同样适用于机械产品和大修件。实际应用中也证明,不只是电子产品有 ESS 的要求,因此,GJB 1032—1990 仅仅针对电子产品的说法,显然是不全面的。

对于除电子产品以外的设备,GJB 1032 的适用性应深入研究。

2. 筛选应力基本不容剪裁,不同层次产品筛选条件无差别

GJB 1032—1990 明确了以下筛选条件:

① 80~120 h 的温度循环和 10~20 min、$0.04(m \cdot s^{-2})^2/Hz$ 的随机振动;

② 温度循环的温变率为 5 ℃/min;

③ 在缺陷剔除阶段,温度循环为 10 次或 12 次,时间为 40 h;

④ 在无故障检验阶段,温度循环为 10~20 次或 12~24 次,时间为 40~80 h。

这些规定使得标准的可操作性很强,但是这些筛选条件不容剪裁,显然并非对所有产品都适用。比如对于简单的印刷电路板组装件,没有必要进行 80~120 h 的温度循环,因为温度循环不同于温度老炼,其激发产品潜在缺陷的有效性主要在于温度变化导致产品热胀冷缩而产生的应力,而不是较长时间的恒定温度累积效应,印刷电路板达到热平衡的时间比热惯性较大的复杂电子设备要短得多,因此不应统一规定温度循环持续的时间,而应根据产品的温度稳定时间确定温度循环的持续时间;另外,5 ℃/min 的温变率也不是对所有产品都适用,因为温变率的作用取决于产品响应的温变率,不同材质、不同结构、不同尺寸的产品其热惯性均不同,温度响应速率一定是不一样的,因此应根据具体的产品及其温度响应时间来确定温变率;对于温度循环数,也是同样,组成简单的产品,温度循环次数可适当减少;组成复杂的产品,温度循环次数可适当多一些,这方面,可借鉴美国海军的一些成功经验。

3. 对大多数产品来讲,筛选条件过于宽松

随着产品整体水平的提高,GJB 1032—90 的筛选条件已经不足以筛出产品中的潜在缺陷,通过筛选的产品,往往仍存在很多潜在缺陷,因此必须针对具体产品考虑如何提高筛选效果。

上述部分概念问题在 1996 年美国国防部批准发布的 2164 标准的修订本 MIL - HDBK - 2164A《电子设备环境应力筛选工序》[7]中进行了说明,例如,明确说明环境应力筛选(ESS)是一个经济有效的工程研究、制造改进手段和检验工序,而不是在一般接收/拒收意义上的一种试验;GJB 1032 - 90 中提出 ESS 可用于有效地剔除电子产品中因不良工艺和超差或使用临界元器件引起的潜在缺陷,即制造缺陷,而 2164A 手册明确提出 ESS 还可以发现因设计不成熟或鉴定及可靠性增长试验不充分而带来或遗漏的设计问题;2164A 手册明确了 ESS 可以用于装备的工程研制、批生产和使用(维修)各个阶段。虽然标准的名称还是电子设备,手册中明确规定其应用对象为电子、电气、光电、机电和电化学等方面的产品,包括采购和二次采购的备件和维修件;2164A 手册还强调了 ESS 大纲的动态性和剪裁明确指出:"不可能有一个能适用于所有产品的通用筛选大纲""一个经济有效的 ESS 大纲必须是动态的,因而必须对筛选大纲进行有效的管理,并且要根据受筛产品的特性等进行剪裁",说明了 ESS 大纲确定过程的动态性和可剪裁性[31]。

对于标准中带辅助冷却产品 ESS 的程序、多个轴向振动时每个方向的振动总时间,以及温度筛选循环次数及其简化方法等问题,并没有提出解决方案。因此,目前我国也未将 2164A 手册对应制定为我国的标准文件,ESS 工程人员可以借鉴 2164A 手册中的先进部分,指导具体产品的 ESS 实施过程。

2021 年 3 月 1 日,GJB 1032A 正式颁布实施,相较于 GJB 1032,该标准更加科学和严谨,首选明确了 ESS 是一种工艺方法,同时也指出除电子产品以外的其他类型产品也可参考本标准;对于温度循环的温变率也由原来的不小于 5 ℃/min 改为平均温变率不低于 10 ℃/min,在更严格的同时也更合理明确;该标准甚至专门增加了标准的剪裁章节,并给出了一些剪裁的建议,且专门增加附录 E——环境应力筛选剪裁的补充说明。然而这些建议及补充说明仍然过于简单,且标准给出的筛选条件也并非是针对使用环境以及缺陷制定的,所以仍不能切实指导

各类产品的 ESS。

2164A 手册也明确指出筛选条件不模拟产品的实际使用环境,但在制定产品筛选方案时应考虑产品的使用环境。因此目前许多产品研制单位都在探索根据自身产品的特点制定相应的筛选条件,高加速应力筛选(HASS)也就是在这样的背景下提出的。

7.5　高加速应力筛选(HASS)

7.5.1　概　述

前已述及,传统的常规环境应力筛选方法相应的标准规定过于死板,往往达不到预期筛选的效果,特别是针对一些特殊的复杂的产品,筛选过后,故障率依然很高;而定量筛选由于条件的限制,工程上应用时存在困难。随着工业水平,特别是元器件水平的整体提高,产品耐环境能力越来越强,传统的筛选方法力度也明显不够。于是,很多产品研制单位开始探讨适合自身研制的产品的筛选方法,并编制了企业或行业内部的筛选规范,多数筛选条件是严于现行标准的。

高加速应力筛选(Highly Accelerated Stress Screening,HASS)是 Greggk K. Hobbs 博士等学者经过多年对环境应力筛选(ESS)的研究后提出的[32]。HASS 是一种加速筛选。它的特点是选用产品能预见的最剧烈的环境应力和有限的持续时间。它要求产品必须有足够大的高于标准环境下强度要求的强度余量。在 HASS 中使用的温度、振动等应力量级均超过正常的水平,强制快速激发缺陷,从而使筛选更加高效、经济。

同 ESS 一样,HASS 也是产品制造过程中的一种工艺过程,同样是为了发现制造过程中的潜在缺陷而不能造成产品不应有的损坏,即不改变失效机理,因此应用 HASS 要求彻底地了解产品在超出正常范围应力下完成功能的能力,同样要了解产品这些激励水平的故障机理的详细信息。HASS 与 ESS 的差别是采用的应力量级水平不同,ESS 应力量级通常在产品的设计规范之内,而 HASS 的应力量级通常在产品设计规范之上或工作极限之下(量值由 RET 确定)。

通常可以通过变更设计和工艺来提高产品的工作极限和破坏极限,从而保证足够大的设计和生产余量,同时保证 HASS 的实施和附带费用的节省。这些措施不仅能够大大地提高产品质量,而且能够降低筛选费用的数量级。

目前在军用电子装备领域还没有通用的 HASS 标准,2015 年深圳市计量质量检测研究院、中检华纳(北京)质量技术中心有限公司等多家单位联合起草了 GB/T 32466—2015《电工电子产品加速应力试验规程高加速应力筛选导则》[33]的国家标准,对比 GB/T 32466 与常规筛选分析如下[34]:

(1)筛选条件

GB/T 32466—2015 中规定 HASS 条件取适当低于产品的工作极限,远高于常规筛选中规定的应力量值。GB/T 32466—2015 在筛选过程中,可根据产品在实际使用过程中的故障返修率和失效原因进行调整与优化。

(2)试验设备

常规筛选规定,任何能满足规定的温度条件或随机振动条件的筛选装置均可用于筛选;而

GB/T 32466—2015 规定,应尽可能使用该产品前一次 HALT 或者 HASS 的试验设备,否则应先进行筛选确认。筛选确认是在产品上粘贴温度传感器和振动传感器,通过调整装置的温度及振动应力,使其与原装置的温度响应和振动响应相一致。

　　(3) 筛选验证

　　常规筛选一般规定按照给定的筛选条件执行筛选即可,不需要进行筛选验证(GJB 1032A 在附录 E 的剪裁流程中给出了一个动态的筛选流程,其中考虑到了依据筛选效果调整筛选应力的强度,但并未明确对筛选有效性进行验证),而 GB/T 32466—2015 规定必须对筛选的有效性和寿命影响进行评价。筛选有效性验证是验证对潜在缺陷产品的筛选效果,优先选用可疑产品或参数边际化产品,其次可以植入缺陷。如果没有筛选出故障试验样品,则需提高筛选应力水平或增加筛选试验的周期数。寿命影响评价是评估经过筛选后的产品是否还剩余足够的寿命。规定应至少进行 10 次筛选而不导致产品故障,即筛选最多消耗产品寿命的 10%。

　　相比 GJB 1032A,按照 GB/T 32466—2015 筛选的效率极大地提高,同时在缺陷剔除有效性方面,HASS 在国外军品、国外民品和国内民品领域已经得到了广泛的验证,因此 HASS 技术应在军用电子装备领域广泛、快速推广应用。建议军用电子产品研制的相关人员基于产品的实际情况参考 GB/T 32466—2015 制定军用电子产品 HASS 的指南。

7.5.2　高加速应力筛选的特点

　　高加速应力筛选(HASS)首先是环境应力筛选(ESS),是一种高效的 ESS,因此它具备 ESS 的全部基本特征。此外,它还具备以下特点:

　　① 每一种结构类型的产品,都应当有其特有的筛选,这就要求必须选择适当的应力和合理的时间。严格来说,不存在一个通用的、对所有产品都具有最佳效果的筛选方法。

　　② 某一给定筛选应力析出缺陷而又不产生过应力的有效性取决于产品本身及其内部元器件(包括结构、安装、材料等)对施加应力的响应。

　　③ 能够有针对性地用最低费用和最短时间激发和检测出特定产品的制造工艺和元器件批次缺陷,降低产品生产、筛选、维修和担保总费用。

　　④ 不仅仅适用于电子产品。

7.5.3　高加速应力筛选适用对象

　　HASS 能够快速发现产品的早期缺陷,避免有制造缺陷的产品投入使用,这一点已为人们广泛认同,ESS 朝着 HASS 的方向发展是必然趋势。目前,HASS 设备还不能普及,而且人们对自己产品的了解程度还不够,HASS 还有很大的科研试验的成分,HASS 过程本身的实现和完成是复杂且相对昂贵的,而且许多成熟的产品的早期失效主要集中在批生产过程的工艺控制方面,也不一定必须通过 HASS 才能暴露问题。因此不是所有的产品都能通过 HASS 受益,一般在下列情况下可以考虑利用 HASS 对产品进行筛选:

　　① 在可靠性强化试验中发现产品存在制造工艺缺陷或器件的批次性故障的问题等,并且很显然通过筛选能够提高产品外场可靠性;

　　② 筛选复杂程度比较高、ESS 没有暴露问题但外场出现问题较多的产品;

　　③ 要求通过筛选获得有关产品余度的统计信息,需要对大量的产品进行试验才能得到有意义的统计结果;

④ 要求设计一个鉴定筛选来跟踪产品质量和可靠性;

⑤ 一个产品可能有许多不同的组件或部件供应商,供应商变化时需要通过筛选来衡量所提供的元器件或组件的性能;

⑥ 对于没有历史数据的新产品,没有相近产品作为参考来预计该产品的可靠性。

7.5.4　高加速应力筛选设备

HASS 通常采用随机振动和温度循环应力。最初是利用近年来发展起来的气锤式三轴六自由度振动台施加随机振动应力。由于该振动台的振动激励应力存在位移小、大部分能量集中在高频等缺点,目前多采用常规电磁振动台施加随机振动应力。高加速应力筛选所施加的温度循环应力的温变率高于传统的环境应力筛选,最大温变率可达 100 ℃/min。实践证明,提高温变率可以更有效地激发产品缺陷,缩短筛选时间。普通的机械制冷三综合试验箱不能满足这样的温变率,因此必须通过液氮辅助制冷达到快速温度变化的效果。

HASS 实际上是一种特殊的 ESS,作为一种筛选方法,它也要求对产品 100% 进行筛选。为满足产品批量生产的要求,HASS 的试件数会远远大于可靠性强化试验的试件数。另外,在 HASS 中不能像在可靠性强化试验中一样。为保证氮气流通和试件夹固,可对产品进行重新定向、旋转、开盖、钻孔和加临时气体导管等,不允许对产品作任何物理或永久性的改变。因此 HASS 对试件夹具提出了更高的要求。

设计夹具首先要保证同时容纳许多产品参加试验,满足产品批量生产的要求。其次,好的夹具应该能够保证在夹具各个位置的试件获得的振动量值相差很小,将试验台传递到试件的振动能量最大,在试验过程中不发生共振,并且要求夹具尽可能简单。另外,在试验过程中,夹具重复遭受和产品一样的强化环境应力,这要求夹具耐用,并可重复使用等。

夹具设计和制造完成后,要进行夹具使用效果的验证。夹具使用效果的评估是依据其对各个试件提供的振动和热等特性方面的一致,在各个试件的相同部分安装统一的加速度传感器和热电偶,通过对采集的数据进行比较和分析就可以证明这一点。合格的夹具要求各试件的振动和温度差别在很小的范围之内。温度特性一致的验证,可比较从各温度传感器获得的历史数据,并将其描绘成曲线,然后计算出各试件的温度和温变率的平均值及最大差值,并判别这些差值是否符合试验要求。如果发现差值很大,则需要对夹具重新设计或进行改进(如加导气管等);振动特性的验证主要是验证夹具振动的传递特性和振动量级的一致性,方法和温度基本相同。

7.5.5　高加速应力筛选的原理

1. 疲劳累积损伤模型

由于温度循环和随机振动都是循环的过程,因此可以用疲劳累积损伤模型来描述产品在温度循环和随机振动应力作用下对失效的趋近程度。

工程结构和机械的疲劳破坏是材料内部损伤的逐渐累积过程,随着循环次数的增加,材料内部的疲劳损伤单调增加,而材料抵抗外载的能力单调下降。如果以累积损伤 $D(n)$ 作为控制参数,则其安全余量方程的基本形式可写为

$$M_\mathrm{D} = D - D_\mathrm{c} \leqslant 0 \tag{7-5}$$

式中，D 为累积损伤，随循环数 n 单调增加，是一个随机过程；D_c 为临界损伤值，是一个随机变量，当上式满足时元件安全。

众多试验统计表明，Miner 理论较好地预测了工程机构在随机载荷作用下的均值寿命，所以尽管在过去的几十年中相继提出了数十种疲劳累积损伤理论，但 Miner 理论仍然是被普遍采用的工程抗疲劳设计准则。

Miner 理论的文字表述为：在疲劳试验中，试样在给定应力水平循环作用下，损伤可以认为与应力循环次数成线性累积关系，当累积损伤值达到某一临界值时就发生破坏，即

$$D(t) = \sum_{i=1}^{n} \frac{t_{s_i}}{T_i} \tag{7-6}$$

式中，t_{s_i}、T_i 分别为应力水平在 S_i 时的工作时间（或应力循环次数）和疲劳寿命；n 为应力水平数量。

当累积损伤值达到临界损伤值 D_c 时正好破坏。

2. 疲劳性能曲线

S-N 曲线和 S-P-N 曲线一般用于表征材料或构件的疲劳性能，故统称"疲劳性能曲线"。为了探索疲劳性能曲线的变化规律，国内外学者进行了大量的研究工作。目前在疲劳可靠性设计和疲劳性能测试中常用的经验公式有以下三种。

(1) 幂函数表达式

$$S_\mathrm{a}^m N = C \tag{7-7}$$

该式表示在给定应力比 $R = S_\mathrm{min}/S_\mathrm{max}$ 或平均应力 $S_\mathrm{m} = (S_\mathrm{max} + S_\mathrm{min})/2$ 的条件下应力幅 S_a 与寿命 N 之间的幂函数关系。m 和 C 是两个常数，与材料性质、试件形式和加载方式等有关，可以由试验确定。将式(7-7)两端取对数，则有

$$m \lg S_\mathrm{a} + \lg N = \lg C \tag{7-8}$$

可见，幂函数表达式相当于在双对数坐标中 $\lg S_\mathrm{a}$ 与 $\lg N$ 成线性关系。幂函数表达式也常用于表达 S_max 与 N 之间的关系，即

$$S_\mathrm{max}^m N = C \tag{7-9}$$

则应力 S_a 下 n 次循环的累积损伤为

$$D = n S_\mathrm{a}^m / C \tag{7-10}$$

(2) 指数函数表达式

$$\mathrm{e}^{m S_\mathrm{max}} N = C \tag{7-11}$$

式中，e 是自然对数的底；m 和 C 同样是由试验确定的两个常数。上式表示在给定应力比 R 或平均应力 S_m 的条件下最大应力 S_max 与寿命 N 之间的指数函数关系。将式(7-11)两端取对数，可得

$$m S_\mathrm{max} \lg \mathrm{e} + \lg N = \lg C \tag{7-12}$$

指数函数表达式相当于在对数坐标中 S_max 与 $\lg N$ 成线性关系，则应力 S_max 下 n 次循环的累积损伤为

$$D = n \mathrm{e}^{m S_\mathrm{max}} / C \tag{7-13}$$

（3）三参数幂函数表达式

$$(S_{max} - S_0)^m N = C \qquad (7-14)$$

式中，S_{max} 为最大应力，S_0 为 N 趋于无穷时的应力，m 和 C 同样是由试验确定的两个常数。则应力 S_{max} 下 n 次循环的累积损伤为

$$D = n(S_{max} - S_0)^m / C \qquad (7-15)$$

3. 疲劳损伤与筛选应力的关系

（1）疲劳损伤与机械应力之间的关系

疲劳损伤与机械应力具有如下关系：

$$D \approx n\sigma^\beta \qquad (7-16)$$

式中　D——累积疲劳损伤；

　　　n——应力循环次数；

　　　σ——机械应力，即单位面积的作用力；

　　　β——疲劳试验确定的材料常数，其变化范围为 $8\sim12$。

公式中的机械应力是由热膨胀、静态载荷、振动强度或任何其他能导致机械应力的激励产生的。这个公式表明：造成同样累积疲劳损伤，机械应力的指数和循环次数成反比关系，即如果应力加大 m 倍成为 $m\sigma$，则从公式可求得所需的循环次数 $n_1 = n/m^\beta$。假定 $m=3$，$\beta=8$，则循环次数 n_1 为 $n/3^8 = n/6\,561$，即循环次数为原来的 $1/6\,561$。

（2）疲劳损伤与热应力之间的关系

疲劳损伤与热应力之间同样符合公式的关系。美国的 Smithson 用 4 种温变率（5 ℃/min、10 ℃/min、18 ℃/min、25 ℃/min）对 4 组（每组 10 万个）三极管进行温度筛选，研究其析出剥离缺陷的能力，筛选一直进行到应该出现的故障都出现为止，并记录出现最后一个故障所需的循环次数。将试验数据绘制在双对数坐标纸上，纵坐标为温变率，横坐标为循环次数。试验表明，若以 5 ℃/min 的速率，析出剥离缺陷需要 400 个循环，每个循环约 66 min，共需时间 440 h；温变率为 25 ℃/min 时，4 个循环就能筛选出同样数量的缺陷，且每个循环只用 16.5 min，共需时间 1.1 h。

通过表 7 - 7，可以明显地看出随着温变率的提高，循环次数和筛选时间迅速下降，当温变率提高到 40 ℃/min 时，只需要 1 个循环就能析出剥离缺陷，且这个循环只需 8 min，因此总共只需 8 min 就可以达到筛选的目的。可见 5 ℃/min 和 40 ℃/min 两种温变率筛选所需的时间相差 4 400 多倍。这就意味着一个温变率为 40 ℃/min 的筛选箱能够完成的筛选产品数量为用温变率为 5 ℃/min 的筛选箱的 4 400 多倍，即一个 40 ℃/min 的筛选箱可以代替 4 400 多个 5 ℃/min 的筛选箱工作。可见应用 HASS 可节省大量的购买试验设备费用和减少人工和时间等资源消耗。

表 7 - 7　相同筛选效果下温变率和循环次数的关系

温变率/(℃ · min⁻¹)	5	10	15	18	20	25	30	40
一个循环总时间/min	66	33	22	22	18.3	16.5	13.2	8
所需循环次数/次	400	55	17	10	7	4	2.2	1
所需筛选时间/h	440	30	6	3	3	1.1	0.9	0.1

7.5.6 高加速应力筛选剖面设计方法

HASS 剖面的建立就是要选择合适的应力类型、应力量值和综合方式,以得到最佳的筛选效果。

1. 高加速应力筛选应力描述

HASS 的应力要根据可靠性强化试验中确定的产品的工作极限和破坏极限来确定。HASS 所用应力在产品设计规范规定的最大应力与可靠性强化试验找出的破坏极限应力之间,该范围即为破坏裕度范围,更多的是在产品设计规范规定的最大应力和工作极限之间,即工作裕度范围。而 ESS 的应力则应不超出产品设计规范规定的最高应力极限或最高产品设计极限。

产品的设计规范应力极限是指设计规范书中规定的产品使用时的应力极限值。产品的设计应力极限是指有些设计人员设计的产品应力超出规范规定的应力,由于其不是规范规定的要求,并不是每个设计人员都会这么做,因此不是每个产品都会有这一极限。

2. HASS 剖面设计的基本思路

HASS 剖面中的快速温度循环应力剖面包括温度极限、温变率和循环数三个参数,随机振动包括加速度均方根值和时间两个参数。上述参数均需要针对具体产品,在通过可靠性强化试验得到极限应力的基础上进一步对产品进行探索性研究并通过不断的修正来确定,也可以结合其他类型产品的经验来确定[35-36]。

确定剖面参数的基本思路为:第一,以可靠性强化试验的结果为基础,建立 HASS 的初始剖面。第二,使用 HASS 的初始剖面对产品进行筛选剖面验证试验,验证剖面的有效性。第三,通过有效性验证的 HASS 剖面对产品进行 HASS 剖面安全性验证。根据产品失效的情况,预测产品 HASS 后的残余有效寿命。第四,将通过有效性和安全性验证的 HASS 剖面,应用于产品的批生产过程。其流程如图 7-10 所示。

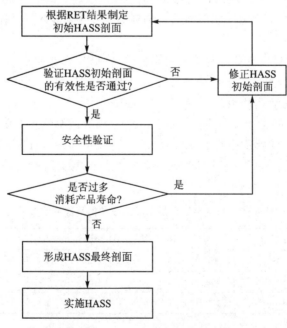

图 7-10 HASS 剖面设计流程图

3. 初始剖面的确定

（1）温度循环应力初始值

HASS 中温度循环需要确定的主要指标包括：温度循环剖面中的高低温度极值、温变率的大小、在最高和最低温度极值处的保温时间、温度循环的次数以及这些参数所影响的试验费用和试验效果等。

1）最高和最低温度值的确定

温度循环中的温度极值决定了试验强度。温度范围（高低温之差）表明了产品在每一个循环中经受的热应力/应变。可选择最佳温度极值，使缺陷发展为故障析出所需的循环次数最少。因此，温度极值影响着试验费用。

选择温度极值的关键是给硬件施加适当的应力以析出缺陷而又不损坏好的产品，应考虑产品贮存温度极值和电子元器件的最高工作温度极限。

针对具体的产品，要进行高低温步进应力试验，获得产品的高低温工作极限和（或）破坏极限，根据具体情况来确定 HASS 的极值应力。通常情况下，温度循环的上、下端点值选择产品工作极限的 80% 为佳。

2）温变率确定准则

温变率以复杂的方式影响试验强度，产品上的应力/应变也主要发生在温度变化期间，温变率同时也会影响总筛选的时间，从而影响试验费用。

HASS 的温变率一般不小于 15 ℃/min。这一速率是指试验箱内温度变化的平均速率，由于产品本身的热惯性，产品在箱内的安装、风速和试验箱的能力等因素的影响，其实际的温变率远远低于 15 ℃/min。在筛选中，应该根据实际情况来试验，设定温变率的大小，以达到激发产品缺陷、缩短筛选时间、节约筛选费用的目的。选择用通风导管直接对着产品进行吹风，这样产品上的温变率可以基本达到设定的温变率，一般选取 20～60 ℃/min 作为筛选的温变率。对温度变化敏感的产品，可以单独进行温度循环试验，来考察温变率对产品的实际影响，以准确确定筛选时所需要的温变率。

3）上下限温度持续时间的确定原则

受试产品在温度箱空气温度中的停留时间包括元器件（零部件）温度达到设定温度所需要的时间和在温度极值下浸泡（温度达到稳定后保持）所需要的时间。

温度稳定的判定原则为：当受试产品中热响应最慢的部分的温度与最终设定温度之差在规定值 ΔT_e 之内时，就认为实现了稳定。这一准则核心是使元器件（零部件）温度达到某一规定值。由于产品始终在通电情况下进行筛选，产品本身会产生热量，此温度不一定是试验箱内的实际温度，可以是其他值，具体取决于产品的种类、筛选装置以及设定温度的对象。

保证一定的浸泡时间有两个目的：一是保证钎料发生蠕变；二是完成功能测试，找出一般环境温度下不会显示出的故障。钎料松弛所需时间一般为 5 min 左右，功能测试的时间取决于测试的参数量，因此浸泡时间不能小于 5 min；如果要进行功能测试，浸泡时间可延长至测试完成。可见，上下限温度持续时间取决于受试产品的特性，具体时间可通过温度测定方法确定。

4）温度循环次数的选择准则

温度循环次数影响试验的有效性和持续时间，从而影响费用。

在 HASS 中，无论产品的复杂程度和施加应力的大小如何，以及产品的循环次数有无固定的限制,都应以激发出产品的潜在缺陷为准。

由于受试产品的类型不同,进行筛选循环的次数也有所不同,总结国内外的 HASS 筛选结果,因产品的复杂程度不同所需的循环次数如表 7 – 8 所列。

表 7 – 8　不同产品类型的筛选循环次数

产品类型	电子器件数/个	所需循环次数/次
简单型	100	1
中等复杂型	500	2～3
复杂型	2 000	3～6

在试验中需要采用较大的温变率,这样采用较少的循环次数就可以导致产品出现早期失效和故障。一般为了节约试验费用、压缩试验时间,每次试验的循环周期一般不应超过 6 次。如果试件在 5～6 个循环之内还没有出现故障,则应该增大温变率,重新开始试验。

(2) 随机振动应力初始值

在筛选过程中,应该根据整个筛选的效率和周期费用情况来选择振动的应力参数。由于产品中缺陷的析出取决于缺陷处振动响应量值,故振动试验的有效性是由受试产品对振动的响应决定的,而不是由振动输入决定的。同一振动输入、不同结构的产品的响应是不同的。因此可以说不存在一个通用的最佳振动试验。

1) 全轴随机振动

在某个固定频率上的单轴振动应力只能够激发出振动方向上该频率附近的振动模态;正弦扫频振动可以持续激发出与振动方向一致的所有振动模态;单轴随机振动激励可以同步地激发出振动方向上的所有模态;而三轴六自由度的随机振动激励可以同步地激发出带宽范围内的所有方向上的振动模态。因此如果没有将所有方向上的所有振动模态都激励出来,那么就可能发现不了某些潜在的缺陷。HASS 采用强化试验台,它可以提供三轴六自由度的随机振动。当然,由于强化台对于电磁台而言推力小且能量多集中在高频段,因此,其适用于重量轻且对高频敏感的电子产品。

2) 振动谱和量值

由于强化振动台的振动谱型是固有的,所以 HASS 应用的振动应力参数中只剩下加速度均方根值和振动时间两个参数可以调节,所采用的激励应力为三轴六自由度宽带随机振动激励信号,频率范围为 20～5 000 Hz,能够充分激发出产品潜在的缺陷。振动量值的确定要以能激发出产品的制造工艺缺陷和不引入新缺陷为原则,根据经验,总结资料和试验摸索,一般选取振动工作极限的 50%,再进行调整优化。

3) 振动持续时间

有关振动试验应该持续时间的研究资料很少。由于在 HASS 试验中,对产品的工作情况是全程监控的,所以可以确定缺陷何时已经发展成为故障。总结国外以往的试验得出:只要正确确定振动试验方案,10 min 就足以析出大多数的缺陷。一般一个完整的 HASS 剖面,振动可以持续约 60 min,所以足以激发出对振动敏感的潜在缺陷。

(3) 温度振动综合应力剖面

虽然单独的温度循环应力和全轴随机振动对故障的激发效率都很高,但如果将大温变率的温度循环和全轴随机振动综合作用,激发出来的故障模式将比它们单独作用时所激发出来的故障模式多好几倍。有关试验数据表明,它们单独作用时所激发出的故障缺陷仅仅是综合应力作用时激发出的故障缺陷的 45%。这就是高加速应力筛选试验采用温度振动综合来激发产品潜在缺陷的原因。

1) 综合剖面的生成

综合就是将单独试验时的全轴振动应力、温度循环应力、电应力等试验剖面叠加在一起,用这些应力的综合作用来强化产品复杂的工作环境,从而达到提高故障激发效率、缩短试验周期、降低试验费用的目的。

在生成综合试验剖面图的过程中,应该解决好应力类型的选择、量级大小、应力施加的先后顺序等几个方面的问题。

2) 综合剖面的优化原则

试验剖面的优化必须综合考虑到试验效率与试验费用之间的比例关系,然后对试件综合施加各种可能激发出故障的试验应力。但是,湿度和大温变率的温度循环不能同时使用。这是因为,在温变率很大的情况下,流体(水蒸气等)的三态变化会变得特别强烈,与产品的实际工作环境严重不符,这样所激发出来的故障也就失去了实用性。其他各种应力的组合也应注意这方面的问题,不能简单机械地将它们组合在一起使用。

a) 根据故障机理与应力之间的关系来选择应力

故障包括彻底失效,也包括某个重要参数变化引起失常的功能退化。可以依据故障位置、故障机理或故障模式对故障进行分类。而筛选中的应力应根据不同的故障模式来选择相应的激发应力,这样才能保证对相应故障缺陷的高激发率。

b) 不同类型应力的激发效率问题

在所用的环境应力中,全轴随机振动应力对于产品潜在缺陷的激发效率最高,其次是温度循环应力。因此,在试验中将主要采用全轴随机振动和大温变率的温度循环应力综合作用。

c) 筛选的效费比

HASS 的根本目的就是在保证试验激发效率的前提下,尽量减少筛选时间,节约筛选费用。在试验剖面的制定过程中要注意合理的费效比。

(4) 高加速应力筛选初始剖面

HASS 剖面的建立就是根据前面所述选择合适的应力类型、应力量级和综合方式,建立初步的 HASS 剖面,再通过验证筛选,以得到最佳的筛选效果。

HASS 剖面的选择主要依据可靠性强化试验的试验结果以及产品性能测试所需要的时间、产品筛选过程中所施加的特殊应力等。由振动和温度循环构成的 HASS 剖面参数包括:上下极限温度、端点温度滞留时间、温变率、振动量级、振动时间等。

根据前面所述的应力选择和确定方法,目前主要有两种 HASS 初始剖面:

1) 方案 1:含激发和检测剖面的 HASS 剖面

对于工作极限和破坏极限差别大的产品,可以包括激发剖面和检测剖面。它由两个周期构成:第一个周期用来激发产品中的各种薄弱环节,应力量级选在产品的工作极限和破坏极限之间;第二个周期紧跟第一个周期之后,它的应力量级仅低于可靠性强化试验过程中所测得的工作极限,这个过程通过检测来暴露产品的薄弱环节。这种含激发的和检测的 HASS 初始筛选剖面如图 7-11 所示。

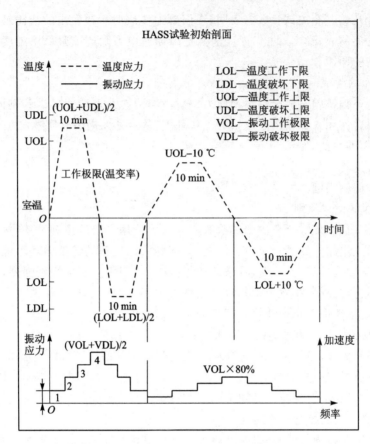

图 7 - 11   含激发和检测剖面的 HASS 剖面图

具体量值如下：

激发剖面：

① 温度循环剖面参数：

- 起始温度：当时室温,按 25 ℃算;
- 极点温度：温度最高点,(UOL+UDL)/2,温度最低点,(LOL+LDL)/2;
- 极点温度滞留时间：10 min;
- 温变率：40 ℃/min;
- 温度循环：1 次/循环。

② 振动剖面参数确定：

- 振动起始量值：0;
- 步进量级：(VDL+VOL)/8;
- 振动最高量级：(VOL+VDL)/2;
- 振动施加：步进施加;
- 每一量值振动阶持续时间：10 min。

检测剖面：

① 温度循环剖面参数：

- 起始温度：当时室温,按 25 ℃算;

- 极点温度：温度最高点，UOL-10 ℃；温度最低点，LOL$+10$ ℃。
- 极点温度滞留时间：10 min；
- 温变率：20 ℃/min；
- 温度循环：1 次/循环。

② 振动剖面参数：

- 振动起始量值：0；
- 步进量级：$(\text{VOL}-5g_{rms})/8$；
- 振动最高量级：$\text{VOL}-5g_{rms}$；
- 振动施加：步进施加；
- 每一量值振动持续时间：10 min。

2）方案 2：标准 HASS 初始剖面

对于工作极限和破坏极限接近的产品，则没必要使用激励和检测循环两部分组成的剖面，应采用标准的 HASS 剖面，如图 7-12 所示。

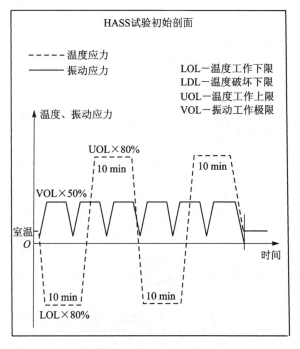

图 7-12 标准 HASS 初始剖面图

其具体量值如下：

① 温度循环剖面参数：

- 极点温度：80%的温度工作极限；
- 滞留时间：10 min；
- 温变率：40 ℃/min；
- 温度循环：2 次/循环。

② 振动剖面参数：

- 振动起始量值：$5g_{rms}$；

- 振动最高量级：50％振动工作极限；
- 振动施加：从 $5g_{\text{rms}}$ 到最高振动量级，维持约 10 min 再降为 $5g_{\text{rms}}$。

在进行产品 HASS 时，根据具体的产品及其可靠性强化试验的试验结果，可灵活制定相应的初始筛选剖面，并根据验证筛选的效果和实际工作中的情况进行不断改善，以得到经济、响应快速、有效的 HASS 剖面图。

4. HASS 剖面的验证

HASS 筛选过程的有效性和经济性是 HASS 剖面是否合理的判定标准，因此 HASS 的筛选过程要保证满足以下两个条件：

① HASS 筛选过程中，所使用的各种应力、应力量级和作用时间能够快速、经济、有效地激发出在正常使用环境下可能导致产品失效的各类缺陷；

② HASS 筛选过程不产生下列副作用：损坏好的产品或产生新的缺陷，过量消耗产品的有效寿命。

筛选效果验证的主要目的是验证 HASS 剖面是否能够满足其筛选判定标准的要求，它包括筛选过程有效性验证和产品剩余有效寿命评估两方面的内容。

（1）筛选过程有效性验证

对于 7.5.6 小节中的方法 1 而言，如果植入故障，则筛选有效性验证的过程如图 7 - 13 所示。

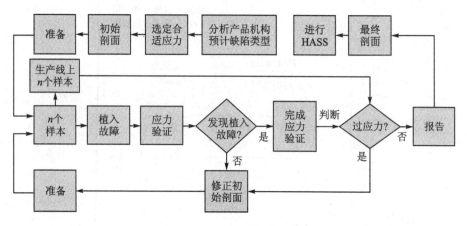

图 7 - 13　筛选验证流程图

筛选的有效性是指 HASS 试验剖面图激发潜在缺陷的能力。一般的做法是把有制造缺陷（这些缺陷必须具有代表性，可以人为植入）的试件和好的试件放入试验设备，按照所选择的 HASS 试验剖面进行试验，对筛选过程出现的失效形式进行分析，并确定产生这些失效形式的根本原因，以判断这些失效形式是由于在筛选过程中遭受了过大的应力诱发的，还是由于疲劳或制造缺陷造成的，从而决定 HASS 试验剖面所选择的应力量级是否正确和是否需要修正。如果失效是由于筛选过程中遭受过大的应力造成的，则应减小试验剖面中的应力量级，再选用新的试件重新验证筛选过程的有效性；如果预先植入试件的缺陷没有被激发，则可以通过增加试验剖面的应力量级或循环周期来增强筛选强度。

1）振动筛选验证

进行振动筛选验证是为了证明所选择的筛选量级能快速有效地激发出产品中对振动敏感

的潜在缺陷,同时又不会对好的产品造成振动破坏或留下损伤。如果完好的产品有故障出现,则应该修改筛选量级,并重新进行筛选验证试验。需要注意的是,因为在筛选过程中不希望对好的硬件造成破坏,因此一般来说筛选量级在很大程度上比步进应力试验中确定的最高量级要低。但是,筛选量级必须高到能够激发出生产缺陷,最优的筛选等级可以通过反复的筛选过程来找出。

2)温度筛选验证

温度筛选验证是用来证明所选择的筛选界限能快速有效地激发出产品中对温度敏感的潜在缺陷,同时不会对好的硬件造成热应力破坏。筛选包括温度从高界限到低界限的循环,而且在给定时间段内在设备和产品允许的范围内进行得越快越好。如果出现故障,要对筛选界限进行修改,而且要重新进行温度筛选验证。需要注意的是,为了不对好的硬件造成破坏,筛选界限一般比步进应力确定的最大温度界限低很多,但是界限值必须足够高以能激发出产品存在的缺陷,最优的界限选择可以通过反复的筛选来确定。

(2)产品剩余有效寿命评估

这个过程用来评估产品经 HASS 筛选后的剩余寿命,或者说用来评价 HASS 试验是否过多地损伤了产品的有效寿命。

要准确评估筛后产品的剩余寿命,必须获得完好产品的使用寿命和筛后产品的使用寿命,这样才能有效地进行比较和评估 HASS 对受试产品寿命的影响,但这些寿命数据的获得是很难的,对新研产品来说是无法进行的。

所以可在实验室通过试验的方法来大致评估 HASS 对受试产品寿命的影响。评估的一般方法是按照试验剖面的要求将产品重复试验多次,看是否有失效现象发生,然后从导致失效发生的试验剖面重复周期数,可以推断出所选 HASS 试验剖面对被试产品有效寿命的损伤程度。例如:如果产品通过 10 个 HASS 试验剖面的循环而失效,那么可以断定该产品经过一个试验剖面的筛选后,至少还剩余 90% 的有效寿命。也就是说,通过一个循环试验剖面的筛选,最多损伤了产品 10% 的有效寿命。在实际应用中一般选取至少 3 个样件,每个样件反复 10~20 次,以不再出现故障为止。如果要求产品有效寿命损伤更小,那么重复的次数可以进一步增加。

5. HASS 方案的调整和重新验证

在 HASS 剖面确定后,筛选方案不是一直保持不变的,需要根据实际情况不断调整和重新验证。

(1)高加速应力筛选方案的调整

在 HASS 筛选方案确定以后,在整个生产中仍需要对筛选过程进行监测,通过来自生产线和外场的反馈信息来对筛选方案进行调整。

首先,来自生产线的反馈信息很重要,这些信息包括产品加工工艺的变动情况,原材料、元器件的变动情况,产品在生产线上质量检查过程中所暴露的缺陷情况等。将它与 HASS 设计时产品的情况以及 HASS 的筛选结果相比较,通过考量缺陷的变动来决定筛选方案是否需要调整。

其次,由于在筛选方案制定过程中,可能会因没有达到最佳的应力极限而停止了 HASS 方案的进一步优化,使某些缺陷不能及时被发现;或者在筛选方案制定过程中,由于筛选应力量级太高而导致产品内部存在残余应力,并给产品注入缺陷(特别是累积损伤),这些缺陷会加速某些疲劳失效,这些疲劳损伤可能不会在 HASS 中以故障的形式暴露出来,但却可能会在外场使用的早期暴露出来。因此来自外场的反馈信息也很关键,这些信息包括产品在实际使用中暴露的缺陷以及产品的寿命情况,能反映出筛选的有效性及安全性(即筛选应力过低造成的漏筛及筛选应力过高引起的产品的潜在损伤),可以在一定程度上指导 HASS 剖面的制定。

(2) 高加速应力筛选方案的重新验证

在筛选过程中,当作用于产品上的热/振动应力发生变化时,就需要重新验证 HASS 方案。作用于产品上的环境应力的改变往往是由于筛选方案或夹具发生了调整引起的,其中筛选方案的改变包括应力量级、停留时间、温变率以及应力施加时刻等。另外参加筛选的产品数目、产品的定向、气流、试验设备等的改变也会导致作用在产品上的环境应力发生改变,需要重新验证筛选方案的有效性及安全性。

如果筛选过程中作用于产品上的应力量级升高,重新验证筛选效果是非常重要的,因为此时的筛选方案有可能在筛选过程中损伤好的产品。如果作用于筛选产品上的应力量级降低,重新验证筛选效果也很有意义,它可以证明降低应力量级后 HASS 的筛选强度和效果,以及是否还能够激发出那些潜在的制造缺陷。

另外,当产品在设计上发生变动时,必须重新修正和验证 HASS 筛选方案,以证明这种改变是否在某种程度上降低了产品的可靠性。特别是当产品在设计上变动较大时,则要求重新进行可靠性强化试验,并在此基础上重新制定 HASS 方案,且对筛选效果进行验证。

7.5.7 高加速应力筛选示例(某电子控制器高加速应力筛选)

1. 高效环境应力筛选初始剖面

首先对其实施可靠性强化试验。通过可靠性强化试验找到的电子控制器的极限应力值如表 7-9 所列。

表 7-9 电子控制器的极限应力值

振动工作极限/g_{rms}	振动破坏极限/g_{rms}	低温工作极限/℃	高温工作极限/℃
25	30	−20	80

根据表 7-9 的结果及标准剖面法得到初始高效环境应力筛选剖面应力:温度最高值为 65 ℃,温度最低值为−15 ℃,振动量值为 $15g_{rms}$,温变率为 40 ℃/min,剖面持续时间约为 60 min。图 7-14 为电子控制器的初始高效环境应力筛选剖面。

2. 电子控制器高效环境应力筛选剖面验证

(1) 电子控制器高效环境应力筛选剖面有效性验证

在可靠性强化台上安装 4 个产品,进行高效环境应力筛选初始剖面的有效性验证。

初次验证筛选过程中,产品的缺陷未被激发出来前,当温度低于−10 ℃时,产品不能正常地工作;温度升高时,产品功能又恢复正常。这说明电子控制器在综合应力作用下,表现出来的性能与各相同单应力下有所不同。为了验证此问题是由振动还是由温度引起的,将振动量值降低为 $10g_{rms}$,温度循环量值保持不变,更换新产品,进行第二次验证筛选。修改后的高效环境应力筛选剖面如图 7-15 所示。

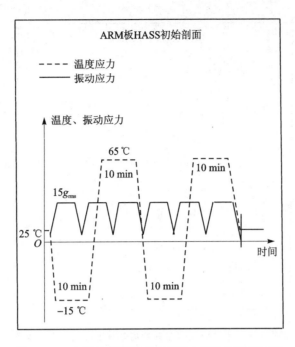

图 7 - 14　电子控制器高效环境应力筛选初始剖面图

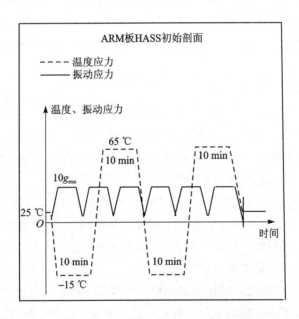

图 7 - 15　电子控制器第二次高效环境应力筛选剖面图

　　第二次筛选剖面中的振动量值为 $10g_{rms}$,但并没有暴露第一次筛选中出现的早期故障,证明振动量值偏小,故最高振动量值仍选择 $15g_{rms}$,修改剖面后进行第三次筛选。将振动量值增加到 $15g_{rms}$,筛选最低温度降为 -10 ℃,更换新产品,进行第三次筛选。修改后的高效环境应力筛选剖面如图 7 - 16 所示。

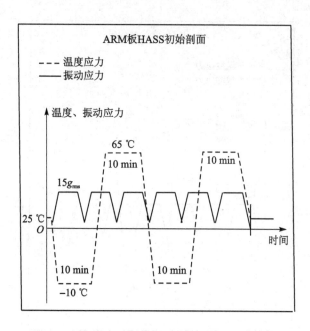

图 7 - 16　电子控制器第三次高效环境应力筛选剖面图

第三次筛选剖面验证能有效激发产品的早期故障,证明振动量值由 $10g_{rms}$ 增加到 $15g_{rms}$ 是合理的。所以证明第三次高效环境应力筛选剖面对激发电子控制器潜在缺陷是有效的,剖面的筛选有效性得到验证。但要证明此剖面是否合理,是否消耗产品过多的寿命,还需进行寿命评估试验。

(2) 电子控制器剩余有效寿命的评估

选取 3 个好的电子控制器,按照第三次高效环境应力筛选试验剖面进行试验。由于试验设备和资源的制约,将产品运行 20 个循环剖面,在此过程中好产品并没有出现任何故障。说明当进行高效环境应力筛选时,运行 1 个循环的筛选剖面只耗损产品不到 5% 的寿命。

(3) 实施电子控制器高效环境应力筛选

电子控制器经过筛选有效性验证后,证明图 7 - 16 所示的剖面对激发产品的缺陷是有效的,筛选剖面对缺陷激发的有效性满足高效环境应力筛选的要求;经过寿命评估试验后,证明电子控制器运行 1 个循环仅消耗产品不到 5% 的使用寿命,满足使用寿命的要求,故剖面的经济性和安全性满足高效环境应力筛选的要求。

由此,可将图 7 - 16 所示的剖面作为电子控制器的最终高效环境应力筛选剖面,从而在生产线上可按照此剖面开展小规模的高效环境应力筛选试验,来进一步验证剖面的有效性和不过量消耗有效寿命,必要时可调整高效环境应力筛选试验剖面,并进行重新验证。

经过开展小型的筛选,修改试验剖面,达到有效性和经济安全性的目的后,得到高效环境应力筛选的最终筛选剖面,就可以进行大规模的生产线上的筛选。

本章习题

1. 对于航空航天产品而言,环境应力筛选的目的和意义是什么?

2. 环境应力筛选有哪几个特点?

3. 环境应力筛选共分为哪些类?

4. 按照 GJB 1032A—2020 进行一次环境应力筛选大约需要多长时间? 需经历几个过程?

5. 在航空航天产品的环境应力筛选中,进行振动时故障如何处理?

6. 以环境应力筛选航空航天产品时是否需要安装减振装置? 为什么?

7. 在航空航天产品的环境应力筛选时,温度循环过程中的故障如何处理?

第8章 外场可靠性试验

8.1 概　述

为了评价产品(设备或系统)的可靠性,在使用现场(外场)进行的可靠性试验称为现场(外场)可靠性试验。现场可靠性试验是产品在现场实际使用条件下进行的,这些实际使用条件包括:产品停放以及工作运行的地理、大气自然环境;完成各种规定任务所执行的任务剖面产生的各种诱发环境;工作条件、工作载荷等复杂因素。

外场可靠性试验能真实反映产品在实际使用条件下的可靠性水平,可获得产品的使用可靠性。

8.1.1　外场可靠性试验的适用对象

外场可靠性试验适用于具有战术技术指标要求,实验室(也称内场)中不易或不可能进行考核的关键产品、设备、系统或整机;民用上也称为用户使用环境的测试,适用于那些构建模拟环境进行试验比较昂贵,而在使用过程中考核又比较便利的情况。由于民用产品较少开展这项工作,因此本章主要介绍武器装备的外场可靠性试验。

对于武器系统,整机指飞机、导弹、坦克、舰艇、机动车辆、火炮等。一般把整机称为装备。装备是由分系统、设备等组成的复杂大系统,是能够独立完成作战使命、任务的整体。因此,整机外场可靠性试验常称为装备外场可靠性试验。

条件允许的话,航空武器装备外场可靠性试验可以安排在研制过程的任何阶段。结合首飞后的调整试飞阶段开展的可靠性试验,主要是为了暴露设计、制造等方面的问题和缺陷,以便及时采取纠正措施,达到可靠性增长的目的。这种方法对于已经在内场做过可靠性摸底或增长试验的产品也是有意义的,可以通过外场可靠性试验从侧面验证实验室试验对产品使用条件的模拟是否正确,为后续的鉴定提供信息。事实也进一步证明,许多在实验室中没有发现的问题,在使用中会暴露出来,这是因为实验室试验受试验条件的制约,不可能完全真实地模拟外场的实际使用条件。比如环境条件,在实际使用中,多种环境应力同时作用,其影响是复杂的,不可能完全模拟。对于那些实验室不能进行的复杂系统或装备而言,这个阶段的外场可靠性试验显然是更必要的。

结合定型试飞开展的外场可靠性试验主要是验证复杂系统或整机的可靠性水平是否达到了设计定型阶段战术指标的要求,并为评估可靠性水平提供依据。

8.1.2　外场可靠性试验的目的

与实验室试验类似,在系统研制的不同阶段,外场可靠性试验的目的是不同的。

① 暴露产品缺陷,提高产品可靠性。通过研制早期的外场可靠性试验,来暴露系统设计、制造的缺陷,以便尽早采取有效纠正措施,提高系统的可靠性水平。在综合应力的作用下,按

照规定的任务剖面进行的可靠性试验,有利于暴露系统的缺陷,通过实施有效的纠正措施,可以使可靠性得到增长。因此,如果条件许可,应尽可能早地进行外场试验,并充分利用故障信息,这对提高系统可靠性十分重要。

② 获取各种试验数据,为提高系统的战备完好性及任务的成功性、减少维修费用及保障费用提供信息。试验数据包括功能、性能数据,故障数据,维修性数据,工作应力、环境应力数据等。

③ 考核系统是否达到了合同规定的可靠性定量要求,并作为设计定型的依据。对于不能在实验室进行可靠性定量指标验证的系统,必须通过外场试验来验证。

④ 通过外场可靠性试验,还可以为估计成熟期系统可靠性水平以及所需保障资源提供依据。

8.1.3　外场可靠性试验的特点

1. 综合性

(1) 系统综合

系统是由各种功能的分系统或设备按照一定的接口关系连接而成的。接口关系是多种多样的(机械的、电的、液压的、电子的、光学的)。通常,只有当各分系统都能正常、可靠地工作时,全系统才能正常工作。但是,从系统综合的角度看,各分系统或设备经过实验室验证,能够可靠地工作,并不代表全系统就一定没有问题。因为还存在接口连接的可靠性问题。因此全系统需要经过可靠性综合验证试验以验证其可靠性。这就是外场可靠性试验综合性的一个方面。

(2) 环境综合

系统停放在外场,就承受着外部自然环境如温度、压力、湿度,以及风沙、雨雪的影响;作战时,根据任务的不同,也要经历不同的环境,如:飞机的飞行高度、速度的变化导致所经历的环境不同;另外,系统功率的变化也会导致其内部温度、压力、振动等变化。可见,系统在实际使用中所承受的和诱发的各种应力是综合的,在实验室中很难同时模拟。这是外场可靠性试验综合性表现的第二方面。

(3) 保障设备综合

武器系统使用时,离不开后勤保障。地面保障设备本身在使用中也存在可靠性问题,且直接影响到系统的外场使用。因此,要求在进行系统外场可靠性试验时,与其配套的地面保障设备的技术状态必须与将来交付部队使用的地面保障设备的技术状态相同。这是综合性的第三方面。

2. 真实性

外场可靠性试验的真实性主要表现在实验中环境条件和工作条件的真实性。只有在真实条件中试验才能获得更准确的可靠性数据,评估系统的可靠性指标才有更高的可信性。外场试验环境的真实性虽然受条件限制不可能覆盖所有的使用场景,但比之实验室模拟试验,已经与真实环境接近了许多,特别是工作条件、工作载荷等;对于复杂装备在实验室是没有办法模拟的,例如飞机做机动飞行时产生的过载极易造成连接部位、结构件及机载设备安装支架等的故障,而这种过载在实验室是很难模拟的。

3. 经济性

外场可靠性试验的经济性主要体现在外场试验可以结合系统性能试验、鉴定试验、部队使用等进行，一般不需要单独组织，因而可以节省经费。

但是，并不是说考虑到经济性，分系统或设备级的实验室试验就可以不做，全部留到外场中去考核，以节省实验室试验的经费。这样做其实是不合算的，因为到了全系统阶段，要解决一个问题的花费比在设备和分系统级所需要的费用多得多。另外，外场可靠性试验的组织和数据的收集较之实验室试验也相对困难得多。这些方面的局限性决定了内外场试验各自存在的必要性。

8.2　外场可靠性试验的时机

与实验室试验类似，根据目的的不同，外场可靠性试验也分为很多种，如研制阶段的外场可靠性试验、初步使用试验、使用阶段的可靠性验证等。

对于以暴露早期缺陷、改进设计为目的的外场可靠性试验，一般应在首飞后的调整试飞阶段进行。

对于以考核合同规定的可靠性指标为目的的外场可靠性试验，一般应在具备了基本条件后才可以进行。

1. 美国空军外场可靠性试验的时机

① 研制阶段试飞（Ⅰ类试飞、Ⅱ类试飞）：发现飞机设计及制造过程中存在的问题；

② 训练飞行的可靠性评估；

③ 使用阶段的可靠性验证；

④ 专门的可靠性验证试飞。

2. 美国海军外场可靠性试验的时机

① 小批生产决策前的验证；

② 大批生产决策前的验证；

③ 初步使用试验与评估。

特点：

① 尽早进行飞机外场可靠性试验；

② 与其他飞行试验或飞行任务相结合；

③ 根据需要专门组织外场可靠性试验。

3. 我国常规武器外场可靠性试验的时机

主要选择在设计定型和生产定型阶段，有时在使用阶段也安排。

① 设计定型阶段的外场可靠性试验：结合实验室可靠性鉴定试验进行，可以及早发现系统存在的问题，及时采取纠正措施，但是由于参加定型试飞的原型机的结构可能不固定、定型试飞的任务剖面可能与作战时不同，因此其结论可能不能用于评估系统的可靠性指标。

② 生产定型阶段的外场可靠性试验：即部队试用，此时的飞机是经过设计定型的，性能、结构及技术状态基本确定，与将来交付部队的飞机一致。因此，其数据可以用来评估飞机或系统的作战效能、可靠性指标等。

使用阶段的外场可靠性试验：能够获得成熟期的可靠性指标。

8.3　外场可靠性验证试验的实施要求

对于有可靠性指标要求的装备(整机、系统),以及由于条件限制不能在内场实验室进行可靠性验证试验的关键产品,必须在外场进行验证。外场验证试验除了需要满足可靠性试验实施的通用要求外,针对其在使用现场开展的特殊性,还有一些特殊的要求。

外场可靠性试验主要采用统计推断法。统计推断法是以一定数量的装备为样本,在外场使用环境条件下,使样本在规定的任务剖面工作,运行一定的寿命单位,如飞行小时,统计在此期间发生故障的次数,经过分析处理,按照基本可靠性和任务可靠性有关指标的定义计算出各种指标的验证值,并以此推断武器系统的可靠性。

本节介绍外场可靠性验证试验的实施要求。

8.3.1　技术状态

对于以考核可靠性指标为目的的外场可靠性验证试验,装备应满足以下条件:

① 装备的技术状态已确定,且应与将来交付部队使用的装备技术状态保持一致。

② 组成装备的系统、设备已经达到规定的最低可接受值,最好是进行过内场实验室试验验证。由于经费等原因没有经过实验室考核的系统或设备,仍应对其低层次产品的可靠性设计或试验数据进行分析评估,预测其能够达到规定的可靠性水平,然后再进行装备可靠性外场验证。

③ 地面保障设备应配套、到位,且技术状态也应与未来配套交付部队使用的地面保障设备的技术状态一致。

8.3.2　试验条件

① 外场可靠性验证试验与内场实验室模拟试验相比较,试验中出现的工作和环境条件要复杂得多,而且是不受控制的。所以在外场可靠性验证试验方案中应该合理地规定所有工作、环境条件严酷度的极限,并要特别注意那些对装备可靠性有主要影响的不可忽视的条件。

② 应根据装备本身及使用特点,在装备未来使用及部署的有代表性的地域进行验证,并在使用、训练和模拟的作战环境下进行验证,还应考虑具有代表性的季节因素,具体要求可由承制方和使用方协商确定。

③ 应选用装备典型的任务剖面进行验证,任务剖面的种类和数量应按不同装备的特点确定。对于全天候装备应考虑安排一定的夜间试验。

8.3.3　试验时间

在试验方案中应规定相关试验时间的定义,如果以装备工作时间或工作循环数为基础,就应安装适当的计时器或循环计数器,准确记录设备的工作时间或工作循环数。在每次发现故障或进行修理时,都应详细记录使用时间,也可记录与装备工作时间相关联的其他运行时间,例如飞机的飞行时间等,这个时间有时可能与装备的工作时间相同,也有可能需要修正,其修正系数视装备工作的具体情况确定。

当试验条件超出规定范围时,应当中断试验,并要立即分析这种情况是否已影响了装备的可靠性,如有影响,则在超出规定范围期间所发生的故障和试验时间应该算作非相关的,并进行记录,但不计入其试验结果。在严重的情况下,需要对整个试验计划重新进行研究和调整。

8.3.4　验证场地及具体做法

应按照装备的类型、特点、经费、进度等因素,选择验证场地。

外场验证的场地有以下三种:

① 研制单位外场;

② 试用单位外场;

③ 用户使用现场。

三者均可选为工程阶段可靠性指标验证的场地,而成熟期的可靠性指标则必须在用户的使用现场进行验证。

一般可以选择下述两种做法:

① 在研制单位、试用单位和用户使用中,在正常试用或使用时,统计有关的数据进行验证。这种方法节约经费,但必须有健全的可靠性信息系统,以保证所收集数据的真实性、准确性和完整性。

② 专门组织的外场可靠性验证试验,采用典型的试验剖面。这种验证方法可以得到较准确的数据,但耗费大,并且由于是专门组织的试验,不能完全代表真实的使用情况。

目前用得较多的是前一种做法,这种做法既经济又可以更真实地反映实际情况,但这种方法的信息收集会比较困难。

8.3.5　测试要求

应规定试验中监测装备功能、性能的主要项目,战技指标,以及监测的时间间隔和程序。

在试验过程中最好是连续监测装备的工作和环境试验条件。如果这项要求在装备正常的外场使用条件下达不到,则应该按需要进行定时抽测或设专人观测。

试验中所有监测到的问题都应该及时报告,以发现操作是否正确以及操作因素对装备可靠性的影响。试验过程中应有合格的人员按操作规程操作装备,并严格执行正常的维修计划。

在试验过程中,若需要用专用测试仪器检测装备关键设备性能参数,其测试仪器应满足计量检定及精度等相关要求。

8.3.6　外场验证大纲

装备可靠性外场验证是装备可靠性试验的重要组成部分,其牵涉面广,需要耗费大量的人力、财力和时间,因此需要周密的计划和精心的组织实施。为了保证可靠性外场验证的顺利进行,达到验证的目的,首先应按照合同要求和装备研制的可靠性大纲规定的工作项目,制定装备可靠性外场验证大纲。大纲内容包括:试验目的、要求,受试装备说明,性能检测要求,验证参数指标,验证方案,任务剖面,信息收集处理要求,保障设备要求等内容。对大纲中的主要内容说明如下:

(1) 验证参数和指标

我国主要装备的可靠性、维修性指标参数选择与确定方法参照 GJB 1909A—2009[44]。在新装备研制时,由使用方提出可靠性参数、指标,并明确哪些需外场验证,与承制方商定写入研制有关文件或合同中,作为工作依据。对于不同的装备,选择的参数、指标也不同。下面仅列举三种装备的几项经常需要外场验证的可靠性参数。

火炮可选择的参数包括:平均故障间隔发数、平均致命故障间隔发数;炮上设备也可选择平均故障间隔时间、平均严重故障间隔时间、射击故障率等。

主战坦克可选择的参数包括:完成××km(如 500 km)机动任务可靠度、平均故障间隔里程、致命性故障间的任务里程、平均故障间隔时间、平均严重故障间隔时间、任务成功率等。

军用飞机常选用的参数包括:平均故障间隔飞行小时(MFHBF)、平均故障间隔时间、平均严重故障间隔时间、任务可靠度等。

大纲中应明确这些需要外场验证的可靠性参数以及这些参数的具体指标。

(2) 验证方案

当装备可靠性外场验证的目的主要是鉴定和验收装备时,所制定的验证方案应能用作提供装备可靠性是否符合合同要求的依据和管理信息,通常按照统计试验方案验证就能够达到以上要求。

在制定统计试验方案时,应选择置信水平、判别风险,规定合格判据,同时要权衡经费和进度。如研制合同或研制总要求中已有明确规定,则按研制总要求或合同规定执行,以便控制装备的真实可靠性不低于最低可接受的可靠性。这种方案必须反映实际使用情况,并能验证可靠性指标。目前,我国有些装备已经制定了可靠性外场验证的军用标准,例如 HB 7177 - 95《军用飞机可靠性维修性外场验证》[45],以及 GJB 2419A—2005《地面雷达侦察设备外场试验方法》[46]。对于没有制定可靠性外场验证军用标准的装备,在制定统计试验方案时,可以参照国军标 GJB 899A—2009《可靠性鉴定和验收试验》。

(3) 样本量

验证是通过对一定数量的样本进行试验,来推断装备整体的可靠性水平。因此,如何选择和确定装备数量作为可靠性外场验证的样本对推断的精度有一定的影响。通常在经费等条件允许时,如果验证的样本多一些,会有利于推断精度的提高。但是,在装备研制阶段由于受原型样机数量的限制,在早期的可靠性外场验证时能提供的样品不多。比如:坦克可有 3~5 辆;飞机可有 3~5 架。而在部队试用和使用阶段,装备的数量则会多一些,可按建制单位,如坦克、火炮的连和营,飞机的飞行中队以及大队为单位实施外场验证。

(4) 任务剖面

验证的任务剖面是指受试装备在外场验证中所必须经历的寿命单位数量和执行任务剖面的类型、数量以及各种不同任务剖面所占的比例①。比如:累计的行驶里程、发射炮弹数、飞行小时或起落架次数等。在外场验证中,确定所必须经历的寿命单位数量,如飞行小时或起落架次数应远大于被验证装备的典型任务时间和验证指标等,通常为典型任务时间和验证指标值的几十倍甚至更多。例如:坦克以每辆样车行驶试验不少于 10 000 km,以验证平均故障间隔里程为 300~400 km 的指标;飞机则累计飞行 500~1 000 h,以验证平均故障间隔飞行小时为2~3 h 的指标。在确定验证剖面时还要考虑装备所执行的任务剖面的类型和比例,要求与实际作战使用尽量保持一致,因为在工作、运行同样时间或里程的条件下,执行不同的任务剖面,验证的剖面也不同。为使受试装备的验证剖面接近实战条件,在进行外场验证时应按各类装

① 实验室试验剖面制定时依据此任务剖面。

备的战术技术指标要求中规定的任务剖面加以验证。图 8-1 给出了某型飞机典型任务剖面示例。

（5）信息收集处理要求

在外场试验过程中,应进行装备试验情况的记录,包括装备运行的起始和结束时间、工作内容、装备运行状态、环境条件等项目,定期地将这些原始记录进行汇总,按照一定的需要,整理成相应的信息表。为了获得相当时间内完整精确的外场反馈资料,大纲中应对信息收集处理工作提出要求,一般尽量做到以下几点:

① 组织一个能够把外场工程师、可靠性工程师以及制造工程师联系起来的信息收集与报告的渠道;

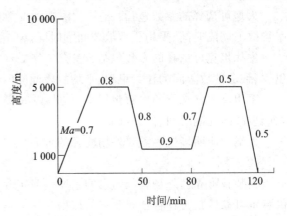

图 8-1　某型飞机典型任务剖面示例

② 使外场责任工程师习惯于一个统一的外场试验程序;

③ 记录和报告的信息应该准确无误。

外场试验信息收集的方法和要求可以参照国内有关标准和实际需要进行。最好是由受过专门训练的人员采用特定的外场报告格式收集信息。

在安装情况可能影响装备可靠性的情况下,收集的信息中应包括装备的安装情况,同时报告中还应详细说明试验期间的工作条件和环境条件。

由于试验结果来自于外场,因此需要对试验结果进行及时、全面的分析,以保证报告的可靠性和完整性;必要时还需对外场进行实际分析,对外场报告中的故障分析与判断进行再分析、再判断,使其更符合故障的定义、分类、分析与处理要求。

大纲中应明确故障分类、故障处理和故障统计的原则。

8.3.7　外场验证计划

在可靠性外场验证大纲得到批准后,可制订相应的外场验证计划。该计划一般包括:验证的进度、周期和阶段划分;成立验证小组和联合验证工作组的时间安排;验证前的准备工作安排;参加验证及其有关活动的人员安排和工作量;验证过程中的其他有关安排等。

8.3.8　验证程序

可靠性外场验证程序是验证大纲的具体执行文件,应明确验证过程中的流程、具体工作内容、装备编号、检测方法及人员安排等。

8.3.9　评　审

应制定一个外场可靠性验证的评审计划,其内容包括验证过程中的评审点的设置、评审的内容和要求等。通常组织三次评审。

（1）验证前评审

验证开始前,应组织一次验证前评审,以确定验证条件是否具备,确保验证大纲中所规定的要求得以满足。

（2）过程评审

验证期间，应按验证计划设置验证过程中的评审点进行评审工作，以便及时审查验证的进展情况和最新的验证结果，以保证验证过程处于受控状态。

（3）验证后评审

在验证结束时，应对验证完成情况进行评审，以评价验证的结果。

8.3.10　试验报告

验证结束后，应根据外场可靠性验证大纲的要求，编写外场可靠性验证报告。

8.4　军用飞机外场可靠性验证示例

本节以军用飞机为例，参照 HB 7177-95《军用飞机可靠性维修性外场验证》[45]，介绍军用飞机外场可靠性验证的实施过程。

8.4.1　验证的时机

验证的时机应符合原科工委[1993]技六字第 1207 号文件中的规定，在设计定型后进行验证。一般可考虑在设计定型后 2～4 年内或生产定型前完成可靠性的外场验证工作，具体时间可由合同双方协商确定。

8.4.2　受试飞机

为了保证可靠性外场验证的顺利进行和结果的准确性，应使用规定技术状态并经过一定飞行小时使用的、基本剔除了早期故障的飞机进行验证。

8.4.3　样本量

用于可靠性验证的飞机样本量 n 一般不应少于 4，作为统计验证的累计飞行小时 T 不少于 800 h，单机累计飞行小时不少于 $T/2n$。

8.4.4　验证前提条件

必须满足下列条件，才能按照批准的可靠性外场验证大纲进行验证飞行：

① 验证的组织机构已建立，经费得到了落实；

② 进行了可靠性预计或分析，且预计满足规定的要求；

③ 机载设备已按合同完成可靠性鉴定试验或增长试验；

④ 飞机完成了设计定型，已初步进行了可靠性评估；

⑤ 研制阶段，地面试验及试飞过程中发现的问题得到了妥善处理；

⑥ 受试飞机在部队经历了一定时间的飞行使用，基本排除了早期故障，空、地勤人员正确掌握了使用和维修方法；

⑦ 验证飞行所必需的保障要素已到位并满足要求；

⑧ 信息系统已处于有效运转状态。

8.4.5 试验条件

军用飞机可靠性外场验证一般应在使用部队进行,并在使用、训练和模拟的作战(其中包括有代表性的敌方威胁)条件下进行,具体要求可由承制方和使用方协商确定。

(1) 地域要求

应根据飞机本身及使用特点,在飞机未来使用及部署的有代表性的地域进行验证,并考虑高寒、湿热、干燥、潮湿、盐雾、沙尘等因素的影响。

(2) 季节要求

应在一年每个季节有代表性的时间内进行验证,一般冬夏两季,每季累计飞行小时数均不应少于总累计飞行小时数的 1/4。

(3) 任务剖面要求

应选用飞机典型的任务剖面进行验证,任务剖面的种类和数量应按不同机型的特点确定。对于全天候飞机,应考虑安排一定的夜航起落次数。

8.4.6 组织机构

应成立一个验证领导小组,负责可靠性外场验证过程中的领导工作,验证领导小组由工业部门与使用部门协商后共同组成,一般由使用部门的代表担任组长。

验证开始前,还应成立一个联合验证工作组,负责可靠性外场验证大纲的组织实施工作,联合验证工作组组长由承制方和使用方协商确定。

使用方参加验证工作组的人员可包括军代表、受试飞机所在部门的空地勤人员等;承制方参加验证工作组的人员应包括设计、生产、可靠性、外场、质量保证等方面的成员。

参加验证工作组的人员在验证期间应尽可能保持稳定。

8.4.7 信息系统

承制方应和使用方密切合作,使用闭环系统,包括故障报告、分析和纠正措施系统(FRA-CAS),来收集可靠性外场验证期间出现的所有故障信息,通过分析,采取纠正措施,并做好记录。

8.4.8 预防性维修

在可靠性验证期间,只进行飞机使用期间规定的和已列入批准的验证大纲中的预防性维修措施。除经联合验证工作组同意外,可靠性验证期间或修理过程中不应采取任何其他的预防性维修措施。

8.4.9 故障判别准则

故障是指飞机上的设备中止工作,或其性能下降超出了允许的范围,或飞机出现异常现象。凡属下列条款的事件或状态应计为故障:

① 飞机或飞机上的系统、设备(不含所携带的武器(下同))不能完成规定的功能;

② 飞机或飞机上的系统、设备性能降级(超出有关的技术条件或规范极限);

③ 引起计划外更换或维修的事件。

8.4.10　故障分类

验证期间出现的所有故障均分为关联(责任)故障和非关联故障。

1. 关联故障

除非被确定为由飞机外部的非验证要求的情况造成的故障,否则,所有故障均为关联(责任)故障(以下简称关联故障),包括:

① 设计或制造故障:由于设计缺陷或制造工艺不良造成的故障。

② 元器件故障:由于元器件潜在缺陷致使元器件失效而造成设备故障。在有多个同一类型元器件在验证过程中同时失效的情况下,每个元器件的失效均应看作是一个独立的关联故障,除非可以证明一个失效引起了另一个或另一些失效。

③ 耗损零件:某些已知有限寿命的零件(如电池)在规定寿命结束之前出现的故障为关联故障。

④ 多重故障:由一个零件故障同时引起设备的多重故障模式时,整个事件应计作一次关联故障。

⑤ 间歇故障:首次出现间歇故障应计作一次关联故障。

⑥ 调整:如果在验证期间观察到的性能输出正在降低,但仍然在规定的范围内,则允许进行原位调整;如果调整需离位进行,则计为一次关联故障。

⑦ 更换:验证期间所有出现故障征兆,但尚未超出性能极限的更换均计为关联故障。

⑧ 机内测试设备((BITE)故障:机内检测装置的任何故障(包括虚警)均计作关联故障。

⑨ 飞行中发现的而地勤人员无法证实的异常情况,均计作关联故障。

2. 非关联故障

只有下列故障可计作非关联故障:

① 由于误操作而造成的故障;

② 可证实是由于检查或维修人员引入的人为故障;

③ 同一间歇故障在同一单元上第二次(或随后的任何一次)出现;

④ 已知有限寿命零件在规定期限之后出现的故障;

⑤ 从属故障;

⑥ 可直接归因于非正常外界环境因素造成的故障;

⑦ 明显可归因于超出设计要求的过应力条件造成的故障。

3. 例外情况

当对故障采取了纠正措施,且累计了足够的飞行小时表明纠正措施有效,经过使用方对故障纠正的认可并在所有同型飞机上得到落实后,则原计作关联故障的故障可看作非关联故障。

8.4.11　故障统计

对故障进行分类后,应按下面的原则进行统计:

① 每出现一次关联故障即应计入故障次数;

② 在一次工作中出现的同一部件或设备的间歇故障或多次虚警只认为是一次故障;

③ 已经报告过的故障由于未能真正修复而又再次出现的,应和原来报告过的故障合计为

一次故障；

④ 飞机所携带的武器的独立故障和由它引起的从属故障不计入飞机的故障次数；

⑤ 飞机或其部件计划的拆卸事件不计入故障次数；

⑥ 零部件的轻微缺陷，若不丧失规定功能，并且能够按照维修规程通过飞行前检查和飞行后检查或机械日检查予以原位修复（不引起拆卸）的事件，如松动、漂移、噪声、渗漏等，不计入故障次数；

⑦ 在验证过程中，已确认为非关联故障的故障不计入故障次数。

8.4.12　致命性故障的判别准则与统计

1. 判别准则

对于被验证的飞机及其系统和机载设备，如出现下列故障或故障组合，均计为致命故障。

① 使飞机不能完成规定任务的故障或故障组合；

② 导致人或物重大损失的故障或故障组合；

③ 灾难性事故。

2. 致命性故障的统计

因飞机故障引起下列情况之一者，应计入致命性故障次数。

① 提前返航或提前着陆；

② 任务中断或被迫改变飞行任务；

③ 任务失败或飞机失事。

8.4.13　故障处理

1. 处理程序

发生故障时，一般应按下面的程序处理：

① 发生故障时，应由试用单位予以记录；

② 试用单位将故障记录报告给承制方，承制方将该故障报告纳入本单位的信息系统；

③ 承制方应尽力配合试用单位尽快对故障飞机进行修理，试用单位记录修理时间、工时及费用；

④ 更换所有有故障的零部件，其中包括由其他零部件故障引起应力超出允许额定值的零部件，但不能更换性能虽已恶化但未超出允许容限的零部件，如更换，应再计入一次关联故障；

⑤ 经修理恢复到可飞行状态的飞机，在证实其修理有效后，重新投入飞行。

2. 处理要求

处理故障时，应符合下述要求：

① 在故障检测过程中，飞机或其设备发现新的故障，若不能确定是由原有故障引起的，则应进行分类和记录；

② 除事先已规定或联合验证工作组同意的以外，不应随意更换飞机上未出故障的设备或零部件；

③ 在故障检测和修理期间，为保证验证的进度和连续性，经联合验证工作组同意，可临时更换飞机上的设备；

④ 若质量保证和工艺实践证明,在修理过程中拆下的设备或零部件可能会降低飞机的可靠性时,则不应将其再装入飞机;

⑤ 在故障飞机进行修理期间,验证数据仍应连续记录。

8.4.14　信息收集

在验证过程中,应根据所需验证的可靠性参数,全面地确定需收集的信息内容。收集的信息一般包括:

① 飞机、系统和设备的寿命单位总数,包括累计飞行小时、起落次数和累计地面工作时间(如地面试车、开车及地面试验的小时数);

② 各系统、设备和零部件的故障次数及全机的故障总次数;

③ 飞机完成任务的次数和任务不成功的次数;

④ 各系统、设备和零部件的修复性维修时间和全机的修复性维修总时间(一级和二级应分别累计);

⑤ 飞机再次出动机务准备时间总数及再次出动次数(以飞机规定状态为准);

⑥ 机载设备的 BIT 检测的故障数,隔离到规定可更换单元的故障数及虚警的次数;

⑦ 发动机的工作小时、空中停车次数和更换发动机时间;

⑧ 各系统、设备和零部件的计划拆换次数及全机的计划拆换总次数,有寿命要求的部件和设备的提前拆换(或提前大修)次数及每次拆换前的工作时间(或工作循环次数);

⑨ 各系统、设备和零部件的直接维修工时及全机的直接维修工时总数(一级和二级应分别累计);

⑩ 各系统、设备和零部件的预防性维修频率、维修持续时间以及维修停机时间。

8.4.15　验证大纲

可靠性外场验证大纲一般包括下列内容:

① 验证的目的与要求,其中包括需验证的参数及其指标;

② 受试飞机的技术状态和数量;

③ 验证的组织机构和管理要求;

④ 承制方和使用方在验证过程中各自的权限与职责;

⑤ 对参加验证人员的培训及技术水平的要求;

⑥ 验证所需飞行的典型剖面及规定飞行的次数;

⑦ 验证所选择的地点或区域;

⑧ 指标评估的具体方法,当验证对象为机载设备时,应包括所选定的区间估计的置信度;

⑨ 验证的主要规则,包括故障判据、故障分类准则,用于确定故障是否发生的性能参数的极限值,虚警、重测合格及不能复现的判据等;

⑩ 单机最少累计飞行小时数;

⑪ 验证过程中对维修的要求,包括维修人员、维修环境、维修等级、维修场所、维修所需的设备、工具和设施等;

⑫ 受试飞机所允许的调整和正常检查要求;

⑬ 验证期间的预防性维修计划;

⑭ 修复性维修和预防性维修的程序和步骤,包括维修范围和计时界面的划分;

⑮ 保障资源要求,包括保障设备、技术手册和其他技术资料、备件和消耗性材料、安全设备、校核设备等;

⑯ 对信息内容、记录格式及管理的要求;

⑰ 对机载计算机软件的要求;

⑱ 验证结束后,所需提交的报告格式及内容要求;

⑲ 其他需要规定的有关内容。

8.4.16　验证计划

在可靠性外场验证大纲得到批准后,承制方应会同验证飞行单位,制订相应的外场验证计划,该计划一般包括下列内容:

① 验证的周期和阶段划分;

② 成立验证领导小组和联合验证工作组的时间安排;

③ 参加验证及有关活动的人员安排和工作量;

④ 验证前的准备工作安排,包括制订可靠性外场验证前的准备工作评审计划;

⑤ 经费的安排;

⑥ 验证过程中的其他有关安排。

8.4.17　验证程序

通用的可靠性外场验证程序一般包括以下步骤:

① 按规定的任务剖面开始(或继续)验证。

② 记录验证前检查的信息。

③ 记录验证后检查的信息,如果在外场中或检查中发现故障,则分析故障,更换故障件后转至⑫。

④ 判断是否需要定检,如不需要,则转至①。

⑤ 记录定检过程中的预防性维修信息。

⑥ 判断是否需要安排过程评审,如不需要,则转至①。

⑦ 进行过程评审,过程评审如通过,则转至①。

⑧ 对过程评审未通过的原因进行分析,如果这种原因可以纠正,则继续验证;如果这种原因不能纠正,则转至⑩。

⑨ 判断是否达到了需验证的时间周期,如未达到,则转至①。

⑩ 停止验证,整理所记录的信息,编写验证报告。

⑪ 进行验证结束评审,给出验证结论,验证结束。

⑫ 记录故障信息,将该信息纳入 FRACAS。

⑬ 对产品进行维修,记录有关维修信息。

⑭ 进行修复后检查。

⑮ 判断是否需要组织专项评审,如不需要,则转至⑰。

⑯ 组织转项评审。

⑰ 判断是否可以继续验证,如不能,则转至⑬;如可以,则转至①。

⑱ 可靠性验证的程序流程如图 8-2 所示。

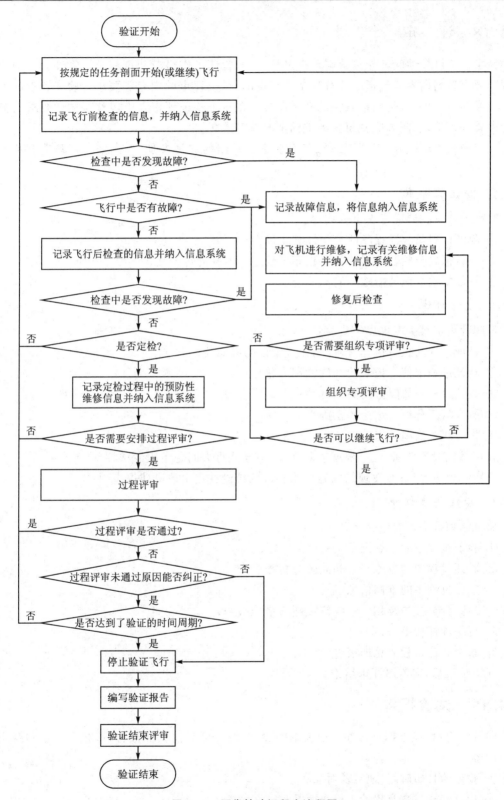

图 8 - 2　可靠性验证程序流程图

8.4.18　评　审

为了保证可靠性验证能按合同要求进行,联合验证工作组应制订一个可靠性验证的评审计划。评审计划内容应包括验证过程中评审点的设置、评审的内容和要求。验证评审的安排应事先通知各有关方面,包括有关的转承制方。在每个验证评审点上应按合同的要求对验证进行审查和评价,承制方应将每次评审的情况整理成文。

评审应由验证领导小组的成员、联合验证工作组的成员参加。必要时,可聘请有关专家参加。

1. 验证前评审

验证前评审主要应考虑下列内容:

① 验证计划及验证程序的合理性和正确性;

② 准备情况与验证计划及验证程序中规定的内容的符合性;

③ 验证的质量保证措施。

2. 过程评审

过程评审应至少考虑以下内容:

① 验证计划的执行情况,按计划完成验证的可能性;

② 验证过程中信息记录的准确性和完整性;

③ 验证过程中故障分类的合理性;

④ 所有故障分析及结论的正确性;

⑤ 相应纠正措施的有效性。

在可靠性验证期间,还可根据实际需要,对某些重大问题组织专项评审。

评审结束后,应针对发现的问题给出相应的结论并提出改进建议。

3. 验证结束评审

验证结束评审主要包括下列内容:

① 验证过程中的原始记录;

② 验证过程中的故障汇总和故障分析报告;

③ 验证过程中的维修信息汇总;

④ 故障分类报告及相应的维修或纠正措施报告;

⑤ 可靠性评估报告;

⑥ 整个验证过程的总结报告。

评审结束后,应给出评审结论。

8.4.19　试验报告

验证结束后,应根据可靠性验证大纲的要求,编写可靠性验证报告,该报告一般包括下述主要内容:

① 验证的日历时间、地点及对象;

② 验证的样本数及累计飞行小时数;

③ 验证在各季累计的飞行小时数及在各有代表性区域的累计飞行小时数;

④ 验证飞行的任务剖面种类及各任务剖面飞行的次数；

⑤ 验证过程中发生的故障次数及其相应的分类；

⑥ 验证过程中，非计划维修的总时间及计划维修的总时间；

⑦ 验证过程中的工时和费用；

⑧ 可靠性评估方法和结果；

⑨ 可靠性验证的评定结论；

⑩ 其他需要说明的事项。

8.5　其他工程应用案例

本节介绍了几种有代表性装备外场试验或相关试验的特色做法，作为上节内容的补充，考虑方法本身的共性，这里并没有完整介绍具体的实施方法。8.5.1 小节中的案例来自参考文献[47]，主要针对月面巡视探测器室外试验场用于对巡视探测器原理样机进行野外适应性试验、远程遥控操作试验以及长时间连续行走试验等，以考核其工作性能及可靠性，为进一步完善设计提供重要依据。8.5.2 小节中的案例来自参考文献[48-49]，主要针对各种整车室外自然大气环境条件下的直接静态暴露试验。8.5.3 小节的案例来自参考文献[50-51]，利用在轨卫星为 USB 的外场试验提供了一个理想的远场目标，用来检验其跟踪性能。通过应用实践，阐述利用在轨卫星对某部 USB 进行外场试验、检验设备的跟踪性能，以及对测量精度进行评估的方法。

8.5.1　月面巡视探测器外场试验地点的选取

月球表面地貌的复杂环境给月面巡视探测器的遥控操作、行进和工作带来了诸多难点。根据月面巡视探测器原理样机的研制目的和要求，其部分试验验证工作需在模拟月面环境的外场进行。这里所说的外场试验，与严格意义上的外场试验是有一定差别的，因为这里的"外场"，实际也是一个模拟的外场，而非实际的外场，但其又有别于实验室试验。作为一个特殊的外场试验，重点在于试验场地的选取。

月面巡视探测器的外场试验主要用于对原理样机进行野外适应性试验、远程遥控操作试验以及长时间连续行走试验等，以考核其工作性能及可靠性，为进一步完善设计提供重要依据。

如何根据月球表面地貌合理选择环境试验场地，成为外场试验的重点和难点。月面巡视探测器外场试验对环境提出的要求有：

① 全景相机所需的 360°地平线；

② 遥控操作验证所需的、较洁净的电磁波环境；

③ 月面巡视探测器自主导航所需的全自然光照明环境；

④ 验证巡视探测器行进能力的松软复杂地面环境；

⑤ 验证防沙尘能力的多沙尘环境；

⑥ 高温和干燥环境（地表自然高温约 50 ℃，相对湿度约 10%）；

⑦ 各种不同深度的探测目标。

在选址初期,试验组拟在长白山五大连池建立月面室外模拟试验场,主要是利用当地土壤的火山灰组成模拟月面土壤。但是后来发现由于长白山地形属于高山地貌,故无法为全景相机提供 360°完整的地平线环境。另外,该地区属于原始森林,气候湿润,无法提供环境试验所需的多沙尘和高低温干燥环境。

通过多次选址及实地考察,试验组最终确定在我国腾格里沙漠东南处建立月表环境试验场。因为该沙漠地区干燥、昼夜温差大,同时该场内的流沙颗粒极具棱角、磨圆度差,其主要特征与月球上的沙尘颗粒类似,具体可见表 8-1。此外,场内流沙的矿物组成也与月球土壤类似,主要以 SiO_2 为主,其次为 Al_2O_3、FeO、CaO 等[52]。

表 8-1　场内流沙的主要特征参数与月壤参数的比较

参　数	试验外场参数值	月球土壤参数值
颗粒大小/μm	5～300	2～60
结合力/($N \cdot cm^{-2}$)	0.04～0.60	0.02～0.20
内部摩擦角/(°)	30～34	31～39
有效摩擦系数	0.6～0.7	0.4～0.8
体积密度/($g \cdot cm^{-3}$)	1.4～1.6	月球表面接近 1

注:表中参数值为中国科学院沙漠与沙漠化重点实验室测定结果。

8.5.2　汽车及其零部件的大气暴露试验

汽车作为普通交通工具,一般不会像军用装备那样对严格意义上的外场可靠性验证试验提出要求,但是汽车是露天行驶的交通工具,在各种环境气候因素和大气腐蚀介质的综合作用下会发生老化腐蚀和损伤,因此需要选择典型的、有代表性的环境开展大气暴露试验,以提高汽车产品的环境适应性和可靠性,提高市场竞争力。美国的福特、通用等汽车公司都对汽车零部件乃至整车进行相应的自然环境和自然环境加速试验[45]。

(1) 汽车及其零部件大气暴露试验的目的

① 考核汽车整车及其零部件在典型的、有代表性的大气环境条件下的环境适应性,以获得并积累环境适应性数据,为汽车厂家的研制、设计、生产、使用和维护提供科学依据。

② 寻找汽车整车和零部件在设计、制造等方面的缺陷或薄弱环节,并通过改进来提高产品的质量、使用寿命和市场竞争力。

③ 通过分析汽车整车及其零部件在各种大气环境条件下暴露后的外观和性能参数变化,评价整车及其零部件的耐候性和可靠性。

④ 通过采用自然环境加速试验的方法,快速评价汽车整车及其零部件(非金属)的耐候性,获得与自然环境的相关性。

汽车大气暴露试验主要采用自然环境大气暴露试验与自然环境加速试验相结合的试验方式。其中自然环境大气暴露试验开展整车户外直接暴露试验和零部件多角度的户外暴露试验;自然环境加速试验开展整车跟踪太阳暴露试验、预应力暴露试验、玻璃框下暴露试验、强制通风控温玻璃框下暴露试验、控温控湿玻璃框下暴露试验、黑箱暴露试验等。同时,根据受试产品实际使用的环境和不同的试验目的对试验方式进行选择和剪裁。

（2）试样要求

① 每种车型至少需要一辆样车。根据车型配置与试验目的的不同,可采用多辆参与试验。

② 要求试验车辆是新开发的产品或是批量生产线上抽取的标准配置的合格产品,并附有相关说明书、零部件目录等附件。

③ 试验整车时,要求配备与其上装配是同批生产的合格标准样件。标准样件要求是单个零部件制品或是特制的标准样件。

④ 为了能获取准确的大气暴露试验结果,要求零部件应按产品生产的实际工艺和技术要求生产,零部件应为合格品或最新开发的产品。

⑤ 材料试样不少于 4 件,一般零部件不少于 3 件。如要进行破坏性的力学性能试验,则零部件的数量根据实际情况确定。

（3）大气暴露期限

大气暴露期限的设定除了考虑试样类型、用途及试验目的外,还要考虑能够正确地掌握试样性能老化的历程。暴露期限设定可以选择以时间为单位（如月、年）;但在考核试样的光老化性能时,要求选择以试样表面接收太阳辐射量的累计值为单位,比如 MJ/m^2;也可以选择以试样主要性能指标下降到某一规定值时为单位。例行试验要求以试样性能老化下降至规定限值时所接收的太阳辐射量或经过的时间为期限,产品鉴定试验和验收试验至少要 1 年以上,暴露研究试验至少要 2 年以上。

为了正确掌握试样各种性能的变化,原则上应把暴露开始的日期分为以下两种来实施:对于湿热气候暴露试验,建议以每年的 3 月或 4 月开始;干燥气候的暴露试验,推荐以秋季的 9 月或 10 月开始。超过 1 年以上的暴露期限,一般不特别规定暴露试验开始的日期。

（4）检测周期

对于整车检测,要求暴露初期 3 个月内,每半个月 1 次;3 个月至 1 年内,每月 1 次;超过 1 年后,每 3 个月 1 次。如果是批量生产的鉴定或验收试验,检测的间隔时间可以相对延长,即检测次数相对减少。如果是整车跟踪太阳暴露试验,检测的间隔时间可以相对缩短,即检测次数相对增加。也可以按试样表面接受一定的太阳辐射量作为检测周期。

对于零部件一般按 1、3、6、9 个月,1、1.5、2、3、4、5 年的周期进行检测。如进行控温控湿玻璃框下暴露试验、强制通风控温玻璃框下暴露试验、黑箱暴露等自然环境加速试验,检测周期可根据零部件的构成材料、材料的失效情况以及按试样表面接受一定的太阳辐射量等具体情况而定。

（5）试样检测

对于整车外观检测,主要利用仪器法和目测法对整车进行各种外观老化现象的检测,例如光泽、颜色、粉化、裂纹、起泡、长霉、斑点、玷污、锈蚀、爆孔、剥落、起霜、硬度等。对于功能件,主要检测以下几点:

① 检查所有电器功能件的工作情况是否正常;

② 检查刮水器、风窗洗涤器、除霜装置、玻璃升降器、门锁、内锁提钮、行李箱门及发动机盖等性能是否正常;

③ 检查发动机、变速器、悬挂及转向系统等工作情况是否正常以及电池充电性能等。

对于零部件的检查,应根据零部件的材料构成类型和涂覆层的类型,分别把零部件分为涂层、镀层、塑料、橡胶、人造革纤维和纺织品等 6 大类,采用不同的标准进行外观和物理力学性能的检测。为了更深层次地研究车用高分子材料受环境因素影响而发生的老化和性能变化的规律以及相互关系,试验还可以采用红外光谱分析技术,研究高分子材料的环境老化和性能变化的规律,进而提出相应的改进措施,提高产品的环境适应性。

(6) 结果评定

外场环境试验的结果,应根据试验目的、试验对象和试验参数进行评定。对于整车,主要是从外观变化以及运行使用性能方面的结果来进行评定。零部件试样应根据其材料构成的不同类型进行材料耐老化性能等级评定,然后再对零部件进行老化综合性能评定。

自然环境加速试验主要进行快速评价和相关性评价。相关性评价包括模拟性评价(定性和定量)、加速性评价(加速因子法和加速转换因子法)和重现性评价(方差分析或 t 检验法)。相关性评价必须在失效模式和失效机理与实际使用状况一致的前提下,才能找到与常规自然环境试验规律的相关性。只有在相关性良好的前提下,才能计算其加速倍率。

在开展自然环境加速试验时,只有针对不同类型的材料或产品,根据其不同的应用环境,采用合适的加速试验方法,最终试验结果的评定才真实可靠。

8.5.3 测控系统的外场可靠性试验

S-频段统一测控系统(USB)是载人航天工程的主要测控设备,如果采用飞机校飞的方法对 USB 设备进行性能检验和精度鉴定,则费用很高,而且飞机校飞的实施还受到地理位置的限制。基于上述原因,常采取外场试验方法检验设备的各种性能和精度[53]。

参加 USB 外场试验的设备有:测控站 1♯、测控站 2♯、测控站 3♯、测控站 4♯中的有关设备以及数据处理中心。USB 是用侧音测距技术测定距离,并采用相干多普勒原理测定距离的变化率,其角度数据可从天线座的轴角编码器得到。在跟踪在轨卫星时,它与卫星上的 S-频段应答机构成跟踪回路,得到卫星在测控站坐标中某一特定时刻的角度、距离、距离变化率,并送往卫星测控数据处理中心。利用各个测控站对卫星的观测数据(主要包括距离、方位角、仰角和径向速率)、测量站的位置信息,并结合卫星的飞行动力学模型,利用一定的数学方法,编写一套适用的定轨方法及软件确定卫星的运行轨道。利用卫星轨道经过坐标转换,得到以 USB 天线机械轴交点为原点的坐标系上的角度、距离和径向距离变化率,然后与 USB 的测量数据逐点比对,算出 USB 的测量数据对轨道数据的差值,从而得到 USB 的随机误差和系统误差。其数据处理流程如图 8-3 所示。

性能检验项目包括三项:

① 数字引导跟踪试验:根据轨道预报结果,经过坐标变换得到 USB 角度数据,对 USB 实施数字引导;

② 捕获试验:在数字引导的基础上,控制天线方位,俯仰叠加扫描,观察捕获目标的情况;

③ 引导功能检验:在引导天线捕获跟踪目标后,切换到主天线对目标进行跟踪实验。

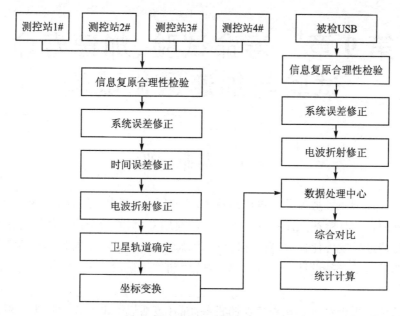

图 8 - 3 测控系统外场可靠性数据处理流程图

本章习题

1. 航空航天产品的现场可靠性试验能达到哪些目的？

2. 对于航空航天产品的现场可靠性试验，有哪些优缺点？

3. 怎样才能比较完整而精确地收集到航空航天产品的现场试验数据？

第9章 寿命试验、加速寿命试验与加速退化试验

9.1 寿命试验

寿命试验(Life Test)是为了获得产品在规定条件下的寿命而进行的试验。

寿命试验的目的是验证产品在规定条件下的使用寿命、贮存寿命。通过寿命试验,还可以发现设计中可能过早发生耗损故障的零部件,并确定故障的根本原因和可能采取的纠正措施。

寿命试验适用于产品设计定型阶段、试用阶段和使用阶段。对有寿命要求的产品应进行寿命试验。

使用寿命试验用于对具有耗损特性的机载产品(包括但不限于发动机集成附件、具有独立功能的结构件)使用寿命的验证与评估。通过寿命试验,可以评价长期的预期使用环境对产品寿命的影响,确保产品不会因长期处于使用环境而产生磨损、疲劳、腐蚀、老化以及部件到寿或其他问题影响产品的正常使用。

贮存寿命试验用于对长期存放、一次使用产品(如导弹)贮存寿命的验证与评估。由于贮存期产品不工作,因此可以利用同类产品的贮存数据和低层次产品贮存寿命试验数据来评价产品的贮存寿命。

9.1.1 概 述

1. 产品的寿命参数

产品的寿命,通常也称耐久性,是指产品在规定的使用、贮存与维修条件下,达到极限状态之前,完成规定功能的能力,一般用寿命参数度量。极限状态是指由于耗损(如疲劳、磨损、腐蚀、变质等)使产品从技术上或经济上考虑,都不宜再继续使用而必须大修或报废的状态。

寿命参数,也称耐久性参数,用于描述具有耗损故障的产品的寿命特征。以下参数的定义参照 GJB 451A—2005[16] 给出。对于不同的产品,根据以下参数可以派生出不同的寿命参数,应参照相关标准给予定义。

(1) 使用寿命(Service Life)

它是指产品无论从技术上还是经济上考虑都不宜再使用,而必须翻修或报废时的寿命单位数。

(2) 贮存寿命(Storage Life)

它是指产品在规定的贮存条件下能够满足规定要求的贮存期寿命单位数(一般是日历时间)。

(3) 总寿命(Total Life)

它是指在规定条件下,产品从开始使用到报废的工作时间和(或)日历持续时间。

（4）首次大修期限（Time To First Overhaul，TTFO）

它是指在规定条件下，产品从开始使用到首次大修的寿命单位数；也称首次翻修期限，简称首翻期。

（5）大修间隔期（Time Between Overhauls，TBO）

它是指在规定条件下，产品两次相继大修间的寿命单位数，也称翻修间隔期。

（6）可靠寿命（Reliable Life）

它是指给定的可靠度所对应的寿命单位数。

2．寿命试验的分类

（1）按试验场所分类

按试验场所的不同，分为现场寿命试验和实验室寿命试验。现场寿命试验，是产品在实际使用的环境和应力条件下所进行的寿命试验。现场寿命试验的特点是：同一批同一规格的产品，在实际使用中，所遇到的应力类型及水平因受客观条件的制约有可能是不相同的，但却是反映了真实的使用环境或存放环境。而实验室寿命试验应力施加严格受控，就可以避免这个问题，从而试验结果可比较，但缺点是难以完全真实地模拟实际的使用或存放条件。

这两种类型的寿命试验，应以现场寿命试验为最基本的寿命试验，因为它最能说明产品的寿命特征。但是现场寿命试验的场所范围太广，在收集有关数据和资料时，会遇到各种困难。为了弥补现场寿命试验的缺陷，实验室寿命试验将现场的重要应力条件搬到实验室内，并加以人工控制，使得在实验室内参加试验的产品都受到同样类型和同样水平的应力。

（2）按试验目的分类

按试验目的的不同，寿命试验分为使用寿命试验和贮存寿命试验。使用寿命试验是在一定环境条件下加负荷，模拟使用状态的试验。其目的是验证产品首次大修期限或使用寿命指标。使用寿命试验包括实验室使用寿命试验法、与可靠性综合验证试验相结合的寿命试验法（综合验证试验法）、实验室使用寿命试验与领先使用结合法。

贮存寿命试验，是寿命试验的另一大分支。对于武器装备，特别是箭弹等长期贮存、一次使用的装备，贮存寿命试验尤为重要。贮存寿命试验适用于那些出厂后并不立即投入使用，而是在某种环境下贮存的产品。虽然产品处于非工作状态，但由于受到贮存环境应力（温度、湿度、霉菌等）的长期作用，产品某些特性参数会发生缓慢变化和退化，消耗产品的寿命，如维护不当，最终会导致产品失效报废。

（3）按试验施加的应力强度分类

按试验施加的应力强度的不同，寿命试验分为正常应力寿命试验（也称常规寿命试验）和加速寿命试验。正常应力寿命试验是模拟实际的使用或贮存条件，对产品或零部件进行寿命试验。加速寿命试验是为缩短试验时间，在不改变故障机理的条件下，用加大应力的方法进行的寿命试验。

（4）按试验结束方式分类

按试验结束方式的不同，分为完全寿命试验和截尾寿命试验。完全寿命试验是试验进行到投试样品完全失效，得到的是完全样本。截尾寿命试验，或称不完全寿命试验，可分为定时截尾寿命试验和定数截尾寿命试验。定数截尾寿命试验是指试验到预定的故障数就停止试验，此时故障数是固定的，而试验停止时间是随机的；定时截尾寿命试验是指试验到预定的时间就停止试验，此时停止时间是固定的，而试验中发生的故障数是随机的。

（5）按施加应力类型分类

寿命试验也可以按施加的应力类型来分类，比较庞杂。例如：施加热应力的寿命试验，有时称为高温老化寿命试验；施加温度和湿度应力的寿命试验，有时称为工作贮存寿命试验；施加电应力的寿命试验，习惯地被称为工作寿命试验或电化寿命试验；施加机械应力的试验，通常称为疲劳寿命试验。

9.1.2　常规寿命试验方法

工程上常用的常规寿命试验方法如图9-1所示。

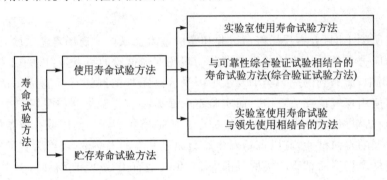

图9-1　寿命试验方法

1. 实验室使用寿命试验方法

实验室使用寿命试验，也称内场试验，是指在实验室内模拟产品的实际使用条件或在使用方规定的条件下，按照不同的试验类型，采用相应的寿命评估方法，确定或验证产品寿命指标的一种方法。

（1）适用对象

从产品层次的角度考虑，实验室使用寿命试验适用于设备级和小型功能系统级。

从产品重要度考虑，实验室使用寿命试验适用的产品对象为A、B类新研产品。对已投入使用的A、B类老产品，若要对其进行延寿或要评估其翻修后的寿命，也可进行实验室使用寿命试验。

从产品类别角度考虑，实验室使用寿命试验的对象主要是有寿命要求的机械类和部分机电产品。这些产品在使用中会发生如磨损、腐蚀、疲劳或老化等耗损性故障模式，且一旦发生故障将会影响飞行安全或任务成功；对于电子类产品一般不提寿命指标要求，因此，也无需进行实验室使用寿命试验。

（2）适用的寿命参数

实验室使用寿命试验适用的参数主要是首次大修期限、使用寿命及大修间隔期限。总寿命是根据已经确定的首翻期初始值及估计可能的翻修次数得出的，一般不进行寿命试验验证。

（3）试验的时机

寿命验证试验一般在设计定型前完成。

（4）试验前分析

实验室寿命试验非常耗时且费用昂贵，因此，承制方应当尽早制定寿命试验方案，说明受试产品的品种和数量、应力水平、测试周期等，该方案应经订购方认可；另外，还必须对寿命特性和寿命试验要求进行仔细的分析,必须尽早收集类似产品的磨损、腐蚀、疲劳、断裂等故障数据并在整个试验期间进行分析,否则可能会导致重新设计、项目延误。分析内容一般应包括:

① 现状分析:对于现役成品来说,应对产品的寿命现状进行分析,掌握目前的寿命指标要求。

② 明确目标:根据寿命现状分析和定延寿目标要求,明确成品通过定延寿工作期望达到的寿命指标水平。

③ 明确试验要求:包括决定使用环境条件及负载、使用时间及频率、信息获取方式、样品数量、样品是否代表使用产品的母体、有关的置信度及置信限等。

④ 确定施加的应力:考虑影响寿命指标的主要的使用环境条件及负载,以及这些条件是单个还是组合的影响。应考虑的应力条件有:温度、机械冲击、振动、温度与振动等。

⑤ 制定试验载荷谱:如果已有实测载荷谱以及掌握了足够的历史数据,可以考虑采用加速寿命试验;否则,应采用正常应力进行试验。此外,还应考虑如何与以前的有关试验相结合。

⑥ 受力分析:列出产品的主要零部件,特别是那些在使用中很可能出现故障的零部件;根据载荷谱确定这些零部件在工作中将承受过应力、欠应力或正常应力;经过应力分析后,决定是否有必要更改上述的载荷谱。

⑦ 制定性能及失效标准:说明主要功能参数,规定可接受的最低性能参数值;规定辅助的性能标准,例如过大的噪声、过大的振动等,说明决定产品寿命的失效标准。

⑧ 可行性分析:考虑资金、人员要求,设备、试验设施及产品研制时间,估计上述因素的可行性。

试验中涉及到的其他相关分析。

(5) 试验方案

1) 试验条件

试验条件指的是产品的环境条件、工作条件和维护使用条件。进行设备寿命试验时,应尽可能模拟实际的使用条件。

2) 试验时间

对于航空装备的机载产品一般取产品首次大修期限的 $1 \sim 1.5$ 倍作为试验时间。其他装备的产品可以根据其使用特点确定试验时间。

3) 受试产品选择

对新研制的产品应选取具备定型条件的合格产品作为受试样品;对已定型或现场使用的产品,应选用在现场使用了一定时间的产品(性能测试合格者)作为受试产品。

4) 受试产品数量

受试产品数量一般不应少于 2 台(套)。

5) 故障判据

为了正确评估产品寿命与判断试验能否继续进行,需要对产品进行故障分析并确定关联故障与非关联故障的故障判据。对于可修复的产品,凡发生在耗损期内的,并导致产品翻修的耗损性故障为关联故障。对于不可修复产品,凡发生在耗损期内的,并导致产品翻修的耗损性故障和偶然故障均为关联故障。

6) 寿命试验剖面

实验室使用寿命试验是在实验室内模拟产品实际使用条件或在规定的工作条件下进行的

试验。无论什么产品的寿命试验,从理论上讲,均要求尽可能真实地模拟产品的实际使用条件,这是制定试验剖面应遵循的基本原则。由于产品的寿命剖面和任务剖面是产品使用条件的真实描述,因此,寿命试验剖面的制定依据也是产品的寿命剖面和任务剖面。以寿命剖面为依据制定产品的试验剖面,并按此试验剖面进行试验,试验结果才能比较真实地反映产品在外场使用中的情况,试验结果才能有较高的准确性。制定试验剖面,应考虑以下几个方面:

①　为了使试验结果能够真实地反映产品在外场使用的情况,除考虑试验类型外,还应考虑产品使用条件,分析影响产品寿命的主要工作应力和环境应力,如能证明产品的寿命长短主要取决于使用条件中的工作应力,而与环境应力关系不大,则试验剖面中应只保留对产品的寿命影响较大的工作应力,即只需进行单应力试验。

②　原则上,试验剖面应根据产品的寿命剖面(含任务剖面)来制定。

③　优先选用产品在实际使用中的实测应力数据来制定试验剖面。如无法得到实测应力,可使用根据处于相似位置、具有相似用途的产品在执行相似任务剖面时测得的数据,经过分析处理后确定的应力。在无法得到实测应力或估计应力的情况下,可以使用参考应力。

④　充分运用以往产品定延寿试验工作所取得的经验。经分析如能判定产品原寿命试验条件能同时用来对产品的寿命进行验证考核,则可以将它用作该产品的寿命验证试验剖面。

⑤　在满足试验要求的条件下,试验剖面应尽可能简化,忽略对产品寿命影响较小的应力或应力量值,以便于试验的实施。

2. 与可靠性综合验证试验相结合的寿命试验方法(综合验证试验方法)

(1) 采用综合验证试验方法具备的条件

当产品具备以下条件时,可以应用综合验证试验方法,通过一次试验给出产品的寿命值和可靠性验证值:

①　产品既有可靠性指标要求,又有寿命参数要求,且有关合同规定该产品要进行可靠性鉴定试验和寿命试验;

②　经分析判定,所施加的试验条件(剖面)能够同时对产品的寿命和可靠性进行验证考核;

③　经权衡分析判定,进行寿命与可靠性综合验证试验比分别进行可靠性验证试验和寿命试验更为经济、有效的产品,可做综合验证试验。

(2) 试验方案

1) 试验条件

产品寿命与可靠性综合验证试验条件(剖面)应按以下要求:

①　为了使试验结果能够真实地反映产品在现场使用的情况,其试验条件(剖面)应能模拟产品的主要使用应力,包括工作应力、环境应力及维护使用条件等。通过分析如果能证明产品的寿命长短与可靠性高低主要取决于使用环境中的部分环境应力与工作应力,而与其他环境应力及工作应力不相关,或关系不大,则试验条件(剖面)中应只保留对产品寿命与可靠性影响较大的那些环境应力和工作应力。

②　试验条件(剖面)应根据产品的寿命剖面(含任务剖面)来确定。

③　优先选用产品在实际使用中的实测应力数据来制定试验条件(剖面)。如无实测应力,可使用根据处于相似位置、具有相似用途的产品在执行相似任务剖面时测得的数据,经分析处理后确定应力。如实测应力和相似产品的实测数据均无法得到,可以应用 GJB 899A—2009

确定相应的振动、温度、湿度等环境应力。

2）试验时间

寿命与可靠性综合验证试验一般采用定时截尾试验，试验时间取决于受试产品的寿命与可靠性指标、产品的重要度以及可靠性统计试验方案的参数等因素。

① 寿命试验所需的最少试验时间 T_L：

如采用工程经验法，寿命参数验证所需的最少试验总时间 T_L 可按下式确定：

试验总时间

$$T_L \geqslant n \times K \times T_0 \qquad (9-1)$$

式中　n——受试产品数量；

　　　T_0——受试产品规定的寿命；

　　　K——工程经验系数，由承制方与订购方视产品的重要度及相似产品的经验等因素共同确定。

如采用分析法对寿命参数进行评估，为保证评估的精度，应在 70% 的试件出现故障时定为试验截止时间 T_Z。

试验总时间：

$$T_L \geqslant n \times T_Z \qquad (9-2)$$

式中　n——受试产品数量；

　　　T_Z——n 的 70% 受试产品出现故障时的时间。

② 寿命与可靠性综合验证试验总时间 T_{LR}：

寿命与可靠性综合验证试验总时间 T_{LR} 应取 T_L 和 T_R（可靠性试验最少试验总时间）两者中的较大值。

如果 $T_L > T_R$，且大得多，则可根据 T_L 值重新调整可靠性统计试验参数值，选取更小的 α、β 或 d，适当增大 T_R，从而在不增加试验成本的前提下，进一步降低试验的风险，并提高可靠性估计值的置信度。

如果 $T_R > T_L$，且大得多，则可将寿命参数验证试验设计成两个阶段：

第一阶段，仍按原先规定的产品寿命规定值 T_0 的要求进行试验，定时截尾试验时间为 $K \times T_0$（或 T_Z）。该阶段试验结束后应给出产品能否达到规定的寿命值 T_0 的结论。如所有受试产品在 $K \times T_0$（或 T_Z）内均未出现关联故障，则可进行第二阶段试验。

第二阶段，将单台试验截止时间延至 T_R/n，则总试验时间最多为 T_R。该阶段试验结束后，连同第一阶段的试验数据，可以对受试产品的寿命值进行评估，从而为该产品的延寿提供依据。

3）受试产品数量

受试产品数量一般不应少于 2 台。

如用分析法对寿命参数进行评估，则受试产品失效数 r 应至少等于 5，故受试产品数量也至少为 5 台。

在采用增加受试产品数量有利于降低总成本（受试产品价格＋试验成本）的前提下，可适当增加受试品的数量，使 $T_L = n \times K \times T_0$ 尽量接近 T_R，但仍应保证每台受试产品的试验截止时间不得少于规定的 $K \times T_0$。

4）故障判据

对产品寿命参数的考核与对可靠性指标的考核，其故障判据是不相同的。考核寿命参数的故障判据是：

对不可修复产品，在寿命试验期间，凡是引起产品更换的所有偶然失效和耗损故障均判为产品故障。对于可修复产品，其故障只计及引起产品翻修的耗损性故障，如磨损、老化、疲劳断裂等。

5）预防性维修

在寿命与可靠性综合验证期间，只允许进行产品使用期间规定的和已列入经批准试验程序中的预防性维修措施，如定时更换易损件，定时进行润滑、清洗和校准等。

6）故障处理

当在试验过程中发生故障时，经过调查，推荐使用以下方法进行故障处理：

试验中发生故障，应立即停止试验，并将故障情况详细予以记录。

撤出故障件进行故障分析。在此期间，其他试件是继续试验，还是等故障件（可修产品）修好后再装入试验箱内与其他未发生故障的试件同时进行试验可视情况决定。但只要未发生关联故障，每台试件至少要试验到截止时间 $T_z(T_z=K\times T_0)$ 才能终止。

故障分析结果表明，发生的故障如属于关联故障，则该试件用于考核寿命参数的任务已经结束。如果因可靠性指标考核的需要，仍需将该试件修复，并重新投入试验，则必须更换所有故障部件，其中包括由其他零部件故障引起应力超出允许额定值的零部件。

故障分析结果表明，发生的故障如属于非关联责任故障，则应将由于此非关联责任故障对试件所造成的影响予以消除，并经证实其修理有效后，才能继续试验。

除非事先规定或经订购方批准，否则不应随便更换未出故障的模块或部件。

7）试件处理

产品作为有寿件，受试产品经试验后，不管是否发生故障，一般不再交付使用。但对于价格昂贵的可修复产品，在进行充分论证的基础上，如认为有必要进一步挖掘其使用潜力，可按规定的要求与程序对受试品进行大修，使其恢复到规定的技术状态后，可作为该产品翻修间隔期寿命试验的试件，继续投入试验。

3. 实验室寿命试验与领先使用相结合的试验方法

实验室寿命试验与领先使用相结合的试验方法指的是需要确定寿命的产品，做完一定时间的寿命试验之后，确定这类产品的寿命初始值；然后，将产品在型号上领先使用，根据领先使用的情况给出产品寿命。

工程实践表明，实验室寿命试验为领先使用提供了一个能保证飞行安全的首翻期。外场真实条件与维护条件下的领先使用，是对实验室寿命试验结论的进一步验证，在验证其试验真实程度的情况下，根据领先使用中产品发生的问题，进一步改进产品的设计、工艺和使用维护条件以及产品在实验室寿命试验的试验条件。通过这种内外场相结合的方式，能够很好地确定产品的寿命指标，为产品的定寿和延寿提供保障。

（1）领先使用法

领先使用法是世界各国常用的一种定寿与延寿方法，它根据使用时间最长的产品的外场信息进行工程判断和（或）统计分析，来确定产品寿命的定寿及延寿指标。领先使用飞机的飞行时间要领先于该型大多数飞机的飞行时间，并超过改型飞机规定的翻修寿命。对领先使用飞机的使用经验及大多数飞机送厂修理技术状况的研究,是确定与延长航空产品寿命的依据。

该方法由于需要首先通过内场寿命试验法给出产品的首翻期初值,因此,一般也将该方法称为内场寿命试验与领先使用相结合的方法。

从领先使用的飞机中可获得以下信息:

① 飞机在其飞行时间延长的使用期中的技术状况;

② 飞机返回修理厂修理时,其产品的技术状况;

③ 已用完寿命或延长寿命的飞机上的产品故障信息。

由以上信息可以确定产品由于长时间使用出现的设计缺陷、各种原因造成的失效,通过各种设计及工艺的改进,保证在使用中消除和预防类似的失效,从而为延长产品寿命创造条件。为了保证飞行安全,进行领先使用要切实做好安全保障工作。

(2) 实施方案

实验室寿命试验与领先使用相结合的试验法的具体实施方案如下:

① 按成品故障后果,将设备分为 A、B 和 C 三类,以确定该设备能否采用此法进行定寿与延寿工作。一般 A 类设备不能采用此法,因为其故障直接影响飞行安全和任务的完成。

② 选定样品数 $n \geqslant 2$,通过实验室寿命试验,确定产品的初始寿命值 t_1。

③ 根据型号的使用需要和实验室寿命试验情况,对参加领先使用的产品使用到 t_2 ($t_2 > t_1$)。如果领先使用的产品工作情况良好,用户对使用结果满意,则对产品使用后果的安全性、经济性及综合保障管理等方面进行权衡分析,给定产品的寿命大于 t_1 而接近 t_2。

④ 应对领先使用(达到 t_2)的产品及时进行如下检查:

- 检查产品技术文件(履历本、出厂合格证)。
- 分析产品使用 t_2 工作时间后的工作状态。
- 仔细检查产品及其工作性能,重点检查产品是否有耗损型缺陷,如在现行使用技术文件中有具体数据规定,还须在实验室内检查产品性能是否符合规定的技术参数要求。
- 如果领先使用的产品在有关规定的总寿命水平之内,产品工作令用户满意,则可认为该产品的使用寿命(接近 t_2 值)得到了验证,给出的寿命指标是合理的。
- 如果用户需要并认可产品尚有寿命潜力,则可按上述方法继续延长产品的寿命水平。

9.1.3　寿命评估方法

产品的寿命评估是可靠性工作的重要组成部分,它是根据产品的试验数据和现场数据,利用各种数据分析方法,并结合实际使用及各种相关因素给出产品寿命的过程。做好这项工作的关键是保证样品数据的来源,选取合适的寿命参数及正确、实用的统计方法。

工程上常用的寿命评估方法如图 9-2 所示。

1. 现场信息法

现场信息法,也称外场信息法,指的是利用产品在现场使用条件下所获得的信息来确定产品寿命的方法。此法具有试验条件真实和费用低的优点,但存在由于信息不够完整和准确,而影响评估结果准确性的缺点。它适用于随机截尾不完全寿命试验。

现场信息包括使用部门对产品使用性能的综合工程评价、使用经验、使用状态、故障分析及有关统计数据等。使用部门的综合工程分析及使用经验是进行定量统计分析的基础。

现场信息法是航空产品定寿及延寿的最实际、最有效的方法。航空产品结构上的缺陷只

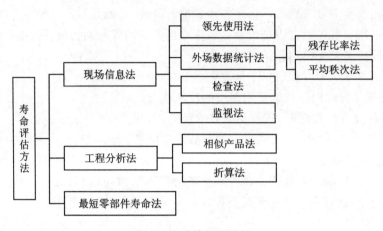

图 9-2　寿命评估方法

有经过长期的使用才会暴露出来,因此,任何航空产品的寿命都不能仅仅依靠样机试验、厂内寿命试验及其他地面模拟试验来确定,而必须在不同的使用及环境条件下经过长达数个小时的长期使用来确定。

应用现场信息法进行寿命评估,包括领先使用法、外场数据统计法、检查法和监视法。其中,外场数据统计法又包括残存比率法和平均秩次法。

(1) 领先使用法

领先使用法需要厂内试验提供一个能保证飞行安全的首翻期,所以,领先使用法往往与实验室寿命试验法相结合,详情可参见上节。同时,领先使用法能提供重要的现场信息,因此,它是现场信息法的重要应用。

美国的 JT3G-7 涡轮喷气发动机的初始翻修寿命为 800 h,某民用航空公司投入 12 台领先使用,当 3 台发动机到寿后,便对这些发动机进行分解检查,仔细检查所有的零部件,如果情况良好,民用航空公司便可申请将其发动机寿命延长 200 h。一次 200 h,逐步延长发动机的寿命。

(2) 残存比率法

外场数据统计方法指的是用产品外场数据进行统计计算确定产品首翻期(工作时间)或使用寿命(工作时间)的方法。残存比率法是外场数据统计法的一种。

残存比率法是根据常受试样品的总数、每个产品的使用时间、不同时间区间的故障数以及删除数等,通过计算残存概率来最终确定产品在测试时间点的可靠度的一种方法。

当外场样品数 $n \geqslant 20$、失效数 $r \geqslant 6$,并已知基本可靠度或规定失效率时,可用残存比率法确定产品首翻期(工作时间)或使用寿命(工作时间)。

在产品寿命同分布的前提下可以把不同时刻进入统计的样品平移到同一时刻进入统计。实质上是把时间划分成若干时间间隔,计算出各时间间隔内失效的条件概率 $x(t_i)$(或正常条件概率 $S(t_i) = 1 - x(t_i)$)。故在计算某时刻产品的可靠度时,只要把到这时刻为止的各正常条件概率相乘即可得到所需结果,此种方法称为残存比率法。

① 样品数 $n \geqslant 40$,故障数 $r \geqslant 6$:

在达不到时,至少要 $n > 20$,此样品数不应包括首次失效(即寿命最短者)之前的样品;

② 样品数 $n \geqslant 40$ 时,计算时必须满足:

$$x(t_i) = \frac{r_i}{n_s(t_{i-1})} \leqslant 0.1 \qquad (9-3)$$

$$n_s(t_i) \geqslant 10 \qquad (9-4)$$

③ 样品数 $n > 200$ 时,计算时必须满足:

$$x(t_i) = \frac{r_i}{n_s(t_{i-1})} \leqslant 0.15 \qquad (9-5)$$

$$n_s(t_i) \geqslant 10 \qquad (9-6)$$

式中,r_i 是在 (t_{i-1}, t_i) 时间间隔内失效的样品数。

(3) 平均秩次法

平均秩次法也是外场数据统计法的一种。

平均秩次法是根据受试样品的总序号、失效序号和失效时间,通过计算样品的平均秩次和累积失效概率,最终求出产品可靠度的一种方法。

对不满足残存比率法使用条件的外场数据,并且已知基本可靠度或规定失效率时,可用此法确定产品首翻期(工作时间)或使用寿命(工作时间)。

(4) 检查法

检查法是通过检查产品的征候或测量产品功能参数来确定产品寿命的一种定寿方法。如果检查产品结果良好,未发现泄漏、锈蚀、磨损等异常现象,而且产品功能参数满足技术规范要求,则意味着产品寿命至少等于检查时的使用时间,可延长产品寿命;如果对产品维修及翻修记录检查结果表明,产品工作状态良好,需要维护及翻修的量很少,而且使用时间不影响产品性能,便可延长产品寿命。产品寿命值的确定及延长应根据产品检查时的状态及所检查产品的抽样数由生产方与使用方共同商定。

检查法是国外常用的一种定寿与延寿方法,它通常与厂内试验法等方法结合使用。检查的内容包括:

① 检查产品技术文件(履历本或出厂证明书);

② 分析在规定寿命内的工作情况;

③ 检查总工作时间(或日历年限),这些值加上延寿期不应超过规定总寿命(或使用寿命);

④ 仔细检查产品及其工作性能,有关技术文件若有规定,还应在实验室内试验以确定是否符合技术规范的要求;

⑤ 如果在寿命期内令人满意,而且对实际状况和技术文件无意见,则由使用单位给出延寿证明,并记入产品的履历本或出厂证明书。

(5) 监视法

监视法是通过连续或定期监视外场使用产品的功能参数并把测得的参数与技术要求相比,来确定产品寿命的一种定寿方法。如果测定的参数是在要求的范围内,则产品的寿命与所监视产品的寿命至少应是一样的;如果统计的子样足够大,那么批生产中的相同或相似产品的寿命应与所监视产品的寿命相等;如果所测参数按已知的速度向计算要求的极限漂移,那么可根据参数趋势分析来估算产品寿命。

被监视参数应是与产品寿命成函数关系的参数,即随着时间增长按照一定规律劣化的参数。通常应采用 FMECA 来辅助决定所监视的参数。

2. 工程分析法

根据产品特点,工程分析法有相似产品法和折算法两种常用方法。

(1) 相似产品法

相似产品指的是在设计制造、材料及功能上确实相似的产品。根据相似产品的寿命信息与水平,确定或给定被分析产品的寿命,叫作相似产品法,它是一种常用的工程分析法。

相似产品法,将受验产品同已经通过验证或实际使用结果证明满足寿命要求的相似产品,从结构、功能、制造工艺、采用的原材料、使用环境条件等方面进行全面对比分析,若比相似产品的要求严格,则可以根据相似产品的寿命验证结果,做出受验产品寿命水平是否满足规定要求的结论。

相似产品法一般可适用于设备级或功能系统级的产品,特别对于产品或功能及性能相同或相近,而仅对部分接口、外观进行改进的产品,可优先选用。能否采用相似产品法取决于:对产品的相似性进行分析的合理性和已经通过验证的相似产品的验证结果或数据的可信性。

相似产品的寿命应经过厂内试验或外场长期使用证实。但是,由于产品中各种零部件间的交叉耦合效应及两种相似产品间的非线性关系,即使两种产品的微小差别,也可能导致寿命值的较大差异。因此,在决定两种产品的相似性时必须非常谨慎。通常应利用外场使用经验及统计数据来辅助定寿,并通过适当的试验来验证。

例如英国联合电气公司确定在三叉戟飞机上用的 LB3208 型无刷交流发电机的翻修寿命时,考虑到该发电机与该公司生产的用于彗星号民用飞机的有刷变频交流发电机结构形式及功能有许多相似之处,即根据经验参照彗星号飞机的发电机来确定其寿命。彗星号飞机的发电机一般在 1 500 h 左右就要换电刷,3 000 h 左右换轴承,其他零部件的翻修寿命都超过 3 000 h。LB3208 型发电机是无刷的,不存在电刷问题,限制发电机翻修寿命的主要问题是轴承。由于 LB3208 型发电机轴承采用循环滑油润滑和冷却代替滑脂润滑,轴承寿命可能更长,故其翻修寿命定为 3 000 h,还有一定余量。翻修寿命确定之后,一般在定型试验时选取 2～3 台做长期运行试验,当包括其他试验在内的工作时间累计到 3 000 h 时,试验就停止。

英国"埃文"民用型发动机是由军用型发动机改进而来的,由于军用型已积累了相当的使用经验,故翻修寿命达 800 h。根据军用型的经验并降低要求使用,民用型发动机的初始翻修寿命定为 1 000 h。"埃文"民用型发动机经多次延寿后,其翻修寿命到 1965 年达到 4 500 h。

采用相似产品法将某子母弹子弹引信与榴-2 引信从结构特性、贮存失效薄弱环节及引信内部起始环境条件等方面进行对比分析。根据子弹引信规定战技指标及实际出厂可靠度,参照榴-2 引信在贮存过程其可靠性的变化规律,预计子弹引信的可靠贮存寿命。分析可见,尽管子弹引信具有自身不密封的结构,但只要母弹装配车间能按 GBJ16 的要求控制温湿度,子弹引信的可靠贮存寿命应大于 15 年,即满足战术技术指标的规定要求。

美国 B-1B 飞机的先进方案弹射座椅回收伞寿命是根据采用相同材料的 F-111 飞机乘员舱回收伞寿命来确定的。F-111 的回收伞寿命,根据各种试验及外场使用经验确定使用寿命为 15 年,重新叠伞时间为 66 个月。B-1B 飞机的回收伞比 F-111 飞机的使用环境条件更好,因此,其使用寿命定为 10 年,重新叠伞间隔时间为 60 个月,其寿命仍有余量。

（2）折算法

折算法是将产品一种寿命单位（如工作小时数、次数、循环数等）折算为飞行小时、起落次数或发动机小时，来确定寿命的一种方法。

用于运输机上的产品寿命可用歼击机上同类产品寿命乘以折算系数来计算。折算系数应通过分析机种使用条件对产品寿命的影响，参照同类产品的折算系数确定。

首翻期是航空产品和装备最常用的寿命评价指标，很多型号上产品给出的首翻期都采取 "x 飞行小时/y 年"等形式的指标，指产品投入工作满 x 飞行小时或者即使工作小时数不够，但服役时间达到 y 年，都认为产品达到其首翻期。因此，在实际型号常规寿命试验评估中，经常采取折算方式来考核产品的首翻期。汽车则是以"x 行驶里程/y 年"等行驶的指标定义寿命的，小轿车的强制报废政策也是依据这样的寿命指标和安全性、环保性等来制定的。

3. 最短寿命零部件法

最短寿命零部件法，指的是用分析的方法找出待验证或给定寿命产品中寿命最短又能决定产品寿命的零部件，按实验室内寿命试验方法对该零部件进行试验，根据该零部件寿命试验结果给定整个产品的寿命。

如果一种复杂产品的寿命是由那些其失效会造成产品失效的最短寿命的零部件所决定，便可采用工程分析方法对组成产品的各种零部件进行分析，确定其最短寿命零部件，再根据历史的使用经验及厂内试验来确定最短寿命零部件的寿命，从而确定整个产品的寿命。

复杂产品的最短寿命零部件通常应采用失效模式、影响及致命性分析（FMECA）方法来确定，也就是对组成产品的每个零部件的各种耗损失效模式（如老化、磨损、疲劳等）以及每种失效模式对产品及飞机完成任务和飞行人员安全影响的严重程度的分析，根据每种失效模式出现的概率及影响的严重程度来确定产品最短寿命的零部件。如果产品中最短寿命的零部件数量太多，或者产品工作中各零部件间的相互作用对产品寿命有显著的影响，则应在产品上进行寿命试验。

最短寿命零部件法是通过产品中寿命最短的主要零部件的定寿、延寿，来确定产品的寿命。其实施步骤如下：

① 通过失效模式、影响和致命性分析（FMECA 分析）确定产品的最短寿命零部件；

② 最短寿命零部件的厂内寿命试验方案与数据处理方法按实验室使用寿命试验的方法实施；

③ 当产品最短寿命零部件寿命很短时，可用新设计、新工艺、新材料等措施延长寿命；也可以在使用中通过更换最短寿命零部件延长产品寿命。

美国 F-111 飞机用的交流发电机的翻修寿命就是采用薄弱环节法来确定的。F-111 飞机上用的是一种传导油冷发电机，为了防止恒速传动装置的油进入发电机腔内而损坏发电机绕组绝缘，需要一个橡胶旋转密封圈，而这个密封圈是发电机的薄弱环节，根据在其他飞机的使用经验，它的翻修寿命为 3 000 h，所以发电机的翻修寿命定为 3 000 h。如果采用延寿措施，即通过设计、结构、工艺及材料的改进后，使薄弱环节的寿命超过产品的规定寿命，则产品的寿命可以延长到薄弱环节所具有的寿命。在实际使用中，还可以通过更新薄弱环节来延长产品的寿命。

9.2　加速试验概述

9.2.1　加速试验的定义

对于加速试验,目前国际上还没有统一的定义,比较常用同时也是为人们所接受的定义是 Wayne Nelson[59]给出的定义：加速试验包括各类缩短产品寿命或加速产品性能退化的试验方法。

另外,MIL - HDBK - 338B[60]给出的定义则更有针对性,将加速试验特定为通过加严试验条件达到加速目的的方法,即加速试验是一种力图采用较产品正常使用状态下所经受的更加严酷的试验条件来搜集更多可靠性信息的试验方法。

综合上述定义,我们认为,加速试验是一种采用较产品正常使用状态下所经受的更加严酷的试验条件,通过在有限时间内搜集更多产品寿命与可靠性信息,提高或预测产品寿命与可靠性的内场试验方法。与传统的模拟正常工作环境的可靠性试验及寿命试验相比,加速试验是一种激发性试验。

加速试验可以应用于各个产品级别：材料级、部件级、子系统级和系统级。但普遍认为越高装配等级的系统,可加速性越差、可控性越差,而且费用越高,所以一般而言,加速试验多在较低层次产品上开展,例如材料、部件或小型的装配单元,这样机理会比较清楚,可以获得更加精确的加速模型。

9.2.2　加速试验的分类

从试验目的的角度考虑,加速试验与传统的模拟试验同样可以分为工程加速试验与统计加速试验。

工程加速试验包括前面提到的加速应力试验(Accelerated Stress Testing,AST)(如可靠性强化试验)、加速可靠性增长试验(Accelerated Reliability Growth Testing,ARGT)和高加速应力筛选(Highly Accelerated Stress Screening,HASS)等。

统计加速试验包括：加速寿命试验(Accelerated Life Testing,ALT)和加速退化试验(Accelerated Degradation Testing,ADT)等。

从对试验结果的处理方式来考虑,加速试验分为定量加速试验和定性加速试验,ARGT、ALT 和 ADT 都属有定量加速试验；而 AST 和 HASS 则属于定性加速试验。

加速试验属于条件加速试验方法,从加速的方式来看,可分为使用频率加速和应力(包括温度、振动、电压等)加速。使用频率加速适用于那些周期性的间歇工作且有大量关机空闲时间的产品,可以通过增加使用频率来进行加速；但需要注意,如果是工作过程中有发热现象的,则需要考虑加速循环中的降温问题。应力加速用于连续工作,且其失效与应力大小相关的产品,是主要的加速试验方式,本章后面的内容主要针对应力加速展开。

9.2.3　加速试验应力施加方式

加速试验应力的施加方式可根据其与时间的关系分为：① 应力的变化与时间无关；② 应力的变化与时间相关。若以字母 S 代表应力,t 代表时间,f 代表函数关系,则加速试验的第

①种应力施加方式中,$S=f(t)\equiv$常数,通常提到的恒定应力施加方式即属于这一类;第②种应力施加方式中,$S=f(t)\neq$常数,例如步进应力、序进应力和循环应力就属于这一类。

1. 应力的变化与时间无关($S=f(t)\equiv$常数)

对于样本i,$S_i=f(t)\equiv$常数,是指对于每一个样本i,应力不随时间变化;而对于不同的样本,应力可以不同。恒定应力的施加方式是确定一组加速应力量值 $S_1<S_2<\cdots<S_k$,它们都高于正常应力量值 S_0,然后将一定数量的样品分为 k 组,每组在一个加速应力量值下进行试验,直到各组均发生一定数量的故障数或直至试验截止时间为止,如图 9 - 3 所示。

2. 应力的变化与时间相关 ($S=f(t)\neq$常数)

对于样本i,$S=f(t)\neq$常数,是指对于每一个样本i,应力均随时间发生变化,即虽然应力随时间有多种变化形式,但考虑到实施的可行性及数据统计分析的算法需求,常用的应力施加方式为步进应力、序进应力和循环应力等。

步进应力是确定一组高于正常应力量值 S_0 的加速应力量值 $S_1<S_2<\cdots<S_k$,试验首先置

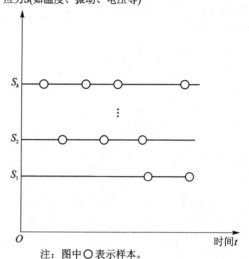

注:图中○表示样本。

图 9 - 3　恒定应力示意图

于应力量值 S_1 下实施,经过一段时间把应力提高到 S_2 继续实施试验,以此类推到应力 S_k,并到发生一定数量的故障或试验截止时间为止。序进应力与步进应力加速试验基本相同,不同之处在于它所施加的应力量值将随时间连续上升,如最简单的直线上升。3 类应力施加方式如图 9 - 4 所示。

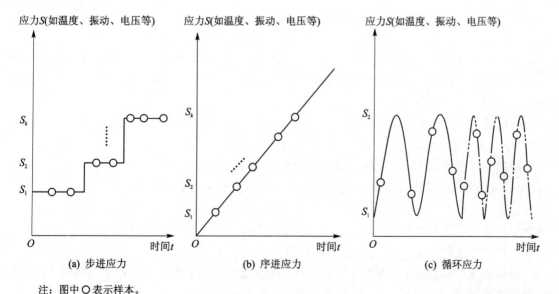

注:图中○表示样本。

图 9 - 4　变应力示意图

9.3　加速模型

为了能够利用加速寿命(退化)试验中搜集到的产品寿命信息,达到实现外推产品在正常应力条件下的寿命特征的目的,必须建立产品寿命特征(p 分位寿命或退化率等总体特征)与加速应力水平之间的物理化学关系,即加速模型,也称加速方程。图 9-5 所示为加速模型示意图。

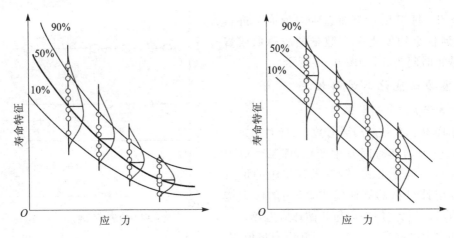

图 9-5　加速模型示意图

加速因子是加速寿命(退化)试验中的一个重要参数,工程实际中常常用到它。它的确切定义是:

若令某产品在正常应力水平 S_0 的寿命分布函数为 $F_0(t)$,$t_{p,0}$ 为其 p 分位寿命,即 $F_0(t_{p,0}) = p$,且令该产品在加速应力水平 S_i 下的寿命分布函数为 $F_i(t)$,$t_{p,i}$ 为其 p 分位寿命,即 $F_i(t_{p,i}) = p$,则两个 p 分位寿命之比为

$$AF_i = t_{p,0}/t_{p,i} \tag{9-7}$$

由式(9-7)以及加速模型的定义可看出,加速因子与加速模型相关。当正常应力水平固定时,加速因子随着加速应力水平的增大而增大。为了达到"加速"的效果,加速因子通常都大于 1。

加速模型按其提出时基于的方法可以分为三类,即物理加速模型、经验加速模型和统计加速模型,如图 9-6 所示。

物理加速模型是基于对产品失效过程的物理化学解释而提出的。1880 年提出的阿伦尼斯(Arrhenius)模型就属于典型的物理加速模型。该模型描述了产品寿命和温度应力之间的关系。另一个典型的物理加速模型是艾林(Eyring)模型,它是基于量子力学理论提出的。该模型也描述了产品寿命和温度应力之间的关系。1941 年,Glasstene 等扩展了艾林模型,给出了描述产品寿命和温度应力、电压应力的关系。

经验加速模型是基于工程师对产品性能长期观察的总结而提出的。典型的经验加速模型如逆幂律模型、Coffin - Manson 模型等。逆幂律模型描述了诸如电压或压力这样的应力与产品寿命之间的关系。Coffin - Manson 模型给出了温度循环应力与产品寿命之间的关系。

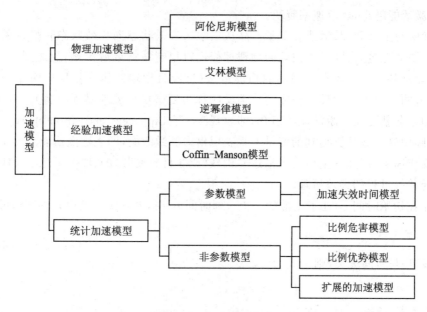

图 9-6　加速模型分类

　　统计加速模型常用于分析难以对其失效过程用物理化学方法解释的产品的失效数据。它是基于统计分析方法给出的。统计加速模型又可以分为参数模型和非参数模型。参数模型需要一个预先确定的寿命分布来进行分析，而非参数模型是一种无分布假设的模型，因此，也受到研究者的青睐。

　　下面将介绍一些较为成熟且工程上常用的加速模型。

9.3.1　物理加速模型

1. 阿伦尼斯(Arrhenius)模型

　　在加速寿命试验中用温度作为加速应力是常见的，因为高温能使产品(如电子元器件、绝缘材料等)内部加快化学反应，促使产品提前失效。阿伦尼斯在 1880 年研究了这类化学反应，在大量数据的基础上，总结出了反应速率与激活能的指数成反比，与温度倒数的指数成反比。阿伦尼斯模型为

$$\frac{\partial P}{\partial t} = \text{rate}(t) = A e^{-E_a/kT} \tag{9-8}$$

式中　P——产品某特性值或退化量；

　　　$\dfrac{\partial P}{\partial t} = \text{rate}(t)$——温度在 T(热力学温度)时的反应速率；

　　　A——一个常数，且 $A > 0$；

　　　k——玻耳兹曼常数，为 8.617×10^{-5} eV/K；

　　　T——热力学温度，$\dfrac{T}{\text{K}} = \dfrac{t}{\text{℃}} + 273.15$。

　　　E_a——激活能(activation energy)，或称为活化能，单位是电子伏特，以 eV 表示。其基本定义为：分子之间发生碰撞并发生反应的最低能量限制。激活能越大，反应速率越

慢;激活能越小,反应速率越快。

从广义宏观上来看,激活能表征了产品从正常未失效状态向失效状态转换过程中存在的能量势垒。激活能越大,则发生失效的物理过程进行得越缓慢或越困难,反之则更快更容易。然而,激活能对基元反应才有较明确的物理意义(反应机理中的每一步反应叫作一个基元反应,由两个或两个以上基元反应构成的化学反应称为复杂反应或非基元反应)。对复杂反应,实验测得的是各基元反应激活能的组合,即表观激活能(apparent activation energy)。由此可见,工程实际中测得或计算得到的都是宏观表现出来的激活能,即表观激活能。由于激活能来源于化学反应速率,因此它主要用来描述非机械(或非材料疲劳)的、取决于化学反应、腐蚀、物质扩散或迁移等过程的失效机理。

设产品在初始时间 t_1 处于正常状态 P_1,到时间 t_2 时,处于 P_2,则由式(9-8)可得

$$\int_{P_1}^{P_2} \mathrm{d}p = \int_{t_1}^{t_2} A e^{-E_a/kT} \mathrm{d}t \tag{9-9}$$

设温度 T 与时间无关,则上式为

$$P_2 - P_1 = A e^{-E_a/kT} (t_2 - t_1) \tag{9-10}$$

令 $\Delta P = P_2 - P_1, \xi = t_2 - t_1$,则

$$\xi = \frac{\Delta P}{A} e^{E_a/kT} \tag{9-11}$$

令 $\Lambda = \Delta P/A$,则

$$\xi = \Lambda e^{E_a/kT} \tag{9-12}$$

式(9-12)是以阿伦尼斯模型为基础、产品的某种寿命特征(如中位寿命,平均寿命等)与温度 T 的关系式。阿伦尼斯模型表明,寿命特征将随温度上升而按指数下降。对此模型两边取对数,可得

$$\ln \xi = a + b/T \tag{9-13}$$

式中,$a = \ln \Lambda, b = E_a/k$。它们都是待定的参数,所以阿伦尼斯模型表明,寿命特征的对数是温度倒数的线性函数。

例 9.1 假设高温对某产品具有加速性,即温度的升高将加速产品的失效。其激活能 $E_a = 0.8$,正常工作温度为 $T_0 = 273.15 \text{ K} + 25 \text{ K} = 298.15 \text{ K}$,试求该产品的加速因子与温度的关系(最高温度不超过 150 ℃,即 423.15 K)。

解: 根据阿伦尼斯的寿命表达式 $\xi = \Lambda e^{E_a/kT}$,结合加速因子 $AF_i = t_{p,0}/t_{p,i}$,可得

$$AF(T) = \exp\left[\frac{E_a}{k}\left(\frac{1}{T_0} - \frac{1}{T}\right)\right]$$

$$\Rightarrow AF_i = \frac{\xi_0}{\xi_i} = \frac{\Lambda e^{E_a/kT_0}}{\Lambda e^{E_a/kT_i}} = \exp\left[\frac{E_a}{k}\left(\frac{1}{T_0} - \frac{1}{T_i}\right)\right] \tag{9-14}$$

从而有

$$AF(T) = \exp\left[\frac{E_a}{k}\left(\frac{1}{T_0} - \frac{1}{T}\right)\right] = \exp\left[\frac{0.8}{8.617 \times 10^{-5}} \cdot \left(\frac{1}{298.15 \text{ K}} - \frac{1}{T}\right)\right] \tag{9-15}$$

图 9-7 所示为温度与加速因子的关系。

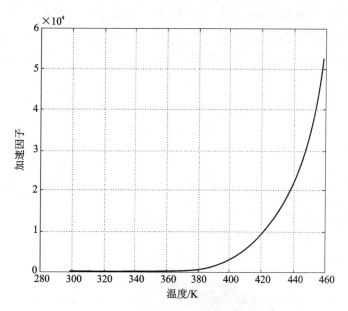

图 9 - 7　温度与加速因子的关系

2. 艾林(Eyring)模型

亨利·艾林最早将量子力学和统计力学用于化学,并发展了绝对速率理论和液体的有效结构理论,并提出了艾林模型。

$$\text{rate}(t) = \frac{kT}{h}\exp\left[-\frac{\Delta G}{RT}\right] = A'\frac{kT}{h}\exp\left[-\frac{E_a}{kT}\right] \qquad (9-16)$$

式中　$\text{rate}(t)$——温度在 T(热力学温度)时的反应速率;

　　　k——玻耳兹曼常数,为 8.617×10^{-5} eV/K;

　　　h——普朗克常数,R 是气体常数;

　　　ΔG——吉布斯活化能/自由能(Gibbs energy of activation);

　　　A'——常数;

　　　E_a——激活能(activation energy),单位是 eV。

现实中的应力往往是多种的,比如还会存在电应力、机械应力、湿度应力等,Mcpherson 在 1986 年提出了广义艾林模型,它考虑包括温度在内的多种应力与寿命特征的关系,其反应速率为

$$\text{rate}(t) = AT\exp\left[-E_a/kT + \sum_{i=1}(B_i/kT + C_i)S_i\right] \qquad (9-17)$$

式中,A、B_i 和 C_i 是待定的常数;k 是玻耳兹曼常数;S_i 为第 i 种非温度应力函数,比如电压应力可表示为 $S=\ln V$,相对湿度 R_H 可表示为 $S=\ln R_H$ 等。

类似用阿伦尼斯模型中对反应速率公式到寿命特征的转换方法并对相关常数进行代换,可以得到艾林模型的寿命特征表达式:

$$\xi = \frac{\Lambda}{T}\exp\left[E_a/kT - \sum_{i=1}(B_i/kT + C_i)S_i\right] \qquad (9-18)$$

例 9.2　假设高温、高电压对某产品具有加速性,即温度和电压的升高将加速产品的失

效。其激活能 $E_a=0.6$,常数 $A=1.5,B=0.05,C=0.5$,正常工作温度为 $T_0=273.15\text{ K}+25\text{ K}=298.15\text{ K}$,正常工作电压为 4 V,试求该产品在 60 ℃ 和 4.2 V 下的加速因子,并画出加速因子与温度和电压的关系图(最高温度不超过 100 ℃,即 373.15 K,最高电压不超过 5 V)。

解：

$$\xi=\frac{\Lambda}{T}\exp\left[E_a/kT-(B/kT+C)S\right]$$

$$\Rightarrow\frac{\Lambda}{T}\exp\left[E_a/kT-(B/kT+C)\ln V\right]$$

$$\Rightarrow AF(T,V)=\frac{T}{T_0}\left(\frac{V}{V_0}\right)^c\exp\left[\frac{E_a}{k}\left(\frac{1}{T_0}-\frac{1}{T}\right)+\frac{B}{k}\left(\frac{\ln V}{T}-\frac{\ln V_0}{T_0}\right)\right]\quad(9-19)$$

加速因子与温度和电压的关系图如图 9-8 所示。

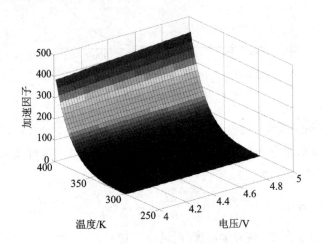

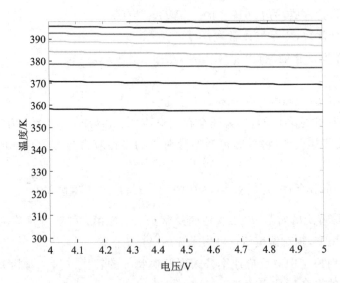

图 9-8 加速因子与温度和电压的关系图

9.3.2　经验加速模型

1. 逆幂律模型

在加速试验中用电应力(如电压、电流、功率等)作为加速应力也是常见的。比如,加大电压亦能促使产品提前失效。在物理上已被很多实验数据证实,产品的某些寿命特征与应力有如下关系:

$$\xi = A V^{-c} \tag{9-20}$$

式中　ξ——某寿命特征,如中位寿命、平均寿命等;

A——一个正常数;

c——一个与激活能有关的正常数;

V——应力,常取电压。

上述关系称为逆幂律模型,它表示产品的某寿命特征是应力 V 的负次幂函数。假如对上述关系两边取对数,就可以将逆幂律模型线性化,即

$$\ln \xi = a + b \ln V \tag{9-21}$$

式中,$a = \ln A$,$b = -c$。它们都是待定的参数。此外,$V > 0$。

2. 指数型加速模型

美国军用标准 MIL-HDBK-217F 对各种电容器的加速寿命试验建议使用指数型模型:

$$\xi = A e^{-BV} \tag{9-22}$$

式中,ξ 为某寿命特征;V 为非热应力,在电容器中,V 即为电压;A 与 B 是待定的常数。它的对数形式为

$$\ln \xi = a + b V \tag{9-23}$$

式中,$a = \ln A$,$b = -B$。

3. Coffin-Manson 模型

低周疲劳的应力循环频率较低。对于低周疲劳的寿命估算,一般使用 Coffin-Manson 模型:

$$N = C / (\Delta \varepsilon_p)^{\alpha} \tag{9-24}$$

式中　N——循环次数;

$\Delta \varepsilon_p$——低周疲劳的应变幅,比如温度循环上下限温度分别为 80 ℃ 和 -40 ℃,则 $\Delta \varepsilon_p = [80 - (-40)] \text{℃} = 120 \text{℃}$;

α——材料的塑性指数;

C——常数。

9.3.3　统计加速模型

1. 加速失效时间模型

加速失效时间模型假设产品在正常应力下和高应力下的失效时间具有以下关系:

$$t_o = A_F \times t_s \tag{9-25}$$

式中　t_0——正常应力下产品的失效时间；

　　　　t_s——高应力下产品的失效时间；

　　　　A_F——加速因子，它可以通过对比不同应力下的产品寿命特征或退化率值等手段直接统计计算得到。也可以表示为 $A_F = e^{-\beta^T z}$ 的模型形式(即加速失效模型)，式中，β 是模型参数向量；z 是协变量向量，可代表应力。

加速失效时间模型是一个参数模型，它需要一个预先确定的产品寿命分布来评估模型参数。该模型可以通过多元线性回归或 Wayne Nelson 方法进行参数评估。这个模型的缺点在于，如果这个预先确定的寿命分布不正确的话，其评估结果可能会有很大的误差。

2. 比例风险模型

比例风险模型，又称 Cox 回归模型，其表达式为

$$h(t,z) = h_0(t) e^{\beta^T z} \tag{9-26}$$

式中　β——模型参数向量；

　　　　z——协变量向量；

　　　　$h_0(t)$——基线风险函数。

因此，在不同应力水平下的比例风险函数的比值为

$$\frac{h(t,z_1)}{h(t,z_2)} = \frac{h_0(t) e^{\beta^T z_1}}{h_0(t) e^{\beta^T z_2}} = e^{\beta^T(z_1-z_2)} \tag{9-27}$$

从上面这个方程式中可以看出，比例风险模型的基本假设就是在不同协变量(应力)水平下，风险函数的比值不随时间变化，即该比值是一个常数。

比例风险模型是一个非参数模型，当模型满足假设检验时，该模型可以给出较精确的寿命/可靠性与应力间的关系(加速模型)。

9.3.4　多应力加速模型

由于产品在使用中会同时受到多种应力的影响，包括环境应力和工作应力，这些应力的综合作用会直接或间接影响产品的可靠性，因此国外从 20 世纪 70 年代末开始研究多应力加速模型。在加速试验中引入综合应力，不仅可以缩短试验时间，提高试验效率，而且可以更精确地模拟实际环境条件，得到更可信的结果。多应力加速模型往往基于特定产品失效的物理化学机理或数据统计，来建立应力与产品失效、退化特征参数之间的关系，包括广义艾林(Eyring)模型、广义线性模型、广义对数线性模型及累积损伤模型等。

1. 广义艾林(Eyring)模型

广义艾林模型描述了两种不同类型的应力(其中一种为温度)同时作用时的反应论模型，其表达式如下：

$$L(S,T) = CS^{-m} e^{\frac{B}{T}} \tag{9-28}$$

式中，S 为非热应力，如电压、振动等；T 为温度应力(开尔文温度)，B、C、m 为待定的模型参数。

对上述关系两边取对数,可将广义艾林模型线性化为

$$\ln L(S,T) = \ln C - m \ln S + \frac{B}{T} \tag{9-29}$$

2. 广义线性模型

广义线性模型是经典线性回归模型的普遍化,它具有形式简单、易于建模的特点,且已有了较为深厚的研究基础,可以利用它来构建退化率 $d(s_i)$ 与多应力之间的关系。

若存在 m 个应力,即 $s_i = [s_{i1}, s_{i2}, \cdots, s_{im}]$,根据退化-应力间的实际关系以及构建广义线性模型的需要,对应力与退化率都要进行折合处理,处理后的应力可表示为 $sz_i = [sz_{i1}, sz_{i2}, \cdots, sz_{im}]$,$d(s_i)$ 表示为 $dz(sz_i)$,那么多应力加速模型可表示为

$$dz(sz_i) = \beta_0 + \sum_{j=1}^{m} \beta_i \cdot sz_i + \varepsilon \tag{9-30}$$

式中,ε 为随机误差,亦即

$$E(d(sz_i)) = G\left(\beta_0 + \sum_{j=1}^{m} \beta_i \cdot sz_i\right) \tag{9-31}$$

3. 广义对数线性模型

该模型适用于分析时变应力数据,可分析多达 8 种应力的综合模型,其表达式如下:

$$L(X) = e^{a_0 + \sum_{i=1}^{m} a_i X_i} \quad \forall X_i \sim g(v_i) \tag{9-32}$$

式中,α 为模型参数;X 为应力元素;g 为寿命分布。

广义对数线性模型可以灵活地给每一应力指定寿命-应力关系,每个应力都可以遵循指数分布、Arrhenius 或幂律关系建模。

4. 累积损伤模型

产品或零部件的疲劳磨损等是一个损伤逐渐累积的过程,Miner 最早提出了能够解释疲劳破坏机理的累积损伤准则,由于其使用的简便性,目前依旧广泛应用于工程中。以疲劳累积损伤为例,其表达式如下:

$$D_v = \frac{1}{N_f} = \sum_j \left(\sum_i \left(\frac{n_i}{N_i} \right)_{T_j} \right) \cdot t_j \tag{9-33}$$

式中　N_f——总的疲劳寿命;

　　　N_i——应力 i 对应的疲劳寿命;

　　　n_i——应力 i 对应的循环次数;

　　　t_j——一个循环内温度 T_i 时间与总时间的比值。

累积损伤模型中每个应力均被设置为一个剖面,如步进、步降应力剖面,同时需要指定每个应力的寿命-应力关系。

到目前为止,尽管国内外提出了很多加速模型,也有一些针对多应力的复合模型及统计模型,但对多应力的研究目前仍局限于建立特定的双应力加速方程的角度,缺乏通用性,准确性不高,存在不完善的方面。随着人工智能和智能算法的发展,深度学习、机器学习等算法在解决数据间关系和模型求解方面有着精度高、智能化的特点,在数据关系不明确的情况下具有较好的效果,并逐渐应用于加速模型的建模和参数求解中。

9.4   加速寿命试验(ALT)

加速寿命试验是在失效机理不变的基础上,通过寻找产品寿命与应力之间的物理化学关系——加速模型,利用高(加速)应力水平下的寿命特征去外推或评估正常应力水平下的寿命特征的试验技术和方法。它属于验证试验。

一般而言,产品的加速寿命试验的试验时间取决于试验的截尾方式。通常,根据截尾方式的不同,寿命试验可以分为完全寿命试验和截尾寿命试验。完全寿命试验是指试验做到投试的所有样本都失效为止,而如果试验仅在部分样本失效时就结束,即称为截尾寿命试验。截尾寿命试验通常分为定时截尾寿命试验、定数截尾寿命试验和随机截尾寿命试验三种,比较常用的是定时截尾或定数截尾寿命试验。

9.4.1   加速寿命试验方法

加速寿命试验是基于失效物理理论,在保证产品失效物理机理不变的前提下在加速应力下开展的试验,只有科学合理的试验方法才能保证试验结果的真实可信。传统的加速寿命试验,加速应力水平一般是等间距的,各应力水平下的样本数量一般是等分配的,这样安排的试验有时效果较差。因此,在给定的条件(如应力范围、样本容量等)下,如何选取应力水平的大小,如何分配各应力水平下样本的数量,以获得对各种可靠性指标的更准确的估计,节省试验时间和费用,是实际中需要解决的问题,也就是加速寿命试验的方案优化设计问题。

本小节包括两部分内容:ALT 的实施方法以及 ALT 的试验方案优化设计。

1. 试验样本量

由于加速寿命试验是一种基于失效物理,并结合数理统计方法,外推预测产品寿命与可靠性的试验技术,因此试验中所需的样本量当然是越大越好。但工程实践中,大样本需求是难以满足的,所以可参照以下建议来确定试验样本量:

① 在恒定应力加速寿命试验(CSALT)中,通常每个应力水平的试验样本量一般应大于 10 个,最少不小于 5 个;

② 在步进应力加速寿命试验(SSALT)中,通常试验样本量不得少于 12 个;

③ 也可以利用加速寿命试验优化设计方法来确定试验样本量。

2. 应力水平的选择

恒定和步进应力加速寿命试验的应力水平选择原则如下。

(1) 应力水平不应该超过产品的工作极限

在加速应力条件下进行退化趋势确认试验的过程中,需要对产品的性能参数进行测试。只有通过分析该性能参数的退化趋势,才能正确地外推产品在正常状态下的可靠性与寿命情况。当产品的应力条件超过其工作极限时,虽然产品依然工作,但其退化失效机理可能已经改变,所测得的性能参数就有可能不正确。如果使用这样的数据进行分析评估,只能得到错误的结论。

(2) 初始应力水平应接近于正常应力水平

为了避免由于初始应力过高,对产品产生应力冲击,引入新的失效机理,同时也为了在数据评估过程中,提高外推评估结果的可信性,应该尽量使步进应力中的初始应力水平接近于正常应力水平。

(3) 应力水平数应在 3～5 个之间

应力水平数太少时,高应力水平若较高,接近工作极限,那么会导致数据外推可信度的下降;若高应力水平较低,就不能有效缩短试验时间。而当应力水平数较多时,数据的折算工作量就会加大。从工程可操作性和统计评估的角度来看,应力水平数应在 3～5 个之间。

(4) 应力步长(应力水平的间隔)不为常数

无论是恒定还是步进应力加速试验,其应力步长若为常数,则会造成低应力水平偏多的情况。但由于产品通常在低应力水平下很难较快地出现性能退化,且增加试验时间及费用,因此,应力步长应随应力的加大而减小。

3. 试验时间的确定

由于加速寿命试验类型不一样,为了提供产品数据外推的可信性,必须保证得到低应力水平下的故障数据,因此给出以下试验时间确定原则:

① 对于 CSALT 而言,应保证在试验结束的时间内,每个应力水平下至少有 30% 以上的产品发生失效;

② 对于 SSALT 而言,应保证每一应力水平均有产品发生失效,且多数应力水平下的失效数应至少有 4 个;

③ 无论是 CSALT 还是 SSALT,低应力水平的试验时间都应长于高应力水平的试验时间;

④ 也可以利用加速寿命试验优化设计方法来确定试验时间。

4. 试验方案

加速寿命试验的试验方案的制定应包括如下内容。

(1) 产品薄弱环节和敏感应力的确定

通常,产品的失效机理都具有多样性,且非常复杂。而工程实际中,不可能对每一种失效机理都确认无误,且准确地建立相应的加速模型,因此将"复杂问题简单化"是在加速寿命试验进行之前必须完成的工作。一般情况下,产品的薄弱环节是影响其寿命与可靠性的关键因素,且这些薄弱环节又通常只有有限的几类关键失效机理导致其故障,这样,在进行加速寿命试验时,就可以仅关注试验对象中薄弱环节的几类关键失效机理。通常采用 FMECA 等分析手段来确定产品薄弱环节。

产品的关键失效机理只是诱发产品故障的内因,若缺乏相应的外因,可能还是暴露不了产品的潜在缺陷,所以还应对产品的敏感应力进行分析。通常采用 FTA 等分析手段来确定产品的敏感应力。

(2) 产品可加速性的确认

并不是所有产品都具有可加速性。产品存在可加速性是产品进行加速寿命试验的必要条件。只有确认了产品具有可加速性,才能满足可评估指标的加速寿命试验的假设前提,才能找到产品的应力寿命模型(加速模型),进一步确定加速因子,并利用加速应力条件下的寿命数据外推和评估产品在正常应力水平下的寿命和可靠性。可根据产品的结构原理、使用特点、耗损特性等情况进行综合分析,必要时可采用预试验的方法来确认产品是否具有可加速性。

（3）加速模型

应根据产品薄弱环节的失效机理和敏感应力确定加速模型。

（4）试验设备的应力控制特性测试

确认试验设备的应力控制精度、控制稳定时间、应力场的分布情况等，以便为后续的应力极限确认试验和加速寿命试验的试验方案的制定和实施提供依据。

（5）应力极限确认试验

应力极限确认试验通常采用可靠性强化试验中的步进应力施加方法，确定产品的应力工作极限，为后续的加速寿命试验方案的制定和实施提供依据。

（6）制定试验方案

根据上述分析、测试及试验结果，结合产品样本量、试验设备资源等工程实际情况，制定试验实施方案。

5. 加速寿命试验设计

根据上述各方面的设计思路，进行定量 ALT，首先要选择要测试的单元和要在测试中应用的适用应力。产品中的特定组件应具有较小的设计裕度或对系统的影响较小。因此，这些组件需要完成 ALT，以证明它们能够在特定的应力水平下、在指定的持续时间内可靠地工作。设计 ALT 需要明确以下内容：

① 对试件施加何种应力：

- FMEA 中确定的潜在问题和故障模式；
- 客户所提供的应用程序配置文件；
- 单应力或多应力施加方式。

② 试验中的测量参数，用以监控试件性能的变化。

③ 试验中的预期应力水平，包括应力分布和最坏情况持续时间。

④ 应力施加上限值。

⑤ 具体加速寿命试验中所使用的应力水平：

- 单一恒定应力；
- 两种或三种组合应力：例如温度和湿度；
- 在加速应力水平下模拟时变应力分布。

⑥ 测试样品的数量。

⑦ 供电形式。

⑧ 监测试件性能和记录状态所需的数据采集设备：

- 要监测哪些参数以确定系统状态和运行状况；
- 如何测量参数；
- 记录数据的采样率和间隔；
- 数据存储容量；
- 应力施加剖面。

⑨ 针对施加不用应力所对应的试验设备：

- 所需的试验箱：电源、振动筛、机械支撑装置、传感器等；
- 所需的应力和应力施加剖面；
- 试验期间的环境条件。

⑩ 相应的测试时间表。

⑪ 试验室的硬件资源安排。

试验计划应由项目团队审查并达成协议。一旦达成共识,应以组织所需的格式记录最终的试验计划。有了试验计划,就可以开始购买所需的设备并设置试验。订购足够的测试样品,数据采集和操作设备可以为被测设备供电和控制,并分配、采集监控选定的参数。可以使用诸如表 9-1 中所列的形式记录试验计划信息,完整地描述应力的选择、使用的设备、数据收集、测试样本和数据分析。

表 9-1 加速寿命试验计划表

测试批次	应力高	应力中	应力低	测试样本	失效前循环数	失效时间	故障模式
ALT 1	温度上限,℃, VAC ALT 应力施加剖面						
ALT 2		温度上限,℃, VAC ALT 应力施加剖面						
ALT 3			温度上限,℃, VAC ALT 应力施加剖面					

9.4.2 指数分布加速寿命试验统计分析

加速寿命试验获得的产品失效数据,是加速应力水平作用下产品的寿命信息。对该数据进行统计分析是加速寿命试验的重要内容,其任务是根据加速应力水平下产品的寿命信息,外推出正常应力水平下产品的寿命信息,从而估计出正常应力水平下产品的可靠性指标。本节针对恒定和步进两种应力施加方式,介绍指数分布下的数据统计分析方法。本书关于加速寿命试验统计分析的内容主要参考了茆诗松教授的著作《加速寿命试验》。

1. 恒定应力

(1) 基本假设

进行恒定应力加速退化试验(CSALT)数据的统计分析,需要进行下列假设。

假设 1　在正常应力水平 S_0 和加速应力水平 $S_1 < S_2 < \cdots < S_k$ 下产品寿命分布服从指数分布,其分布函数分别为

$$F_i(t) = 1 - \mathrm{e}^{-t/\theta_i}, \quad t > 0, \quad i = 0, 1, \cdots, k \tag{9-34}$$

式中,θ_i 为 S_i 下产品的平均寿命。

假设 2　产品的平均寿命 θ_i 与所用的加速应力水平 S_i 之间有如下加速模型:

$$\ln \theta_i = a + b\varphi(S_i), \quad i = 0, 1, \cdots, k \tag{9-35}$$

式中,a、b 为待估参数,$\varphi(S)$ 是应力 S 的函数。

(2) 假设检验

假设检验是根据样本提供的信息来推断(检验)总体特性的某些假设是否可信(是否成立)。首先根据研究问题的需要,对总体的某些性质提出假设,如假设 $H_0: p < 0.01$,称 H_0 假设为原假设或零假设。为判断原假设 H_0 是否成立,采用类似于"反证法"的思想方法。先假设这个"假设 H_0"成立,然而 H_0 是否成立要由试验结果来验证:如果由假设 H_0 成立条件下的某一个小概率事件,竟然在一次试验中发生,我们就有理由拒绝假设 H_0(起码不能轻易接受 H_0);如果必须在拒绝与接受之间二者选择之一,那么此时选择拒绝 H_0 比选择接受 H_0 更合理。相反,若在一次试验中发生的是一个大概率事件(在原假设 H_0 成立的条件下),那么,这时选择接受原假设 H_0 比拒绝 H_0 更合理、更明智。假设检验的一般步骤是:

① 提出原假设 H_0,即需要检验的假设内容;

② 引进统计量,根据 H_0 的内容选取合适的统计量;

③ 确定统计量的精确分布或渐近分布;

④ 根据观测到的样本值算出统计量的值;

⑤ 确定适当的显著性水平 α;

⑥ 根据统计量分布,由显著性水平确定临界点。

针对基本假设 1,即如何由总体 X 的样本观测值去检验它是否与指数分布相符合,进行总体分布函数的假设检验。

假设从某批产品中抽取总量为 n 的样本,并进行定数截尾寿命试验或定时截尾寿命试验,无论哪种试验都认为有 r 个产品失效,其失效时间为 $t_1 \leqslant t_2 \leqslant \cdots \leqslant t_r \leqslant t_0$。其中 t_0 是定时截尾场合下的停止时间。现要用此 r 个数据来检验该批产品的寿命是否服从指数分布。

首先,建立原假设:

$$H_0: 产品的寿命分布为 F_i(t) = 1 - \exp(-t/\theta_i)$$

式中,θ 是未知参数。以后要在此假设成立的条件下进行推理。

其次,引进合适的检验统计量。总试验时间都记为

$$T^* = \begin{cases} \sum_{i=1}^{r} t_i + (n - r_0)t_0, & \text{定时截尾寿命试验} \\ \sum_{i=1}^{r} t_i + (n - r_0)t_r, & \text{定数截尾寿命试验} \end{cases} \qquad (9-36)$$

为了构造检验统计量,在每次失效发生时计算其累计试验时间,如在 t_k 时,

$$T_k^* = \sum_{i=1}^{r} t_i + (n - r_0)t_r, \quad k = 1, 2, \cdots, r \qquad (9-37)$$

式中,T_k^* 就是定数截尾场合下的总试验时间。构造如下检验统计量:

$$\chi^2 = 2\sum_{k=1}^{d} \ln \frac{T^*}{T_k^*} \qquad (9-38)$$

式中

$$d = \begin{cases} r-1, & \text{定数截尾寿命试验} \\ r, & \text{定时截尾寿命试验} \end{cases} \qquad (9-39)$$

当假设 H_0 成立时,上述检验统计是 χ^2 服从自由度为 $2d$ 的 χ^2 分布。对给定 $\alpha (0 < \alpha < 1)$,确定该检验的拒绝域,这里的 α 称为显著性水平。为了确定拒绝域,在 χ^2 分布的上侧分位数表上找出 $\alpha/2$ 和 $1-\alpha/2$ 的分位数,分别记为 $\chi_{\alpha/2}^2(2d)$ 和 $\chi_{1-\alpha/2}^2(2d)$。

当 $\chi^2 \geqslant \chi_{\alpha/2}^2(2d)$ 或者 $\chi^2 \leqslant \chi_{1-\alpha/2}^2(2d)$ 时,就拒绝假设 H_0,这意味着此产品的寿命分布不是指数分布。当 $\chi_{\alpha/2}^2(2d) < \chi^2 < \chi_{1-\alpha/2}^2(2d)$ 时,就不能拒绝假设 H_0,而认为此产品的寿命分布为指数分布。

(3) 定数截尾样本的统计分析

假设从同批产品中随机抽样 n 个产品,分为 k 组分别在 k 个加速应力水平 $S_1 < S_2 < \cdots < S_k$ 下进行定数截尾寿命试验。每个应力水平的样本容量分别为 $n_1, \cdots, n_k$,其中 $n_1 + \cdots + n_k = n$。设在 S_i 下 n_i 个样本中有 r_i 个失效,其失效数据为 $t_{i1} \leqslant t_{i2} \leqslant \cdots \leqslant t_{ir1} \leqslant \tau_i$,$i = 0, 1, \cdots, k$,其中 τ_i 为 S_i 下的截尾时间。对于定数截尾寿命试验,$t_{ir1} = \tau_i$。定数截尾加速寿命试验与定时截尾加速寿命试验相比,其试验数据更便于统计分析,建议优先采用定数截尾加速寿命试验。

1) 点估计

在 CSALT 中,加速应力水平 S_i 下定数截尾寿命试验的总试验时间为

$$T_i^* = \sum_{j=1}^{r_i} t_{ir_i} + (n_i - r_i)t_{ir}, \quad i = 1, 2, \cdots, k \qquad (9-40)$$

服从 $\Gamma(r_i, 1/\theta_i)$ 分布。利用 Γ 分布可以计算得到 $\ln T_i^*$ 的数学期望与方差,分别是

$$E(\ln T_i^*) = \ln \theta_i + \psi(r_i) \qquad (9-41)$$

$$\text{var}(\ln T_i^*) = \zeta(2, r_{i-1}) \qquad (9-42)$$

$\psi(x)$、$\zeta(2, x-1)$ 在 x 为正整数时,有

$$\begin{aligned} \psi(x) &= \sum_{l=1}^{x-1} l^{-1} - \gamma \\ \zeta(2, x-1) &= \frac{\pi^2}{6} - \sum_{l=1}^{x-2} l^{-2} \end{aligned} \qquad (9-43)$$

$$\gamma = 0.577\,215\,664\cdots \quad (\text{欧拉常数})$$

《加速寿命试验》的附表 4 已列出 $\psi(x)$、$\zeta(2,x-1)$ 的函数值。

若设

$$\delta_i = \ln T_i^* - \psi(r_i), \quad i = 1, \cdots, k \tag{9-44}$$

不难看出，δ_i 是 $\ln\theta_i$ 的无偏估计，并且其方差为 $\zeta(2,r_i-1)$，即

$$E(\delta_i) = \ln\theta_i = a + b\varphi(S_i), \quad i = 1, \cdots, k \tag{9-45}$$

$$\text{var}(\delta_i) = \zeta(2, r_i - 1), \quad i = 1, \cdots, k \tag{9-46}$$

式中，$E(\delta_i) = \ln\theta_i = a + b\varphi(S_i), \quad i = 1, \cdots, k$。

基于假设 2 对式(9-45)和式(9-46)组成的线性回归模型利用高斯-马尔科夫定理,可得到加速模型 a、b 的无偏估计:

$$\hat{a} = \frac{GH - IM}{EG - I^2} \tag{9-47}$$

$$\hat{b} = \frac{EM - IH}{EG - I^2} \tag{9-48}$$

并且 $\hat{a}$、$\hat{b}$ 方差与协方差也可以获得,它们是

$$\text{var}(\hat{a}) = \frac{G}{EG - I^2} \tag{9-49}$$

$$\text{var}(\hat{b}) = \frac{E}{EG - I^2} \tag{9-50}$$

$$\text{cov}(\hat{a}, \hat{b}) = \frac{-I}{EG - I^2} \tag{9-51}$$

若记 $\varphi_i = \varphi(r_i)$，$\zeta_i = \zeta_i(2,x-1)$,则上述 E、I、G、H、M 分别为

$$\left.\begin{aligned} E &= \sum_{i=1}^k \zeta_i^{-1}, \quad I = \sum_{i=1}^k \zeta_i^{-1}\varphi_i \\ G &= \sum_{i=1}^k \zeta_i^{-1}\varphi_i^2, \quad H = \sum_{i=1}^k \zeta_i^{-1}\delta_i \\ M &= \sum_{i=1}^k \zeta_i^{-1}\varphi_i\delta_i \end{aligned}\right\} \tag{9-52}$$

$\hat{a}$、$\hat{b}$ 的方差与协方差将在区间估计时用到,有关区间估计的内容将在下一节中介绍。在获得了 a、b 的点估计后就可得到加速模型

$$\ln\hat{\theta}_i = \hat{a} + \hat{b}\varphi(S) \tag{9-53}$$

取 $S = S_0$ 就可得到正常应力水平 S_0 下的平均寿命 θ_0 的估计值以及相应的可靠性指标估计值。

2) 区间估计

对于指数分布场合下的 CSALT 区间估计,主要是获得平均寿命 θ_0(正常应力水平)下的置信区间。

由加速模型获得的 $\ln\hat{\theta}_0$ 是 $\ln\theta_0$ 的无偏估计,即 $E(\ln\hat{\theta}_0) = \ln\theta_0$。但是 $\ln\hat{\theta}_0$ 的分布很难精确求得,因此可采用近似方法。当样本量 $n \to \infty$ 时,认为 $\ln\hat{\theta}_0$ 近似服从均值为 $\ln\theta_0$、方差为 σ_0 的正态分布,即

$$\ln \theta_0 \sim N(\ln \theta_0, \sigma_0^2) \tag{9-54}$$

式中

$$\begin{aligned}
\sigma_0^2 = \operatorname{var}(\ln \hat{\theta}_0) &= \operatorname{var}(\hat{a} + \hat{b}\varphi_0) \\
&= \operatorname{var}(\hat{a}) + \varphi_0^2 \operatorname{var}(\hat{b}) + 2\varphi_0 \operatorname{cov}(\hat{a}, \hat{b}) \\
&= \frac{G + \varphi_0^2 E - 2\varphi_0 I}{EG - I^2}
\end{aligned} \tag{9-55}$$

这里 $\varphi_0 = \varphi(S_0)$，而 $\operatorname{var}(\hat{a})$，$\operatorname{var}(\hat{b})$，$\operatorname{cov}(\hat{a}, \hat{b})$ 利用了式（9-53）、式（9-54）、式（9-55）等。

利用上述近似正态分布对于给定的置信水平 $1-\alpha$，有

$$P\left(-u_{\alpha/2} \leqslant \frac{\ln \hat{\theta}_0 - \ln \theta_0}{\sigma_0} \leqslant u_{\alpha/2}\right) = 1-\alpha \tag{9-56}$$

式中，$u_{\alpha/2}$ 是标准正态分布的 $\alpha/2$ 上侧分位数。通过不等式等价变形，就可以获得 θ_0 的置信水平为 $1-\alpha$ 的置信区间：

$$P(\hat{\theta}_0 \sigma_0 \mathrm{e}^{-u_{\alpha/2}} \leqslant \theta_0 \leqslant \hat{\theta}_0 \sigma_0 \mathrm{e}^{u_{\alpha/2}}) = 1-\alpha \tag{9-57}$$

同样，也可以获得 θ_0 置信水平为 $1-\alpha$ 的单侧置信下限：

$$P(\hat{\theta}_0 \sigma_0 \mathrm{e}^{-u_{\alpha/2}} \leqslant \theta_0) = 1-\alpha \tag{9-58}$$

由上述结果容易推得失效率等其他可靠性指标的置信区间与置信限。相关结果如表 9-2 所列。

表 9-2　定数截尾样本下的置信区间与置信限（置信水平为 $1-\alpha$，$\gamma_1 = \sigma_0 u_{\alpha/2}$，$\gamma_2 = \sigma_0 u_\alpha$）

可靠性指标	置信区间	置信限
平均寿命 θ_0	$(\hat{\theta}_0 \mathrm{e}^{-\gamma_1}, \hat{\theta}_0 \mathrm{e}^{\gamma_1})$	$\hat{\theta}_0 \mathrm{e}^{-\gamma_2}$　（下限）
失效率 λ_0	$(\hat{\theta}_0^{-1} \mathrm{e}^{-\gamma_1}, \hat{\theta}_0^{-1} \mathrm{e}^{\gamma_1})$	$\hat{\theta}_0^{-1} \mathrm{e}^{\gamma_2}$　（上限）
可靠度 $R_0(t)$	$\left(\exp\left[-\dfrac{t}{\hat{\theta}_0} \mathrm{e}^{-\gamma_2}\right], \exp\left[-\dfrac{t}{\hat{\theta}_0} \mathrm{e}^{-\gamma_1}\right]\right)$	$\exp\left[-\dfrac{t}{\hat{\theta}_0} \mathrm{e}^{-\gamma_2}\right]$　（下限）
可靠寿命 t_{r_0}	$\left(\hat{\theta}_0 \mathrm{e}^{-\gamma_2} \ln \dfrac{1}{r}, \hat{\theta}_0 \mathrm{e}^{\gamma_1} \ln \dfrac{1}{r}\right)$	$\hat{\theta}_0 \mathrm{e}^{-\gamma_2} \ln \dfrac{1}{r}$　（下限）

（4）定时截尾样本的统计分析

1）点估计

在 CSALT 试验的 k 个加速应力水平下都进行定时截尾寿命试验，获得如下定时截尾样本：

$$t_1 \leqslant t_2 \leqslant \cdots \leqslant t_{r_i} < \tau_i, \quad i = 1, \cdots, k \tag{9-59}$$

式中，τ_i 为截尾时间，r_i 为 n_i 个样品中在 $(0, \tau_i)$ 内的失效数，由于 S_i 下的总试验时间

$$T_i^* = \sum_{j=1}^{r_i} t_{ij} + (n_i - r_i)\tau_i, \quad i = 1, \cdots, k \tag{9-60}$$

的分布难以求得，因而不能用定数截尾样本所采用的线性无偏估计方法来处理定时截尾样本。

本书采用茆诗松教授《加速寿命试验》一书中的极大似然法＋最小二乘的方法,求得 θ_i 的估计 $\hat{\theta}_i$,根据极大似然估计性质,$\ln \hat{\theta}_i$ 也是 $\ln \theta_i$ 的 MLE,再由极大似然估计的渐近正态性,可适应加速模型,然后用最小二乘法获得模型参数 a 与 b 的估计。这个方法简单易行且可满足评估精度要求,但要求每个应力水平下都要有较大的样本容量和失效数。具体如下。

根据假设 1,在加速应力水平 S_i 下的寿命服从指数分布,其平均寿命 θ_i 的 MLE 为

$$\hat{\theta}_i = T_i^* / r_i, \quad i = 1, \cdots, k \tag{9-61}$$

根据假设 2 和 MLE 的渐近正态性,可建立一元线性回归模型

$$\ln \hat{\theta}_i = a + b\varphi(S_i) + \varepsilon_i, \quad i = 1, \cdots, k \tag{9-62}$$

式中,ε_i 为随机误差项,其数学期望近似为零,方差为 σ^2,且 $\varepsilon_1, \cdots, \varepsilon_k$ 相互独立,采用最小二乘法对上述一元线性回归模型进行处理,即得到 a 和 b 的最小二乘估计(LSE)

$$\hat{a} = \bar{y} - \hat{b}\bar{x} \tag{9-63}$$

$$\hat{b} = l_{xy}/l_{xx} \tag{9-64}$$

$$\bar{y} = \frac{1}{k}\sum_{i=1}^{k} y_i, \quad y_i = \ln \hat{\theta}_i \tag{9-65}$$

$$\bar{x} = \frac{1}{k}\sum_{i=1}^{k} x_i, \quad x_i = \varphi(S_i) \tag{9-66}$$

$$l_{xx} = \sum_{i=1}^{k}(x_i - \bar{x})^2 = \sum_{i=1}^{k} x_i^2 - \frac{1}{k}\left(\sum_{i=1}^{k} x_i\right)^2 \tag{9-67}$$

$$l_{xy} = \sum_{i=1}^{k}(x_i - \bar{x})(y_i - \bar{y}) = \sum_{i=1}^{k} x_i y_i - \frac{1}{k}\left(\sum_{i=1}^{k} x_i\right)\left(\sum_{i=1}^{k} y_i\right) \tag{9-68}$$

这样一来,可得到加速模型

$$\ln \hat{\theta} = \hat{a} + \hat{b}\varphi(S) \tag{9-69}$$

为了确认式(9-69)的有效性,还应该进行相应的加速模型检验。可采用相关系数检验法来检验其显著性。设有一组配对样本

$$(x_i, y_i) = (\varphi(S_i), \ln \hat{\theta}_i), \quad i = 1, \cdots, k \tag{9-70}$$

它们的相关系数定义为

$$r = l_{xy}/(l_{xx}l_{yy})^{1/2} \tag{9-71}$$

式中,l_{xx}、l_{xy} 如前所述。$l_{yy} = \sum_{i=1}^{k}(y_i - \bar{y})^2 = \sum_{i=1}^{k} y_i^2 - \frac{1}{k}\left(\sum_{i=1}^{k} y_i\right)^2$,对给定的显著水平 α ($0 < \alpha < 1$),从《加速寿命试验》的附表 5 中在自由度 $f = k - 2$ 栏目下查得临界值 r_α,假如 $|r| > r_\alpha$,认为这个样本中 x_i 与 y_i 相关;否则,(当 $|r| \leqslant r_\alpha$ 时)认为 x_i 与 y_i 不相关,即 x_i 与 y_i 的相关系数为 0。在我们的问题中,只有在 $|r| > r_\alpha$ 时,这个加速模型才可以使用。

得到加速模型参数点估计,并且相应的加速模型通过检验后,则可对产品的可靠性指标进行点估计。在 S 取正常应力水平 S_0 时,由加速模型可得 $\ln \theta_0$ 的点估计:

$$\ln \hat{\theta}_0 = \hat{a} + \hat{b}\varphi(S_0) \tag{9-72}$$

将式(9-72)代入式(9-34),则可得所有可靠寿命,如平均寿命 θ_0 以及失效率 λ_0 等可靠性指标的点估计。

2) 区间估计

为了获得可靠性指标的置信区间，通过与实际情况的对比，假设随机误差项 $\varepsilon_1, \cdots, \varepsilon_k$ 相互独立，且都服从正态分布 $N(0, \sigma^2)$。在此假设下，即可得到估计量 $\hat{a}$ 与 $\hat{b}$ 的分布及其相关矩

$$\hat{a} \sim N\left[a, \sigma^2\left(\frac{1}{k} + \frac{\bar{x}^2}{l_{xx}}\right)\right] \qquad (9-73)$$

$$\hat{b} \sim N(b, \sigma^2/l_{xx}) \qquad (9-74)$$

$$\mathrm{cov}(\hat{a}, \hat{b}) = -\bar{x}\sigma^2/l_{xx} \qquad (9-75)$$

根据它们之间的线性叠加关系，可推得 $\ln\hat{\theta}_0$ 近似服从如下的正态分布：

$$\ln\hat{\theta}_0 \sim N(\ln\theta_0, c^2\sigma^2) \qquad (9-76)$$

式中

$$c^2 = \left[1 + \frac{1}{k} + \frac{(x_0 - \bar{x})^2}{l_{xx}}\right], \quad x_0 = \varphi(S_0) \qquad (9-77)$$

而 σ^2 可用其无偏估计 $\hat{\sigma}^2 (l_{yy} - \hat{b}l_{xy})/(k-2)$ 代替。由于上述推导都基于点估计的大样本性质，随着样本量的增大，近似程度会更好。那么可获得 $\ln\hat{\theta}_0$ 在置信水平为 $1-\alpha$ 时的近似置信区间：

$$P(\ln\hat{\theta}_0 - c\hat{\sigma}u_{\alpha/2} \leqslant \ln\theta_0 \leqslant \ln\hat{\theta}_0 + c\hat{\sigma}u_{\alpha/2}) = 1 - \alpha \qquad (9-78)$$

和置信水平为 $1-\alpha$ 的近似单侧置信下限：

$$P(\ln\theta_0 \geqslant \ln\hat{\theta}_0 - c\hat{\sigma}u_\alpha) = 1 - \alpha \qquad (9-79)$$

式中，$u_{\alpha/2}$ 和 u_α 分别是标准正态分布的 $\alpha/2$ 和 α 的上侧分位数。同样，将式（9-78）或式（9-79）代入式（9-28）可推断平均寿命 θ_0、失效率 λ_0 等可靠性指标的近似置信区间和单侧置信限，详见表 9-3。

表 9-3 可靠性指标的近似置信区间和单侧置信限

可靠性指标	置信区间	置信限
平均寿命 θ_0	$(\hat{\theta}_0 e^{-c\hat{\sigma}u_{\alpha/2}}, \hat{\theta}_0 e^{c\hat{\sigma}u_{\alpha/2}})$	$\hat{\theta}_0 e^{-c\hat{\sigma}u_\alpha}$（下限）
失效率 λ_0	$(\hat{\theta}_0^{-1} e^{c\hat{\sigma}u_{\alpha/2}}, \hat{\theta}_0^{-1} e^{-c\hat{\sigma}u_{\alpha/2}})$	$\hat{\theta}_0^{-1} e^{c\hat{\sigma}u_\alpha}$（下限）
可靠度 $R(t)$	$(\exp\{-\hat{\theta}_0^{-1} t e^{c\hat{\sigma}u_{\alpha/2}}\}, \exp\{-\hat{\theta}_0^{-1} t e^{-c\hat{\sigma}u_{\alpha/2}}\})$	$\exp\{-\hat{\theta}_0^{-1} t e^{c\hat{\sigma}u_\alpha}\}$（下限）
可靠寿命 t_r	$\left(\hat{\theta}_0 e^{-c\hat{\sigma}u_{\alpha/2}} \ln\frac{1}{r}, \hat{\theta}_0 e^{c\hat{\sigma}u_{\alpha/2}} \ln\frac{1}{r}\right)$	$\hat{\theta}_0 e^{-c\hat{\sigma}u_\alpha} \ln\frac{1}{r}$（下限）

2. 步进应力

（1）基本假设

恒定应力加速寿命试验需要在不同的应力水平分别获得一定量的失效数据，存在试验时间长、试验费用高等缺点。而步进应力的施加方式可解决这个问题。在 Nelson 开创性地提出了累积失效的基本假设后，经过众多研究人员广泛而深入的研究之后，其数据评估技术也取得

了很大的成就,为步进应力在工程中的应用打下了坚实的基础。

在步进应力加速寿命试验(SSALT)数据的统计分析中,除了需要 CSALT 中的两个基本假设 1 和 2 外,还需要增加一个假设 3。

假设 3 产品的残余寿命仅依赖于已累积失效的部分和当时的应力水平,而与累积方式无关。

这一基本假设是根据物理原理提出来的,其数学含义是:在应力水平 S_i 下,产品工作 t_i 时间内累积失效的概率 $F_i(t_i)$ 相当于此种产品在 S_j 下工作 t_j 时间内累积失效的概率 $F_j(t_j)$,其直观意义是如图 9-9 所示的两块阴影部分面积相等

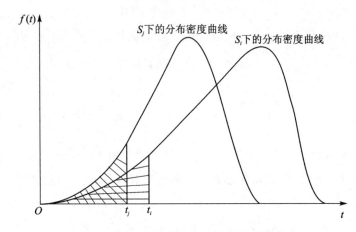

图 9-9   步进应力累积失效概率示意图

通过上述假设可以利用每个应力水平下产品的寿命分布函数 $F_i(t)$ 建立整个步进应力下的分布函数 $F(t)$。现仅以三个应力水平作为解释,假设有 $S_1 < S_2 < S_3$,每个应力水平下试验持续时间为 t_1、$t_2 - t_1$、$t_3 - t_2 - t_1$。加速寿命试验先在 S_1 下试验 t_1 时间,那么产品工作 t_1 时间内累积失效的概率为 $F_1(t_1)$,也就是 $F(t_1)$,相当于此种产品在 S_2 下工作 τ_1 时间内累积失效的概率 $F_2(\tau_1)$,因此未失效的产品在 S_2 下进行的寿命试验是从时间 τ_1 开始到 $t_2 - t_1 + \tau_1$ 结束的,也就是说 $[t_1, t_2)$ 内的每一个 t,$F(t)$ 都等于 $F_2(t)$ 在 $t - t_1 + \tau_1$ 点的函数值。同样根据假设,在 S_2 下工作时间 $t_2 - t_1 + \tau_1$ 的累积失效概率相当于在 S_3 下产品工作时间 τ_2 的概率,$F(t_2 - t_1 + \tau_1)$ 等于 $F_3(\tau_2)$,因此未失效的产品在 S_3 下进行的寿命试验是从 τ_2 开始到时间 $t_3 - t_2 + \tau_2$ 为止的。而对于 $[t_2, t_3)$ 内的每一个 t,$F(t)$ 都等于 $F_3(t)$ 在 $t - t_2 + \tau_2$ 点的函数值。

基于上述讨论,不难得到步进应力下的分布函数:

$$F(t) = \begin{cases} F_1(t), & 0 \leqslant t < t_1 \\ F_2(t - t_1 + \tau_1), & \text{其中 } F_2(\tau_1) = F_1(t_1), & t_1 \leqslant t < t_2 \\ \vdots & & \vdots \\ F_i(t - t_{i-1} + \tau_{i-1}), & \text{其中 } F_i(\tau_{i-1}) = F_{i-1}(t_{i-1} - t_{i-2} + \tau_{i-2}), & t_{i-1} \leqslant t < t_i \\ \vdots & & \vdots \\ F_k(t - t_{k-1} + \tau_{k-1}), & \text{其中 } F_k(\tau_{k-1}) = F_{k-1}(t_{k-1} - t_{k-2} + \tau_{k-2}), & t_{k-1} \leqslant t < t_k \end{cases}$$

$$(9-80)$$

这样,当得到一批步进应力加速寿命试验的数据后,就可以将它们按照应力水平进行分

类,然后通过相邻应力水平的等式关系 $F_i(\tau_{i-1})=F_{i-1}(t_{i-1}-t_{i-2}+\tau_{i-2})$ 将上一水平的故障/失效数据折算到下一水平,如此递推就可以将所有其他应力水平的故障/失效数据折算到第一应力水平,即最低应力水平,那么经过折算后的数据就是产品在该应力水平下的寿命数据,从而可以利用恒定应力加速寿命试验评估方法进行处理。指数分布下 SSALT 的时间折算公式为

$$\tau_{ij}=\frac{\theta_i}{\theta_j}\tau_i=\tau_{S_j\sim S_i}\tau_i=\tau_i\mathrm{e}^{b[\varphi(S_j)-\varphi(S_i)]} \tag{9-81}$$

（2）定数转换 SSALT 数据的统计分析

假设从同批产品中随机挑出 n 个产品在 k 个加速应力水平 $S_1<S_2<\cdots<S_k$ 下顺序进行定数转换 SSALT。其应力转换时间分别为有 $r_1,r_2,\cdots,r_k$ 个产品发生失效的时间,而 r_1, $r_2,\cdots,r_k$ 分别为事先确定的各应力水平下的失效数,且 $r_1+r_2+\cdots+r_k\leqslant n$。在 S_i 下有 r_i 个失效发生时立即把应力水平升高到 S_{i+1}。如此进行下去,直到 S_k 下再有 r_k 个产品发生失效时就停止试验。设在 S_i 下的失效时间为

$$t_{i1}\leqslant t_{i2}\leqslant\cdots\leqslant t_{ir_i},\quad i=1,2,\cdots,k \tag{9-82}$$

处理上述定数转换 SSALT 数据的基本思想是把 SSALT 数据转化为 CSALT 数据,然后按 CSALT 数据处理方法进行处理。利用折算式(9-82),可以得到补偿量 a_i,把它加到 S_i 下的失效时间上去,就得到 S_i 下的寿命数据。

$$t_{i1}+a_i\leqslant t_{i2}+a_i\leqslant\cdots\leqslant t_{ir_i}+a_i,\quad i=1,2,\cdots,k \tag{9-83}$$

式中,$a_1=0$,

$$a_i=\frac{\theta_i}{\theta_1}t_{1r_1}+\frac{\theta_i}{\theta_2}t_{2r_2}+\cdots+\frac{\theta_i}{\theta_{i-1}}t_{i-1,r_{i-1}},\quad i=2,3,\cdots,k \tag{9-84}$$

把 a_i 加到 S_i 下的失效时间上去,所得到的 r_i+1 个寿命数据

$$a_i,t_{i1}+a_i,t_{i2}+a_i,\cdots,t_{ir_i}+a_i,\quad i=1,2,\cdots,k \tag{9-85}$$

是 S_i 下的容量为 n 的双截尾样本,它的左截尾数为 $R_{i-1}-1$,右截尾数为 R_i。为了回避对 a_i 做出估计,用后面(从第二个开始)的分量分别减去第一个分量,所得 $t_{i1},t_{i2},\cdots,t_{ir1}$ 恰好是容量为 $n-R_{i-1}$ 的前 r_i 个次序统计量,即 $t_{i1},t_{i2},\cdots,t_{ir_i}$ 是来自指数分布总体 $F_i(t)=1-\exp(-t/\theta_i),t>0$ 的容量为 $n-R_{i-1}$ 的定数截尾样本(详见茆诗松《加速寿命试验》)。这样一来,我们就把定数转换 SSALT 数据转换成定数截尾 CSALT 数据。

应力水平	截尾样本	样本量	截尾数
S_1	$t_{11},t_{12},\cdots,t_{1r_1}$	n	$r_1=R_1$
S_2	$t_{21},t_{22},\cdots,t_{2r_2}$	$n-R_1$	r_2
$\vdots$	$\vdots$	$\vdots$	$\vdots$
S_i	$t_{i1},t_{i2},\cdots,t_{ir_i}$	$n-R_{i-1}$	r_i
$\vdots$	$\vdots$	$\vdots$	$\vdots$
S_k	$t_{k1},t_{k2},\cdots,t_{kr_k}$	$n-R_{k-1}$	r_k

$$\tag{9-86}$$

这组样本与 9.4.2 小节中讨论的定数截尾 CSALT 数据一样,令

$$n_1=n,\quad n_2=n-R_1,\cdots,n_i=n-R_{i-1},\cdots,n_k=n-R_{k-1} \tag{9-87}$$

其数据处理方法与 CSALT 中的方法一致。

其优点在于时间折算时没有损失信息。原有的 $r_1 + r_2 + \cdots + r_k$ 个失效数据都可以做 CSALT 的寿命数据,这一点要比定时转换 SSALT 更好,但是定时转换应力水平要比定数转换容易实施一些。因此建议,只要能实施定数转换应力水平的场合,就要尽量采用定数转换 SSALT 方案。

(3) 定时转换 SSALT 的统计分析

假设从同批产品中随机抽样 n 个产品在 k 个加速应力水平 $S_1 < S_2 < \cdots < S_k$ 下顺序进行定时转换 SSALT,其应力转换时间分别为 $\tau_1, \tau_2, \cdots, \tau_k$。未失效产品在加速应力水平 S_i 下工作 τ_i 时间,与失效数量无关,而是按时把应力水平提高到 S_{i+1},然后继续试验,直到在 S_k 下工作 τ_k 时间后才停止试验。假设在 S_i 持续时间 τ_i 内总共有 r_i 个失效,其失效时间为

$$t_{i1} + a_i \leqslant t_{i2} + a_i \leqslant \cdots \leqslant t_{ir_i} + a_i \leqslant \tau_i + a_i, \quad i = 1, 2, \cdots, k \tag{9-88}$$

若记

$$R_i = r_1 + r_2 + r_3 + \cdots + r_i, \quad i = 1, 2, \cdots, k \tag{9-89}$$

则 R_i 是在 $\tau_1 + \tau_2 + \cdots + \tau_i$ 内的总的失效数。除了 $i=1$ 以外,寿命数据都可以看做双截尾样本。它的左截尾数(又称截头数)为 $R_{i-1} -$,因为在此样本出现前已有 $r_1 + r_2 + \cdots + r_{i-1}$ 个产品发生失效。它的右截尾数为 R_i,因为在此样本后尚有 $n - R_i$ 个产品未失效。为了明确该双截尾样本在 n 个产品中的地位,可把式(9-88)写成

$$t_{i, R_{i-1}+1} + a_i \leqslant \cdots \leqslant t_{i, R_i+1} + a_i, \quad i = 2, 3, \cdots, k \tag{9-90}$$

从折算公式可以看出,折算时间 τ_{ij} 是未知参数 b 的函数,$\tau_{ij} = \tau_{ij}(b)$,因此 $a_i = a_i(b)$ 也是 b 的函数。由于 b 是加速模型中的斜率,且为待估参数,因此双截尾样本中,除了 $i=1$ 以外,均含有未知参数 b。这就为处理 SSALT 数据带来了麻烦。相关研究已经表明,在指数分布场合,用两次次序统计量的差不仅可以消去补偿量 a_i,而且还是同一指数分布的次序统计量,只不过样本容量由 n 减小到 $n-r$。为了使这种信息损失最小,我们在 $i = 2, 3, \cdots, k$ 的每个双截尾样本中都减去各自的第一个分量,得到的数据

$$\left. \begin{array}{l} t_{i1}^* = t_{i, R_{i-1}+2} - t_{i, R_{i-1}+1} \\ t_{i2}^* = t_{i, R_{i-1}+3} - t_{i, R_{i-1}+1} \\ \vdots \\ t_{ir_{i-1}}^* = t_{i, R_i} - t_{i, R_{i-1}+1} \end{array} \right\}, \quad i = 2, 3, \cdots, k \tag{9-91}$$

是来自指数分布 $F_i(t) = 1 - \exp(-t/\theta_i), t > 0$ 的容量为 $n - R_{i-1} - 1$ 的样本的前 $r_i - 1$ 个次序统计量,即是一个定数截尾样本。同时有 $(n - R_{i-1} - 1) - (r_i - 1) = n - R_i$ 个产品未失效。而在 $i = 1$ 时(即在 S_1 下)的样本本身就是一个截尾样本。这样一来,就把定时转换 SSALT 数据变成了如下定时截尾 CSALT 数据:

$$\left. \begin{array}{l} t_{11} \leqslant t_{12} \leqslant \cdots \leqslant t_{1r_1} < \tau_1^* \\ t_{21}^* \leqslant t_{22}^* \leqslant \cdots \leqslant t_{2, r_2-1}^* < \tau_2^* \\ \vdots \\ t_{k1}^* \leqslant t_{k2}^* \leqslant \cdots \leqslant t_{k, r_k-1}^* < \tau_k^* \end{array} \right\} \tag{9-92}$$

式中,$\tau_1^* = \tau_1, \tau_i^* = \tau_i - t_{i1}, i = 2, 3, \cdots, k$。

要注意的是,在 $i = 2, 3, \cdots, k$ 的时候每个截尾样本的失效数 r_i 都要减少一个失效数

据。这样共减少了 $k-1$ 个失效数据，这就是损失信息，这也是为了回避对诸 a_i 做出估计而付出的代价。

对式(9-92)数据可以按定时截尾 CSALT 方法（见 9.4.2 小节）处理，也可按定数截尾 CSALT（见 9.4.2 小节）处理。由于失效数据的减少，要提高数据处理的精度，那么按照定数截尾 CSALT 的方法处理较好。此方法的要点如下。

1）平均寿命的估计

用极大似然法可以从式(9-92)获得平均寿命的无偏估计：

$$
\left.
\begin{aligned}
\hat{\theta}_1 &= \frac{T_1^*}{r_1}, \quad T_1^* = t_{11} + \cdots + t_{1r_1} + (n - r_1)t_{1r_1} \\
\hat{\theta}_i &= \frac{T_i^*}{r_{i-1}}, \quad T_i^* = t_{i1}^* + \cdots + t_{ir_i-1}^* + (n - R_i)t_{ir_i-1}^* \\
&i = 2, \cdots, k
\end{aligned}
\right\}
\tag{9-93}
$$

2）$\ln\theta_i$ 的无偏估计及其方差

令

$$
\delta_i = \ln T_i^* - \Psi(r_i - 1)
\tag{9-94}
$$

则有

$$
\left.
\begin{aligned}
E(\delta_i) &= \ln\theta_i = a + b\varphi(S_i) \\
\mathrm{var}(\delta_1) &= \zeta(2, r_1 - 1) \\
\mathrm{var}(\delta_i) &= \zeta(2, r_i - 2), \quad i = 2, \cdots, k
\end{aligned}
\right\}
\tag{9-95}
$$

为使 δ_i 的方差大于零，则要求 $r_1 - 1 > 0$ 和 $r_i - 2 > 0, i = 2, 3, \cdots, k$，即 $r_1 > 2, r_i \geqslant 3, i = 2, 3, \cdots, k$。这意味着，在进行定时转换 SSALT 时，在 S_1 下至少要失效两个产品，在 $S_2, \cdots, S_k$ 下分别要失效 3 个产品。不达到这些失效数不能用此方法处理。

3）加速模型的估计

参考 CSALT 的方法可以得到加速模型中参数 a、b 的估计

$$
\left.
\begin{aligned}
\hat{a} &= \frac{GH - IM}{EG - I^2} \\
\hat{b} &= \frac{EM - IH}{EG - I^2}
\end{aligned}
\right\}
\tag{9-96}
$$

且 $\hat{a}$ 与 $\hat{b}$ 的方差与协方差分别为

$$
\left.
\begin{aligned}
\mathrm{var}(\hat{a}) &= \frac{G}{EG - I^2} \\
\mathrm{var}(\hat{b}) &= \frac{E}{EG - I^2} \\
\mathrm{cov}(\hat{a}, \hat{b}) &= \frac{-I}{EG - I^2}
\end{aligned}
\right\}
\tag{9-97}
$$

若记 $\delta_1 = \zeta(2, r_1 - 1)$，$\varphi_1 = \varphi(S_1)$，$\delta_i = \zeta(2, r_i - 2)$，$\varphi_i = \varphi(S_i)$，$i = 2, \cdots, k$ 则上述 E、I、G、H、M 分别为

$$E = \sum_{i=1}^{k} \zeta_i^{-1}, I = \sum_{i=1}^{k} \zeta_i^{-1} \varphi_i$$
$$G = \sum_{i=1}^{k} \zeta_i^{-1} \varphi_i^{\,2}, H = \sum_{i=1}^{k} \zeta_i^{-1} \delta_i \qquad (9-98)$$
$$M = \sum_{i=1}^{k} \zeta_i^{-1} \varphi_i \delta_i$$

由此就可以获得加速模型

$$\ln \hat{\theta} = \hat{a} + \hat{b} \varphi(S) \qquad (9-99)$$

若取 $S=S_0$ 就可以得到 S_0 的平均寿命 θ_0 的估计和可靠性指标的估计、加速因子的估计。

4) 各可靠性指标的区间估计

参考 CSALT(见 9.4.2 小节)的方法进行,即用正态分布去近似 $\ln \hat{\theta}_0$ 的分布

$$\ln \hat{\theta}_0 \sim N(\ln \theta_0, \sigma_0^2) \qquad (9-100)$$

式中

$$\sigma_0^2 = \frac{G + \varphi_0^2 E - 2\varphi_0 I}{EG - I^2} \qquad (9-101)$$

由此可得各可靠性指标的置信区间与置信限,如表 9-2 所列。

9.5　加速退化试验(ADT)

加速退化试验是在失效机理不变的基础上,通过寻找产品寿命与应力之间的关系(加速模型),利用产品在高(加速)应力水平下的性能退化数据去外推或评估正常应力水平下的寿命特征的试验技术和方法。

与加速寿命试验相似,加速退化试验也可以通过在试验中引入加速应力,解决传统可靠性模拟试验的试验时间长、效率低及费用高等问题,并快速评估和预测产品寿命与可靠性,而同时它还可以为基于状态的维护(CBM)诊断及故障预测与健康状态管理(PHM)提供依据。

加速退化试验技术也是一种基于失效物理并结合数理统计方法,外推预测产品寿命与可靠性的试验技术,因此试验中所需的样本量当然也是越大越好。但由于加速退化试验中不必观测到产品实际失效的发生,其检测的产品关键性能参数值就蕴含了大量的产品寿命与可靠性信息,因此这种试验技术相比加速寿命试验而言,可节省一定样本。在型号工程中只能提供有限样本量的情况下,且当产品质量一致性较好时,应参照以下建议来确定试验样本量:

① 恒定应力加速退化试验(CSADT)中,通常每个应力水平的试验样本量不得少于 3 个;

② 步进应力加速退化试验(SSADT)中,通常试验样本量不得少于 5 个;

③ 也可以利用加速退化试验优化设计方法来确定试验样本量。

加速退化试验一般都采用定时截尾的方式。由于加速退化试验类型不一样,为了提供产品数据外推的可信性,必须尽可能多地得到低应力水平下的性能退化数据,可根据以下原则确定具体的试验时间:

① 对于 CSADT 而言,应保证在试验结束的时间内,每个应力水平下产品性能参数至少

退化了退化失效量的 10% 以上；

② 对于 SSADT 而言，应保证每一应力水平均有产品发生性能退化，且至少退化了退化失效量的 10% 以上；

③ 无论是 CSADT 还是 SSADT，低应力水平的试验时间都应长于高应力水平的试验时间；

④ 也可以利用加速退化试验优化设计方法来确定试验时间。

9.5.1　性能退化模型

退化是能够引起产品性能发生变化的一种物理或化学过程，这一变化随着时间逐渐发展，最终导致产品失效。如果产品在工作或贮存过程中，某种性能随时间的延长而逐渐缓慢地下降或上升，直至达到无法正常工作的状态，则称此种现象为性能退化，比如元器件电性能的衰退、机械元件的磨损、绝缘材料的老化、金属材料的腐蚀、疲劳裂缝增长等。产品性能参数随时间逐步退化的数据，称为性能退化数据。

由于现代产品设计、制造水平及使用材料性能的不断提高，产品的可靠性越来越高，寿命越来越长，传统的基于二元失效数据（正常和故障）的可靠性分析方法已经难以应用。高可靠度长寿命产品的失效往往表现为其性能参数逐步退化直至完全失效的过程，在性能退化过程中蕴含着大量的寿命与可靠性信息。因此，利用性能退化数据识别产品性能退化过程，通过分析产品失效与性能退化之间的关联来推断产品的可靠性，已成为解决高可靠度长寿命产品可靠性评估的重要手段，也是目前可靠性研究领域的热点之一。

性能退化建模的首要任务是建立描述产品性能退化过程的性能退化模型。以往在进行性能退化的研究中，人们都用一个确定的函数来表达产品性能随时间的退化，此时的性能退化过程会有如图 9-10(a) 所示的光滑退化路径。但这并不能全面描述性能退化的特征。因为，如果产品彼此之间具有完全的一致性，其使用工作和环境条件也都完全一致，那么产品经过一段时间的使用后，在达到一定的退化临界值后，所有产品都将同时失效。实际中，由于上述条件不可能全都一致，产品和使用条件都存在差异，从而造成了产品并不是同时全都失效；而且通过对产品性能退化过程的监控也可清楚地看到，每个产品的性能退化过程都是一条粗糙而非光滑的曲线，如图 9-10(b) 所示。

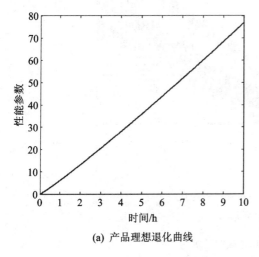

(a) 产品理想退化曲线

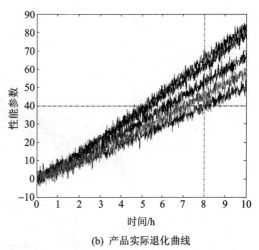

(b) 产品实际退化曲线

图 9-10　产品性能退化过程

个体差异：由生产过程和产品所用材料决定。

外部噪声：由工作和使用环境决定。

为了刻画产品性能退化过程的规律性和分散性,研究人员分别从统计和物理的角度,提出了各种性能退化模型。然而从本质上来看,人们对性能退化过程建模的最终目的是,希望从性能退化数据中挖掘产品的寿命信息,预测产品寿命(剩余寿命)。因此,很多现代数学预测方法和工具也都可应用到性能退化过程的建模中来,比如:时间序列分析、人工神经网络、统计学习理论等。从预测角度来看,性能退化模型又可以分为三类。

(1) 基于模型(model-based)的性能退化模型

基于模型的建模方法要求对研究对象建立相应的解析数学模型,并根据所建立的模型对寿命与可靠性进行预测。基于模型的预测能够深入研究对象系统的本质并能实现实时寿命与可靠性预测。这里所基于的"模型"有两种:一种是物理模型,通过研究对象的物理、化学特性获得;一种是回归数据模型,即通过分析输入、输出和状态参数之间的关系获得所需模型,如飘逸布朗、隐马尔科夫模型、ARMA 模型等。

(2) 基于数据(data-driven)的性能退化模型

基于数据驱动的建模方法以采集的过程数据为基础,基于数据的方法不需要分析物理对象的特性,不需要建立精确的物理解析模型,而是直接从大量的数据中找到输入/输出之间的关系,采用诸如人工神经网络、统计学习等方法挖掘出数据中隐含的信息并建立模型,从而预测产品的寿命与可靠性。这种方法适用于无法建立系统的数学模型的情况。

(3) 基于数据和模型的混合(hybrid)模型

目前,加速退化试验中,常用的性能退化模型属于上述的第(1)类,即基于模型的性能退化模型。为了引述出本章后面的内容,我们先通过图来分析性能退化过程的随机性。

在图 9-11 中,横轴为时间,纵轴为性能退化参数。当固定时间时,比如取 3 h 和 8 h,由

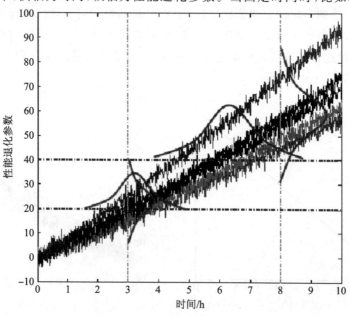

图 9-11　性能退化过程的随机性

图 9-11 可看出样本在时间为 8 h 时性能退化参数取值的随机性,且这种随机性随时间还发生了变化;而当固定性能退化参数取值时,比如取 20 和 40,同样可看出每个样本达到该取值的时间也具有随机性。我们知道,随机过程是对随时间推进的随机现象的数学抽象表达,因此,采用随机过程对性能退化过程进行建模的想法就自然而然地产生了。由于随机过程是通过有限维分布族来描述其概率特征的,因此随机过程是从性能参数在某个时间取值的随机性角度来建模,称这种方法为退化量模型。

再从另一角度对上述性能退化过程建模。首先,导致性能退化参数在不同时间达到相同规定值的原因在于,性能退化参数的变化速率不同。进一步可得出,性能退化参数变化速率是一个随机变量。其次,不妨可以认为每一条样本曲线的粗糙程度源于前述分析的外部噪声。这样,就可以直接针对性能变化曲线的总体变化趋势建模,称这种方法为退化轨迹模型。

1. 随机过程模型

基于随机过程的性能退化量建模中,最广泛采用的是漂移布朗运动(维纳过程)和伽马(Gamma)过程。因此,本节将主要介绍漂移布朗运动及伽马过程的退化建模方法。

漂移布朗运动

布朗运动(Brownian Motion),也叫维纳过程(Wiener Process),最初是由英国生物学家 R. Brown 于 1827 年根据花粉微粒在液面上做"无规则运动"的物理现象提出的。爱因斯坦(Einstein)于 1905 年首次对这一现象的物理规律给出了一种数学描述,使该研究有了显著的发展。这方面的理论研究在 Fokker、Plank、Burger 等人的努力下迅速发展起来。但直到 1918 年才由维纳(Wiener)对这一现象在理论上作了精确的数学描述,并进一步研究了布朗运动轨道的性质,提出了布朗运动空间上的测度与积分,使得对布朗运动及其泛函的研究得到迅速而深入的发展。

布朗运动作为具有连续时间参数和连续空间参数的一种随机过程,是最基本、最简单同时又是最重要的过程。许多其他的过程常常可以看作是它的泛函或某种意义上的推广。它又是迄今了解得最清楚、性质最丰富多彩的随机过程之一。目前,布朗运动及其推广已广泛地出现在许多科学领域中,如物理、经济、通信理论、生物、管理科学与数理统计等。

下面,首先给出布朗运动的定义:

若一族随机变量 $\{X(t), t \geqslant 0\}$ 满足:

① $\{X(t), t \geqslant 0\}$ 在不重叠的区间上,其增量相互独立;

② $\forall s, t > 0, X(s+t) - X(s) \sim N(0, C^2 t)$,即 $X(s+t) - X(s)$ 是期望为 0、方差为 $C^2 t$ 的正态分布;

③ $X(t)$ 关于 t 是连续函数,

则称 $\{X(t), t \geqslant 0\}$ 是布朗运动(Brownian Motion 或 Wiener Process)。当 $C = 1$ 时,称 $\{X(t), t \geqslant 0\}$ 为标准布朗运动,记为 $\{B(t), t \geqslant 0\}$。

若记 $X(t) = B(t) + \mu t$,μ 为常数,称 $\{X(t), t \geqslant 0\}$ 是带有漂移系数 μ 的布朗运动。

漂移布朗运动的背景是一个质点在直线上做非对称的随机游动,确切叙述如下:

一质点在直线上每经 Δt 随机地移动 Δx,每次向右移 Δx 的概率为 p,向左移 Δx 的概率为 q,且每次移动相互独立,以 $X(t)$ 表示 t 时刻的质点位置,令

$$X_i = \begin{cases} 1, & \text{第 } i \text{ 次向右移} \\ -1, & \text{第 } i \text{ 次向左移} \end{cases}, \text{则 } X(t) = \Delta x \left(X_1 + X_2 + \cdots + X_{\left[\frac{t}{\Delta t}\right]} \right) \quad (9-102)$$

设 $\Delta x = \sqrt{\Delta t}$，$p = \dfrac{1}{2}(1 + \mu\sqrt{\Delta t})$，$q = \dfrac{1}{2}(1 - \mu\sqrt{\Delta t})$，对于给定的 $\mu > 0$，取充分小的 Δt，使 $\mu\sqrt{\Delta t} < 1$；当 $\Delta t \to 0$ 时，$E(X(t)) = \mu t$，$D(X(t)) = t$，所以 $X(t) \sim N(\mu t,\ t)$。

将带漂移的布朗运动的定义写成微分形式，得 $\mathrm{d}X(t) = \mathrm{d}B(t) + \mu\mathrm{d}t$，即质点 t 时刻位移的增量分解为随机性增量与确定性增量之和。

一般地有如下推广：$\mathrm{d}X(t) = \sigma\mathrm{d}B(t) + \mu\mathrm{d}t$。若扩散系数 σ 与漂移系数 μ 不是常数，而是 t 与 $X(t)$ 的函数，那么有如下更一般的随机微分方程：$\mathrm{d}X(t) = \sigma(t,X(t))\mathrm{d}B(t) + \mu(t,X(t))\mathrm{d}t$；这类随机微分方程可用以描述分子的热运动、电子的迁移运动规律等。例如，以 $X(t)$ 描述一个粒子在液体表面 t 时刻的速度，有 $m\,\dfrac{\mathrm{d}X(t)}{\mathrm{d}t} = -fX(t) + \dfrac{\mathrm{d}B(t)}{\mathrm{d}t}$，其中 m 为质点质量；$-fX(t)$ 为粒子与液面的摩擦阻力，$f > 0$，为常数；而 $\dfrac{\mathrm{d}B(t)}{\mathrm{d}t}$ 为由分子撞击产生的总的合力。这一类方程在物理学工程中很是常见，而这离不开布朗运动理论。

可见漂移布朗运动很具有实际意义，只要赋予相应系数以物理意义，就可以用来刻画许多复杂的难以研究的物理过程、工程技术及经济现象。

为此，将以下漂移布朗运动引入加速退化试验的加速性能退化过程建模：

$$Y(t) = \sigma B(t) + d(s) \cdot t + y_0 \tag{9-103}$$

式中，$Y(t)$——产品性能；

　　y_0——漂移布朗运动的起始点，产品性能在初始时刻 t_0 的初始值；

　　$B(t)$——标准布朗运动，$B(t) \sim N(0,t)$；

　　$d(s)$——漂移系数，它是一个仅与应力相关的确定性函数，因此是加速模型；

　　σ——扩散系数，刻画了产品生产过程中的不一致性与不稳定性、性能测量设备的测量能力及测量误差，以及试验过程中外部噪声等随机因素对产品性能的影响。通常，这些随机因素不会随时间和应力条件的改变而改变，因此扩散系数也不随应力和时间而改变，是常数。

对于漂移布朗运动 $Y(t)$ 而言，若令 $T_a = \inf\{t : t > 0, Y(t) = a\}$，则 T_a 表示首次穿越 a 的时间，称为首穿时或首达时(first passage time)。很显然，漂移布朗运动的随机性决定了首穿时也是一个随机变量，且服从某种分布，那么称这种分布为布朗运动的首穿时分布。首穿时分布描述了经过 t 时间后，漂移布朗运动 $Y(t)$ 首次穿越 a 时，$P(T_a \leqslant t)$ 有多大。当对应到产品性能退化过程是一个漂移布朗运动的情况时，由于性能超过其临界值后即视产品为失效，即漂移布朗运动 $Y(t)$ 首次穿越 a 对应的首穿时 T_a 正好对应了产品的寿命，因此首穿时分布刻画了产品退化失效寿命分布。当然通过该寿命分布，就可以了解到一切与产品退化失效相关的寿命与可靠性信息。所以，只要找到了首穿时分布，也就找到了产品退化失效的可靠性评估模型。

通常，对 $\forall t > 0$，若记 $M_t = \max\limits_{0 \leqslant u \leqslant t} Y(u)$ 表示 $[0, t]$ 上的最大值，则事件 $\{T_a \leqslant t\}$ 与 $\{M_t \geqslant a\}$ 等价。由于 $Y(t)$ 并不具有运动对称性，因此当 $Y(t)$ 具有式(9-103)的形式，且记 $M_{B_t} = \max\limits_{0 \leqslant u \leqslant t} B(u)$，那么 $\{M_t \geqslant a\}$ 可以写作 $M_{B_t} > \dfrac{a}{\sigma} - \dfrac{1}{\sigma}[d(s) \cdot t + y_0]$。由此可看出，求漂移布朗运动首达时分布问题，变成了一个求布朗运动穿越连续边界(continuous boundary-crossing)的穿越概率分布问题。

根据式(9-103)可得

$$B(t) \geqslant \frac{a-y_0}{\sigma} - \frac{d(s)}{\sigma} \cdot t$$

那么上述标准布朗运动穿越连续边界 $h(t) = \frac{a-y_0}{\sigma} - \frac{d(s)}{\sigma} \cdot t$ 的概率可写作：

$$P\left\{ \sup_{0 \leqslant t \leqslant T_a} \left[B(t) \geqslant \frac{a-y_0}{\sigma} - \frac{d(s)}{\sigma} \cdot t \right] \right\} = P\left\{ \bigcup_{0 \leqslant t \leqslant T_a} \left[B(t) \geqslant \frac{a-y_0}{\sigma} - \frac{d(s)}{\sigma} \cdot t \right] \right\}$$

$$(9-104)$$

根据相关文献的研究结论可知：

$$F(t) = P\left\{ \bigcup_{0 \leqslant t \leqslant T_a} \left[B(t) \geqslant \frac{a-y_0}{\sigma} - \frac{d(s)}{\sigma} \cdot t \right] \right\}$$

$$= 1 - \Phi\left(\frac{a'}{\sqrt{T_a}} + b\sqrt{T_a} \right) + \exp(-2a'b) \Phi\left(\frac{a'}{\sqrt{T_a}} - b\sqrt{T_a} \right) \quad (9-105)$$

则 $F(t)$ 就是标准布朗运动首次穿越连续边界 $a'+bt$ 的概率分布函数,也就是式(9-103)刻画的漂移布朗运动 $Y(t)$ 首次穿越边界 a 的概率分布函数。通过式(9-105)对时间 t 求偏导可以得到,漂移布朗运动 $Y(t)$ 首次穿越边界 a 的概率密度函数为

$$f(t; y_0, a) = \frac{a-y_0}{\sigma\sqrt{2\pi t^3}} \exp\left\{ -\frac{[(a-y_0) - d(s) \cdot t]^2}{2\sigma^2 t} \right\} \quad (9-106)$$

具有形如式(9-106)的概率密度函数的分布,通常称为逆高斯分布。其可靠度函数为

$$R(t) = \Phi\left[\frac{a-y_0-d(s)t}{\sigma\sqrt{t}} \right] - \exp\left[\frac{2d(s)(a-y_0)}{\sigma^2} \right] \Phi\left[-\frac{a-y_0+d(s)t}{\sigma\sqrt{t}} \right]$$

$$(9-107)$$

式中,$\Phi(\cdot)$ 表示标准正态分布的累积概率分布函数。

2. 混合效应模型

混合效应模型是一种应用十分广泛的统计模型。该模型在固定效应模型中加入了随机效应分量,可以用来描述实际数据中可能客观存在的随机效应或者刻画数据内部可能存在的相关性。特别地,当响应变量为离散数据时,如果观察值之间存在相关性,则确定其联合分布通常需要一阶及以上的各阶矩,这通常难以实现。而混合效应模型含有随机效应,通过在随机效应给定条件下响应变量的条件分布和随机效应本身的分布,给出观察值的联合分布,从而得到明确的似然函数,有助于进行有效的统计推断。混合效应模型如下：

$$\left. \begin{aligned} y_{ij} &= \eta_{ij} + \varepsilon_{ij} = \eta(t_j; \boldsymbol{\Phi}, \boldsymbol{\Theta}_i) + \varepsilon_{ij}, \quad i = 1, 2, \cdots, n \\ \varepsilon_{ij} &\sim N(0, \sigma_\varepsilon^2), \qquad\qquad\qquad\qquad j = 1, 2, \cdots, m_{\Theta_i} \leqslant m \end{aligned} \right\} \quad (9-108)$$

式中,t_j 为第 j 次测量时间,ε_{ij} 为测量误差,σ_ε^2 为常量;y_{ij} 为实际测得的第 i 个样本在 t_j 时刻的退化量;η_{ij} 为相应的理论退化量,$\boldsymbol{\Phi}$ 为固定效应参数向量,$\boldsymbol{\Theta}_i$ 为第 i 个样本的随机效应参数向量,表征单个样本特征;$\boldsymbol{\Theta}_i$ 和 ε_{ij} 相互独立;m 为总监测次数;m_Θ 为第 i 个样本的总监测次数,是 $\boldsymbol{\Theta}_i$ 的函数。假设 $\boldsymbol{\Theta}_i$ 服从多元分布函数 $G_\Theta(\cdot)$,$G_\Theta(\cdot)$ 中的未知参数需要根据退化数据估计得到。

失效时间 T 的分布函数可表示为 $Pr(T \leqslant t) = F_T(t) = F_T(t; \varphi, G_\Theta(\cdot), D, \eta)$。对一些简单轨迹模型，$F_T(t)$ 可表示为闭式；对多数轨迹模型，$F_T(t)$ 很难表示，若含多个随机参数则更为复杂，这时一般可通过 Monte Carlo 仿真得到 T 的分布函数。

下面举例说明简单退化轨迹模型失效时间分布的累积分布函数。

假设样本实际退化轨迹为 $\eta(t) = \varphi + \Theta t$，其中 φ 为固定参量，Θ 为随机效应参量，则

$$G_\Theta(\vartheta) = \Pr\{\Theta \leqslant \vartheta\} = 1 - \exp\left(-\frac{\vartheta}{\alpha}\right)^\beta \tag{9-109}$$

φ 表示所有样本试验开始时的初始退化量。$\eta(0) = \varphi$，Θ 表示退化率，假设产品性能退化随时间具有单调性，η 为递增函数，则 $\Pr\{\Theta > 0\} = 1$。

临界值 D 可表示为 $D = \varphi + \Theta T$，则 $T = \tau(\Theta; \varphi, D, \eta) = (D - \varphi)/\Theta$，其中 τ 是从 Θ 到 T 的变换。

① 假设退化率 Θ 服从 Weibull(α, β) 分布，则 T 的分布函数为

$$F_T(t) = \Pr(T \leqslant t) = \Pr(\tau(\Theta; \varphi, D, \eta) \leqslant t)$$

$$= \Pr\left(\frac{D - \varphi}{\Theta} \leqslant t\right) = \Pr\left(\Theta \geqslant \frac{D - \phi}{t}\right)$$

$$= 1 - G\left(\frac{D - \varphi}{t}\right)$$

$$= \exp\left[-\left(\frac{D - \phi}{\alpha t}\right)^\beta\right], \quad t > 0 \tag{9-110}$$

所以 $F_T(t)$ 依赖于 φ、D、η，以及分布参数 α、β，由于 $1/T$ 服从 Weibull 分布，因此 T 为倒数 Weibull 分布。

② 假设退化率 Θ 服从对数正态分布(μ, σ^2)，则

$$F_T(t) = \Phi\left[\frac{\log t - \log(D - \phi) - \mu}{\sigma}\right] \tag{9-111}$$

式中，$\Phi(\cdot)$ 为标准正态分布函数。式(9-118)说明 T 服从对数正态分布。

9.5.2　加速退化试验统计分析

本节以恒定应力加速退化试验为例对加速退化试验的统计分析进行介绍。对于 SSADT 的统计分析方法是在此基础上参考本小节"退化数据的统计分析"中的累计损伤理论来开展的，也可采用贝叶斯方法、深度学习方法等算法进行处理，这里不做重点介绍。

1. 基本假设

进行恒定应力加速退化试验(CSADT)统计分析前需要进行以下假设：

假设 1　产品的性能退化过程具有单调性，即性能发生的退化不可逆。

假设 2　加速退化试验中没有出现由退化引发的任何失效，即产品的性能没有退化穿越临界值。

假设 3　在正常应力水平 S_0 和加速应力水平 $S_1 < S_2 < \cdots < S_k$ 下，产品的性能退化过程 $Y(t)$ 均服从退化率为 $d(S_l)$、漂移系数为 $\sigma_l(l = 1, \cdots, k)$ 的漂移布朗运动：

$$Y_l(t) = \sigma_l B(t) + d(S_l) \cdot t + y_0 \tag{9-112}$$

其性能退化增量 x 的概率密度分布函数为

$$f_l(x) = \frac{1}{\sqrt{2\pi\sigma_l^2 \Delta t}} \exp\left\{-\frac{[x - d(S_l) \cdot \Delta t]^2}{2\sigma_l^2 \Delta t}\right\} \tag{9-113}$$

假设 4　该漂移布朗运动中的扩散系数不随应力水平与时间而变化,是一个常数,反映了每个应力水平下产品的失效机理不变,即 $\sigma_0 = \sigma_1 = \cdots = \sigma_k$。

假设 5　漂移布朗运动中的漂移系数,刻画了环境应力与系统性能变量变化之间的某种函数关系,因此产品漂移系数与所施加的应力水平 S_l 有如下关系:

$$\ln d(S_l) = a + b\varphi(S_l) \tag{9-114}$$

式中,a、b 是待估参数,$\varphi(S)$ 是应力 S 的已知函数。

2. 退化数据的统计分析

将 n 个样本随机分成 k 组,进行 k 应力水平的 CSADT。S_0 为正常应力水平,$S_1 < S_2 < \cdots < S_k$ 为加速应力水平。在加速应力水平 S_l 下,投入了 n_l 个样本,即

$$\sum_{l=1}^{k} n_l = n \tag{9-115}$$

当每个产品的性能均检测了 m_l 次后结束试验,因此试验进行的是"定数"截尾加速退化试验。试验中共检测 m 次,即

$$\sum_{l=1}^{k} m_l = m \tag{9-116}$$

对产品性能进行监测的时间为 $t_{lij}(l=1,\cdots,k; i=1,\cdots,n_l; j=1,\cdots,m_l)$,则在试验时间 $[0, t_{lim_l}]$ 内,监测时间依次为

$$t_{li1} \leqslant \cdots \leqslant t_{lim_l}$$

监控到的性能值记为 y_{lij},则此时 CSADT 的极大似然函数为

$$L \propto \prod_{l=1}^{k} \prod_{i=1}^{n_l} \prod_{j=1}^{m_l-1} \frac{1}{\sqrt{2\pi\sigma^2(t_{li(j+1)} - t_{lij})}} \exp\left\{-\frac{[(y_{li(j+1)} - y_{lij}) - d(S_l) \cdot (t_{li(j+1)} - t_{lij})]^2}{2\sigma^2(t_{li(j+1)} - t_{lij})}\right\} \tag{9-117}$$

假设 $x_{lij} = y_{li(j+1)} - y_{lij}$,监控时间间隔为 $\Delta t_{lij} = t_{li(j+1)} - t_{lij}$,并将加速模型代入,则上式的对数似然函数为

$$\ln L \propto -\frac{1}{2\sigma^2} \sum_{l=1}^{k} \sum_{i=1}^{n_l} \sum_{j=1}^{m_l-1} \left\{\frac{[x_{lij} - \exp[a + b\varphi(S_l)] \cdot \Delta t_{lij}]^2}{\Delta t_{lij}} + \ln \Delta t_{lij}\right\} -$$
$$\frac{1}{2} n \cdot (m-k) \ln(2\pi\sigma^2) \tag{9-118}$$

通常,对式(9-118)取偏导就可以得到各参数的极大似然估计值。然而对待估参数 a 和 b 求偏导并令其为零后,只能得到一个方程:

$$\sum_{l=1}^{k} \sum_{i=1}^{n_l} \sum_{j=1}^{m_l} \{x_{lij} - \exp[a + b \cdot \varphi(S_l)] \cdot \Delta t_{lij}\} = 0 \tag{9-119}$$

由式(9-118)可看出,很难通过一个方程来确定未知参数 a 和 b。由于试验中监测到的性能数据及其对应的监测时间构成了数据对 (t_{lij}, y_{lij}),$l=1,\cdots,k; i=1,\cdots,n_l; j=1,\cdots,m_l$,且可采用式(9-119)来描述,因而可以通过以下回归分析得到每个应力水平下的性能退化率。

首先,采用式(9-103)拟合第 l 个应力水平下产品性能退化过程时,其回归方程为

$E(Y(t))=d(S)+y_0$。其次,观察产品性能测试数据的变化趋势,根据不同的变化趋势选择不同的时间函数形式。对于线性退化过程而言,t 就是实际测试时间 t_{lij};而对于非线性退化过程而言,t 则代表不同实际测试时间 t_{lij} 的函数形式。最后,根据回归方程在最小二乘准则下进行回归分析,就能得到 k 个加速应力水平下的性能退化率 $d(S_l),l=1,\cdots,k$。此时,σ 的极大似然估计式改写如下:

$$\hat{\sigma}^2=\frac{1}{n\cdot(m-k)}\sum_{l=1}^{k}\sum_{i=1}^{n_l}\sum_{j=1}^{m_l-1}\frac{[x_{lij}-\hat{d}(S_l)\Delta t_{lij}]^2}{\Delta t_{lij}} \tag{9-120}$$

当得到性能退化率的最小二乘估计 $\hat{d}(S_l)$ 后,它与 $\varphi(S_l)$ 构成了数据对 $(\hat{d}(S_l),\varphi(S_l))$,根据加速模型 $\ln d(S)=a+b\varphi(S)$,通过在应力水平和性能退化率构成的二维平面进行最小二乘准则下的拟合分析,即可得到参数 a 和 b 的估计值 $\hat{a}$、$\hat{b}$。将 $\hat{a}$、$\hat{b}$ 和 $\hat{\sigma}^2$ 代入式(9-107)即可预测产品在正常应力水平 S_0 下的寿命与可靠性。

本章习题

1. 加速试验的定义是什么? 统计加速试验包括哪些?
2. 在航空航天产品的加速试验中,应力的施加方式有哪些? 试验的截尾方式有哪些?
3. 物理加速模型中最典型的模型有哪些? 它们一般用来描述哪种应力和产品寿命的关系?
4. 航空航天产品的加速寿命试验中,恒定应力加速试验与步进应力加速试验的样本量、应力水平和试验时间该如何选取?
5. 航空航天产品的加速寿命试验的试验方案设计应包含哪些内容?
6. 航空航天产品的加速退化试验中,恒定应力加速试验与步进应力加速试验的样本量、应力水平和试验时间该如何选取?
7. 航空航天产品的加速退化试验与加速寿命试验的区别是什么?
8. 已知某航空航天产品的寿命服从指数分布,应力寿命关系服从阿伦尼斯模型。随机抽取 60 个该产品,均分为 4 组进行 4 温度应力水平的完全样本恒定应力加速寿命试验。每个应力水平下搜集到的失效数据如表 9-4 所列。试对该产品在正常温度应力水平 25 ℃下的寿命与可靠性进行外推评估。

表 9-4　失效数据表

温度水平/℃　失效编号	60	80	100	120
1	61.79	14.35	3.22	1.93
2	120.46	35.48	4.20	3.93
3	174.91	36.05	19.80	7.81
4	239.84	73.24	23.87	8.05

第 10 章　多试验信息的
融合与评估方法简介

10.1　概　述

10.1.1　多试验信息融合的目的

对产品可靠性指标的评估与验证是可靠性试验的主要目的之一,用于评估的信息越多、越全面,所得到的评估结果就越精确,越接近评估对象的实际情况。由于当前的可靠性试验的组织实施往往相对独立,数据搜集与管理方式也存在一定的局限,致使目前的可靠性评估工作多聚焦于单一阶段、单一试验、单一数据形式的信息而开展。前面也已经提到,对于长寿命、高可靠、小样本或重大产品而言,由于样本量、成本、试验周期的限制,单纯的可靠性验证试验已很难单独开展,许多重大型号都面临着指标无法验证的问题,而受加速模型的制约,加速试验适合于在机理较为清楚、模型较为准确的较低层次的产品上开展,而对于复杂的系统则不适用;过多地依赖加速试验,可能会制约可靠性评估的准确性。比如当前可靠性评估工作主要关注的失效时间数据,就往往很难在允许的时间内获取足够的数据量;虽然利用退化数据进行评估可以解决数据量不足的问题,但也会由于所投入的样本有限,产生评估结果有时具有一定的随机性、片面性等问题,并不能展现产品可靠性特征的全貌。

而另一方面,在装备研制的漫长过程中,开展了大量有价值的试验工作,积累了大量有价值的数据,这些数据是真实的、反映实际使用环境的,而且能够表达装备可靠性的形成过程。因此如果能对上述多阶段等多试验信息进行合理有效的融合,扩充用于评估的信息量,将会在获取更准确可靠的评估结果的同时,节省验证试验的费用,解决可靠性验证评估的瓶颈问题。

10.1.2　基本理论与方法

针对多试验信息,目前主流的融合与评估方法主要基于贝叶斯方法、D-S 证据理论、Copula 函数、机器学习算法、各类数据降维理论等,本章主要基于贝叶斯方法对多试验信息融合与评估的思想、方法与实现过程进行介绍。

1. 贝叶斯方法的基本概念

贝叶斯方法的提出者托马斯·贝叶斯(Thomas Bayes,1701—1761)是一位神职人员,长期担任英国坦布里奇韦尔斯(Tunbridge Wells)地方教堂的牧师。1763 年 12 月 23 日,他的遗产受赠者在英国皇家学会宣读了贝叶斯的遗作《论机会学说中一个问题的求解》,其中给出了贝叶斯定理,这一天现在被当作贝叶斯定理的诞生日。贝叶斯定理出现后很快被人们遗忘了,后来数学家拉普拉斯(Laplace Pierre-Simon,1749—1827)用贝叶斯提出的方法导出了重要的"相继律",使它重新被科学界所熟悉,但直到 20 世纪随着统计学的广泛应用才备受瞩目,它在工业、经济、管理及可靠性等领域都得到了广泛的应用;但在解决复杂问题时,复杂的后验分布形式和高维数值积分运算致使后验推断计算十分困难,导致贝叶斯方法曾一度受到制约而发展缓慢。后来随着计算机技术的发展和对贝叶斯方法的改进,特别是马尔可夫链蒙特卡罗(Markov Chain Monte Carlo,MCMC)方法在贝叶斯方法中的应用,解决了上述难题,现代贝叶斯理论及其应用日趋成熟,实现了贝叶斯理论在复杂问题中的应用。

贝叶斯统计推断中,存在以下三种信息[63]。

(1) 总体信息

总体信息即总体分布或总体所属分布族所给的信息。比如,"总体是正态分布"这句话就可带来很多信息:它的密度函数是一条钟形曲线;它的一切阶矩都存在;有关正态变量(服从正态分布的随机变量)的一些事件的概率可以计算;由正态分布可以导出 χ^2 分布、t 分布和 F 分布等重要分布;还有许多成熟的点估计、区间估计和假设检验方法可供选用。总体信息是很重要的信息,为了获取此种信息往往耗资巨大。美国军界为了获得某种新的电子元器件的寿命分布,常常购买成千上万个此种元器件,做大量的寿命试验,获得大量数据后才能确定其寿命分布是什么。我国为确认国产轴承寿命分布服从二参数威布尔分布,前后花了 5 年时间,处理了几千个数据后才定下。

(2) 样本信息

样本信息即从总体抽取的样本所提供的信息。这是最"新鲜"的信息,并且其越多越好。人们希望通过对样本的加工和处理对总体的某些特征作出较为精确的统计推断。没有样本就没有统计学可言。

(3) 先验信息

先验信息即在抽样之前有关统计问题的一些信息。一般来说,先验信息主要来源于经验和历史资料。

基于总体信息和样本信息进行的统计推断被称为经典统计学,它的基本观点是把数据(样本)看成是来自具有一定概率分布的总体,所研究的对象是这个总体而不局限于数据本身。经典统计学对概率的理解就是频率的稳定性,离开了重复试验,就谈不上如何去理解概率,因此这一学派也被称为频率学派。对于一些概率的结果只作出频率稳定性的解释[64]。

基于以上三种信息(总体信息、样本信息和先验信息)进行的统计推断被称为贝叶斯统计学。它与经典统计学的主要差别在于是否利用先验信息,在使用样本信息上也是有差别的。贝叶斯学派重视已出现的样本观察值,而对尚未发生的样本观察值不予考虑;重视先验信息的搜集、挖掘和加工,使它数量化,形成先验分布,参加到统计推断中来,以提高统计推断的质量。它的基本观点是:任一个未知量 θ 都可看作一个随机变量,应用一个概率分布去描述对 θ 的未知状况。这个概率分布是在抽样前就有的关于 θ 的先验信息的概率陈述,亦被称为先验分布。因为任一未知量都有不确定性,而在表述不确定程度时,概率与概率分布是最好的语言。

2. 贝叶斯模型基础

若存在具有 n 个观测值的向量 $y=(y_1,\cdots,y_n)$,那么依赖于 k 个参数 $\theta=(\theta_1,\cdots,\theta_k)$ 的密度函数在经典统计中记为 $p(y;\theta)$ 或 $p_\theta(y)$,它表示在参数空间 $\Theta=\{\theta\}$ 中不同的 θ 对应不同的分布。在贝叶斯统计中,它的概率分布为 $p(y|\theta)$,其依赖于参数 θ,它表示在随机变量 θ 给定某个值时总体指标 Y 的条件分布。假设 θ 本身的概率分布为 $p(\theta)$,可知

$$p(y\mid\theta)p(\theta)=p(y,\theta)=p(\theta\mid y)p(y) \tag{10-1}$$

其中对于给定的观测值 y, θ 的分布为

$$p(\theta \mid y) = \frac{p(y \mid \theta) p(\theta)}{p(y)} \qquad (10-2)$$

由于

$$p(y) = c^{-1} = \begin{cases} \displaystyle\int\!\!\int p(y \mid \theta) p(\theta) \mathrm{d}\theta, & \theta \text{ 连续} \\ \displaystyle\sum p(y \mid \theta) p(\theta), & \theta \text{ 离散} \end{cases} \qquad (10-3)$$

其中积分及加和取决于 θ 的范围,因此式(10-2)可以写成

$$p(\theta \mid y) = c \cdot p(y \mid \theta) p(\theta) \qquad (10-4)$$

式(10-4)即是贝叶斯理论的具体表达,称为贝叶斯方程。其中 $p(\theta)$ 说明了在没有样本信息的情况下对 θ 的描述,称作 θ 的先验分布。相应地, $p(\theta|y)$ 说明了在给定样本信息的情况下对 θ 的描述,称作 θ 的后验分布。c 不依赖于 θ,只是一个对确定 $p(\theta|y)$ 很重要的"正则化"常数。

(1) 似然函数

对于给定的数据 y,当将式中的 $p(y|\theta)$ 看作是 θ 而非 y 的函数时,根据 Fisher(1922)定理,可以将其称为在给定 y 的条件下 θ 的似然函数,写作 $l(\theta|y)$,即

$$l(\theta \mid y) = p(y \mid \theta) = \prod_{i=1}^{n} p(y_i \mid \theta) \qquad (10-5)$$

式(10-5)综合了总体信息和样本信息。

因此可以将贝叶斯方程写为

$$p(\theta \mid y) = c \cdot l(\theta \mid y) p(\theta) \qquad (10-6)$$

式(10-6)综合了总体信息、样本信息以及先验信息。同时,贝叶斯理论表明在给定数据 y 下, θ 的后验分布与相应的先验分布及似然函数成比例,即后验分布∝似然函数×先验分布:

$$p(\theta \mid y) \propto l(\theta \mid y) p(\theta) \qquad (10-7)$$

在贝叶斯方程中似然函数起到了十分重要的作用。数据 y 通过它对 θ 的先验信息进行修订。因此它也被看做是数据 y 对 θ 信息的表达形式。同时后验分布可以看做是总体信息和样本信息对先验分布做调整的结果。

(2) 连续性质

式(10-7)提供了一个将先前的信息同新信息合并的数学方程及相应理论。实际上,这个理论还允许在获取更多观测值的情况下,对参数 θ 的信息进行持续的更新。

假设存在一组初始样本观测值 y_1,那么相应的贝叶斯方程为

$$p(\theta \mid y_1) \propto p(\theta) l(\theta \mid y_1) \qquad (10-8)$$

假设得到了另一组样本观测值 y_2,它同 y_1 相互独立,那么

$$p(\theta \mid y_2, y_1) \propto p(\theta) l(\theta \mid y_1) l(\theta \mid y_2) \propto p(\theta \mid y_1) l(\theta \mid y_2) \qquad (10-9)$$

可以看出式(10-9)中除了 $p(\theta|y_1)$ 外,同式(10-8)相同, P_f 下 μ_x 的后验分布起到了 σ_x 下 μ_y 的先验分布的作用。同时可以看出,这个过程可以重复无数次,甚至对于 σ_y 个独立的观测值,可以在每个新观测值得到后计算一次,从而实现对后验分布的更新,即

$$P_f = P(Y < X) \qquad (10-10)$$

这里

$$P_f = \iint\limits_{0}^{\infty} \int_{0}^{x} f_x(x) f_y(y) \,\mathrm{d}y \,\mathrm{d}x \tag{10-11}$$

因此可以看出,贝叶斯模型描述了参数 P_f 从数据中学习,并持续更新修订的过程。

(3) 多层结构

贝叶斯模型具有固有的多层结构。模型参数 θ 的先验分布 $p(\theta|a)$ 可以看作是第一层,其中 a 为先验分布的参数;结合似然函数便可得到贝叶斯模型的典型多层结构形式——后验分布 $p(\theta|y) \propto l(\theta|y) p(\theta|a)$,其图形表达如图 10-1 所示。

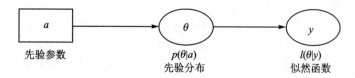

图 10-1　贝叶斯结构

对于一些复杂结构,先验分布往往由一系列条件分布来构造,如某后验分布可以被写为

$$p(\theta \mid y) \propto p(y \mid \theta) p(\theta \mid a) p(a \mid b) \tag{10-12}$$

这个模型中的先验分布由两层结构构成,$p(\theta|a)$ 为第一层,$p(a|b)$ 为第二层。高一层的分层先验分布称为超先验,相关的参数称为超参数。以上式为例,$p(a|b)$ 是超先验,b 是先验参数 a 的超参数。它们的结构可以根据需要通过增加更多的层数来扩展。上述两层模型结构如图 10-2 所示。

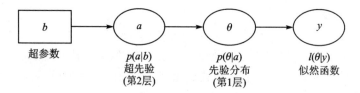

图 10-2　两层结构

例如,若某次搜集的样本 Y_{ki} 来自 K 个批次,$k=1,\cdots,K$,$i=1,2,\cdots,n_k$。假设它们服从正态分布,若用传统统计模型来表达,那么

$$Y_{ki} \sim N(\mu, \sigma^2) \tag{10-13}$$

若用多层模型来表达,则针对每一批次假设不同的各自独立的均值 μ_k,有

$$Y_{ki} \sim N(\mu_k, \sigma^2) \tag{10-14}$$

$$\mu_k \sim N(\mu_0, w^2) \tag{10-15}$$

可见,多层模型的好处在于:它描述了每个批次的性质。多层模型广泛应用于制药等领域的分析,它们利用来自于不同来源的信息对同一对象进行研究。因此它可以描述复杂的数据关系,而不仅仅用简单的随机作用来解释。多层模型与传统单层模型的区别如图 10-3 所示。对于多试验信息而言,不同来源的信息如同上述例子中不同批次的信息一样,虽然它们不完全相同,但却在母体上存在着紧密的联系,多层模型同样可以有效地描述它们之间的关系,并为样本信息提供更为准确的先验信息,从而达到扩充数据量、提高评估精度的目的。

3. 贝叶斯模型参数求解方法

极大似然方法是一种通用而广泛的参数求解方法,对于贝叶斯模型中的复杂模型、高维参

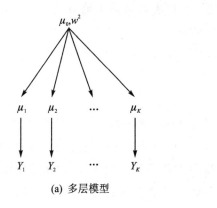
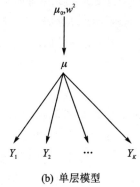

(a) 多层模型　　　　　　　　　　　　(b) 单层模型

图 10 - 3　多层模型与传统单层模型的区别

数等问题存在较大的局限性。共轭先验信息法是一种使用较为广泛且简便的贝叶斯参数求解方法,利用共轭先验分布的相关公式可以直接计算后验参数值。常用的共轭先验分布如表 10 - 1所列。

表 10 - 1　常用的共轭先验分布

总体分布	似然函数	共轭先验分布	后验参数
泊松分布	$y_i \sim \text{Poisson}(\lambda)$	$\lambda \sim \Gamma(a,b)$	$\tilde{a} = n\bar{y} + a$ $\tilde{a} = n + b$
二项分布	$y_i \sim B(\pi, N_i)$	$\pi \sim \text{beta}(a,b)$	$\tilde{a} = n\bar{y} + a$ $\tilde{a} = N - n\bar{y} + b$
正态分布 (方差已知)	$y_i \sim N(\mu, \sigma^2)$	$\mu \mid \sigma^2 \sim N(\mu_0, \sigma_0^2)$	$\tilde{\mu} = w\bar{y} + (1-w)\mu_0$ $\tilde{\sigma}^2 = w\sigma^2/n$ $w = \sigma_0^2/(\sigma_0^2 + \sigma^2/n)$
正态分布	$y_i \sim N(\mu, \sigma^2)$	$[\mu, \sigma^2] \sim NIG(\mu_0, c, a, b)$	$\tilde{\mu} = w\bar{y} + (1-w)\mu_0 \quad w = nc/1+nc$ $\tilde{c} = w/n$ $\tilde{a} = a + n/2$ $\tilde{a} = b + SS/2$ $SS = \sum_{i=1}^{n}(y_i - \bar{y})^2 + \dfrac{w}{c}(\bar{y} - \mu_0)^2$
伽马分布 (v 已知)	$y_i \sim \Gamma(v, \theta)$	$\theta \mid v \sim \Gamma(a,b)$	$\tilde{a} = nv + a$ $\tilde{a} = n\bar{y} + b$
指数分布	$y_i \sim \exp(\theta)$	$\theta \sim \Gamma(a,b)$	$\tilde{a} = n + a$ $\tilde{a} = n\bar{y} + b$

虽然共轭先验分布法简单易行,但当无法选择共轭先验分布或模型较为复杂时,马尔可夫链蒙特卡罗(Markov Chain Monte Carlo,MCMC)方法是一种比较好的选择,它能够很好地解决贝叶斯求解中计算量大、模型复杂、参数维数高等问题。作为一种随机模拟方法,它通过建

立马尔可夫链对未知变量进行抽样模拟,当马尔可夫链达到平稳分布时即得到未知变量的后验分布,从而得到未知变量的评估值。将 MCMC 方法与贝叶斯方法相结合,在参数评估方面具有较好的效果,且可以避免评估过程中对复杂极大似然方程组的求解过程。常用的 MCMC 工具有 WinBUGS 等。

4. 方法应用

现以某数据相容的多退化试验的信息融合为例,对贝叶斯方法的应用进行简要说明。假设某产品正式试验的性能退化数据为 Y_0,从其他来源搜集得到的两组性能退化试验数据为 Y_1 和 Y_2,Y_0、Y_1 和 Y_2 的环境应力水平与规定的使用要求应力 s_0 相同且数据量都为 500,检测间隔都为 1 h;可将 Y_1 和 Y_2 作为先验信息、Y_0 作为样本信息,进行信息融合并评估,假设产品的退化服从维纳过程,其单位时间 Δt 的退化增量 ΔY 服从均值为 $d(s_0) \cdot \Delta t$、方差为 $\sigma^2 \Delta t$ 的正态分布:

$$\Delta Y_i \sim N(u_i, \varepsilon_i^2) \tag{10-16}$$

式中,$u = d(s_0)\Delta t$,$\varepsilon^2 = \sigma^2 \Delta t$,$i = 0, 1, 2$。

基本步骤如下。

(1) 构建多层先验模型

由式(10-16)可定义 u_i、ε_i^2 的先验分布为

$$u_i \sim N(a, \omega^2) \tag{10-17}$$

$$\varepsilon_i^2 \sim IG(c, d) \tag{10-18}$$

针对先验分布中的参数,构建第二层先验分布,即

$$a \sim N(a_0, \omega_0^2) \tag{10-19}$$

$$c \sim IG(c_1, c_2) \tag{10-20}$$

$$d \sim IG(d_1, d_2) \tag{10-21}$$

式中,ω^2、a_0、ω_0^2、c_1、c_2、d_1、d_2 为给定的模型初始值。

那么参数的后验分布为

$$
\begin{aligned}
&\pi(\Theta \mid D) \\
&= \pi(u_i, \varepsilon_i, a, c, d \mid \Delta y_i) \propto \\
&\prod_{j=1}^{n} \left(\frac{1}{\varepsilon_i^2}\right)^{1/2} \exp\left[-\frac{(\Delta y_{ij} - u_i)^2}{2 \cdot \varepsilon_i^2}\right] \cdot \pi(u_i, \varepsilon_i \mid a, c, d) \propto \\
&\prod_{j=1}^{n} \left(\frac{1}{\varepsilon_i^2}\right)^{1/2} \exp\left[-\frac{(\Delta y_{ij} - u_i)^2}{2 \cdot \varepsilon_i^2}\right] \cdot \prod_{i=1}^{m} \phi\left(\frac{u_i - a}{w}\right) \cdot \frac{d^c}{\Gamma(c)}(\varepsilon_i)^{c+1} e^{d\varepsilon_i} \cdot \\
&\phi\left(\frac{a - a_0}{w_0}\right) \cdot \frac{c_2^{c_1}}{\Gamma(c_1)}(c)^{c_1+1} e^{c_2 c} \cdot \frac{d_2^{d_1}}{\Gamma(d_1)}(d)^{d_1+1} e^{d_2 d}
\end{aligned} \tag{10-22}
$$

(2) 求解超参数

将退化数据 Y_1 和 Y_2 的退化增量 ΔY_1 和 ΔY_2 代入到多层模型式(10-22)中,利用 MCMC 方法对式(10-22)进行求解,获得模型超参数 a_0、c_1、c_2、d_1、d_2 的值 a_0'、c_1'、c_2'、d_1'、d_2',将其代入式(10-19)~式(10-21)中,以此作为第二层先验分布的参数值,对多层模型进行更新。

（3）求解参数值

将退化信息 Y_0 的退化增量 ΔY_0 代入到更新后的多层模型中继续求解，获得参数 u、ε^2 的评估值，在此基础上将其代入维纳过程对应的可靠性模型（逆高斯分布）中实现对产品可靠性的评估。

10.2　单样本多试验信息的融合方法

对于某些产品而言，由于样本及经费的限制，试验件只有一件，在对其进行可靠性鉴定试验前，通常它已经经历了性能试验、环境试验等多项试验，已对产品的寿命造成了一定的损耗；同时，由于研制周期的限制，对此类产品所开展的可靠性试验，并不能及时获得充足的数据，因此在对产品进行可靠性评估时，可以考虑通过融合上述各项试验的可靠性信息，获得合理准确的评估结果。本节对此类情况的信息融合方法进行说明。

本节主要以退化数据为对象，利用多变量模型、基于贝叶斯方法（及 MCMC 算法）对各项试验的退化数据进行融合。多变量模型用于刻画各项试验中不同的环境应力，利用贝叶斯方法统一各试验信息来构建产品的退化模型，并通过 MCMC 算法对退化模型与多变量模型中的参数进行求解，实现对产品退化及环境响应特性的定量描述，从而得到各试验对产品的累积损伤，并以此来评估产品的可靠性。它的基本流程如图 10 - 4 所示。

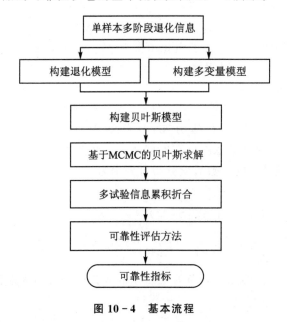

图 10 - 4　基本流程

10.2.1　多变量模型

多变量模型是描述产品寿命特征与其变量之间关系的模型，又称多变量加速模型。加速模型按其提出时基于的方法可以分为三类，即物理加速模型、经验加速模型和统计加速模型。物理加速模型和统计加速模型彼此并不孤立，而是相互联系的，物理加速模型是统计加速模型的特例，而统计加速模型则是对物理加速模型的有力补充。在实际应用中，可根据研究对象的实际需要,对多变量模型的具体形式进行选择。

以多变量统计加速模型为例,Nelson 通过应力复合的方式,建立了广义对数线性模型(general log-linear model):

$$\ln(\tau) = \gamma_0 + \gamma_1 x_1 + \cdots + \gamma_n x_n \tag{10-23}$$

式中,γ_0,γ_1,$\cdots$,γ_n 是与产品和试验方法相关的系数,x_1,$\cdots$,x_n 是应力变量,它可以是一个或多个应力元素的函数。在可靠度函数已知时,式(10-23)可用于参数分析;在无分布情况下,式(10-23)也可用于非参数分析,如 Cox 比例危险模型等。

若存在多应力变量 s_1,s_2,$\cdots$,s_m,且它们对产品的作用相互独立,以维纳过程为例,则其模型中的漂移系数 $d(s)$ 可表示为

$$d(s) = \exp\left[\beta_0 + \beta_1 \varphi_1(s_1) + \beta_2 \varphi_2(s_2) + \cdots + \beta_m \varphi_m(s_m)\right] \tag{10-24}$$

式中,$\varphi_i(s_i)$ 为应力 s_i 的函数。

产品经历了 n 项试验,其中第 i 项试验的应力为 $s_i = \{s_{i1}, s_{i2}, \cdots, s_{im_i}\}$,应力的数量为 m_i 个;每项试验的应力数量及种类并不相同,但存在重复的应力,n 项试验中共有 m 种应力。对 m 种应力进行相应的归一化处理,可得到统一的应力向量 $\boldsymbol{S} = \{S_1, S_2, \cdots, S_m\}$。

由式(10-24)可知,模型中的漂移系数可表示为

$$d(\boldsymbol{S}) = \exp\left[\beta_0 + \beta_1 \varphi_1(S_1) + \beta_2 \varphi_2(S_2) + \cdots + \beta_m \varphi_m(S_m)\right] \tag{10-25}$$

由维纳过程的性质可知,单位时间 Δt 内的退化增量 Δy 服从均值为 $d(s)\Delta t$、方差为 $\sigma^2 \Delta t$ 的正态分布,即

$$\Delta y \sim N(d(s)\Delta t, \sigma^2 \Delta t) \tag{10-26}$$

第 i 项试验在其间隔时间 Δt_i 内的退化增量为 ΔY_i,那么对于 n 项试验而言,其在间隔时间 $\Delta t = \{\Delta t_1, \Delta t_2, \cdots, \Delta t_n\}$ 内的退化增量为 $\Delta Y = \{\Delta Y_1, \Delta Y_2, \cdots, \Delta Y_n\}$,那么对于第 i 项试验而言,分布式(10-26)可表示为

$$\Delta Y_i \sim N(d(S_i)\Delta t_i, \sigma^2 \Delta t_i) \tag{10-27}$$

若将分布式(10-27)作为总体分布,且已知参数 β_0,β_1,$\cdots$,β_m 及 σ 的先验分布 $\pi(\beta_0, \beta_1, \cdots, \beta_m, \sigma^2)$,将退化增量 ΔY、间隔时间 Δt、应力 S 作为样本数据,且作为第 i 项试验 l_i 个数据,那么融合多项试验的参数后验分布可表示为

$$\pi(\Theta \mid D)$$
$$= \pi(\beta_0, \beta_1, \cdots, \beta_m, \sigma^2 \mid \Delta Y, S, \Delta t) \propto$$
$$\prod_{i=1}^{n} \prod_{j=1}^{l_i} \left(\frac{1}{\sigma^2 \Delta t_i}\right)^{1/2} \exp\left\{\frac{[\Delta Y_{ij} - d(S_{ij})]^2}{2 \cdot \sigma^2 \Delta t_i}\right\} \cdot \pi(\beta_0, \beta_1, \cdots, \beta_m, \sigma^2) \tag{10-28}$$

若令参数 β_0,β_1,$\cdots$,β_m 的先验分布为正态分布,σ 的先验分布为逆伽马分布,即

$$\beta_j \sim N(\mu_{\beta_j}, \varepsilon_j^2)$$
$$\sigma^2 \sim I\Gamma(a, b)$$

那么式(10-28)可表示为

$$\pi(\Theta \mid D)$$
$$= \pi(\beta_0, \beta, \cdots, \beta_m, \sigma^2 \mid \Delta Y_i, S_i, \Delta_i) \propto$$
$$\prod_{i=1}^{n} \prod_{j=1}^{l_i} \left(\frac{1}{\sigma^2 \Delta t_i}\right)^{1/2} \exp\left\{\frac{[\Delta Y_{ij} - d(S_{ij})]^2}{2 \cdot \sigma^2 \Delta t_i}\right\} \cdot \left[\prod_{j=0}^{m} \phi\left(\frac{\beta_j - \mu_{\beta_j}}{\varepsilon_j}\right)\right] \cdot \frac{b^a}{\Gamma(a)} \left(\frac{1}{\sigma^2}\right)^{a+1} e^{b/\sigma^2}$$
$$\tag{10-29}$$

10.2.2 多试验信息的累积折合

通过 MCMC 方法对式(10-29)中的参数进行求解,从而获得参数 $\beta_0,\beta_1,\cdots,\beta_m$ 及 σ 的评估值。在此基础上开展多试验信息的累积折合工作,具体步骤如下:

① 若要评估产品在某规定环境下的可靠性,首先应确定该规定环境的应力向量 $\boldsymbol{S}' = \{S_1',S_2',\cdots,S_m'\}$。

② 将 n 项试验在间隔时间 $\{\Delta t_1,\Delta t_2,\cdots,\Delta t_n\}$ 内的退化增量 $\Delta Y = \{\Delta Y_1,\Delta Y_2,\cdots,\Delta Y_n\}$ 进行转化,通过改变时间间隔 Δt_i 将漂移系数 $d(S_i)$ 折合为 $d(\boldsymbol{S}')$,从而将其转化到规定环境 $\boldsymbol{S}'$ 的条件下,即

$$d(S_i)\Delta t_i = d(\boldsymbol{S}')\Delta t_i'$$

已知 $d(S_i)$、$d(\boldsymbol{S}')$、Δt_i,那么

$$\Delta t_i' = \frac{d(S_i)\Delta t_i}{d(\boldsymbol{S}')}$$

以此便可得到折合后的 n 项试验的间隔时间 $\{\Delta t_1',\Delta t_2',\cdots,\Delta t_n'\}$,即通过改变时间尺度的方法对各项试验的变量进行了统一。

③ 利用统一后的数据,便可获得产品在每项试验中所消耗的寿命并对产品的可靠性指标进行评估。同时亦可将参数 $\beta_0,\beta_1,\cdots,\beta_m$ 及 σ 的评估值 $\boldsymbol{S}' = \{S_1',S_2',\cdots,S_m'\}$ 代入式(10-25)及可靠性函数,以此对产品的可靠性进行评估。

10.2.3 方法应用

假设某件产品先后经历了 4 个试验项目,每项试验的时间为 500 h,性能参数的检测间隔为 1 h。4 项试验共施加了 3 种应力 S_1、S_2 和 S_3,对这三种应力的量值进行归一化处理,使其成为变化范围在 $0\sim500$ 之间的无标度指标。各试验项目中应力的具体施加量值如表 10-2 所列。

表 10-2 试验施加量值

类 别	S_1	S_2	S_3
试验项目 1	350	200	200
试验项目 2	400	150	200
试验项目 3	200	500	300
试验项目 4	220	400	400

已知产品的退化服从维纳过程,假设模型中的漂移系数式(10-25)的形式为

$$d(S) = \exp[\beta_0 + \beta_1/S_1 + \beta_2/S_2 + \beta_3/S_3 + \beta_4/S_4]$$

且模型中各参数的模型取值如表 10-3 所列。相应的各试验仿真退化数据如图 10-5 所示,产品在 4 个试验项目中的整体退化过程如图 10-6 所示。

表 10-3 模型取值

应 力	β_0	β_1	β_2	β_3	σ
取 值	9	$-2\,400$	$-1\,000$	-500	0.195

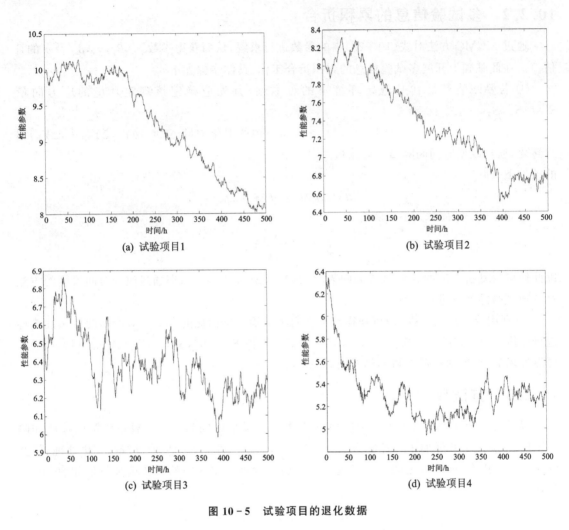

(a) 试验项目1

(b) 试验项目2

(c) 试验项目3

(d) 试验项目4

图 10 - 5　试验项目的退化数据

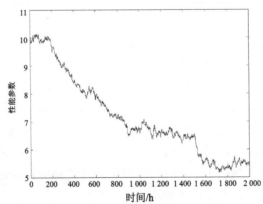

图 10 - 6　产品的整体退化过程

　　基于 4 项试验中的退化增量 $\Delta Y = \{\Delta Y_1, \Delta Y_2, \Delta Y_3, \Delta Y_4\}$，依据式(10 - 29)建立相应的贝叶斯模型，设定参数的先验值如表 10 - 4 所列。

表 10 - 4　参数的先验值

参　数	β_0	β_1	β_2	β_3	σ
取　值	10	$-1\,000$	$-1\,000$	$-1\,000$	0.1

利用 MCMC 方法,依据上述数据对模型式(10 - 29)中的参数进行求解,评估结果如表 10 - 5 所列。

表 10 - 5　评估结果

参　数	β_0	β_1	β_2	β_3	σ
取　值	8.8	$-2\,353$	-967	-507	0.193

对该产品某指定条件下的可靠性进行评估,已知该产品的使用条件如表 10 - 6 所列。可将表 10 - 5 中的评估值代入式(10 - 25)和式(9 - 114)中,若产品的失效阈值 $l = 4$,可得产品的中位寿命为 2 060 h。

表 10 - 6　使用条件

应　力	S_1	S_2	S_3
取　值	200	300	300

同时,通过 10.2.2 小节中的折合转化方法可知转化后的间隔时间 $\{\Delta t'_1, \Delta t'_2, \Delta t'_3, \Delta t'_4\}$, 如表 10 - 7 所列,将图 10 - 5 中的退化过程在时间轴上进行转化折合,可知在给定使用条件下的退化过程如图 10 - 7 所示,因此基于上述数据亦可利用相关预测方法对产品的剩余寿命进行预测,或将它作为可靠性鉴定试验的先验信息开展相应的评估工作。

表 10 - 7　转化后的间隔时间

间隔时间	$\Delta t'_1$	$\Delta t'_2$	$\Delta t'_3$	$\Delta t'_4$
取　值	14.05	6.26	3.79	10.39

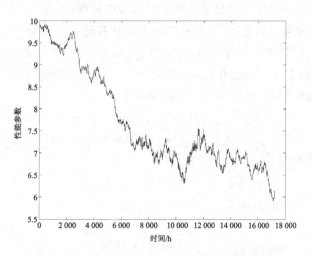

图 10 - 7　规定使用环境下的退化过程(融合后)

10.3 多试验差异信息的融合方法

当多试验信息间的差异较小时,采用 10.1 节、10.2 节中的方法即可解决数据的融合与评估问题。在有些情况下,多试验信息之间会存在较大的差异,多源可靠性数据属于不同的母体或试验环境,这些数据并不相容;但这些非相容信息间通常存在紧密的联系,如在失效机理相同的情况下,虽然数据的母体不同,但其分布却是同族的。

以内场试验(实验室试验)、外场使用之间的差异为例,它们之间的差异主要来源于:① 试验无法施加产品在实际使用中的所有应力;② 不同的外场使用条件下,所面临的应力会略有不同;③ 外场使用的产品与实验室中的产品在技术状态(母体)上存在差异。然而,虽然实验室信息并不能完全体现产品在不同使用条件下实际的可靠性情况,在外场可靠性信息稀缺、实验室信息丰富且两种条件下的失效机理相同的背景下,若能对这两类信息取长补短,也具有实际应用的意义。又如升级换代的产品,若前代产品与后代产品间存在较大的差异,在后代产品可靠性信息稀缺而前代产品信息丰富的情况下,如果失效机理相同,那么也可利用前代信息对后代的可靠性信息进行补充,评估后代的可靠性水平并能比较两代之间的差异,这对产品的发展也是具有重要意义的。

所以,基于上述考虑,本节以基于修正因子的方法为切入点,对多试验差异信息融合与评估的基本思路及流程进行介绍。

10.3.1 基于修正因子的融合模型

本节的融合模型主要基于修正参数的思想而提出,并以服从维纳过程、伽马过程的两类具有典型特点的退化模型(数据)和成败型数据为对象,对多试验差异数据融合模型的构建过程进行说明[65-66]。

1. 基于维纳过程的融合模型构建方法

由于 $d(s)$ 和 σ^2 是基于维纳过程退化模型中的关键参数,本节引入两个修正参数 k_1 和 k_2 对 $d(s)$ 和 σ^2 的评估效果进行改善,以此来解决不同试验数据的差异问题。引入修正因子 k_1 来描述作用于退化过程的未知环境应力,它施加于 $d(s)$。以实验室试验与外场试验的数据融合为例,外场环境下的多应力变量有 $s_1, s_2, \cdots, s_m$,而实验室只考虑了 s_1 而忽略了其他应力,若假设各应力相互独立,那么可知外场的加速模型为

$$d_f(S) = \exp[\beta_0 + \beta_1 \varphi_1(s_1) + \beta_2 \varphi_2(s_2) + \cdots + \beta_m \varphi_m(s_m)]$$
$$= \exp[\beta_0 + \beta_1 \varphi_1(s_1)] \cdot \exp[\beta_2 \varphi_2(s_2) + \cdots + \beta_m \varphi_m(s_m)] \quad (10-30)$$

实验室条件下的加速模型为

$$d_{ADT}(s_1) = \exp[\beta_0 + \beta_1 \varphi_1(s_1)]$$

用修正因子 k_1 替代其他应力,那么 k_1 被定义为

$$k_1 = \exp[\beta_2 \varphi_2(s_2) + \cdots + \beta_m \varphi_m(s_m)] \quad (10-31)$$

那么

$$d_f(S) = k_1 \cdot d_{ADT}(s_1) \quad (10-32)$$

式(10-30)中的指数型加速模型在可靠性评估中使用较为广泛,也可根据产品的失效机理及

实际情况采用其他形式的加速模型。

虽然参数 σ^2 与应力无关,但考虑到产品在外场及实验室环境中由于其本身的安装、制造等因素的改变,可以引入修正因子 k_2 来对此进行描述:

$$\sigma_f^2 = \sigma_{ADT}^2 + k_2 \tag{10-33}$$

2. 基于伽马过程的融合模型构建方法

伽马过程是一个非负、严格递增的统计过程,它可以用于构建系统退化过程不可逆时的退化模型。伽马过程 $\{Y(t), t \geqslant 0\}$ 具有服从伽马分布的独立、非负的增量 $\Delta y = Y(t+\tau) - Y(t)$,

$$\Delta y \sim \Gamma(\beta, \alpha(t+\tau) - \alpha(t)) \tag{10-34}$$

式中,β $(\beta > 0)$ 是恒定的尺度参数,$\alpha(t)$ 是随时间变化的形状参数($\alpha(0)=0$)。若令 T 为失效的首穿时间,l 为失效阈值,y_0 为退化的初始值,那么其可靠度模型为

$$P(T > t) = P(Y(t) < l) = P(Y(t) - y_0 < l - y_0)$$
$$= \int_0^{l-y_0} \frac{1}{\Gamma(\alpha(t))\beta^{\alpha(t)}} y^{\alpha(t)-1} \exp\left(-\frac{y}{\beta}\right) dy \tag{10-35}$$

假设形状参数 $\alpha(t)$ 为应力的函数:

$$\alpha(t) = d(s) \cdot t \tag{10-36}$$

式中,$d(s)$ 是漂移系数,它代表了公式中的退化率及加速模型,因此在单位时间间隔 Δt 的退化增量 Δy 服从形状参数为 $d(s)\Delta t$、尺度参数为 β 的伽马分布:

$$\Delta y \sim \Gamma(\beta, d(s)\Delta t) \tag{10-37}$$

以实验室试验与外场试验的数据融合为例,当考虑外界环境应力的影响时,可以引入修正因子 k_1 对漂移系数 $d(s)$ 进行修正,如式(10-32)所示。对于尺度参数 β 而言,其越小,代表分布越集中,因此可以引入修正因子 k_2 来反映外场环境的噪声影响,那么

$$\beta_f = k_2 \cdot \beta_{ADT} \tag{10-38}$$

由此可知 $\Delta y_{ADT} \sim \Gamma(\beta_{ADT}, d(s)\Delta t)$,$\Delta y_f \sim \Gamma(k_2\beta_{ADT}, k_1 d(s)\Delta t)$,以此实现多试验数据在模型参数上的统一表达。

3. 基于成败型数据的融合模型构建方法

若有来源于 m 个试验的成败型数据,每个试验的成败型数据都可表示为 $(r_i, n_i), i=1,\cdots,m$,其中 n_i 为样本数,r_i 为成功数,则它服从二项分布:

$$r_i \sim B(n_i, p_i) \tag{10-39}$$

若正式试验的样本数为 n_0,成功数为 r_0,那么其二项分布可表示为

$$r_0 \sim B(n_0, p_0) \tag{10-40}$$

引入修正因子 k_i 来描述多源数据间的关系,可表示为

$$p_i = k_i p_0 \tag{10-41}$$

那么式(10-39)可以表示为

$$r_i \sim B(n_i, k_i p_0)$$

为了融合数据 (r_0, n_0) 和数据 (r_i, n_i),引入状态参数 $c_j, j=0,\cdots,m$,那么

$$r_j \sim B(n_j, (c_0 + c_1 k_1 + \cdots + c_m k_m) \cdot p_0)$$

当数据来源于数据源 j 时,$c_j=1$,其他状态参数 $c_i=0, i \neq j$;$c_0(j=0)$ 是正式试验的状态参数。若利用向量 $\boldsymbol{C}$ 来表达状态参数:

$$C = (c_0, c_1, \cdots, c_m)$$

利用向量 K 来表达修正因子：

$$K = (1, k_1, \cdots, k_m)$$

那么二项分布的融合模型可表示为

$$r_j \sim B(n_j, C \cdot K' \cdot p_0)$$

10.3.2　模型参数的推断

本节以加速退化试验数据(ADT)与外场退化数据的融合为例,对融合模型(以维纳过程为例)中参数的推断方法进行介绍。

若某次试验搜集到外场退化数据 y_{field},可以在 10.3.1 小节的基础上将其同 ADT 数据 y_{ADT} 融合,已知其模型为

$$\Delta y_{\text{A}} \sim N(d_{\text{A}}(s) \cdot \Delta t_{\text{A}}, \sigma_{\text{A}}^2 \cdot \Delta t_{\text{A}}) \tag{10-42}$$

以及

$$\Delta y_{\text{f}} \sim N(d_{\text{f}}(s) \cdot \Delta t_{\text{f}}, \sigma_{\text{f}}^2 \cdot \Delta t_{\text{f}}) \tag{10-43}$$

那么

$$\Delta y_{\text{f}} \sim N(k_1 \cdot d_{\text{A}}(s) \cdot \Delta t_{\text{f}}, (\sigma_{\text{A}}^2 + k_2) \cdot \Delta t_{\text{f}})$$

若将退化数据向量化表示,它包含 Δy_i、s_i 和 c_i,其中 Δy_i 为退化增量,s_i 为应力,c_i 为状态变量(如果数据来自于 ADT,则 $c_i = 0$;如果数据来自于外场,则 $c_i = 1$),那么可将其合并为

$$\Delta y_i \sim N(\mu_0, \sigma_0^2) \tag{10-44}$$

式中

$$\mu_0 = d_{\text{A}}(s_i) \cdot [\Delta t_{\text{A}} + c_i(k_1 \cdot \Delta t_{\text{f}} - \Delta t_{\text{A}})]$$

$$\sigma_0^2 = \sigma_{\text{A}}^2 \cdot \Delta t_{\text{A}} + c_i(k_2 \cdot \Delta t_{\text{f}} + \sigma_{\text{A}}^2 \cdot \Delta t_{\text{f}} - \sigma_{\text{A}}^2 \cdot \Delta t_{\text{A}})$$

那么参数的后验分布可表示为

$$\pi(\Theta \mid D)$$
$$= \pi(\beta_0, \beta_1, \sigma_{\text{A}}^2, k_1, k_2 \mid \Delta y, s, c) \propto$$
$$\prod_{i=1}^{n} \left(\frac{1}{\sigma_0^2} \right)^{1/2} \exp \left[-\frac{(\Delta y_i - \mu_0)^2}{2 \cdot \sigma_0^2} \right] \cdot \pi(\beta_0, \beta_1, k_1, k_2, \sigma_{\text{A}}^2) \tag{10-45}$$

式中,n 是退化数据量,$\pi(\beta_0, \beta_1, k_1, k_2, \sigma_{\text{A}}^2)$ 是参数 β_0、β_1、k_1、k_2 和 σ_{A}^2 的联合先验分布。

先验分布的选择在贝叶斯推断中十分重要,对于参数 β_0、β_1 和 σ^2 而言,可根据经验利用正态回归模型,可知:

$$f(\beta, \sigma^2) = \prod_{j=0}^{p} f(\beta_j) f(\sigma^2)$$

$$\beta_j \sim N(\mu_{\beta_j}, \varepsilon_j^2)$$

$$\sigma^2 \sim I\Gamma'(a, b)$$

式中,β_j 服从正态分布,σ^2 服从逆伽马分布。

对于修正因子 k_1 和 k_2,正态分布及伽马分布都可能是一个好的选择,本节通过测试 4 组具有相同均值的先验分布,来对比先验分布对于评估结果的作用影响,备选先验分布如表 10-8 所列。

表 10 - 8　备选先验分布

序　号		1	2	3	4
参数	k_1	正态	正态	Γ	Γ
	k_2	正态	Γ'	Γ'	正态

具体过程为,首先仿真产生试验数据,利用不同的先验分布,分别评估参数 β_0、β_1、k_1、k_2 和 σ^2 的值;其次,获得不同先验分布方案下的评估精度;最后,对比评估结果的准确性,得到最优的先验分布。具体案例如下:

假设对某产品施加温度步进 ADT,有 4 个样本和 4 个温度水平(60 ℃、80 ℃、100 ℃、120 ℃)。每个应力水平下的时间为 1 250、750、500 和 500 h,检测时间间隔为 5 h,因此每个样本有 600(250＋150＋100＋100＝600)个观测值,共 2 400 个观测值。有一个外场样本,在 25 ℃下测试 5 000 h,采样间隔为 5 h,共 1 000 个观测值。

若产品的退化过程服从 Weiner 过程,性能参数的初始值 y_0 为 100,失效阈值 l 为 50,应力为温度,选择 Arrhenius 模型为加速模型,因此 $\varphi(s) = 1/T$,其中 T 为热力学温度,那么

$$d(T) = \exp(\beta_0 - \beta_1 / T)$$

参数 β_0、β_1、k_1、k_2 和 σ 的仿真真值如表 10 - 9 所列。

表 10 - 9　模型参数的取值

参　数	β_0	β_1	σ	k_1	k_2
取　值	9.210 3	4 800	0.025	1.5	6e-4

为了在比较评估结果时没有其他因素的影响,所有的先验分布都具有相同的均值(如表 10 - 10 所列),方差为 10^{-5}。

表 10 - 10　先验分布的均值

参　数	β_0	β_1	σ	k_1	k_2
取　值	9.210 3	4 800	0.025	1	0

生成 50 组仿真数据,对每一组先验分布进行计算,获取参数的评估值。当 MCMC 开始时,通过 Gelman - Rubin 率来观察分布的收敛情况,生成两条马尔可夫链,进行 40 000 次迭代。不同先验分布的相对误差如表 10 - 11 所列。

表 10 - 11　相对误差

类　别	β_0	β_1	$d(25 ℃)$	k_1	k_2	σ
1	0.126	0.009 9	0.044	0.284	0.129	0.037
2	0.141	0.010 0	0.059	0.282	0.061	0.032
3	0.138	0.010 5	0.040	0.219	0.061	0.032
4	0.137	0.010 6	0.041	0.221	0.130	0.038

可知,伽马分布和逆伽马分布是 k_1 和 k_2 的最优备选方案,那么 k_1 和 k_2 的先验分布为

$$k_1 \sim \Gamma(a_{k_1}, b_{k_1})$$
$$k_2 \sim I\Gamma'(a_{k_2}, b_{k_2})$$

那么式(10 - 45)的最优表示为

$$\pi(\Theta \mid D)$$
$$= \pi(\beta_0, \beta_1, \sigma_A^2, k_1, k_2 \mid \Delta y, s, c) \infty$$
$$\prod_{i=1}^{n} \left(\frac{1}{\sigma_0^2} \right)^{1/2} \exp \left[-\frac{(\Delta y_i - \mu_0)^2}{2 \cdot \sigma_0^2} \right] \cdot$$
$$\phi \left(\frac{\beta_0 - \mu_{\beta_0}}{c_0} \right) \cdot \phi \left(\frac{\beta_1 - \mu_{\beta_1}}{c_1} \right) \cdot \frac{b_{k_1}^{a_{k_1}}}{\Gamma(a_{k_1})} (k_1)^{a_{k_1}+1} \mathrm{e}^{b_{k_1} k_1} \cdot$$
$$\frac{b_{k_2}^{a_{k_2}}}{\Gamma(a_{k_2})} \left(\frac{1}{k_2} \right)^{a_{k_2}+1} \mathrm{e}^{b_{k_2} k_2} \cdot \frac{b^a}{\Gamma(a)} \left(\frac{1}{\sigma_A^2} \right)^{a+1} \mathrm{e}^{b/\sigma_A^2} \qquad (10 - 46)$$

10.3.3　方法应用

在生活与工程领域中,一次性产品使用非常广泛,例如灭火器、汽车用安全气囊等。一次性产品的可靠性水平直接关乎着其在应用时的效率与成功率,其可靠性的准确评估是重点关注的问题。对于高造价、试验费用高的一次性使用产品,其试验成本较高,因而需要通过有效的手段进行合理的试验设计与规划,以帮助提高试验评估的精确度,降低实验成本。

一般来说,可靠度估计值的置信下限 R_L 是相关系统策略制定中较为关注的指标。对于服从二项分布的数据(一次性产品)来说,当给定置信水平 γ 时,置信下限可通过以下公式得到:

$$\int_{R_L}^{1} h(p) \mathrm{d}p = \gamma \qquad (10 - 47)$$

式中

$$h(p \mid D) = \frac{p^{r+a-1}(1-p)^{b+n-r-1}}{B(r+a, b+n-r)} \qquad (10 - 48)$$

式中,n 为样本量,r 为样本成功数。

假设该一次性产品经历了 4 个研制试验,在研制试验的过程中其产品设计与基本可靠性几乎未产生变化,但进行了不可量化的微小改动。在产品进入验证阶段后,可靠性试验将会用于评估该产品的可靠性水平,其具体试验数据如表 10 - 12 所列。

表 10 - 12　试验数据结果记录

类　　别	样本规模	成功数	失败数	估计结果
研制试验 I	84	81	3	$k_1 = 0.894$
研制试验 II	125	115	10	$k_2 = 0.956$
研制试验 III	113	101	12	$k_3 = 0.994$
研制试验 IV	90	75	15	$k_4 = 1.034$
可靠性试验	23	21	2	$p = 0.927$

该产品可靠性指标为置信水平 $\gamma = 0.9$ 下,$R_L \geqslant 0.88$。如果仅由可靠性试验中的 23 个样本来进行估算,由于受样本规模的限制,$R_L = 0.86$,明显小于 0.88。当样本容量增加至 45 时,R_L 才能够满足 0.88 的条件。

在仅有 23 个样本量的前提下,采用多试验差异信息融合方法得到的可靠性试验参数估计结果如表 10-12 所列。由置信下限计算公式可得,$\gamma = 0.9$ 时,$R_L = 0.913$,能够满足评估要求。因此可以说明,在样本量与成本费用有限的情况下,通过数据融合的手段能够帮助规划试验方案,以得到更好的评估效果。

10.4　多数据类型试验信息的融合方法

对于同一个产品,由于数据获取的视角、时机、方式、渠道的不同,可能会分别获得诸如成功/失败次数数据、失效时间/寿命时间数据,以及性能、特性参数退化数据等多种不同类型的数据。成功/失败次数数据描述了产品可靠性"三规定"条件下的处于"成功"或"失败"状态的结果,失效时间数据是在时间的维度上对可靠性情况的具体反映,而退化数据则是从产品自身状态特征变化趋势的角度描述其走向失效的过程,可见数据的类型虽然不同,但是它们都是对产品可靠性情况不同角度的描述。

图 10-8 所示为可靠性的观测。

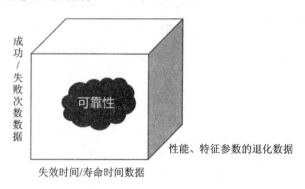

图 10-8　可靠性的观测

在工程实践中,同一产品经常会采集到不同类型的数据,如在飞机执行任务的过程中,既可以得到其起飞降落的成功次数数据(成功/失败数据)、系统/机载设备的故障发生时间数据(时间数据),又可以得到关键部件的特征参数退化数据。如果采用单独一种类型的数据进行可靠性评估,往往由于数据量的不足而导致评估精度下降;如果能够对上述不同类型的可靠性信息进行有效融合,那么对于可靠性评估结果的有效性与准确性的提升将会有巨大的帮助。因此本节在前几节给出的同类型、不同阶段数据的融合与评估方法的基础上,对不同类型数据的融合与可靠性评估方法进行介绍。

10.4.1　多数据类型的融合模型

不同类型(或其特征信息)的数据通常服从不同类型的概率分布,如成功/失败次数数据可服从伯努利分布(Bernoulli distribution)、二项分布(binomial distribution),失效数量数据可服从泊松分布(Poisson distribution),失效时间数据可服从指数分布(exponential distribution)、威布尔分布(Weibull distribution)、正态分布(normal distribution)等,退化数据可服从维纳过程(Wiener process,首穿时服从逆高斯分布)、伽马过程(Gamma process,首穿时服从伽马分布)。因此,解决数据融合问题的关键在于将上述不同类型的分布融合在相同的模型中。本章重点利用非标准分布(nonstandard distribution)的处理方法来解决不同类型分布的融合问题,采用 Zeros - Ones Trick 方法并与 MCMC 结合等手段来实现基于数据融合的可靠性评估。

1. 非标准分布的贝叶斯建模方法(Zeros - Ones Trick 方法)

由伯努利分布和泊松分布的性质可知,它们可以间接地描述任意给定模型的似然函数。假设一个模型的似然函数为 $f(y_i|\theta)$,其对数形式为

$$l_i = \log f(y_i \mid \theta) \tag{10-49}$$

那么它的似然函数可以表示为

$$f(y \mid \theta) = \prod_{i=1}^{n} e^{l_i} = \prod_{i=1}^{n} \frac{e^{-(-l_i)}(-l_i)^0}{0!} = \prod_{i=1}^{n} f_P(0; -l_i) \tag{10-50}$$

可见,模型的似然函数可以表示为新的伪随机变量 $\Xi_i(i=1,\cdots,n)$ 概率密度的乘积。新变量服从泊松分布,且其均值等于对数似然函数 l_i,所有的观测值都设置为等于"0"。为了保证每个变量的均值都为正值,在均值上添加一个常数 C,相当于每个似然函数乘以 e^{-C}。这个过程并不会影响似然函数的值,因为它相当于在所得的后验分布上乘以一个 e^{-nC}。经过这个过程后,似然函数变成:

$$f(y \mid \theta) = \prod_{i=1}^{n} \frac{e^{-(-l_i+C)}(-l_i+C)^0}{0!} = \prod_{i=1}^{n} f_P(0; -l_i+C) \tag{10-51}$$

式中,C 需要满足 $-l_i+C>0, i=1,2,\cdots,n$。

基于上述算法,可以为任一分布指定相应的 l_i,例如可以设置正态分布为

$$l_i = -0.5\log(2\pi) - 0.5\log(\sigma^2) - \frac{(y_i - \mu_i)^2}{2\sigma^2} \tag{10-52}$$

与上述泊松分布+赋值"0"的方法相应的是伯努利分布+赋值"1"的方法。基于伯努利分布的似然函数可表示为

$$f(y \mid \theta) = \prod_{i=1}^{n} e^{l_i} = \prod_{i=1}^{n} (e^{l_i})^1 (1-e^{l_i})^0 = \prod_{i=1}^{n} f_B(1; e^{l_i}, 1) \tag{10-53}$$

式中,$f_B(1; e^{l_i}, 1)$ 是通过概率为 e^{l_i} 且 $N=1$ 的二项概率函数。因此,相应分布的似然函数就可以表示为伪随机变量 Ξ_i 概率密度的乘积。此时,它服从伯努利分布,成功概率为 e^{l_i},所有观测值设置为"1"。为了保证概率值小于或等于 1,可给似然函数乘以一个常数项 e^{-C},其中 C 是一个整数。此时似然函数为

$$f(y \mid \theta) = \prod_{i=1}^{n} (e^{l_i-C})^1 (1-e^{l_i-C})^0 = \prod_{i=1}^{n} f_B(1; e^{l_i-C}, 1) \tag{10-54}$$

虽然两种方法具有相同的效果,但通常情况下建议使用泊松分布+赋值"0"的方法,该方法可避免由于似然函数表达式更简化而引起的溢出问题。

2. 多类型分布的融合方法

本节在 Zeros - Ones Trick 方法的基础上,来解决不同类型分布的融合问题。例如,对于分布 $h(x|\theta_1)$ 和分布 $f(y|\theta_2)$,利用泊松分布+赋值"0"的方法,其似然函数可表示为

$$l_A = \log h(x \mid \theta_1)$$
$$l_B = \log f(y \mid \theta_2)$$

这里引入状态变量 c，那么可将上述两个模型构建为一个模型：

$$l = c \cdot l_A + (1-c) \cdot l_B$$

融合后模型的似然函数可表示为

$$L(x,y,c \mid \theta_3) = \prod_{i=1}^{n_1+n_2} \mathrm{e}^{l_i} = \prod_{i=1}^{n_1+n_2} \frac{\mathrm{e}^{-(-l_i)}(-l_i)^0}{0!} = \prod_{i=1}^{n_1+n_2} f_\mathrm{p}(0;-l_i)$$

式中，θ_3 为参数 θ_1 和 θ_2 的全集，n_1 和 n_2 分别是两个分布的数据量，如果第 i 个数据来源于分布 A，那么 $c_i=1$；如果数据来源于分布 B，那么 $c_i=0$。

其后验分布为

$$\pi(\Theta \mid D) = \pi(\theta_3 \mid x,y,c) \propto$$
$$L(x,y,c \mid \theta_3) \cdot \pi(\theta_3) \tag{10-55}$$

式中，$\pi(\theta_3)$ 为 θ_3 的联合先验分布。在此基础上利用 MCMC 方法可联合分布 A 与分布 B 的数据以求得参数 θ_3 的评估值，并基于参数评估值实现对产品可靠性的评估工作。

10.4.2　多类型数据的融合与评估实例

本节利用 10.4.1 小节提出的多数据类型试验信息的贝叶斯融合方法，以几种场景为例，对多数据类型试验信息的融合过程进行说明。

1. 数据与外场试验故障时间数据的融合

假设某产品，若获得其加速退化试验（ADT）数据 $Y=(y_1,y_2,\cdots,y_{n_2})$ 及外场失效数据 $X=(x_1,x_2,\cdots,x_{n_1})$，且两类数据的失效机理相同，假设失效数据服从逆高斯分布：

$$h(x) = \left(\frac{l^2}{2\pi x^3 \sigma_\mathrm{f}^2}\right)^{1/2} \exp\left\{-\frac{[l-d_\mathrm{f}(s)x]^2}{2x\sigma_\mathrm{f}^2}\right\} \tag{10-56}$$

由 10.3.1 小节给出的修正因子 k_1、k_2 可知，外场失效数据 X 服从

$$h(x) = \left[\frac{l^2}{2\pi x^3 (\sigma_A^2 + k_2)}\right]^{1/2} \exp\left\{-\frac{[l-k_1 \cdot d_\mathrm{f}(s)x]^2}{2x(\sigma_A^2 + k_2)}\right\} \tag{10-57}$$

由式（10-16）可知，退化数据的退化增量数据 $\Delta Y=(\Delta y_1,\Delta y_2,\cdots,\Delta y_{n_2})$ 服从正态分布：

$$f(\Delta y) = \frac{1}{\sqrt{2\pi\sigma_A^2 \Delta t}} \exp\left\{-\frac{[\Delta y - d_A(s)\Delta t]^2}{2\sigma_A^2 \Delta t}\right\} \tag{10-58}$$

那么 ADT 及场外数据的似然函数为

$$L(d(s),\sigma^2,k_1,k_2) = \prod_{i=1}^{n_1} h(x_i) \prod_{j=1}^{n_1} f(\Delta y_j) \tag{10-59}$$

式中，n_1 是外场失效数据的数量，n_2 是 ADT 退化增量数据的数量。

采用 Zero-Ones Trick 方法对似然函数进行处理，通过泊松分布 f_P 来间接地求解似然方程。可知：

$$l_{fi} = \log h(x_i \mid \beta_0,\beta_1,\sigma_A^2,k_1,k_2);\ l_{Aj} = \log f(\Delta y_j \mid \beta_0,\beta_1,\sigma_A^2) \tag{10-60}$$

令 c_i 为状态变量，那么

$$l_i = c_i \cdot l_{fi} + (1-c_i) \cdot l_{Ai} \tag{10-61}$$

定义数据包括 z_i、s_i 和 c_i，其中 z_i 代表失效数据 t_i 或退化增量数据 Δy_i；s_i 为环境应力。如果数据来自于 ADT，则 $c_i=0$；如果来自于外场，则 $c_i=1$。那么融合模型的似然函数为

$$L(z,s,c \mid \beta_0,\beta_1,\sigma_A^2,k_1,k_2) = \prod_{i=1}^{n_1+n_2} e^{l_i} = \prod_{i=1}^{n_1+n_2} \frac{e^{-(-l_i)}(-l_i)^0}{0!} = \prod_{i=1}^{n_1+n_2} f_P(0;-l_i)$$

$$(10-62)$$

后验分布为

$$\pi(\Theta \mid D) = \pi(\beta_0,\beta_1,\sigma_A^2,k_1,k_2 \mid z,s,c) \propto$$

$$L(z,s,c \mid \beta_0,\beta_1,\sigma_A^2,k_1,k_2) \cdot \pi(\beta_0,\beta_1,k_1,k_2,\sigma_A^2) \qquad (10-63)$$

式中, $\pi(\beta_0,\beta_1,k_1,k_2,\sigma_A^2)$ 为 β_0 、 β_1 、 k_1 、 k_2 和 σ_A^2 的联合先验分布。

2. 成功/失败次数数据和故障时间数据的融合

假设某产品在 n 个样本试验中成功了 r 次,依据成功发生的顺序将其表示为伯努利过程中的数据序列 X_i ,其中 $i=1,\cdots,n$, X_i 等于 0 或 1,若第 i 次失败,则 $X_i=0$;若第 i 次成功,则 $X_i=1$, $X_i=1$ 的次数为 r 。如某产品在 5 次试验中成功了 4 次,失败了 1 次,且是在第 3 次试验时失败,那么成败/失败次数数据可表达为 $[1,1,0,1,1]$ 。同时产品的故障时间数据可表示为 T_j , $j=1,\cdots,m$, m 为故障次数。

那么对于成功/失败次数数据而言,每一次任务成功或失败的概率都可以表示为

$$P(X_i) = p^{X_i} \cdot (1-p)^{(1-X_i)} \qquad (10-64)$$

式中, p 为任务成功的概率。

对于故障时间数据而言,假设产品故障时间服从指数分布,其可靠度可表示为

$$R(t) = e^{-\lambda t} \qquad (10-65)$$

其概率密度函数为

$$f(t) = \lambda e^{-\lambda t} \qquad (10-66)$$

若每次任务的平均时间为 t_0 ,那么任务成功的概率可表示为

$$p = R(t_0) = e^{-\lambda t_0} \qquad (10-67)$$

在上述内容的基础上,构建融合成功/失败次数数据与故障时间数据的模型。假设一个模型的对数函数为 $w_k = \log f(z_k \mid \theta)$,可利用 Zeros-Ones Trick 方法将其似然函数表示为

$$L(z \mid \theta) = \prod_{k=1}^{v} e^{w_k} = \prod_{k=1}^{v} (e^{w_k})^1 \cdot (1-e^{w_k})^0 = \prod_{k=1}^{v} f_B(1;e^{w_k},1) \qquad (10-68)$$

那么故障时间的对数函数可表示为 $w_{fj} = \log(\lambda e^{-\lambda T_j})$,利用伯努利分布可将其似然函数表示为

$$L(T \mid \lambda) = \prod_{j=1}^{m} e^{w_{fj}} = \prod_{j=1}^{m} (e^{w_{fj}})^1 \cdot (1-e^{w_{fj}})^0 = \prod_{j=1}^{m} f_B(1 \mid e^{w_{fj}}) \qquad (10-69)$$

成功/失败次数数据服从伯努利分布,其似然函数可以表示为

$$L(X_i \mid p) = \prod_{i=1}^{n} f_B(X_i \mid p) \qquad (10-70)$$

定义 c_s 为状态参数,当数据为成功/失败次数数据时, $c_s=0$ 。当数据为故障时间数据时, $c_s=1$,那么定义:

$$p_{Bs} = c_s \cdot e^{w_{fs}} + (1-c_s)p \qquad (10-71)$$

以此伯努利分布为媒介,将成功/失败次数数据与故障时间数据融合在一个模型之中,即融合模型:

$$L(T,X \mid \lambda) = \prod_{s=1}^{n+m}(p_{Bs})^1 \cdot (1-p_{Bs})^0 = \prod_{s=1}^{n+m}f_B(u_s \mid p_{Bs}) \qquad (10-72)$$

其中当数据为成功/失败次数数据时，$u_s = X_s$；当数据为故障时间数据时，$u_s = 1$。

式（10-72）为贝叶斯模型的总体分布，在此基础上确定模型中参数 λ 的先验分布，若选择伽马分布作为 λ 的先验分布，则

$$\lambda \sim \Gamma(a,b) \qquad (10-73)$$

式中，a、b 为先验分布中的超参数。

那么，可知未知参数的后验分布为

$$\pi(\Theta \mid D)$$
$$= \pi(\lambda \mid X,T,c_s,t_0) \propto \prod_{s=1}^{n+m}f_B(u_s \mid p_{Bs}) \cdot \pi(\lambda \mid a,b) \qquad (10-74)$$

利用 MCMC 方法对贝叶斯模型式（10-74）进行抽样模拟，获得未知变量的后验分布及未知变量的评估值，即获得参数 λ 的评估值 $\hat{\lambda}$，从而得到产品在时刻 t 的可靠度评估值：

$$R(t) = \mathrm{e}^{-\hat{\lambda}t}$$

3. 成功/失败次数数据和退化数据的融合

假设某产品的退化参数为 Y，若监测时间间隔为 Δt，那么可将搜集到的数据 Y_j 转换为退化增量数据 $\Delta Y_j = \Delta Y_{j+1} - \Delta Y_j$，数据量为 $m-1$。若参数 Y_j 的退化过程服从维纳过程，那么产品 t_v 时刻的成功率 $p(t_v)$ 可表示为

$$p(t_v) = \Phi\left[\frac{l-y_0-d \cdot t_v}{\sigma\sqrt{t_v}}\right] - \exp\left[\frac{2d \cdot (l-y_0)}{\sigma^2}\right]\Phi\left[-\frac{l-y_0+d \cdot t_v}{\sigma\sqrt{t_v}}\right]$$

其概率密度函数为

$$h(t_v) = \left(\frac{l^2}{2\pi t_v^3\sigma^2}\right)^{1/2}\exp\left[-\frac{(l-d \cdot t_v)^2}{2t_v\sigma^2}\right]$$

单位时间 Δt 特征参数的退化增量 ΔY 服从均值为 $d \cdot \Delta t$、方差为 $\sigma^2\Delta t$ 的正态分布，即

$$f(\Delta Y_j) = \frac{1}{\sqrt{2\pi\sigma^2\Delta t}}\exp\left[-\frac{(\Delta y - d \cdot \Delta t)^2}{2\sigma^2\Delta t}\right]$$

在此基础上，构建融合退化数据与成功/失败次数数据的模型。退化增量 ΔY_j 的对数函数可表示为 $w_{Ej} = \log(f(\Delta Y_j))$，利用伯努利分布可将其似然函数表示为

$$L(\Delta Y_j \mid d,\sigma) = \prod_{j=1}^{m}\mathrm{e}^{w_{Ej}} = \prod_{j=1}^{m}(\mathrm{e}^{w_{Ej}})^1 \cdot (1-\mathrm{e}^{w_{Ej}})^0 = \prod_{j=1}^{m}f_B(1 \mid \mathrm{e}^{w_{Ej}}) \quad (10-75)$$

成功/失败次数数据对应的时间 t_v 的对数函数可表示为 $w_{Pv} = \log(h(t_v))$，利用伯努利分布可将其似然函数表示为

$$L(t_v,X_{vi} \mid d,\sigma) = \prod_{vi=1}^{k \cdot n}\mathrm{e}^{w_{Pvi}} = \prod_{vi=1}^{k \cdot n}(\mathrm{e}^{w_{Pvi}})^1 \cdot (1-\mathrm{e}^{w_{Pvi}})^0 = \prod_{vi=1}^{k \cdot n}f_B(X_{vi} \mid \mathrm{e}^{w_{Pvi}})$$

$$(10-76)$$

定义 c_s 为状态参数（当数据为成功/失败次数数据时，$c_s=0$；当数据为退化数据时，$c_s=1$），那么定义：

$$p_{Bs} = c_s \cdot \mathrm{e}^{w_{Es}} + (1-c_s)\mathrm{e}^{w_{Ps}} \qquad (10-77)$$

以此伯努利分布为媒介,将上述数据融合在一个模型之中,即融合模型:

$$L(\Delta Y_j, X_{vi}, t_v \mid d, \sigma) = \prod_{s=1}^{n \cdot k+m} (p_{Bs})^1 \cdot (1-p_{Bs})^0 = \prod_{s=1}^{n \cdot k+m} f_B(z_s \mid p_{Bs}) \quad (10-78)$$

其中当数据为成功/失败次数数据时,$z_s = X_s$;当数据为退化数据时,$z_s = 1$。

确定贝叶斯模型的总体分布,选择伽马分布作为 d 的先验分布,即

$$d \sim \Gamma(a_d, b_d) \quad (10-79)$$

选择逆伽马分布作为 σ 的先验分布,即

$$\sigma \sim I\Gamma'(a_\sigma, b_\sigma) \quad (10-80)$$

那么,可知未知参数的后验分布为

$$\pi(\Theta \mid D)$$

$$= \pi(d, \sigma \mid \Delta Y, X, t_v, \Delta t) \propto \prod_{s=1}^{nk+m} f_B(z_s \mid p_{Bs}) \cdot \pi(d \mid a_d, b_d) \cdot \pi(\sigma \mid a_\sigma, b_\sigma)$$

$$(10-81)$$

利用 MCMC 方法对贝叶斯模型式(10-81)进行抽样模拟,获得 d 和 σ 评估值后,即可对产品的可靠性进行评估。

4. 三种类型以上数据的融合与评估

本节介绍当遇到实验室为 ADT 数据、外场同时存在寿命及退化数据,或实验室为 ADT 和 ALT 数据、外场为退化或寿命数据等复杂数据情况时,如何综合利用 10.4.1 小节的方法来解决问题。下面以实验室为 ALT、ADT 数据,外场为退化数据的情况为例,对复杂数据情况的解决方法进行说明。

已知有实验室的 ALT、ADT 数据以及外场使用的退化数据,首先对退化数据进行综合,若外场的退化数据为 y_f,实验室 ADT 数据为 y_L,那么由式(10-16)可知:

$$\Delta y_L \sim N(d_L(s) \cdot \Delta t_L, \sigma_L^2 \cdot \Delta t_L) \quad (10-82)$$

$$\Delta y_f \sim N(d_f(s) \cdot \Delta t_f, \sigma_f^2 \cdot \Delta t_f) \quad (10-83)$$

将 10.3.1 小节的修正因子引入,那么

$$\Delta y_f \sim N(k_1 \cdot d_L(s) \cdot \Delta t_f, (\sigma_L^2 + k_2) \cdot \Delta t_f) \quad (10-84)$$

若定义一组包含 Δy_i、s_i 和 c_i 的变量,其中 Δy_i 是退化增量,s_i 是应力,c_i 是状态变量(如果数据来源于 ADT,则 $c_i = 0$;如果来自于外场,则 $c_i = 1$),那么融合 ADT 及外场退化数据的模型 $f(\Delta y)$ 为

$$\Delta y_i \sim N(\mu_0, \sigma_0^2) \quad (10-85)$$

式中

$$\mu_0 = d_L(s_i) \cdot [\Delta t_L + c_i(k_1 \cdot \Delta t_f - \Delta t_L)]$$

$$\sigma_0^2 = \sigma_L^2 \cdot \Delta t_L + c_i(k_2 \cdot \Delta t_f + \sigma_f^2 \cdot \Delta t_f - \sigma_L^2 \cdot \Delta t_L)$$

而对于 ALT 的失效数据 $X = (x_1, x_2, \cdots, x_n)$,参考 10.4.2 小节,假设它们服从逆高斯分布:

$$h(x) = \left(\frac{l^2}{2\pi x^3 \sigma_L^2}\right)^{1/2} \exp\left\{-\frac{[l - d_L(s)x]^2}{2x\sigma_L^2}\right\} \quad (10-86)$$

那么若退化数据的量为 m,则融合退化数据及失效数据的似然方程为

$$L = \prod_{i=1}^{n} h(x_i) \prod_{j=n+1}^{n+m} f(\Delta y_j) \quad (10-87)$$

令

$$l_{Ci} = \log h(x_i \mid \beta_0, \beta_1, \sigma_L^2, k_1, k_2)$$
$$l_{Dj} = \log f(\Delta y_j \mid \beta_0, \beta_1, \sigma_L^2, k_1, k_2)$$

令 w_i 为数据类型的状态变量(如果是退化数据,则 $w_i = 0$;如果是失效数据,则 $w_i = 1$),那么

$$l_i = w_i \cdot l_{Ci} + (1 - w_i) \cdot l_{Di}$$

式(10-87)可表示为

$$L(x, \Delta y, s, c, w \mid \beta_0, \beta_1, \sigma_L^2, k_1, k_2) = \prod_{i=1}^{n} e^{l_i}$$

$$= \prod_{i=1}^{n} \frac{e^{-(-l_i)}(-l_i)^0}{0!} = \prod_{i=1}^{n} f_P(0; -l_i) \tag{10-88}$$

那么后验分布的形式为

$$\pi(\Theta \mid D)$$
$$= \pi(\beta_0, \beta_1, \sigma_L^2, k_1, k_2 \mid x, \Delta y, s, c, w) \propto$$
$$L(x, \Delta y, s, c, w \mid \beta_0, \beta_1, \sigma_L^2, k_1, k_2) \cdot$$
$$\pi(\beta_0, \beta_1, \sigma_L^2, k_1, k_2) \tag{10-89}$$

式中, $\pi(\beta_0, \beta_1, \sigma_L^2, k_1, k_2)$ 是参数 β_0、β_1、k_1、k_2 和 σ_L^2 的联合先验函数。

由式(10-45)、式(10-89)可知,需要求解的模型十分复杂,但通过 MCMC 方法可获得所需参数的后验分布。当由后验分布获得参数的评估值后,便可通过式(10-32)、式(10-33)、式(9-14)得到产品的可靠度。

10.4.3　方法应用

O 形橡胶圈是电液伺服设备的关键密封部件,其可靠性水平直接影响着电液伺服设备的运行效率,因而需要对其可靠性状态进行严密的关注并给予有效的维修更换策略。获取 O 形橡胶圈准确的可靠性水平,可通过对其采集两类信息评估得到:一类来源于 O 形橡胶圈步进 ADT 试验;另一类则来源于电液伺服设备的维修记录。

在步进 ADT 试验中,O 形橡胶圈的退化参数指标为压缩形变(CS),试验应力设置在 70 ℃、80 ℃、90 ℃ 与 100 ℃ 四个水平,对应试验时长为 26 天、32 天、17 天与 14 天。在 70 ℃ 与 80 ℃ 应力水平下,每隔 48 h 对被试样品进行一次测试;在 90 ℃ 与 100 ℃ 应力水平下,每隔 24 h 对被试样品进行一次测试。示例样品完整的测试及退化过程数据如图 10-9 所示。

根据电液伺服设备的维修记录(O 形橡胶圈在 50 ℃ 环境下已工作 6 个月),共监测到 34 个 O 形橡胶圈的数据记录。假设定义失效阈值(压缩形变)为 CS = 60%,即当 CS > 60% 时 O 形橡胶圈失效,则已有 8 个橡胶圈失效。在此案例中,双对数寿命-应力模型用于描述 O 形橡胶圈的退化过程:

$$\ln(CS) = A + B \ln t \tag{10-90}$$

应用多源数据融合方法,能够计算得到维修记录中 O 形橡胶圈的可靠度如表 10-13 所列。

最终给出的可靠度估计结果可用于优化维修策略。首先,维修周期(cyc_r)可据此进行衡量。例如,如果 O 形橡胶圈在其可靠度小于 0.8 时需进行更换,那么在仅采用 ADT 数据进行评估的情况下,维修周期制定为 4 个月;而在考虑 ADT 数据与伯努利数据融合的情况下,维

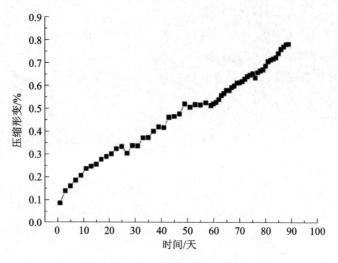

图 10-9　O 形橡胶圈 ADT 数据

修周期则为 5 个月。对于 O 形橡胶圈的维修策略成本可表达为

$$\Delta C = (C_{o-r} + C_r) \cdot \frac{L_{ser}}{cyc_r} + C_{Loss} \cdot P_{risk} + L_R \qquad (10-91)$$

式中，ΔC 为维修策略成本，C_{o-r} 为橡胶圈成本费用，C_r 为换件成本(包括人力、停机等的成本)，L_{ser} 是电液伺服产品的服役寿命，C_{Loss} 为策略风险所带来的成本，P_{risk} 为策略风险，L_R 为可靠度水平 R 下潜在故障率带来的安全经济损失，则损失函数为

$$L_R = A \cdot \exp(1-R)^2 \qquad (10-92)$$

式中，A 根据系统的不同类型取不同常数值。因此当多源信息可信时，融合手段能够给出更精确的估计结果，且根据维修成本公式可以看到，这能够帮助节约一定的维修成本。

　　同时如果工作环境温度是随季节变化的(见图 10-10)，那么采用多源信息融合手段的优势在于：可以获取不同环境条件下的产品可靠性水平，以给出时变维修策略：

$$\Delta C = (C_{o-r} + C_r) \cdot \varphi(L_{ser}, R_j, T_j, \cdots, t_j) + C_{Loss} \cdot P_{risk} + L_R \qquad (10-93)$$

式中，$\varphi(L_{ser}, R_j, T_j, \cdots, t_j)$ 为服役寿命(L_{ser})，它是不同情况下可靠度(R_J)、温度(T_j)、工作时间(t_j)的函数。

表 10-13　可靠度估计结果

类　　别	可靠度(CS=60%, 50 ℃, 6 个月)
数据融合方法	0.741 6
ADT 数据	0.728 2
成功/失败次数数据	0.764 7

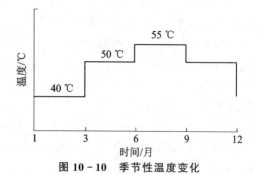

图 10-10　季节性温度变化

附录 χ^2 分布的上侧分位数 $(\chi^2_\alpha(f))$ 表

附表 χ^2 分布的上侧分位数 $(\chi^2_\alpha(f))$ 表 $(P(\chi^2>\chi^2_\alpha(f))=\alpha)$

f \ α	0.99	0.98	0.975	0.95	0.90	0.80	0.75	0.70	0.50
1	0.000 157	0.000 628	0.000 982	0.000 393	0.015 8	0.064 2	0.102	0.148	0.455
2	0.0201	0.0404	0.0506	0.103	0.211	0.446	0.575	0.713	1.386
3	0.115	0.185	0.216	0.352	0.584	1.005	1.213	1.424	2.366
4	0.297	0.429	0.484	0.711	1.064	1.649	1.923	2.195	3.357
5	0.554	0.752	0.831	1.145	1.610	2.343	2.674	3.000	4.351
6	0.872	1.134	1.237	1.635	2.204	3.070	3.455	3.828	5.348
7	1.239	1.564	1.690	2.167	2.833	3.822	4.255	4.671	6.346
8	1.646	2.032	2.180	2.733	3.490	4.594	5.071	5.527	7.344
9	2.088	2.532	2.700	3.325	4.168	5.380	5.899	6.393	8.343
10	2.558	3.059	3.247	3.946	4.865	6.179	6.737	7.267	9.342
11	3.053	3.609	3.816	4.575	5.578	6.989	7.584	8.148	10.341
12	3.571	4.178	4.404	5.226	6.304	7.807	8.438	9.034	11.340
13	4.107	4.765	5.009	5.892	7.042	8.634	9.299	9.926	12.340
14	4.660	5.368	5.629	6.571	7.790	9.467	10.165	10.821	13.339
15	5.229	5.985	6.262	7.261	8.547	10.307	11.037	11.721	14.339
16	5.812	6.614	6.908	7.962	9.312	11.152	11.912	12.624	15.338
17	6.408	7.255	7.564	8.672	10.085	12.002	12.792	13.531	16.338
18	7.015	7.906	8.231	9.390	10.865	12.857	13.675	14.440	17.338
19	7.633	8.567	8.907	10.117	11.651	13.716	14.562	15.352	18.338
20	8.260	9.237	9.591	10.851	12.443	14.578	15.452	16.266	19.337
21	8.897	9.915	10.283	11.591	13.240	15.445	16.344	17.182	20.337
22	9.542	10.600	10.982	12.338	14.041	16.314	17.240	18.101	21.337
23	10.196	11.293	11.689	13.091	14.848	17.187	18.137	19.021	22.337
24	10.856	11.992	12.400	13.848	15.659	18.062	19.037	19.943	23.337
25	11.524	12.697	13.120	14.611	16.473	18.940	19.939	20.867	24.337
26	12.198	13.409	13.844	15.379	17.292	19.820	20.843	21.792	25.336
27	12.879	14.125	14.573	16.151	18.114	20.703	21.749	22.719	26.336
28	13.565	14.847	15.308	16.928	18.939	21.588	22.657	23.647	27.336
29	14.256	15.574	16.047	17.708	19.768	22.457	23.567	24.577	28.336
30	14.953	16.306	16.791	18.493	20.599	23.364	24.478	25.508	29.336

f \ α	0.30	0.25	0.20	0.10	0.05	0.025	0.020	0.010	0.001
1	1.074	1.323	1.642	2.706	3.841	5.024	5.412	6.635	10.828
2	2.408	2.773	3.219	4.605	5.991	7.378	7.824	9.210	13.816
3	3.665	4.108	4.642	6.251	7.815	9.348	9.837	11.345	16.266
4	4.878	5.385	5.989	7.779	9.488	11.143	11.668	12.277	18.467
5	6.064	6.626	7.289	9.236	11.070	12.833	13.388	15.068	20.515
6	7.231	7.841	8.558	10.645	12.592	14.449	15.033	16.812	22.458
7	8.383	9.037	9.803	12.017	14.067	16.013	16.622	18.475	24.322
8	9.524	10.219	11.030	13.362	15.507	17.535	18.168	20.090	26.125
9	10.656	11.389	12.242	14.684	16.919	19.023	19.679	21.666	27.877
10	11.781	12.549	13.442	15.987	18.307	20.483	21.161	23.209	29.588
11	12.899	13.701	14.631	17.275	19.675	21.920	22.618	24.725	31.264
12	14.011	14.845	15.812	18.549	21.026	23.337	24.054	26.217	32.909
13	15.119	15.984	16.985	19.812	22.362	24.736	25.472	27.688	34.528
14	16.222	17.117	18.151	21.064	23.685	26.119	26.873	29.141	36.123
15	17.322	18.245	19.311	22.307	24.996	27.488	28.259	30.578	37.697
16	18.418	19.369	20.465	23.542	26.296	28.845	29.633	32.000	39.252
17	19.511	20.489	21.615	24.769	27.587	30.191	30.995	33.409	40.790
18	20.601	21.605	22.760	25.989	28.869	31.526	32.346	34.805	42.312
19	21.689	22.719	23.900	27.204	30.144	32.852	33.687	36.191	43.820
20	22.775	23.828	25.038	28.412	31.410	34.170	35.020	37.566	45.315
21	23.858	24.935	26.171	29.615	32.671	35.479	36.343	38.932	46.797
22	24.939	26.093	27.301	30.813	33.924	36.781	37.659	40.289	48.268
23	26.018	27.141	28.429	32.007	35.172	38.076	38.968	41.638	49.728
24	27.096	28.241	29.553	33.196	36.415	39.364	40.270	42.980	51.179
25	28.172	29.339	30.675	34.382	37.652	40.647	41.566	44.314	52.618
26	29.246	30.435	31.795	35.563	38.885	41.923	42.856	45.642	54.052
27	30.319	31.528	32.912	36.741	40.113	43.194	44.140	46.963	55.476
28	31.391	32.621	34.027	37.916	41.337	44.461	45.419	48.278	56.893
29	32.461	33.711	35.139	39.087	42.557	45.722	46.693	49.588	58.301
30	33.530	34.800	36.250	40.256	43.773	46.979	47.962	50.892	59.703

参考文献

[1] 阮廉，章文晋. 飞行器研制系统工程[M]. 北京：北京航空航天大学出版社，2008.

[2] 郭永基. 可靠性工程原理[M]. 北京：清华大学出版社，2002.

[3] Kirk A G, John J P. Next Generation HALT and HASS[M]//Robust Design of Electronics and Systems. Wiley, 2016.

[4] 中国人民解放军总装备部. 装备可靠性工作通用要求：GJB 450A—2004[S]. 北京：中国标准出版社，2004.

[5] 中央军委装备发展部. 电子产品环境应力筛选方法：GJB 1032A—2020[S]. 北京：中国标准出版社，2021.

[6] 国防科学技术工业委员会. 电子产品环境应力筛选方法：GJB 1032—1990[S]. 北京：中国标准出版社，1990.

[7] 美国军用标准. 电子设备环境应力筛选程序：MIL-HDBK-2164A—1996. 1996.

[8] 美国国防部标准手册. 电子设备环境应力筛选：DOD-HDBK-344—1988. 1998.

[9] 国防科学技术工业委员会. 电子产品定量环境应力筛选指南：GJB/Z34—93[S]. 北京：中国标准出版社，1993.

[10] 美国军用标准. 电子设备可靠性预计：MIL-STD-217F—1991. 1991.

[11] 总装电子信息基础部. 电子设备可靠性预计手册：GJB/Z 299C—2006[S]. 北京：中国标准出版社，2006.

[12] 总装电子信息基础部. 电子设备非工作状态可靠性预计手册：GJB/Z 108A—2006[S]. 北京：中国标准出版社，2006.

[13] 美国国防部可靠性分析中心. 产品可靠性蓝皮书. 2002.

[14] 总装电子信息基础部. 可靠性鉴定和验收试验：GJB 899A—2009[S]. 北京：中国标准出版社，2009.

[15] 中国人民解放军空军装备部综合计划部. 机载电子设备通用指南：GJB/Z 457—2006[S]. 北京：中国标准出版社，2006.

[16] 总装电子信息基础部. 可靠性维修性保障性术语：GJB 451A—2005[S]. 北京：中国标准出版社，2005.

[17] 美国国防部军用标准. Environmental Engineering Considerations And Laboratory Tests：MIL-STD-810H—2019. 2019.

[18] 美国航天器试验军用标准. 运载器、上面级飞行器和航天器试验要求：MIL-STD-1540E. 2002.

[19] 国防科学技术工业委员会. 可靠性增长试验：GJB 1407—1992[S]. 北京：中国标准出版社，1992.

[20] 总装电子信息基础部. 故障模式、影响及危害性分析指南：GJB/Z 1391—2006[S]. 北京：中国标准出版社，2006.

[21] 胡志强，法庆衍，洪宝林，等. 随机振动试验应用技术[M]. 北京：中国计量出版社，1996.

[22] 航空航天部. 故障报告、分析和纠正措施系统：GJB 841—1990[S]. 北京：中国标准出版社，1990.

[23] Hobbs G K. Highly accelerated life test-HALT. Screening Technology Seminar Notes. Available from Hobbs Engineering[C]. Westminster, Co, 1988.

[24] 美国波音公司. Failure Prevention Strategies Symposium[S]. November 2 and 3, 1995.

[25] 国际电工委员会. Mothods for product accelerated testing：IEC 62506/Ed1—2013 [S]. 2013.

[26] 国际电工委员会. Reliability growth-Stress testing for early failures in unique complex systems：IEC 62429—2007[S]. 2007.

[27] MIL - HDBK - 189C. Reliability Growth Management，Department of Defense Handbook. USA，2011.

[28] 国际电工委员会. Reliability growth - Statistical test and estimation methods：IEC 61164—2004[S]. INTERNATIONAL STANDARD，2004.

[29] 梅文华. 可靠性增长试验[M]. 北京：国防工业出版社，2003.

[30] 国防科学技术工业委员会. 航天产品环境应力筛选指南：QJ3138.[S]. 北京：中国标准出版社，2001.

[31] 祝耀昌，汪启华.美国环境应力筛选新标准(MIL - HDBK - 2164A)内容简介及特性分析 [J].环境技术，2003(2)：2-7.

[32] Hobbs G K. Highly accelerated stress screens-HASS. Proceedings-Institute of Environmental Sciences[M]. New York：John Wiley & Sons Ltd，1992.

[33] 国家市场监督管理总局. 电工电子产品加速应力试验规程高加速应力筛选导则：GB/T 32466—2015[S]. 北京：中国标准出版社，2015.

[34] 肖志斌.军用电子产品高加速应力筛选方法的应用分析[J].制导与引信，2017，4.

[35] David Rahe. The HASS development process[C]. 2000 Proceeding Annual Reliability and Maintainability Symposium，2000：389-394.

[36] Anderson J A，Polkinghorne M N. Application of HALT and HASS techniques in an advanced factory environment[C]. 5th International Conference on FACTORY 2000，1997：223-228.

[37] Hobbs G K. Accelerated reliability engineering HALT and HASS[M]. New York：John Wiley & Sons Ltd，2000.

[38] Felkins C. HALT-HASS tutorial on equipment，fixture，processes & implementation [A]. The 43rd Annual Technical meeting Institute of Enviromental Sciences，USA，1997：20-24.

[39] Silverman M. Summary of HALT and HASS results at an accelerated reliability test center[C]. Proceeding Annual Reliability and Maintainability Symposium，1998：30-36.

[40] Chan H A, Englert P J. Accelerated stress testing handbook, guide for achieving quality products[M]. New York: IEEE Press, 2001.

[41] Silverman M. HASS development methods: screen development, change schedule, and re-prove schedule[C]. 2000 Proceeding Annual Reliability and Maintainability Symposium, 2000: 245-247.

[42] Mclear H. The Application of Accelerated Testing Methods and Theory HALT, HASS and HASA[C]. QualMark Corporation, April 2000.

[43] 美国通用汽车公司. 高加速寿命试验/高加速应力（抽样）筛选: GMW8287[S]. 2002.

[44] 中国人民解放军总装备部. 装备可靠性维修性保障性要求论证: GJB 1909A—2009[S]. 北京: 中国标准出版社, 2009.

[45] 中国航空工业总公司. 军用飞机可靠性维修性外场验证: HB 7177—95[S]. 中华人民共和国航空航天工业部, 1995.

[46] 中国人民解放军总装备部. 地面雷达侦察设备外场试验方法: GJB 2419A—2005[S]. 北京: 中国标准出版社, 2005.

[47] 李丹明, 郭云. 月面巡视探测器外场试验[J]. 真空与低温, 2007, 13(4).

[48] 何德洪, 苏艳, 杨万均. 汽车整车及零部件大气暴露试验方法探讨[J]. 装备环境工程, 2007, 4(6): 7-12.

[49] 国家发展和改革委员会. 汽车外部材料户外自然老化试验: QCT 728—2005[S]. 北京: 中国标准出版社, 2005.

[50] 杨福涛. 利用校准卫星进行 USB 外场试验的方法[J]. 遥测遥控, 2006, 27(1): 56-59.

[51] 马全林, 张锦春, 李得禄. 腾格里沙漠植物区系特征分析[J]. 草业学报, 2020, 29(3): 16-26.

[52] 赵文晖. 外场试验中可靠性验证数据采集与分析[C]. 中国宇航学会发射工程与地面设备专业委员会学术会议, 2004.

[53] 郑祖康. 关于寿命试验[J]. 应用概率统计, 1999, 15(3): 319-321.

[54] 渭林, 任金虎. 车辆的可靠性试验及寿命试验[J]. 商用汽车, 2002(9): 57.

[55] 贺国芳. 可靠性数据处理与寿命评估（可靠性工程教材之五）[M]. 中国航空学会科普与教育工作委员会, 1984.

[56] 曾天翔. 航空产品寿命的综合分析[A]//航空技术装备寿命和可靠性论文选. 中国航空学会可靠性专业委员会, 1990: 431-442.

[57] Nelson W. Accelerated testing: statistical models, test plans and data analysis[M]. New York: John Wiley&Sons, 1990.

[58] 美国国防部军用标准. Electronic Reliability Design Handbook-Reversion B: MIL - HDBK - 338B—1995[S]. 1995.

[59] 茆诗松. 加速寿命试验[J]. 质量与可靠性, 2003(2): 15-17.

[60] 茆诗松, 王玲玲. 加速寿命试验[M]. 北京: 科学出版社, 2000.

[61] 茆诗松. 贝叶斯统计[M]. 北京: 中国统计出版社, 1999.

[62] 张尧庭, 陈汉峰. 贝叶斯统计推断[M]. 北京: 科学出版社, 1991.

[63] Wang Lizhi, Pan R, Li X, et al. A Bayesian reliability evaluation method with inte-

grated accelerated degradation testing and field information[J]. Reliability Engineering & System Safety，2013，112：38-47.

[64] Wang Lizhi，Pan Rong，Wang Xiaohong，et al. A Bayesian reliability evaluation method with different types of data from multiple sources[J]. Reliability Engineering & System Safety，2017，167(11)：128-135.

[65] Wang X，Wang Z，Wang L，et al. Dependency analysis and degradation process-dependent modeling of lithium-ion battery packs[J]. Journal of Power Sources，2019，414：318-326.

[66] Wang J，Wang X，Wang L. Modeling of BN Lifetime Prediction of a System Based on Integrated Multi-Level Information[J]. Sensors，2017，17：2123.